生物节律与神经认知

王川　王子莹　黄文　主编

清华大学出版社
北京

内 容 简 介

《生物节律与神经认知》阐释了昼夜节律对生物体的重要作用及其形成机制，深入探讨了生物节律紊乱如何影响睡眠、消化系统、神经内分泌系统、情绪和神经认知功能，并提出了节律紊乱和认知障碍的干预措施。书中还特别针对密闭空间环境作业人员生物节律紊乱的影响因素做了详尽分析，并提出精准的调控干预措施，以期为生物节律紊乱与神经认知障碍的调控干预研究提供新的线索和思路，同时也为从事睡眠障碍、生物节律和神经认知等领域工作的学者提供重要参考。

图书在版编目（CIP）数据

生物节律与神经认知 / 王川，王子莹，黄文主编. —北京：清华大学出版社，2022.10
ISBN 978-7-302-61946-8

Ⅰ.①生…　Ⅱ.①王…　②王…　③黄…　Ⅲ.①生物节律－研究　②认知科学－研究
Ⅳ.①Q418　②B842.1

中国版本图书馆 CIP 数据核字（2022）第 180879 号

责任编辑：肖　军
封面设计：钟　达
责任校对：李建庄
责任印制：朱雨萌

出版发行：清华大学出版社
　　　　　网　　　址：http://www.tup.com.cn, http://www.wqbook.com
　　　　　地　　　址：北京清华大学学研大厦 A 座　　　　邮　　编：100084
　　　　　社 总 机：010-83470000　　　　　　　　　　邮　　购：010-62786544
　　　　　投稿与读者服务：010-62776969, c-service@tup.tsinghua.edu.cn
　　　　　质量反馈：010-62772015, zhiliang@tup.tsinghua.edu.cn
印 装 者：北京博海升彩色印刷有限公司
经　　销：全国新华书店
开　　本：185mm×260mm　　　印　　张：21.25　　　字　　数：456 千字
版　　次：2022 年 12 月第 1 版　　　　　印　　次：2022 年 12 月第 1 次印刷
定　　价：198.00 元

产品编号：098870-01

主编简介

王川

博士，副研究员，硕士生导师，从事特殊环境作业人员人体效能增强技术研究。现任分子神经生物学教育部重点实验室副主任，中国人类工效学学会生物力学专业委员会副主任委员，航海人因工程实验平台负责人。主持军委、海军及军民融合项目20余项，主持制定军用标准3项。授权国家发明专利3项，实用新型专利3项，软件著作权登记7项，出版著作5部，发表SCI和EI论文30余篇。

王子莹

博士，助理研究员，从事航海特殊环境人因优化与作业工效提升技术研究，航海人因工程研究团队核心骨干。现任分子神经生物学教育部重点实验室子方向负责人、中国人类工效学学会生物力学专业委员会委员。主持上海市军民融合项目1项（省部级）、军委项目分课题3项，参与制定标准3项，参与军委及海军各类军事课题10余项。发表SCI论文6篇，EI论文4篇，中文核心4篇。申请国家发明专利9项，授权软件著作权5项，编写著作2部（副主编）。

黄文

医学博士，教授，海军军医大学第一附属医院消化内科主任医师。兼任中华医学会消化内镜学会老年专业组委员，全军军事作业与环境专业委员会常委。获得国家科技进步二等奖1项，全军科技进步一等奖1项。主持军队重大科研课题6项，发表论文100余篇，主编专著11部。

编　委　会

主　　审：李兆申

主　　编：王　川　王子莹　黄　文

副 主 编：曹　莉　孙香萍

编　　委：（按姓氏笔画排序）

王　川　王子莹　许　刚　孙定亚

孙香萍　李　平　李政灏　吴　浩

邱兴旺　张　新　张玮民　林俊健

周雅楠　周锦涛　赵九龙　徐浩丹

黄　文　曹　莉

序 一

　　生物节律又称生物钟，是指所有生命活动均按一定时间顺序、周而复始发生变化的节律。人体正常生理功能与生物节律密切相关，如睡眠与觉醒周期、免疫能力、行为学、体温、血压、哺乳动物的发情和分娩等。生物节律平衡稳定才能保证人体健康的生命活动，生物节律发生紊乱时则会导致人体各种生理及心理功能出现异常。

　　生物节律的研究可以追溯到18世纪，1729年法国天文学家德梅朗首先提出了生物节律的存在。生物节律的现代科学研究始于20世纪，德国生物学家本林、德国生理学家阿绍夫和美国生物学家皮登觉等深入阐明了生物节律的普遍性和规律性，他们三人被尊称为"生物节律之父"。进入21世纪后，生物节律研究成为生命科研的热点，2017年的诺贝尔生理学和医学奖颁发给3位美国生物学家：霍尔、罗斯巴什和迈克尔·杨教授，以表彰他们在揭示生物昼夜节律的分子机制方面做出的重大贡献。

　　随着科学技术的迅速发展，人类对生物节律的研究不断深入，已经认识到生物节律会显著影响人体的生理功能，生物节律紊乱会引起机体多种疾病。恢复规律的生活作息方式，才能保证良好的睡眠状态，避免生物节律紊乱。而对于生物节律与神经认知关系的研究也已成为生命科学的新的方向，则有许多机理和干预措施需要深入研究，有待进一步阐明。

　　本书主编王川副研究员是海军军医大学航海人因工程专家，长期从事特殊环境作业人群人体效能增强技术研究。近年来主持承担多项军委和海军人体效能增强领域重点及专项课题研究任务，深入研究了深海密闭空间和极端环境作业人员昼夜节律和作业工效的变化特点和规律。研究成果被央视CCTV-7、央广军事、中国军视网、国防时空、人民海军报等多家权威媒体报道转载。本书针对密闭空间环境作业人员生物节律紊乱的影响因素做了详尽分析并提出精准的调控干预措施。阐述了生物节律紊乱对消化系统、睡眠障碍、神经认知与神经内分泌、心理状态的影响机制并提出干预措施。

　　该书出版前有幸先阅读一遍，印象深刻，全书内容丰富，科学价值深远。实用性强，既有理论高度，又有实践意义，是一本好书，特向广大读者推荐，冀望此书能为从事生物节律、睡眠障碍、神经认知领域的学者提供重要参考，对提高生物节律紊乱与神经认知障碍的调控干预研究整体水平产生深远影响。

中国工程院院士

国家消化系统疾病临床医学研究中心主任

2022年8月于上海市

序 二

　　地球上的机体为了适应地球自转导致的环境变化，进化出约24小时周期的生理和行为振荡的昼夜节律。生物体的每个细胞内部都拥有一台微小生物钟，由昼夜节律起搏器——位于视交叉上核的中央时钟控制，在24小时周期内协调内部时间和外部环境同步，维持生命体各项生理机能的正常运转。

　　昼夜节律稳态对于维持正常认知功能十分重要。昼夜生物节律中最典型的就是睡眠-觉醒周期。睡眠剥夺和昼夜节律紊乱可损害认知功能，包括注意力、警觉性、感知、记忆、决策能力和执行能力等均会下降。认知障碍的一些临床症状具有频率和强度的昼夜变化，昼夜节律紊乱包括睡眠障碍已经成为多种认知障碍性疾病的预警信号。昼夜节律基因与免疫功能、代谢调节、神经递质的合成与释放等存在密切关系。遗传和环境因素包括轮班工作、跨时区旅行和不规律的社交活动等导致的昼夜节律紊乱可以诱发情绪障碍，进而导致认知功能损害。神经内分泌因子的产生、分泌也受到生物钟调控，影响脑肠轴的微生物群直接或间接参与睡眠和认知的调节，并可能在睡眠和认知障碍的病因和发病机制中发挥作用。因此，研究昼夜节律对认知功能的影响及机制，不仅可加深我们理解神经认知障碍的病理生理学机制，而且有助于为这些疾病开发基于昼夜节律调节的新型干预措施。

　　随着工业化进程的加快，社会竞争、工作压力、人口老龄化和信息化社会衍生的不良生活方式，昼夜节律紊乱和睡眠障碍已成为日益严重的社会和医学问题。社会需求加速昼夜节律和神经认知的研究，并使其成为生命科学研究的热点；神经认知过程的生物学基础研究——认知神经科学，已经成为一门跨学科的重要新兴研究领域。前沿研究方法的建立和应用展现了快速发展的美好前景。本书聚焦生物节律与神经认知功能，集结了相关领域多位专家，详尽讨论了昼夜节律通过影响睡眠、情绪、神经内分泌和脑肠轴等途径，调控神经认知功能的机制，评述了昼夜节律紊乱导致认知功能障碍的治疗对策。本书作者在相关领域具有丰富的研究经验，准确把握近年发展趋势。该书信息量大、专业性强，强烈推荐给需要在相关领域自我提升、扩大知识面的广大读者。

中国睡眠研究会理事长
复旦大学特聘教授　黄志力
《中国临床药理学与治疗学》杂志主编

2022年8月于上海市

前 言

　　生物节律又称生理钟，它是生物体内的一种无形的"时钟"，实际上是生物体生命活动的内在节律性，由生物体内的时间结构序所决定。通过研究生物钟，如今已产生了时间生物学、时间药理学和时间治疗学等新兴学科。包括人类在内的所有生物体为适应于伴随着地球自转和公转的昼夜更替，均要表现出可持续运行的生物节律，哺乳动物等高等生物体的生物钟系统就演化地十分复杂，主生物钟位于大脑下丘脑视交叉上核，外周生物钟则位于肝脏、肾脏和肠道等器官。主钟通过控制机体的行为、内分泌系统和神经系统调控着外周生物钟。哺乳动物生物钟的主要刺激信号是光照和食物，视网膜感光细胞接收到光信号并投射到视交叉上核，营养信号通过食物中的化合物和体内激素信号直接参与外周生物钟的调控。研究表明，人体正常的生理功能与生物节律密切相关，如睡眠、免疫、行为、生长、发育、生殖等都依靠生物节律的平衡稳定才能保证正常和健康生命活动，倘若生物节律发生紊乱，则会导致人体各种生理及心理功能出现异常。

　　人类对生物钟的认识萌芽于18世纪初，随着科学技术的发展，科学家们逐渐认识到生物体的激素水平、新陈代谢和睡眠都由生物钟精准调控，发现了生物钟基因及其编码的相关蛋白质，阐明了人类和很多动植物调整生物节律适应由地球自转造成昼夜变换的方式，德国生物学家本林、德国生理学家阿绍夫和美国生物学家皮登觉等多名科学家的卓越研究成就被世人广泛接受，先后获得了诺贝尔奖。

　　进入21世纪以来，生物节律及生物节律紊乱调节的研究重点聚焦于认知功能的影响和疾病发生的方向，生物钟对人体的感知觉、学习和记忆、认知能力、操作能力、定向能力等密切相关、而生物钟紊乱可导致内脏多器官生理节律紊乱、疾病发生，同时也可引起情感性疾病。现代社会科学技术发展迅猛，就业和竞争压力日趋激烈，许多特殊作业环境，如空间站、南极北极、深潜远航，一些特殊作业规范，如连续数日不能睡眠等均可引起人员的生物节律紊乱，影响他们的作业能力和效率。因此，探讨生物节律与认知的关系是生命科学不可回避的课题。

　　我们组织海军军医大学多学科专家编写此书，全书共七章，论述了生物节律及其调节机制，阐述了生物节律紊乱对睡眠障碍、神经认知与神经内分泌、心理状态及消化系统的影响机制，并提出干预措施，特别介绍了密闭空间环境作业人员生物节律紊乱的研究进展和防治策略，为生命科学特别是从事特殊环境人群作业效能维护和提升相关研究人员提供了指南。

　　谨以此书献给全国读者，希望能对从事生物钟研究和生物节律紊乱相关疾病防治的学者有所帮助。

王川、王子莹、黄文

2022年10月　上海

目 录

CONTENTS

第一章

生物节律及其调节机制

引　言

　　生物钟指的是地球上从单细胞生物到复杂有机体、从低等生物直至高等动植物都表现出的，随地球自转和昼夜节律循环，周期为24小时的节律现象。学者对哺乳动物（包括人类）进行研究后发现，生物钟对包括睡眠、进食、维持机体温度和分泌激素等诸多行为和生理过程具有重要意义。漫长的历史中，人类"日出而作，日入而息"，人类活动相对精确的流程时间线由人体生物钟提供，并根据时间线进行所需的能量代谢。20世纪中叶，科学家把"生物钟"的概念正式提了出来。近年来，随着人类科技水平逐渐提高，时钟基因逐渐被从生物体成功分离和鉴定，并进一步被成功克隆，这预示着人类对生物钟机制的阐释在分子生物学水平的研究上取得重大进展。一系列时钟基因和由基因编码生成的蛋白质互相作用，构成数条反馈回路，组成了相对稳定在24小时左右的昼夜系统。生物体接受光照-黑暗周期的信号，通过输入系统被振荡器接收，节律振荡信号经由输出系统的钟控基因，通过体液和神经途径的表达抵达效应器，最终实现对生理和行为昼夜节律的调节，使节律与环境周期节律保持一致。这一普遍的分子机制适用于各类生物的昼夜系统运行。现代社会中人们一些造成睡眠剥夺的不良行为（如熬夜和吃夜宵）导致罹患代谢系统、免疫系统和神经系统有关疾病的风险大大增加，很多学者认为，了解和解决这些疾病可以从生物钟和新陈代谢入手，通过深入研究有望找到这些疾病的内在诱因。此外，针对生物时钟基因的研究还有助于对遗传性疾病的了解。对生物时钟基因运作机制的深入研究对揭示生命节律性活动有重要意义，可为医疗保健和农牧业生产实践提供新的理论依据。

第一节　生物节律的研究历史

一、节律

　　节律又叫节奏，最早出现在音乐领域内。《新华字典》解释说，节律是某些物体运动的节奏和规律。根据《现代汉语词典》解释，"节奏是音乐中交替出现的有规律的强弱、长短的现象，比喻均匀的、有规律的工作进程。"节奏存在于我们生活的每一处，如日夜的交替、四季的变化、候鸟的迁徙、动物的冬眠、植物的定期开花等都是在有规律进行着，都存在着一种节奏。也就是说，节奏无时不在、无处不有。

地球恒久的节律是围绕太阳公转和以地轴自转，周期分别为365.25天和23时56分4秒。月球每29.5天绕地球一圈，又随着地球在围绕太阳的轨道上行进，这种宇宙周期性的节律时时刻刻都在影响甚至决定着地球上有生命和无生命的万物运动。太阳为地球上的所有有机体提供了赖以生存的能源和动力，生物运动因依赖太阳能源而依从太阳活动的周期节律。生物在进化的历程中，其节律与自然节律的适应性和吻合度决定其能否适应环境演化，进而被选择生存或灭亡。地球公转对生命节律的影响最为深刻，所有的生命活动的能源和动力都以24小时为周期从不停歇地规律重复着。一昼夜24小时的生命周期被称为日节律（昼夜节律）。从植物光合作用到动物昼出夜伏，日节律对于生命体而言再常见不过。经过光合作用，植物将太阳能转化成可被贮存的化学能，动物通过食用植物并将其能量转化成自身化学能，这一过程称为食物链，从本质上来说这就是以太阳光能为源头的能量传递链。

二、生物节律概念

生物从本质上讲属于物质，只不过是具有"生命"的物质个体，因此生物钟（又称生物节律）也是一种自然物质钟，是指生物体按一定时间节奏规律而发生周期性变化的生化和生理行为。生物节律是生命现象中的节律性变化，是自然进化赋予生命的基本特征之一。地球上全部生命都按照生物对自然界环境适应性选择而演化，这符合普遍公认的自然选择原理。相比于地球形成，生命的出现要晚大约10亿年，那时地球环境已然稳定，在生命刚开始诞生的时候，地球上成熟的环境条件和能量动态平衡就影响着基本的简单分子生化反应，在生命漫长的发展演化中亦然。地球节律性的运动控制了一切机体的生命活动节奏，一切生物节律也都是经过环境的演化选择作用的结果。

从基因、细胞到生命体乃至群体，各个层面上的众多生理生化行为过程都具备显著的节律周期，时间跨度为几秒到几年不等。在节律的作用下，生物体得以充分适应环境，生物节律是自然进化过程中生命被赋予的一种基本内在特征。对于生物节律的另一种解释是生物体的生理、生化活动或功能按顺序发生的变化，当这些变化周而复始地出现且遵循一定的时间规律，则可以称为节律性变化。例如蛇类冬眠、候鸟迁徙、公鸡报晓，无不遵循昼夜交替或季节变换，这些生物活动都有着极强的时间周期性。

生物节律具有普遍性，按时间周期长度大体上可以分为4类，即日节律、潮汐节律、月节律和年节律。最短的日节律周期是24小时，又称作昼夜节律，典型日节律包括人类睡眠-觉醒和植物的叶运动等。生活在沿海地带的动植物具有潮汐节律，它们的活动规律往往与潮汐高度相似，例如水生蟹类动物涨潮时活动，而岸生蟹类则在退潮时出来觅食。动物的生殖周期（发情）是月节律的主要表现。年节律涵盖的行为现象要广泛地多，诸如动物冬眠夏蛰、植物从发芽到结果，很多生物表现出的年节律显而易见。可以说全部动植物的生命行为活动基本上都能反映出生物节律的存在。

生物节律影响甚至决定着人类的心跳、呼吸、血液循环等生命过程，可以说从出生开始，人类就生活在生物节律的制约之下。以24小时为周期的人的血压、体温、体力、情绪和智力等指标均在规律性周期性地变化着，这些生理现象依然属于生物节律的范畴。在自然界生物节律的基础上，学者研究并发展出时间生物学这门学科，专门研究生物体各种现象的时间周期性。中国传统医学认为，在天地之间的人体是独立又依赖于大宇宙的小宇宙，人类与宇宙在众多方面有着紧密联系。按时间生物学的理论来讲，生物体生理生化活动的节律性以昼夜交替和四季变换为基本依据，遵循着内在的节律周期。

三、生物节律的研究历史

地球绕地轴自转一圈是24小时，地球表面的各个角落交替性暴露在阳光下或被黑暗遮蔽，地球上全部生命体的活动遵循着一定的规律，不论是藻类还是人，不论是低级还是高级生命，在地球昼夜交替的节律中一直在持续演变。生命进化由宇宙中最重要和精确的计时器规划，每个生物体必须按照昼夜节律进行规划才能避免在昼夜变化之中紊乱失调。对于人类生物节律的生理基础，人们认为人类大脑中有个生物节律主时钟，可根据外界环境光线亮暗的不同，同步睡眠和觉醒的生理过程。然而除了大脑中的主时钟，人体外周系统中的每个细胞内都存在生物钟来调控其生理活动，"不仅肝里有钟，脂肪组织里有钟，就连脾脏里也有钟"。各种生物钟调控着人的睡眠-觉醒、进食、激素分泌和新陈代谢等众多重要的生理生化反应行为，科学家提出，正是生物钟保障了物种的进化。在全部生物进化的历史进程中，物种的生物节律并非一成不变而是在不断演化的，普遍存在于生物体内的生物钟目前仍是生物学进程上重大而深邃、有待充分解释的谜题。

（一）时钟的发明

对于生物节律的历史研究表明，在人类发明时钟之前，自然、生物、细胞甚至原子似乎早已经各自发展了自己的时钟。

2013年，埃及帝王谷出土了一个古老的日晷，它是一块平坦的砂岩，上面刻着一些标记，研究显示，它可能来自公元前1250年。在古埃及，白天和夜晚被分为12个小时，小时的长度可能会随着季节而变化，夏季的白天时间更长，而冬季的白天则更短一些。时钟帮助我们计时，让我们对时间有一种更直观的认识。

17世纪，旷世巨作《自然哲学的数学原理》问世，牛顿在书中写道：绝对的、真实的和数学的时间，由其特性决定，自身均匀地流逝。牛顿认为，真实的时间以稳定的速度流动着，这种流动指向未来，世界就是被一个"宇宙的主时钟"主宰着。随着牛顿力学体系的建立，万有引力定律不仅可以解释地表物体的运动，也能解释天体的运动。在启蒙运动时期，在自然神论者中由此开始流行一种机械宇宙观。他们将宇宙视为一个完美精确的机械钟表，随着钟表运行，它的齿轮主导着物理定律，让这台机器的所有部分变得可以预测。2009年，艺术家维尔瑞尔为澳大利亚国家科技馆制作了一个巨大的挂件，代表机械宇宙观的概念。

牛顿的观点似乎与我们的经验常识吻合，对每个人来说，时间的确好像是在流逝，且流逝的速度都是一样的。但这一切在20世纪初被一位科学家改写，他就是爱因斯坦。

为了用一种最直观的办法简单介绍爱因斯坦的理论，我们可以借助科学家戴维斯（Adam Hart-Davis）讲述过的一个思想小实验来理解。想象一艘宇宙飞船，它的尾部放着一台频闪灯，每秒钟闪烁10次。如果飞船是静止的，那么灯发出的闪光也会以每秒10次的频率到达飞船头部。但是，如果我们让这艘飞船在宇宙中加速飞行，尾部发出的闪光依然保持每秒10次，但是在相邻的两次闪光之间，飞船的速度会变快一些，所以闪光需要花费更长时间才能到达头部，因此在头部观察到的闪光可能只有每秒9次，也就是说，闪光的频次变慢了。换句话说，当飞船启动后，在这个具有加速度的参考系中，对头部的观察者来说，尾部的时钟就变慢了，这就是引力红移带来的影响。相反，如果把频闪灯放在头部，在加速度的作用下，船尾的观察者则会觉得头部的时钟变快了，引力蓝移效应则发挥了作用。

这种引力频移理论表明，时间在强引力场中会变慢。这种"时间膨胀"意味着，时间对不同观测者来说可能是不同的，时间的测量取决于观察者的运动。唯一的例外是光速——对所有人而言，光速都是一样的。"遗憾"的是，尽管牛顿获得了辉煌的科学成就，但在这一点上，他错了。爱因斯坦的理论说明，宇宙不可能像牛顿想象的那样有一个"主时钟"。

（二）生物之钟——节律研究历史

地球上的生命需要不断适应地球环境。为了适应地球自转，帮助调节一天中的节奏规律，生物体内发展出了一套独有的"时钟系统"，被称为昼夜节律，也就是我们常说的"生物钟"。

最早有关生物节律的著名实验来自18世纪。天文学家让·雅克（Jean Jacques）发现含羞草叶子白天冲着阳光打开，到了傍晚时分会关闭，因而对含羞草持续存在于黑暗环境中的行为产生好奇。实验后发现没有日常光照，叶子依然遵循正常的交替，似乎含羞草有自己的生物钟。

后来其他学者证实，除了植物以外，动物也具备生物钟，人类的生物钟就使人的生理活动适应自然环境。学者将这种普遍、内源性的适应能力称为昼夜节律（circadian rhythm），circadian起源于拉丁语，circa意思是"周围"，dies意思是"天"。但是，我们内部的生物钟如何工作仍然是一个谜。

20世纪中叶，德国动物学家克默雷（Gustav Kramer）认为，不仅是植物，动物和人类都有一种内在的生物钟，帮助我们为一天的波动做好生理准备。还有生物学家发现，鸟类约24小时的昼夜节律甚至能够帮助它们导航。

对人类来说，人体的生理机能如激素水平、新陈代谢和睡眠都由生物钟精准调控，让我们能适应一天中不同的时间段。当外部环境和这种内部时钟出现了暂时的不匹配时，比如当我们经历时差时，身体健康就会受到一定程度的影响。也有一些证据暗示，如果我们的生活方式和内部时钟出现长期的"不同步"，可能会增大罹患多种疾病的风险。但我们体内的生物钟究竟是如何工作的仍然是个谜。1984年，霍尔（Jeffrey Hall）、罗斯巴什（Michael Rosbash）和扬（Michael Young）等团队密切合作，成功分离出了 period 基因。霍尔和罗斯巴什紧接着发现由 period 基因编码的 PER 蛋白质在夜间逐渐积累，到白天则经历降解过程；也就是说 PER 蛋白细胞内浓度水平在一昼夜内周期性振荡，遵循昼夜节律。

1994年，扬发现了第二个生物钟基因 timeless，它编码了 TIM 蛋白质。他的研究表明，当 TIM 与 PER 结合时，这两种蛋白质能够进入细胞核，在核中，它们阻断了 period 基因的活性，从而关闭了抑制性反馈循环。

2017年诺贝尔生理学或医学奖被授予了对控制昼夜节律（生物钟运行）的分子机制有重大发现的杰弗里·霍尔、迈克尔·罗斯巴什和迈克尔·扬三名美国科学家。评奖委员在颁奖词中提到，"尽管生物钟存在于包括人类在内的很多生物体内是广泛共识，但人们长期以来并不理解其工作原理，生物钟也一直是科学家研究的重要课题。这次获奖者们的研究成果阐明了人类和很多动植物调整生物节律适应由地球自转造成昼夜变换的方式"。

人体的生物钟在一昼夜的各个时间段准确调控人体各项功能和行为，包括体温、新陈代谢、睡眠-唤醒和激素分泌。当例如长途旅行中人需要倒时差的情况下，内在生物钟与外界自然社会环境暂时性不相匹配，人难以适应，就会出现身体不适。研究证据表明，若一个人长期实行与生物钟节律不符的生活方式，会大大增加罹患多种疾病的风险。果蝇细胞内生物节律的调控基因被这些科学家单独分离提取，该基因表达的蛋白质在夜间浓度上升，白天则被分解降低，这样的昼夜变化调控产生了细胞的生物节律。另外几种作用于该过程的蛋白质也随后被他们相继发现，胞内生物钟的工作机制在分子化学的层面上因而被很好地揭示出来。

1. 获奖科学家简介　遗传学家杰弗里·霍尔：1945年生，纽约人。1971年获得西雅图华盛顿大学的博士学位后，到1973年间他于加州理工学院从事博士后研究，并在1974年获得布兰迪斯大学教职，现已退休。

遗传学家迈克尔·罗斯巴什：1944年出生在堪萨斯城。1970年他获得美国麻省理工学院博士学位，继而到苏格兰爱丁堡大学进行了博士后研究，1974年之后任职于美国布兰迪斯大学。

遗传学家迈克尔·扬：1949年出生于迈阿密。他在1975年获得了奥斯丁德克萨斯大学的博士学位，随后两年的博士后研究工作在斯坦福大学完成，并于1978年到纽约洛克菲勒大学任职。

2. 鉴定生物钟基因　罗纳德·科诺普卡和西莫尔·本泽尔在1971年发现，*period*基因突变会使果蝇的生物节律周期发生改变，甚至可能导致果蝇丧失生物节律。但当时在发现该生物钟基因后，研究并没有能够进一步阐释昼夜节律的调控机制。

1984年，杰弗里·霍尔、迈克尔·罗斯巴什与迈克尔·杨三位科学家合作分离出*period*这个生物钟基因。紧接着发现了*period*基因编码的PER蛋白质在夜间产生积累，到白天则被分解利用。按照这个规律，体内PER蛋白的浓度在24小时周期内振荡，与昼夜节律同步。

3. 人体节律机制　下一步的关键研究目标是要了解人体是如何产生和维持昼夜节律的振荡。霍尔博士和罗斯巴什博士假设PER蛋白遏制了与节律周期有关基因的活性表达，认为PER蛋白通过抑制性反馈回路（自我负反馈机制）阻止其自身的合成，从而达到连续循环节律调节其自身的水平。

这个模型是诱人的，但是几个关键拼图失踪了。为了阻止周期基因的活性，在细胞质中产生的PER蛋白必须到达遗传物质所在的细胞核。霍尔博士和罗斯巴什博士指出PER蛋白水平夜间在细胞核中升高，但不清楚其进入细胞核的机制。直到1994年，杨博士找到了另一个时钟基因，由它负责编码正常昼夜节律所需的TIM蛋白。

至此，研究结果阐释了决定果蝇生物节律的运作机制：*period*与*timeless*基因表达被转录因子激活，当基因表达的产物即PER和TIM蛋白逐渐增多，两种蛋白结合后产生了异二聚体，蛋白二聚体在夜间进入细胞核，使转录因子的活性被抑制，从而降低PER与TIM蛋白的转录活性；PER和TIM蛋白也会在夜间被逐渐降解，到了清晨转录因子的活性回到正常水平，*period*与*timeless*基因的表达被重新激活，开始一个新的节律周期。

生物体内实际的生物节律分子调节机制极其复杂，在各种生物细胞内，多种钟蛋白发挥不同的调节作用，但不管是真菌、昆虫还是哺乳动物，这种反馈环路的模式在真核生物里体现出高度保守统一性，本质上来讲，真核生物的生物钟运作有着机制共性。因此，三位诺贝尔奖获得者的开拓性研究有着里程碑式的重要意义，在他们三位研究成果的基础上，近年来科学界对动物昼夜节律机制的理解进一步完善。

4. 细胞之钟-周期　继续聚焦到生物内部最小的基本单位——细胞，与原核细胞相比，真核细胞的染色体位于细胞核内部，而不是与细胞的其他部分混合在一起。这些细胞最早出现在约20亿年前的地球上。这些细胞组成的生物可以是单细胞生物，也可以是多细胞生物，比如动植物。人体由大量细胞组成，平均每克组织有10亿个细胞，每个细胞核都包含我们全部的遗传物质，也就是DNA，它们分布在23对染色体上。人体细胞全部来自同一个受精卵，人即使成年后，体内仍在源源不断地分裂出新细胞取代衰亡凋零的细胞。

一百多年前，人们就知道细胞是通过分裂繁殖的。然而，直到20世纪后期细胞调控的周期和细胞分裂的分子决定机制才真正地被确定。这些内在固有的基本机制是进化过程中高度稳定的环节，它们在所有真核生物中以相同的方式运作。这些机制就像精确的"码表"，严格调控着分裂的每一步。

细胞周期由几个阶段组成。在第一阶段（G1），细胞生长并变大。当它达到一定大小时，就会进入下一个阶段（S），DNA合成就在这一阶段中发生。细胞复制其遗传物质（DNA复制），每条染色体形成副本。在下一阶段（G2），细胞会检查DNA复制是否完成，并为细胞分裂做好准备。染色体分离（有丝分裂，M），细胞分裂成两个子细胞。通过这个机制，子细胞会得到相同的染色体设置。在分裂之后，细胞会回到G1，细胞周期完成。细胞周期的持续时间因细胞类型而不同。在大多数哺乳动物的细胞中，它会持续10到30小时。处于G1阶段的细胞并不总是会进入整个周期。相反，它们可以退出细胞周期，进入休眠期（G0）。

对于所有活的真核生物来说，细胞周期的不同阶段必须精确协调，各阶段必须按照正确的顺序进行。一旦出现协调上的错误则有致使染色体改变的风险，在子细胞中可能发生（部分）染色体丢失或重排等问题。这种染色体变化经常发生在癌细胞中。2001年，诺贝尔生理学或医学奖得主哈特韦尔（Leland Hartwell）、亨特（Tim Hunt）和纳斯（Paul Nurse）在有关细胞周期的控制方面取得了突破性的进展。他们确认了在所有真核生物中调节细胞周期的关键分子，包括调控细胞周期的CDC基因家族、关键性调节蛋白CDK（周期蛋白依赖性激酶）以及蛋白质家族细胞周期素。这些基本发现对细胞生长的各个方面都有很大的影响。从长远看，这也为癌症治疗开辟新的可能性。

■第二节 生物节律的基本特征

生物体适应于伴随着地球自转和公转的昼夜更替，表现出可持续运行的生物节律，一个周期约为24小时。18世纪，科学家在含羞草的向阳打开和黄昏关闭的自主运动现象上，首次意识到生命内在含有感受光信号的类时钟系统。地球上最初具有光合作用能力的有机体是蓝藻，其内在生物钟帮助其在地球自转产生的环境明暗变化中适应并生存。到了像哺乳动物这样的高等生物体，生物钟系统就演化地十分复杂，主钟位于下丘脑视交叉上核（suprachiasmatic nucleus，SCN），外周生物钟则位于肝脏、肾脏和肠道等器官。主钟通过控制机体的行为、内分泌系统和神经系统调控着外周生物钟。对于哺乳动物的生物钟，主要刺激信号是光照和食物，视网膜的感光细胞接收到光信号并投射到SCN，营养信号通过食物中的化合物和体内激素信号直接参与外周生物钟的调控。

一、生物节律简介

RNA分子和蛋白质是生物钟的重要组成部分，他们会随着生物节律产生大量震荡。在每天的特定时段，节律基因的信使RNA开始复制，其他钟基因表达蛋白因而有了原料储备；这些蛋白质达到足够的浓度水平后会中断信使RNA的复制，抑制蛋白主动或在其他蛋白的作用下分解失活，当蛋白水平落到阈值以下，生物节律就开始了新的循环周期。结构简单的蓝藻具有三种主要的钟蛋白，分为 KaiA、KaiB 和 KaiC。研究证实，在 KaiA 的辅助下，KaiC 会在傍晚获得紫色磷酸；到了晚上，KaiA 的作用受到 KaiB 抑制，且 KaiB 会在日出时分将紫色磷酸从 KaiC 上争夺过来。正是由于三种节律蛋白相互作用并发挥各自的功能，蓝藻可以在光照条件下完成光合作用。

学者对生物昼夜节律的起源普遍持这一共同观点：各种生物的生物钟是互相独立各自形成的，不会彼此干扰，还会对自身生物钟进行再塑造。形成这一现象的原因可能是生物对细胞基因免遭日光紫外线损伤的保护。随着生物钟研究领域的不断深入挖掘，部分学者开始怀疑上面这种观点的正确性，新观点认为所有生物体的子生物钟均由相同的母钟演化而来，母钟通过持续的发展进化使细胞不被紫外线氧化。从蓝藻、真菌到植物和动物，几乎全部生物体都拥有内在的生物钟。各种人造钟表的精密度有高低之分，从低级到高级生物体的节律蛋白也拥有差异显著，但这些蛋白相同的功能都是在可预测因素的帮助下让细胞节律与自然时间相符，例如信使 RNA 和蛋白的水平变化。

二、生物节律的分子特征

（一）生物节律的 DNA 保护机制

剑桥大学分子生物学实验室的细胞生物学专家约翰·奥尼尔认为避光推动生物钟进化的说法是错误的。用于支持生物节律避光说的主要证据是细胞一般在夜间黑暗条件中完成 DNA 复制，同时对白天日光造成的氧化性损伤进行修复。一些蛋白质是推动生物钟运转的"齿轮"，它们也有辅助修复 DNA 的作用，维持正常的生命机能。一种猜测是生物节律存在的重要意义是出于对 DNA 的保护，即 DNA 有受保护需求才会引发生物节律，但事实上，即使是不含有 DNA 的生物体也拥有自身节律。名古屋大学的高雄近藤及同事 2005 年在《科学》杂志上撰文表明，分别将蓝藻细胞的三种时钟蛋白KaiA、KaiB 和 KaiC 放进试管里再加入 ATP（由三磷酸腺苷产生的能量），生物钟就能够节律性地在 KaiC 上增添或削减磷酸。这三种时钟蛋白再加上两种辅助蛋白，共同在清晨日出时分在藻细胞内储存蛋白质，不仅为光合作用的需求做准备，也用于其他日常活动的维持。该研究结果证明了 DNA 并不是生物钟运行的必要条件，同时意味着生物节律调控并不一定要有信使 RNA 和蛋白质翻译表达的作用。关于红细胞昼夜节律的研究再次否定了生物节律避光说——红细胞内并没有细胞核也就不存在 DNA，却同样表现出生物节律；传统生物钟学说中，信使 RNA 的复制是必要的步骤，但红细胞内没有 DNA 也就无法复制 RNA。2011 年，一篇发表在《自然》上的论文指出，在信使 RNA和蛋白质的循环作用下，真核细胞生物节律与太阳的昼夜时相同步，红细胞的生物节律则完全不具备这种机制。红细胞在自身昼夜节律中产生的过氧化物还原酶是有抗氧化作用的蛋白，通过对氧气的吸收和释放与细胞产能过程中的副产物、具有氧化性的过氧化氢发生反应，从而将其消除。由过氧化氢引发的氧化还原链式反应会损害细胞成分，需要及时清理来保障细胞健康存活。

众多动植物的先祖在十亿多年前就在进化的过程中形成了各种物种分支，植物的时钟蛋白和动物的中央计时蛋白差异显著。因此，学者认为含DNA的生命体所具有的生物钟机制要远远复杂于蓝藻。例如，果蝇复杂的生物钟系统的蛋白质和信使RNA细胞水平在一昼夜中节律性上升和下降。

（二）生物节律的重要影响因素：氧气

抗氧化性的蛋白质存在于绝大部分动植物体中。与红细胞类似，绿藻细胞内检测出的抗氧化蛋白也有表达的昼夜节律性。就抗氧化蛋白来说，其结合的氧分子水平量在昼夜周期内振荡。后来的研究在果蝇、拟南芥、长形蛋白蓝藻和盐杆菌（古细菌）中都发现了具有行为节律的抗氧化蛋白，覆盖面跨域了生命体的绝大部分物种。在如此多的生命领域都发现了抗氧化蛋白的生物钟，但抗氧化物生物钟具体于何时诞生还不得而知，这种节律机制可能有着几十亿年的演化历史，目前有学者认为大概发生在25亿年前。当蓝藻具备了光合作用的能力，将光能转化为化学能维持生命活动，也就是在"大氧化事件"中产生大量氧气的开始。

尽管在当今世界，缺少了植物光合作用和大气层中的氧气是无法想象的，氧气对早期的原始生命机体来说却是一种毒素。部分机体并不能在富氧条件下存活，只能灭亡或者沉浸到高度缺氧的深海环境中。蓝藻主要在白天进行光合作用产氧，这些不耐氧的生命体只能通过启动抗氧化机制维持生存；相较作用机制，更具备生存优势的是对富氧条件何时产生的定时预测能力。过氧化物酶就是根据机体内氧分子水平改变的一种节律指针，对其有调控作用的核心钟控系统更加古老神秘，这种节律机制在漫长的进化历程中得到保留，必要情况下还可以得到修正，说明其巨大的优势。根据奥尼尔的解释，生物钟会演化出一些与手表显示时区、时间和日期等信息相似的作用，将环境变化记录下来。生物钟可能最初出现是由原始真菌、植物或动物为了面对环境变化带来的生存挑战（如氧中毒）而产生的。

（三）激酶：原始生物钟

人们认为某种远古单细胞生物可能发展出了原始生物钟，即一种蛋白质——激酶，通过对磷酸的转移破坏或改变其他蛋白质的功能。酶对生物钟有着非常重要的作用，最关键的两种激酶酪蛋白激酶1（CK1）和糖原合成酶激酶3（GSK3）很可能正是学者长期以来探寻的原始生物钟。研究证实，即便是那些不具备生物节律的有机体也拥有激酶调控的酶类周期。例如，制作面包和酿酒的酵母细胞内无生物钟蛋白或昼夜周期循环，却同样有一定的生物节律，它们在一昼夜内经历8次、每次约3小时的呼吸振荡，过程中耗氧量明显起伏变化。研究者通过化学手段干扰酵母的CK1，发现酵母呼吸的振荡速度变慢。另有研究发现对CK1的扰乱也会使鼠细胞生物钟发生改变。这些结果足以说明激酶对于维持正常生物节律的重要性。研究分析指出，激酶可能在有机体内构建了简易生物时钟，作用与蓝藻的KaiA\B\C系统类似，在配置好简单的齿轮后，机体增添其他更加复杂的齿轮和模块才演化出如今的生物钟系统。然而目前仍缺乏证明激酶是现代生物钟原始祖先的直接证据。学界讨论的另一种可能性是根本不存在原始生物钟，细胞生物学的演化驱动力或许仅仅是规律性的生化反应，但这种猜想的正确性同样非常难以验证，找到原始主时钟或许是对其进行证伪的唯一途径。

（四）独立进化论

学者们一直对原始生物钟的抗氧化酶有争议，主流观点认为它负责调控信使RNA和蛋白质的复制、转录和翻译表达，在进化过程中逐渐演变成避光机制。激酶是在原始生物体内的生物时钟齿轮体系，在现代生物体内激酶的作用是多种生物钟的激发动力。例如，激酶Swe1是决定面包发酵用酵母耗氧节律的关键因素，该酵母的单个呼吸周期一般持续3小时，若Swe1被移除或发生突变，呼吸周期则明显缩短。

奥尼尔认为，现在生物体的生物钟都是在某个统一的原始母生物钟基础上演化产生的，但独立进化学说始终没有被其他学者全部否决。目前尚未有方法确认原始的母生物钟，但生物昼夜节律作用机制的本质已经得到广泛研究和讨论。生物钟的作用远不止防止机体氧中毒和被紫外线损伤。研究发现，生物钟的一大重要作用是为生化反应链的基本要素——分子制定专属的行为作用时间表，这样就能避免各种反应相互之间会发生的冲突，保证细胞活动顺利运转。令研究者好奇的一点是，为什么机体生物钟调控的新陈代谢每天都开启又关闭，而不是不休止地进行。经研究者证实，按照生物节律进行短时间内大量生产比长时间分别进行小规模生产能够节省能量。

生理学家达米安·莫兰以自然试验验证了关于节省能量的假说。有些失明的墨西哥脂鲤在不见光的洞穴中生存，其生物钟却一直保持白日模式，这种稳定的单一模式决定其保持稳定的耗氧量从而节省能量，与其相比，视力正常、生活在浅层墨西哥脂鲤白天的耗氧量明显更高。莫兰本以为可能是个体的个别现象，换了新的一批墨西哥脂鲤进行监测，依然得到了同样的结果。莫兰团队的研究结果在《公共科学图书馆期刊》发表，洞穴中墨西哥脂鲤整个昼夜周期内新陈代谢较稳定，在没有光-暗周期变化刺激的条件下节省的能量约达27%；即使是在黑暗条件下进行实验，洞穴墨西哥脂鲤的表现更佳，对比浅水区组能量使用降低约38%。

以上结果支持了在规律运转的世界中，生物钟具有能量节约性这一特点。洞穴墨西哥脂鲤的生存环境比静态稳定，光条件始终是黑暗的。莫兰于是思考新陈代谢的原动力，他认为如果生命体完成新陈代谢是在为其他生命活动进行准备，那么准备的目的没有达成就太过可惜。在正常的光-暗周期环境中，生物钟可演化出的形式多种多样，仅以某些极端环境生存的生物昼夜节律为例无法说明地球上绝大多数生命体的生物钟情况。时间生物学家海尔姆表示，失去生物钟会使生命体生存状态更好的结论令人怀疑，仅能代表一些极为特殊的情况；即使黑暗洞穴中生存的鱼没有眼睛，也不代表眼睛这一器官是无用的。她认为生物钟的演化应该是多方面因素共同决定，生物钟的必要性可能在于应对不同的外部环境。

三、人体生物节律的特征

现如今大多数研究者认同的生物节律基本特征的特点如下：

（1）广泛性：生物节律不仅从单细胞生物到哺乳动物的整个生物体中广泛存在，而且在高级动植物的器官、组织、细胞和分子水平上均存在。

（2）内源性：生物节律是机体先天内在、不可分割的，只要外部环境条件恒定，生物节律会后天稳定存在。

（3）可调性：像光亮-黑暗循环这样的外界环境因素会影响生物体的昼夜节律，生物节律具有重置作用，保障内在生物节律同步于外部环境。

生物钟系统产生生物节律并对其进行调节维持，包含3个基本要素：生物节律的系统中枢（又称中枢生物钟）、生物节律的系统输入和系统输出。学界普遍认为哺乳动物的系统中枢位于下丘脑视交叉上核，主要产生和调控维持着整体生物节律；其他一些组织器官产生外周生物节律，外周节律又受到中枢节律的调控。各类授时因子影响着SCN产生的内源性节律，例如光暗周期、光信号强度、外部环境温度、社交因素刺激、运动和饮食等因素的影响，众多因素发挥导引作用，使生物钟本身调整相位达成与外界环境节律的同步。光信号给视网膜的感光细胞刺激使之产生兴奋，是生物节律最重要的影响因素。感光细胞的兴奋经直接或间接途径传至SCN，SCN和脑其他区域的神经元之间耦合作用，生物体各种相关基因的转录和翻译受到调节后同步于外界的光暗环境。振荡信号从SCN经过神经纤维传至大脑其他部位，通过神经内分泌机制和自主神经系统控制并调整外周组织器官的生物节律，使同步于中枢神经节律或与之相协调。生物钟系统以这种方式调节着机体各系统的功能，局部的新陈代谢和细胞的增殖活性。

目前科学家已鉴定并克隆出对产生和维持哺乳动物生物节律有重要作用的基因，这些基因包括*period*1、*period*2、*period*3、*CLOCK*、*BMAL1*、*timeless*、*CRY1*、*CRY2*和*TAU*等。当节律基因启动转录，经转录翻译合成蛋白质，达到一定浓度的转录蛋白对基因启动部位产生反馈作用，使蛋白浓度以24小时为周期进行自激励式振荡，从分子基础上产生和维持着生物节律。

四、中医理论中人体生物节律的基本特征

生物节律对人体生理功能影响重大，2017年的诺贝尔生理学或医学奖得主是杰弗里·霍尔、迈克尔·罗斯巴殊和迈克尔·杨3位美国科学家，获奖理由是"发现了调控昼夜节律的分子机制"。该发现结合时间生物学与时间医学的理论，阐述了动植物及人类通过调节生物节律与地球旋转实现同步的内在机制。这项研究也将"生物钟"推向了大众视野，生物钟调节着人体各项机能，如行为活动、激素水平、新陈代谢、体温和睡眠。当个体的生活方式与自然运行规律相背离，身体内部代谢就会发生紊乱，患

上各类疾病的风险也会随之增大。事实上，祖国医学早就有关于"生物钟"的理论，即"子午流注"。在中医的基础理论中，人与宇宙天地的整体性属于核心观念，"子午流注"正是在这个理论体系上发展起来的应用学说，对于外在环境与人体自身正常运作的结合具有指导意义。"子午流注"与"生物钟"均能诠释生物节律，因前者蕴含了中国古代哲学思想与传统医学的理论基础，其艰深的内容使大众很难理解甚至有些误解。但其实，"子午流注"涵盖了更为精妙的时间理论体系及与临床相结合的指导思路，在运动养生方面具有重要意义。

（一）以"子午流注"论阴阳

中医认为，"子"为阳气之首，"流"即是"往"，为阳生的过程；"午"为阴气之初，"注"是指"住"，代表阴藏的过程。总体以"子午"指代时间，借"流注"喻意运动。二者相合，既言整个宇宙中时空与运动的统一，也指单一个体内时间与气血的关系。不同时辰阴阳消长，维持着机体气血流注的多少与强弱，以维持正常的生命活动。

人体是一个运动的有机整体，人的生命活动在阴阳消长中持续进行，人体的内在运动与外界环境也需协调统一。《素问·生气通天论》中有述："平旦人气生，日中而阳气隆，日西而阳气已虚，气门乃闭。"这句话的意思是人机体活动应当遵循子午流注的规律，在阳气旺盛的白昼，机体功能主要表现出兴奋性，适当的运动有助于人体的气畅通；到了阴气较盛的夜晚，机体的功能则应当偏向抑制状态，宜静不宜多动。此时身体是处于顺应自然的状态，阳生阴藏，动静相宜，以达天年。

（二）"子午流注"与运动

以"子午流注""运动"为主题词检索中国知网，共搜到文献28篇，将其进行阅读分析发现：部分文献提出的时间医学与运动时间学的论述与现代时间生物学具有相关性，将其解释为人体一切生命活动和生理、生化现象都有着相对稳定的季节和昼夜等时间节律；在特定时辰运用针灸治疗运动损伤疾病是其中最热门的切入点，且有13篇文章从循证医学的角度进行机制研究。祖国医学很早就有了运动养生的观念，多将"动静结合""养神""养形"等思想融入中国传统运动以保健延年，其中与季节节律对应的经典理论是四时养生，与昼夜节律对应的则是"子午流注"。

运动养生理论是在"子午流注"的指导下，把人体的十二条经脉分别在昼夜十二个时辰里的内在运转规律有机联系和结合，随着时辰的变化通过不同的运动处方，使不同经脉中的气血在不同时间各有盛衰，以此能更精准地因时因病制宜，最终达到养生保健的目的。

（三）十二时辰对应的运动养生

人是大自然的组成部分，人的生活习惯应该符合自然规律，即《内经》所言"法于阴阳，和于术数。"运动时间学理论认为，人的运动能力随着一天时间的推移，会出现三个高峰期：8点至12点，14点至18点，19点至21点。此外还有三个低峰期：4点至8点，12点至14点，18点至19点。

祖国医学注重"天人合一"的整体观念，因势利导，顺其自然，合理调整气血阴阳及脏腑神志，通过一天中不同时段不同脏器及经络的特点指导运动养生，以改善和维持人体健康状态。

晚11点至次日1点，中医认为十二脏腑取决于胆，所以提倡"子觉"，《黄帝内经》中的"凡十一藏取决于胆"意即胆经功能支持着人体所有脏器的运转。骨髓造血通常是子时，保质保量的睡眠是机体储存充足能量的前提。丑时即凌晨1点至3点，此时主要是肝脏修复，而最好的护肝方式就是静心养气。

子时与丑时，胆经与肝经流注旺盛，即为胆汁及肝血推陈出新之时。正常生理情况下，胆气生发之后全身气血随之而起，继之肝内血液充足，以维护肝之疏泄功能，使之充和条达，并发挥解毒滤过之功用。

此阶段至阴至，阳气生，为阴极生阳，阳气始发之时。阴主收藏，故人在此时宜静养，潜藏阴液，养神以养形；阳始生，不宜运动，勿妄动阳气，使气血耗散，日久则面色青白，易生肝胆疾病。故该时段主静不主动，一定要睡好，使阳气得生。子时前入睡者，晨醒后头脑清醒，气色饱满；反之则阴不得藏，阴虚生内热，口干舌燥，面容枯槁。

凌晨3点至5点，肺经当令，根据中医理论，寅时人体阳气开始积聚，同时气血开始由从静转动。寅时气血行至肺经，肺主治节，调节和输送肝贮藏解毒的新鲜血液，将其输送至全身。这个阶段是从静变为动的开始，心肺功能不太好的人群不要急于起床，也不提倡早起晨练。

卯时，上午5点至7点，为大肠经当令，提倡早起不贪睡。卯时主行大肠经，此时肺经气血入大肠经，卯时天已亮，此时很多人选择晨练。但就运动时间学来说，清晨是运动低峰值，并不是最佳的运动时机。当然，晨练也有积极的一面，舒展肺气，蠕动大肠，糟粕得以排出。晨练还应根据不同人群不同季节选择适合的运动方式。如静态运动，通过提肛运动及顺时针腹部按摩来顾护肠道促进排便，可防止便秘、痔疮、脱肛等病。还能进行短时间的散步、快走、太极拳、健身气功等小强度运动，以舒缓拉伸、活动筋骨为主。

上午7点至9点，为胃经当令，是胃最为活跃的时间。巳时，上午9点至11点，为脾经当令，是脾脏最活跃的时间。辰时与巳时分别是胃经与脾经旺盛。脾胃主水谷受纳与运化，而后生化全身气血。胃经脉大血多，润宗筋，束骨而利关节；脾主四肢肌肉，病则或全身肌肉萎软无力。故7点至11点不宜多动，免耗气血。上午11点至下午1点，为心经当令，与晚11点至凌晨1点，称子午时。这两个时辰身体在造血，是休息的最佳时间，因此，要睡好"子午觉"。但午时睡觉宜睡半小时，不要过久。未时，下午1点至3点，为小肠经当令，是小肠活跃的时间。午时心经旺盛，此时至阳至，阴始生，是天地阴阳气机的转换点。人体急需补充水谷精微，气血均聚集于脾胃肠道，也不宜剧烈运动。可进行少量静态运动，应以养心为要，如瑜伽调息术、打坐等。未时小肠经旺盛，此时水谷精微已被脾胃腐熟，小肠对其进行泌清别浊。进行适量腹部运动以助食物消化后，可进行低强度的运动，如健步走等，不应运动过量，不利消化。

下午3点至5点，为膀胱经当令，是膀胱活跃的时间。酉时，下午5点至7点，为肾经当令，是肾脏活跃的时间。申时的膀胱经气血旺盛，而膀胱主要负责着人体液体的排泄，若膀胱功能失常，将直接导致小便不利、失禁甚至发生尿闭。此时可进行长时间有氧运动或间歇中高强度抗阻运动，如跳绳、爬梯、快跑、力量训练等，有氧运动可改善气机、调畅气血循环；抗阻运动能使气血充养肌肉，肢体强健有力。运动以开畅毛孔、助周身水行为要，以遍身微微出汗为佳。肾是"先天之本"，主要影响着人体生长发育。酉时肾经旺盛，正是肾脏贮存一日脏腑精华的时段。肾精盈满，生命之根得到稳固，生命力才能旺盛，从而使人延年益寿。此时的运动可偏重强壮肾经，如健身气功，站桩等。

戌时，晚上7点至9点，为心包经当令，此时心脏与脑的神经和细胞较为活跃。戌时心包经旺盛。《灵枢·邪客》说："诸邪之在于心者，皆在于心之包络。"此时心肺功能水平较低且平稳，可做适量中低强度的活动，如间歇中低强度运动，如游泳、慢跑等，以锻炼心肺，既有利于强壮心肺功能，又可协助加快代谢清理心脏周围病邪，利于睡眠。

亥时，晚上9点至11点，为三焦经当令。古文中"亥"的含义是孕育生命，而良好的睡眠是身体保持高度健康状态的基础。亥时三焦经最旺。三焦通百脉，汇聚着机体的宗气、中气、元气，负责各脏腑在水谷总体消化吸收和营养排泄等方面的生理功能。此时宜调畅三焦气机，睡前可进行深呼吸运动，调节胸腹腔内气血，百脉得以休养生息，才对身体十分有益。

综上所述，阴阳消长贯穿于以上十二时辰，而机体内部器官脏器以及细胞的休养生息、新陈代谢也会随之变化。十二时辰盛衰开阖，人体活动也应有强有弱，或静或动，动静结合。而具体每个时辰对应的运动形式、时间、频率及强度少有论述，也为后期建立不同的运动处方及健康管理模式提供参考。掌握运动养生的时间节律，有利于人体素质自内向外的提高，并且可以达到强身健体的效果。

■第三节 生物钟的生理基础

一、生物钟的概念

生物钟是生物体随时间（昼夜、四季等）作周期性变化的生理现象。地球昼夜自转产生的循环性24小时时间节律使生物全部具有"生物钟"这一节律机制。生物钟控制着睡眠、清醒、体温、心率、血压等，这些生理活动都遵循24小时为一个周期运行着，它是一套保证我们身体机能正常运行的相对稳定的系统，生物钟也叫昼夜节律生物钟。生物钟对人体的健康具有非常重要的影响，生物钟紊乱可能会影响我们的工作、学习、生活状态，甚至会引发心血管疾病、代谢性疾病以及神经系统等相关的疾病。因此研究生物钟对人体的健康具有非常重要的意义，研究者把影响生物钟外界的信息称之为"授时因子"，比如日出日落导致的光线明暗变化规律，平时的进食规律或社会活动规律等。当我们熬夜玩手机、不规律进食的时候，生物钟就容易紊乱，进而导致失眠、早醒、内分泌紊乱、代谢紊乱等问题。

2017年的诺贝尔生理学或医学奖就颁发给了3位美国科学家，表彰他们发现了调节生物日节律行为的基因并阐明了这些基因作用原理的重要贡献。他们的研究也让我们知道了生物钟系统与某些特定基因有关，受基因表达影响。作为生命体一切生化和生理活动的内在节律，生物钟对生物体作用重大、不可或缺，特别是对人来说，几乎所有组织细胞内都时时刻刻有节律基因在表达。中枢生物钟和外周生物钟共同构成了哺乳动物的生物钟系统，外周生物钟是指心、肺、肝、肾等脏腑器官和脂肪、肌肉等组织的细胞内，受中枢生物钟调控，维持生物节律，并调节节律基因的特异性表达。

二、生物钟的生理基础

（一）中枢生物钟

哺乳动物的中枢生物钟是下丘脑前部的视交叉上核（SCN），具体位于口腔的上腭上方，由许多单细胞生物节律振荡器组成，起到协调各种组织生物节律的作用。研究显示，人体中枢生物钟主要负责生物节律振荡，与神经元密切耦合，具体分布在下丘脑前内侧、下丘脑腹侧和背侧脑室，负责光信号的响应，以神经和激素信号的渠道协调同步着人体细胞乃至组织器官的生物节律。视交叉和视联合分别包围了SCN的前、后腹侧，视联合纤维同视交叉纤维共存，二者轴突可能混合在一起。SCN腹侧在被第三脑室分成两部分，与第三脑室之间隔着60 μm的无细胞层，大鼠脑切片矢状面展示了长度90 μm、宽度424 μm的SCN，冠状面的高度和宽度比值为0.92，SCN总体积约0.16 mm^3。SCN这对核团与第三脑室紧邻，内部神经元密集而微小，小鼠的SCN神经元约10000个，大鼠则约有16000个，这些神经元包含视交叉上核腹侧区和视交叉上核背中区两类。视交叉上核腹侧区中的大多神经元支配血管活性肠肽（舒血管肠肽）的分泌，从而接收昼夜节律的外部输入信号；视交叉上核背中侧的神经元负责合成血管升压素（抗利尿激素）以完成近日节律的输出。

哺乳动物的SCN核团分成内核和外核两个区域，分别位于视交叉上核尾部背中区和视交叉上核腹侧区。光暗信号从视网膜的下丘脑通过神经通道传至SCN核团，神经元的输出功能和激素信号继续将信号输出至大脑其他区域和外周组织器官。信号由SCN向亚下丘脑室旁核输出，继而抵达控制体温昼夜节律的视前叶中区，同时向下丘脑背侧内核输出，投射到下丘脑室旁核参与调控激素的分泌释放，而对外侧下丘脑和视前丘脑腹外侧核的投射决定着睡眠-觉醒节律，大脑区域内与生物体控制功能有关的核团就这样和近日节律中枢时刻发生着紧密联系。

即使缺乏光信号和温度信号这样的环境因素影响，生物钟系统依然能够维持一定的昼夜节律，也就是说很多情况下在24小时附近的震荡并非严格的昼夜周期，生物体内在时钟起决定性作用。光照-黑暗循环的环境因素对哺乳动物的同化最为重要，对于生物体生理生化和新陈代谢的信号通路驱动来说，光条件起到决定性作用：外部光环境的改变被视网膜感知，具体信号通过视神经传递到SCN，对生物节律进行中央调控，后续进一步通过内分泌途径（神经递质和体液等）振荡性调控外周生物节律。SCN在节律调控中具有重要作用，下丘脑SCN损伤的小鼠表现为进食、饮水以及昼夜活动节律的紊乱，睡眠-觉醒和饮食、排泄等行为的昼夜节律都来自生物钟的作用。

研究者通过对C57/BL脑组织通过对SCN区域的细胞进行免疫组化实验，发现SCN细胞主要在小鼠胚胎期的第12～15天内生成，到这个时间节点胚胎的脑发育是大致完全的，将大鼠和仓鼠作为模型生物，实验结果基本一致。胚胎期到12天时SCN的细胞形成主要集中在中区腹外侧，这里是SCN的核部，到了胚胎期约第13.5～14.5天，可发现有新的细胞在已生成细胞周围环绕着产生，所形成的细胞群结构形似帽子，一直延伸到核部的前后部。按空间顺序，SCN中间核部细胞先生成，然后再是周围壳部细胞，细胞生成的改变影响着各个SCN区域的相对大小，从而对SCN的功能产生影响。

研究显示，哺乳动物的胎儿按照一系列自主且复杂的动态程序进行发育，胎儿生物节律依赖的近日环境由母体提供，通过这种方式准备尽可能适应出生后的生存环境。除去氧气、营养和激素水平等母体条件的影响，胚胎发育还依赖于环境的近日节律制约形成的胎儿内在节律，这种节律会直接调控胎儿的体温、代谢途径和激素分泌等生理生化活动。子宫的活动节律提供了很多时间相关的环境因素，胎儿的心率、呼吸、四肢活动和激素分泌变化都反映出生物节律的周期性。子宫内的胚胎会发生SCN震荡的研究结果引出了新的近日节律相关问题：胎儿是否具备与成人近似的生物钟系统来控制众多方面的近日节律？这种节律会受到何种信号刺激？在胚胎发育到出生乃至婴儿成长的过程中，哪些因素对近日节律影响最大？

对以人类为代表的刚出生就能活动的高级动物来说，近日节律在他们出生时就表现出来，包括人类婴幼儿心率、呼吸、新陈代谢和激素分泌释放，幼儿恒河猴的循环血浆脱氢异雄酮硫酸盐的含量，绵羊胎儿的呼吸、血浆泌乳刺激素和脑脊髓液精氨加压素的分泌等。到这些哺乳动物的妊娠中期，胎儿与视网膜下丘脑束有关的SCN神经元合成和神经分布已基本完成，胎儿表现出一定的节律性，如代谢活动和c-FOS基因表达。相反，相对来说大鼠和仓鼠这样的低等动物，其体温、行为、进食和血浆肾上腺酮的节律直到出生后才会开始发育形成。即使这些动物胎儿的SCN会调控新陈代谢和血管活性肠肽的自主神经元活动的昼夜节律，它们视网膜下丘脑束旁边的SCN神经在胎儿出生后才会分布完全，而SCN神经元也要在即将出生时才会结束合成。众多研究显示多种哺乳动物具备胎儿SCN节律由先天内在产生的共性，母体SCN控制产生的节律信号负责引导胎儿的SCN节律，多数情况下其作用是备用信号，且胎儿发育过程中，这些信号是存在特异性目标区域的。

研究证实胎儿完全能够感知母体的进食和褪黑素分泌的节律性，若大鼠在怀孕期间SCN损伤，保证其和往常相同的正常进食时间依然可以使幼鼠拥有正常的饮水节律，但胎儿在出生后会产生节律去同步。胎盘可将母体褪黑素传递给胎儿而避免排异反应，母体传入胎儿的适当褪黑素能帮助胎儿形成自身的褪黑素节律。研究人员对大鼠和仓鼠进行实验验证，母体褪黑素对胎儿出生后各项节律有驱动作用。对猕猴胎儿进行实验，发现其肾上腺节律的控制中枢并非SCN，还需要更多证据才能说明SCN对胎儿外周组织器官昼夜节律的调控作用。或许对于母体来说，胎儿的SCN及其他组织属于母体的外周组织，其近日节律受母体信号调节。总之，胚胎发育过程中的生物节律既表现出内在固有的SCN震荡特性，同时也受母体SCN的近日节律信号引导。同时，母体妊娠期间的SCN信号初始设置了刚出生胎儿的行为节律相位，也就是说来自母体的非光信号引导着胎儿SCN。

（二）外周生物钟

随着生物钟研究的不断深入，人们发现在外周组织如心脏、肝脏、胰腺、肾脏、肠道甚至卵巢中都存在着生物钟。外周生物钟部分独立于中枢生物钟，具有自主节律。生物钟研究不仅有着重要的医学意义，还能够促进生物学的基础理论研究。

相比中枢生物钟，外周生物钟对光暗条件的改变更为迟钝，会更大程度地受到营养、激素、温度和代谢产物调控。维持分子层面上昼夜节律的是一个复杂的转录-翻译反馈环，由多种节律基因及其表达蛋白共同参与组成。生物节律蛋白包括生物节律循环输出蛋白（CLOCK）、大脑和肌肉芳香烃受体核转运蛋白1（BMAL1）、隐花色素家族（CRY）、周期素蛋白家族（PER）、维甲酸相关孤儿受体（RORs）、孤儿核受体REV-ERBα/β、神经细胞PAS结构域蛋白2（NPAS2）以及酪蛋白激酶1ε/δ（CK1ε/δ）等。

（三）生物节律的信息传递

细胞生物节律的主要反馈环分为正、负两个调节环路，均含有各自的节律基因和表达蛋白。CLOCK和BMAL1蛋白耦合成为异源二聚体后，正向调节环路开始，二聚体进入细胞核，与period和CRY基因启动子区域E-box的结合会激活其表达，所产生的PER和CRY蛋白，二者累积到一定水平会结合成异源二聚体，该二聚体对CLOCK/BMAL1二聚体的取代会抑制period和CRY基因的表达。这种负调节环路降低了细胞内的PER和CRY蛋白浓度，浓度降低到一定程度会开启新一轮正调节，如此循环反复产生振荡。还有多种调控机制共同参与这条反馈回路的调节，例如以包括乙酰化、磷酸化和泛素化等方式修饰生物节律蛋白。PER与CRY的浓度降低是结束节律负调控和再次开始新一轮正调节转录周期的必要前提，二者的降解率作为关键因素决定着生物节律周期。CK1ε和CK1δ这两种酪蛋白激酶负责PER蛋白的磷酸化，CK1ε/δ介导的磷酸化作用靶向性针对PER，通过βTrCP将PER泛素化，再由26S蛋白酶将其降解。CRY1与CRY2与PER蛋白相似，分别被AMPK1和DYRK1A/GSK-3β磷酸化，再由FBXL3泛素化后进行降解。此外，多条核受体参与的调控环路与主反馈回路密切相关，例如，RAR相关孤儿受体（RORs）和REV-ERB在CLOCK/BMAL1二聚体与E-box结合体的驱动下进行转录，随后RORs和REV-ERB蛋白竞争耦合*BMAL1*启动子内的RORE响应点位，且RORs会促进*BMAL1*的转录，相对地REV-ERB对*BMAL1*的转录产生抑制作用。上述反馈回路结合起来形成了复杂的生物钟调控体系，使众多靶基因的表达遵循节律性。

（四）生物节律的物质传递

CLOCK/BMAL1反馈回路通过诱导时钟控制基因通过对生物节律表达的调控影响着各种功能细胞的节律。一些细胞内部分泌的物质也能起到类似作用，例如单磷酸活化蛋白激酶（AMPK）和环磷酸腺苷（cAMP）。光环境影响生物节律的方式是通过激活SCN，由SCN刺激颈上神经节，开启体内多条信号通路，而黑暗条件下松果体（pineal gland，PG）合成分泌的褪黑素对SCN生物节律活动影响重大。

与生物节律相关的褪黑素分泌受SCN调控，褪黑素也能反向影响SCN，直接对近日节律的振荡产生作用。对于褪黑素影响SCN的机制有两种主流观点，一种是褪黑素作用点位在SCN膜受体，通过信号反馈使控制中央生物节律的*BMAL1*基因以及负反馈子REV-ERBα的表达相位发生位移；其二，褪黑素对SCN表达的相位移动并不需要受体来实现。研究表明褪黑素会分别影响小鼠SCN的神经元放电和相位移动，缺失MT1受体仅致使神经元放电被消除，相位移动却没有发生变化，表明褪黑素直接使SCN的生物节律发生相位移动。

三、生物节律对健康的影响

人的多数正常生理功能，诸如一天中在下午最高的血压、心率和体温，都呈现一定的近日节律性。甚至于心血管疾病，其显而易见的近日节律性表现为发病高峰期一般在凌晨到早上六点间。血液中淋巴细胞的数量也是昼夜内振荡的，一般在夜间达到峰值，而上午处于最低水平，然而艾滋病患者的淋巴细胞计数完全失去了这种节律性。动物试验结果显示，光暗循环极大程度上决定了外周血液的各类血细胞绝对和相对数量，这说明光暗循环实际上影响了生物体的整个免疫系统。人体内血清IgE正常情况下较为稳定，而患有哮喘病的人IgE具有常人不具备的节律性——峰值出现在下午（哮喘症状容易发作在黄昏），夜间则是IgE水平的低谷。

自然环境中光照、食物和温度等各类信号控制、影响着生物节律基因具体表达，使机体从细胞到组织器官协调运转，各生化和生理活动正常进行。除了睡眠和整体运动，生物机体的各种生理活动，包括温度、血压、激素和代谢等，均在生物节律的调控下表达出昼夜节律性。正因如此，生物节律被打乱会致使从细胞到整个机体的生理变化甚至产生疾病，众多人类疾病包括肥胖、炎症、胰岛素抗性、睡眠障碍和神经退行疾病等都与之关系紧密。具体来说，当人的作息有悖于正常昼夜节律就会导致失眠或嗜睡，引起睡眠障碍甚至于睡眠时相前移或睡眠时相推迟综合征，而不匹配的外部环境与昼夜节律则给人带来与时差体验相仿的睡眠障碍。另一类病例是代谢综合征，很多情况下它的发生是由于生物节律和代谢途径的错位，例如胰岛素抗性和2型糖尿病就是缺失了节律基因 BMAL1 的胰腺β细胞的表达结果。其他一些疾病的发作同样也涉及生物昼夜节律，像是哮喘和心脏病明显更为集中地发生于清晨或夜间，而在一昼夜内其他时间段发作的概率则大大减小。

很多疾病的致病因素都很可能包含生物节律的紊乱，研究证实的疾病就包括心血管疾病、血液疾病、癫痫、乳腺和卵巢癌症、认知功能下降和睡眠障碍等。学者尝试从生物节律紊乱的角度解释人类众多疾病的发生，对肿瘤相关研究指出，昼夜节律紊乱确实参与调控肿瘤在人体内的产生和发展。经流行病学的大量调查数据总结发现，频繁进行夜班工作的女性中乳腺癌患者比例显著上升；长时间置身于光照环境中，生物节律周期失调也会明显增大啮齿动物肿瘤发病的概率。近期分子层面的研究表明，除了极大程度上决定和调控着生物节律，节律基因 PER1 和药物依赖症状有明显相关性，而 PER2 则内在关联着肿瘤的发病进展。

近年来，人们对生物节律的研究越来越深入，也延伸出了时间生物学的治疗方法，时间生物学渐渐从学术研究发展到（尤其是在治疗学领域的）临床应用，在心血管疾病和肿瘤的择时给药、内分泌系统疾病择时激素疗法以及睡眠节律调整方面取得了大量进步。临床试验证明，同步血压节律施用抗高血压药物可以使药物发挥更好的疗效；晚间用糖皮质激素，其抑制促肾上腺皮质激素（adrenocorticotropic hormone，ACTH）的效果比清晨用药要高出一倍。对肿瘤细胞有别于人体正常细胞代谢节律的特点加以利用，将药物治疗或化疗安排在正常细胞代谢相对平缓而肿瘤细胞相对旺盛的时段，可以达成有效杀灭肿瘤细胞同时降低正常细胞伤害的目的。

除去对临床疾病治疗的重大应用价值，时间生物学的研究成果也可以应用于日常生活的行为指导。当生物节律失调时，人类警觉性和注意力均会下降，神经肌肉运动能力和敏捷性明显降低，大大降低工作效率。在充分认知这一点的基础上合理安排工作-休息的时间节律，对提高工作绩效和防止错误乃至事故发生有重大意义。

人体对生长激素、褪黑素、肾上腺素和促甲状腺素等激素的分泌有着脉冲式节律性。熟睡状态下是生长激素和褪黑素的分泌高峰期，促甲状腺素的夜间平均血液浓度水平明显高于日间。若阻断大鼠的下丘脑传入神经，其血清促甲状腺素便会丧失生物时间节律性，最终明显抑制甲状腺功能。从统计学角度对行为功能进行医学研究，发现生物节律控制着人体运动技能的周期性节律，具体来说，运动员个体体能一天当中最好的时段是下午六点到八点间，而体能低谷是早上的六点到八点，此后体能水平呈现逐渐升高趋势。一些人类的行为模式也受生物节律的深刻影响，以睡眠为例，睡眠时相提前综合征（又称百灵鸟型）与节律基因 PER2 突变有关，睡眠时相延迟综合征（又称猫头鹰型）则关系到 PER3 基因的突变。

对哺乳动物和人类模型开展研究，有充分证据显示个体的记忆和学习过程受生物钟系统影响，具体影响机制关系到肾上腺素和肾上腺皮质激素合成及分泌的近日节律。随着生物节律系统与肿瘤、癫痫、哮喘、抑郁和心血管疾病等的紧密关系被揭示，其相关研究已受到广泛热烈的关注。

■ 第四节　生物钟基因的调控网络

　　生物钟是生物体随时间（昼夜、四季等）作周期性变化的生理现象。生物体几乎所有的生命活动都具有先天内在的节律，这就是生物钟，它是由机体细胞的部分基因决定的。中枢生物钟和外周生物钟共同组成了哺乳动物的生物钟系统，相应的基因对二者分别进行调控，生长在下丘脑视交叉神经上核（SCN）区域的中枢生物钟调控着外周生物钟。研究显示，SCN在节律调控中具有重要作用，下丘脑SCN损伤的小鼠表现为进食、饮水以及昼夜活动节律的紊乱。随着生物钟研究的不断深入，人们发现在外周组织如肝脏、胰腺、肾脏、肠道甚至卵巢中都存在着生物钟。外周生物钟部分独立于中枢生物钟，具有自主节律。人类和很多其他生物受体内生物钟调节是人们长期以来的广泛共识，然而生物钟具体的原理和机制始终未被阐明，科学家始终没有放弃对其进行探索。三名美国科学家因从分子生物学层面揭示生物钟系统的运行机制而被授予2017年诺贝尔奖的生理学或医学奖，他们的研究成果解释了许多动植物和人类是如何让生物节律适应随地球自转而来的昼夜变换的。他们在模型生物果蝇的体内精准定位了单个涉及生物节律调控的基因，由该基因转录表达出的特定蛋白质浓度在夜间升高、白天被分解降低，即细胞的生物昼夜节律性伴随着该蛋白质的细胞含量而变化。后来三位科学家陆续发现了另外几种参与该过程的蛋白质，补充说明了分子生物学领域细胞生物钟系统的工作原理。

　　人的生物钟根据昼夜节律，在一天的各个时间段内精准地调控着人体包括激素释放、睡眠-唤醒、新陈代谢等在内的生理机能。若因外部环境比如长途旅行、夜班工作等造成人体生物钟节律紊乱，人会相应产生显著的身体不适；若人的生活节奏很长一段时间内违背生物钟系统的正常节律，罹患癌症、心血管系统疾病、神经系统疾病、代谢系统疾病、免疫系统疾病等风险会增加。因此，人们要注意保持规律的生活作息，避免生物钟紊乱。

一、生物钟基因

　　科学家通过发展分子生物学和经典遗传学的理论和手段，对生物钟基因进行了更加深入的剖析，研究已经从生物体行为学和解剖学领域转移到了SCN基因的表达。细胞内源性地在基因和其表达蛋白层面上体现出振荡特征，反映出生物钟的自律性，分子基础就是胞内生物钟基因转录的蛋白质与细胞的相互作用。从细胞到动物涉及生物时钟机制的生物体，其生物钟基因组成的自主的转录-翻译反馈环具有高度的保守性。

　　研究者发现生物钟基因必须符合以下相关条件：①该基因的突变必然导致受其控制的生物钟节律周期的改变甚至消失；②该基因翻译表达的蛋白具有振荡性的近日

节律；③授时因子指导着该基因表达的振荡；④该基因表达由负反馈因素参与调控；⑤哺乳动物的该基因表达发生于SCN区域；⑥当该基因正常表达受阻，相关输出机制的节律都会发生失调。

科学家对哺乳动物生物钟基因的分子水平研究主要以鼠尾模型生物，通过克隆已分离出8种鼠的近日节律基因，即隐色素基因1（Cryptochrome1，CRY1）、隐色素基因2（Cryptochrome2，CRY2）、钟基因（CLOCK）、周期基因1（period1）、周期基因2（period2）、周期基因3（period3）、BMAL1（Brain and muscle ARNT-like1）和CK1e（casein kinase 1e）基因。这些近日基因（除CLOCK和CK1e外）的mRNA和蛋白质细胞含量均呈现以约24小时为周期的振荡节律。下面将对这些基因做出详细介绍：

（一）CLOCK基因

科学家在1997年以N-亚硝基-N-乙基脲化学诱变雄性小鼠，首次成功克隆了第一个小鼠的生物钟基因。研究者发现突变后小鼠的生物钟节律行为发生异常，部分突变型小鼠比野生型小鼠的部分生物钟周期延长，还有一些个体的行为模式几乎完全丧失了昼夜节律。后经遗传学分析证实，导致该实验现象的原因是半显性常染色体发生突变，Takahashi带领的研究组成功克隆出生物钟基因片段，首次揭示了它的互补DNA序列并将该基因命名作CLOCK（Circadian Locomotor Output Cycles Kaput）。

CLOCK基因是位置在鼠第5号染色体的单基因，长度约为100 kb，cDNA约为10 kb，含有24个外显子，所含的终止密码子TAG毗邻相对较长（>6 kb）的多AT非翻译区。位于约7450 bp处和其下游约2.5 kb处分别是一个poly A信号序列，具备产生两个转录物的条件。CLOCK基因开放阅读框架从外显子4中部直至外显子23端区，共长2565 bp，阅读框架打开后可编码的蛋白包含855个氨基酸，比较丰富的是谷氨酰胺和丝氨酸。

分子量约为96.4 kDa的CLOCK蛋白含有两个糖基化点位和多个磷酸基团，pH 6.25是其分子等电点。与其他许多转录因子相似，此蛋白的羧基端区带有谷氨酰胺，结构域为bHLH（basic helix-loop-helix）-PAS家族的转录因子。蛋白质之间的耦合作用和形成蛋白二聚体由PAS结构域负责，DNA结合则受HLH结构域作用。CLOCK蛋白上一个含有大量谷氨酰胺（Q-rich）的结构域进行转录激活。当内含子19的5号端位进行供体位点剪接的第三个碱基位点上发生了核苷酸A-T的替换，转录过程中的拼接发生异常，导致CLOCK基因突变。突变型蛋白质因为C端缺少了51个由外显子19编码的氨基酸残基，转录活性大大降低。

CLOCK基因与乙酰化辅酶同源，本身具有组蛋白乙酰化转移酶（HAT）的活性，这一点对于调控昼夜节律来说不可或缺。HAT家族SRC亚家族的ACTR基因与CLOCK基因有着极高同源性，都包含组氨酸H3和H4特异性乙酰化酶的作用点位，CLOCK和HAT家族的MYST基因之间存在允许结合的序列结构。CLOCK本身就是一种乙酰化转移酶，在细胞内发挥调节作用机制。

进化上的保守性对CLOCK基因非常重要，该基因突变会导致鼠的昼夜节律连续稳定性丧失甚至于内源性失调。设置光环境条件使光照和黑暗规律交替，*CLOCK*基因以约24小时为周期进行表达上的变换；野生型鼠或杂合*CLOCK*突变鼠即使在全部黑暗的光环境中依然保持着生物节律；纯合的*CLOCK*突变体却会出现节律表达紊乱，连续数日处于黑暗中丧失昼夜节律。向体内导入正常*CLOCK*基因不仅可以延长丧失节律的周期，还可以使失去生物节律的突变体鼠在受到正常调节后基本恢复正常。

（二）*BMAL1*基因

*BMAL1*基因在11号染色体上，长32 kb，含有17个外显子，同样是bHLH/PAS家族的转录因子，作为调节生物节律的关键因子之一，该基因表达具有昼夜节律性。1997年科学家发现并克隆了一个新的含有PAS结构域的基因序列*BMAL1*。*BMAL1*蛋白和*CLOCK*基因表达产物形成异二聚体发挥生物学作用。研究表明，在小鼠松果体内，当*CLOCK*基因在ZT8的表达量高于ZT6时，*BMAL1*的表达与之相反，即在ZT6高于ZT8；小脑中*CLOCK*在ZT6表达水平高于ZT8的时候明显增多；在海马和嗅球中*CLOCK*两个相关时相的表达水平则无显著差异，在海马、嗅球和松果体中对于*BMAL1*的时相表达都一样。以上结果证实，哺乳动物的*CLOCK*和*BMAL1*基因在不同区域表现出不同的表达水平。

（三）*period*基因

1984年，科学家首次从果蝇体内克隆分离出*period*基因，这一全长10 kb的生物钟基因。追溯其由来则是1971年科学家通过EMS诱变过滤选择出3个果蝇突变的等位基因，分别是*period*（19小时）、*period*（28小时）和*period*（丧失节律），这3个生物钟基因均位于多线染色体3B1-2X端头，对它们基因突变型的分析逐渐揭开了节律周期缩短、延长和消失的分子生物学机制。果蝇生物钟节律周期会因*period*的突变而变化，*period*基因因此被命名为周期基因。含有8个外显子的*period*基因转录产生的mRNA长4～8 kb，该基因翻译产生由1218个氨基酸构成的蛋白质。小鼠的*period*基因和果蝇的*sime*、*ARNT*和*AHR*基因高度同源，都包含PAS结构域，可以表达产生蛋白异二聚体。

鼠和人类基因中也包含与果蝇*period*同源的基因、有着三种在表达的组织器官位置和具体节律时相上并不相同的亚型（*period1*、*period2*和*period3*）。*period1*的表达发生在大脑中枢，*period2*在中枢和外周组织，*period3*的表达则是发生在个体的胚胎时期。哺乳动物的*period*基因结构同源性极强，鼠和人的*period*基因长约16 kb，含外显子23个。科学家确认在*period*基因的5号端存在6个高度保守序列，还有几段能起到很强的调控作用，例如5个在*CLOCK*：*BMAL1*复合物结合处的E-BOX和4个环状cAMP反应元件。

*period*基因上存在T-G重复，Gln到UAG的突变产生了该段上游的终止密码子，由此产生的未成熟多肽包含约400个氨基酸，使*period*基因丧失节律功能。突变型*period*在突变位点T-G重复区之间的一个丝氨酸变为天冬氨酸，这是其与野生型*period*之间的

唯一差别。只要不发生突变，该丝氨酸是野生型*period*蛋白的磷酸化点位，此磷酸化位点负责负反馈调节蛋白产物的活性，很大程度上参与维持着正常的生物节律。突变成天冬氨酸的点位则无法发生磷酸化，导致无法负向调节*period*基因表达，生物钟节律因而异常加快。另一种核苷酸突变情况是*period*的一个缬氨酸替换成大冬氨酸，很可能会降低PER蛋白的活性及稳定性，生物节律因此而延长。使生物钟节律加快或延缓的突变均发生在PAS结构域内，具体到*period*突变则位于PAS结构域下游。

（四）*CRY*基因

人们最初是研究植物时定义出一种蓝光色素感光基因，植物体与昼夜周期同步的生物钟正是由这个基因调控形成的；后来科研人员在果蝇体内发现了与植物感光基因相似的基因，将其命名为隐色素基因*CRY*。*CRY*在生物钟的光信号转导以及近日节律的振荡中发挥重要作用，这一结果在拟南芥、果蝇和小鼠中隐色素的研究中均已证实。哺乳动物*CRY*基因是分别位于染色体10C和2E上的*CRY1*和*CRY2*，各自转录产生的mRNA是位于线粒体的mCRY1和位于核内的mCRY2，大量表达在鼠SCN区域和视网膜上。科研人员发现在拟南芥中存在对低强度蓝光信号没有反应的*CRY1*基因缺陷突变体，说明*CRY*基因在拟南芥接受光信号输入机制中发挥重要作用，作为蓝光频率范围内的光信号受体，调节拟南芥生物节律令其适应所处光环境的节律变化。果蝇*CRY*基因转录产物和隐色素基因生色团结构域的部分序列同源，*CRY*的突变体*CRY*b因其感光特性发挥着光线转换的作用。

（五）*CK1e*基因

小鼠15号染色体上的*CK1e*基因又被称作*Tau*基因，该基因表达的络蛋白激酶*CK1e*负责抑制细胞核中PER蛋白发出定位信号及其降解，推动PER蛋白的转录、磷酸化及核内运动。研究者发现，仓鼠体内*CK1e*基因的突变会将其在长时间黑暗环境中进行转轮运动的周期缩短至22小时。随后研究者发现，该基因突变型与单基因、半显性、常染色体类型表型一致。研究者又令雄性突变叙利亚仓鼠与雌性野生型仓鼠交配，监测其产生后代的转轮运动，发现后代的表型基本分为正常24小时节律周期和22小时节律周期两种。为进一步繁殖出基因型为纯合子的仓鼠，研究者继续使突变型仓鼠自交，佐证了*CK1e*突变发生在单基因的常染色体上。

对小鼠进行体外组织培养实验，再次证实*CK1e*可以使小鼠PER1和PER2发生蛋白磷酸化，同时结果显示，蛋白的泛素降解正是PER蛋白的磷酸化导致的。然而另有实验证据显示，PER蛋白在细胞液和细胞核中的位置分布会被磷酸化状态影响。蛋白质的降解和在细胞中的定位本身无法独立进行，二者协调运转，共同调节蛋白质的活性。另外的研究发现，小鼠的其他节律蛋白（如CRY1、CRY2和BMAL1）也可以在*CK1e*作用下发生磷酸化，这表示*CK1e*也会同PER、CRY蛋白耦合形成蛋白复合物，且蛋白复合物（二聚体）的亚细胞定位受CK1e的磷酸化酶活性调控；BMAL1发生磷酸化的作用与其他蛋白相反，会促进*BMAL1*基因的转录。

二、生物节律基因的调节

前面已经提到*BMALl*和*CLOCK*的转录因子带有bHLH/PAS家族结构域，bHLH可以与DNA结合，PAS则调控合成蛋白质二聚体。尽管并不是所有bHLH/PAS家族包含的结构域都与生物钟节律的调控有关，这些结构域均具备环境感受的功能。

顺式作用元件一般位于节律基因的启动域到增强子间，内在地调节生物钟节律，也被称为时间盒（time-box）。*period*基因调控mRNA周期性变化是通过转录抑制负反馈，但是*period*中只有PAS结构域而缺少供DNA结合的区域，因而*period*和DNA几乎不可能直接发生生化反应。有研究采用*period-LacZ*的融合基因解析果蝇*period*基因的在启动子，鉴定出一个生物钟节律转录的增强子，*period*上游的一处E-box（CACGTG）位于该增强子上，转录因子bHLH就在该点位进行与*period*结合。紧接着研究发现*CRY*基因的启动子区域也有E-box存在。顺式和反式作用元件是完成基因转录不可或缺的因素，因而对形成生物钟节律至关重要。

正反馈环路和负反馈环路共同构成了生物钟节律的分子振荡机制。*mperiod1*和*mperiod2*两个主要振荡子转录是生物钟节律振荡的起始，位于它们启动子区域的组蛋白乙酰化同样表现出近日节律，启动子上bHLH-PAS结合域（CLOCK和BMAL）形成的异二聚体结合，使得E-box开始两个*mperiod*基因的转录。两个基因的mRNA经转录不断积累，蛋白质于细胞质中翻译表达并被转运到核内，与*mCRY1*、*mCRY2*、*mperiod1*、*mperiod2*、*mperiod3*和*mTIM*耦合产生的复合物发挥负反馈效应，与正向因子结合，实现对*mperiod1*和*mperiod2*转录的抑制。鉴于*mCRY1*和*mCRY2*双基因敲除的小鼠和*BMAL1*基因敲除的小鼠在持久性黑暗环境中均失去了行为近日节律，这些基因在中心环中的作用被认为是关键性基因。

人们普遍认为负向因子浓度累积到一定程度才使基因转录停止，而节律蛋白浓度的决定性因素迄今为止尚无定论。对生物钟周期长度有重要作用的是络蛋白激酶e对PER1和PER2的磷酸化。近期研究发现更多证据，证明节律蛋白在时间和空间上的动态调控同时发生，具体表现在蛋白的合成、降解以及细胞核、细胞质的空间尺度。*mPER2*作为主要的振荡子，易于被泛素化和被蛋白酶降解，常常在细胞质和细胞核间发生转运。*mCRY*会抑制mPER蛋白的泛素化，而当缺乏mPER蛋白时，mCRY蛋白也易于泛素化。mCRY/mPER的稳定性二聚体使mPER转运通道关闭，从而抑制了*mPER1*和*mPER2*的转录。当mPER2的mRNA发生持续性表达，哺乳动物的mPER2蛋白在外周细胞累积和显著振荡，意味着转录在很大程度上调控着核心生物钟的振荡。

*CLOCK*和*BMAL1*基因共同负责对生物钟进行正反馈调控，而*CRY*和*period*基因对生物钟进行负反馈调控。正反馈环路中，在CLOCK/BMAL1异二聚体产物REV-ERBa的反馈作用抑制下，*BMAL1*表达量的变化具有昼夜节律性，激活*BMAL1*转录的则是Rora。Rora、REV-ERBa及BMAL1又共同构成了第二个反馈调控转录和翻译表达的闭环，尽管其作用不是必要的，但是研究者认为这个反馈环增加了分子时钟的稳定性。

蛋白翻译后修饰对生物体的生理功能影响深远，近日节律周期的决定关键就是生物钟蛋白的翻译、修饰和降解。前人研究证实果蝇和哺乳动物的PER1和PER2蛋白的磷酸化发生在下午和晚间，这段时间是蛋白的积累过程。络蛋白激酶是介导PER和CRY蛋白磷酸化的关键激酶。只有当生物钟蛋白发生磷酸化，它们才能完成与泛素多聚体的结合，继而经26S蛋白酶体途径进行降解。研究者在体外实验中发现，*period*基因和*CRY*基因的蛋白分别在β-TrCP1和FbXL3 E3泛素连接酶复合物的作用下发生降解；正是由于CRY1和CRY2蛋白降解不充分，才会发生*FbXL3*基因突变，致使小鼠产生长节律紊乱。另有研究发现，*CLOCK/BMAL1*近日节律基因转录时通常也会发生染色体重组以及H3组蛋白的乙酰化：小鼠的白蛋白D位点有一个基因会翻译产生结合元件蛋白，其转录与*CLOCK/BMAL1*对E-box结合、H3组蛋白九号赖氨酸的乙酰化及四号赖氨酸的三度甲基化的生物节律相符，组蛋白的浓度因这些节律性修饰而降低，基因转录因此得到调控。

类似地，CLOCK蛋白也具有相应活性能将合作伙伴BMAL1的赖氨酸乙酰化，具体来讲CLOCK蛋白和组蛋白去乙酰化酶SIRT1之间的作用导致了BMAL1第537位赖氨酸和H3组蛋白第九位赖氨酸乙酰化。乙酰化后的第十四位赖氨酸通过再次去乙酰化完成SIRT1表达的节律性，CLOCK/BMAL1蛋白二聚体的内部相互作用调控着*BMAL1*的表达，*period2*进行降解和去乙酰化调控着*period2*和*CRY1*基因的表达。由此可见，以*CLOCK/BMAL1*为动力的转录与染色质重构存在内在联系，这种转录同时联系着胞内新陈代谢和生物钟。外周组织器官中有与SCN中枢钟系统相似、节律比中枢钟系统相位生物钟延迟3~9 h的节律控制系统。SCN与外周生物钟系统在组成上既有相似性也有显著区别。SCN钟控系统对外周组织器官的调控通过神经信号和内分泌路径实施，外周钟系统得以保持与SCN相符的节律，生物体各种生理生化行为过程因而得以保持节律的一致性，近期研究发现，进食规律也是其中之一。

1942年，瓦丁顿（Waddington）率先建立了表观遗传学的概念，是指以基因组序列保持一致为前提，对基因表达的调控以修饰组蛋白、对DNA甲基化或去甲基化等方式来进行。表观遗传和遗传的概念具有相对性，属于人们最早认知的基因表达修饰方式的DNA甲基化普遍发生在几乎全部高等生物体内，DNA的主要甲基化产物包括5-甲基胞嘧啶，N6-甲基腺嘌呤和7-甲基鸟嘌呤。对DNA来说，甲基化是部分基因表达遭到关闭的原因，相对地，去甲基化则重新使基因活化并引发表达。真核生物只有胞嘧啶可以进行甲基化，这一点与原核生物的CCA、TGG及GATC上均可发生甲基化有本质区别。CpG二核苷酸5号端的胞嘧啶在DNA甲基化转移酶（DNMTs）的作用下发生甲基化，这种方式仅对碱基进行修饰，DNA的基因序列保持不变，但依然可以起到调控基因表达的效果。哺乳动物的基因甲基化共分为三种，分别是管家基因的持续低甲基化、部分发育阶段基因的去甲基化和女性单失活X染色体的高度甲基化状态。

作为双核苷酸序列，CpG序列在哺乳动物基因组中的总体占比非常低，但在部分特定区域中序列密度很高，这些区域因为鸟嘌呤和胞嘧啶含量高而被称作CpG岛。只有位于CpG岛的胞嘧啶才能实现甲基化，这样的CpG岛在哺乳动物基因组中数量约4

万个，位置一般在启动子或者基因首个外显子的区域内。人在健康状态下，基因组中抑癌基因点位CpG岛上的正常状态应该是非甲基化的，其他位置的CpG序列则相反，通常呈现甲基化状态，且具体甲基化状态持续贯穿整个细胞分裂过程，相对稳定不发生变化。若抑癌基因CpG岛上点位高度甲基化，染色体的螺旋程度将显著提高，抑癌基因有效表达丧失的直接结果就是机体产生肿瘤。

近日节律基因转录时常常发生染色体重组和组蛋白乙酰化，而甲基化对基因转录的影响较为微弱。例如大鼠的生物钟基因转录节律是以反馈环路体系为核心的，不可或缺的转录因子*CLOCK*和*BMAL1*调控三个*period*基因和两个*CRY*基因。*CLOCK*和*BMAL1*基因的转录受CRY蛋白的反馈抑制，CLOCK和BMAL1与DNA耦合却不会因此改变。在H3组蛋白乙酰化和结合RNA聚合酶这两方面，*period1*、*period2*和*CRY1*基因的启动子表现出稳定的生物钟节律，mRNA在这两方面的节律与之相符。无论是H3组蛋白乙酰化或甲基化，其节律性都关系到*CLOCK/BMAL1*基因转录，即使由不同蛋白调控转录的反馈环体系，生物钟节律的保守性特征依然在于组蛋白甲基化和乙酰化对节律性转录的把握。

节律基因的一个关键元件是时钟调控元件E-box（CACGTG）。E-box参与负责介导*period1*的转录，其拷贝数很大程度上决定了*period1*的振荡。相比其他节律基因来讲，*period2*的表达在时相上有所延迟，研究表明该机制是由于某些同样依靠*CLOCK/BMAL1*激活的、非典型E-box的调控。E-box的拷贝数改变，与功能性时钟调控元件变化性结合，产生了不同的节律时相和振幅。组蛋白乙酰化转移酶P300与CLOCK蛋白的结合是具有时间依赖性的，*CLOCK/BMAL1*调控的转录增多趋势由P300引发，受CRY蛋白抑制；*CRY1*的mRNA节律相对于*period*节律具有延迟性，*CRY1*启动子区域的E-box是这个反应的充分必要因素，正是E-box和视黄酸孤受体反应元件之间的作用导致了*CRY1*的mRNA节律延迟。E-box在一昼夜内诱发或抑制基因转录翻译，但该元件也是bHLH转录因子的结合点位，对CLOCK/BMAL1异二聚体发生特异性结合的节律基因元件仅仅有一类。E-box作为顺式作用元件，分布于*mCRY*和*mperiod*基因的启动子序列上。

三、生物钟基因网络

生物节律，听起来高深莫测，实际上就在我们周围和人们的日常生活密不可分。日出而作、日落而归，从原始社会起，人们就开始遵循着这样的生活习惯，也清楚地认识到这种生活方式对人体健康的影响，但对于其中深层的奥妙当时大家都还不知道，随着研究的深入，人们认识到包括人类在内的几乎所有的生物体都存在"生物钟"。它能帮助生物们适应昼夜交替。对生物体来说，生物钟极为重要，但人们却对它背后的机理知之甚少。直到2017年，人们对生物钟的认识才逐渐清晰。

节律基因的转录mRNA会引导合成正性元件和负性元件这两种分子元件，正性元件起到开启和激励基因表达的作用，负性元件反过来削弱基因表达。生物钟节律机制的反馈环路体系最重要的两个构成环路分别如下。

（1）bHLH-PAS结构域使CLOCK和BMAL1这两个转录因子结合成异二聚体，并与位于*period1*基因的3号和*CRY1*基因的2号上游启动子的E-BOX结合，基因转录被激活并表达出period和CRY的相关蛋白；细胞质中的蛋白转移到细胞核内后，period和CRY蛋白成为直接与CLOCK和BMAL1相作用的负性元件，通过抑制CLOCK和BMAL1转录活性减弱*period1*和*CRY1*基因上发生的转录。

（2）CLOCK/BMAL1异二聚体不仅能够激活*period*和*CRY*，也同时激活孤儿核受体REV-ERBa的基因转录，REV-ERBa蛋白对*BMAL1*启动子的结合抑制BMAL1的转录。不论是基因转录还是表达蛋白由细胞质进入细胞核都会花费一些时间，这样一来生物钟的细胞分子生物学节律恰好以24 h为大致周期振荡。

分子水平的振荡使诸如*period1*和*CRY1*等节律基因在表达上与近日节律相符，更是将节律特性赋予了CLOCK/BMAL1异二聚体转录的活跃水平。研究者发现，近日节律信号之所以能正常输出，正是由于CLOCK/BMAL1异二聚体对下游钟控基因表达节律的影响调控；其他一些相似的节律性表达基因（如*period1*）在生物钟节律输出系统里的作用和地位则尚需更加深入细致的研究。

（一）生物钟到细胞之钟

罗纳德·科诺普卡和西莫尔·本泽尔于1971年研究得出，当果蝇*period*基因发生各种突变的时候，其可能缩短、延长甚至丧失掉近日节律周期，不过他们当时仅仅是发现了相关生物钟基因，并不能阐释果蝇近日节律的调节机制。1984年，杰弗里·霍尔、迈克尔·罗斯巴什和迈克尔·杨三位博士合作分离出调节近日节律的*period*基因。霍尔博士和罗斯巴什博士随后又发现了*period*基因编码的蛋白，该蛋白在夜间积累，白天则被降解。因此，period蛋白的水平在24小时周期内振荡，与昼夜节律同步，这些研究也为科学家深入探索生物钟功能基因奠定了基础。

随后霍尔博士和罗斯巴什博士又探讨了如何产生和维持昼夜节律的振荡。当时他们假设是PER蛋白表达遏制住了生物节律基因的活性。PER蛋白在针对自身的负反馈回路中降低其合成水平，通过连续性循环节律达成调节自身水平的效果。

为了阻止周期基因的活性，在细胞质中产生的PER蛋白必须到达遗传物质所在的细胞核。霍尔博士和罗斯巴什博士已经表明，PER蛋白在晚上于细胞核中积聚，但它是如何进入细胞核的？ 1994年，杨博士发现了第二个时钟基因，负责编码正常昼夜节律所需的TIM蛋白。

至此，三位科学家的研究说明了果蝇生物节律的运行机制：转录因子在白天激活*period*与*timeless*基因，使它们持续表达，然而当二者表达产物PER和TIM蛋白持续性增多并结合成为异二聚体，会在夜间进入细胞核内部，通过负反馈作用降低转录因子的转录活性。PER和TIM蛋白在夜间不断降解，到了白天转录因子又恢复了激活活性，使*period*和*timeless*基因开启新一轮表达。

随着生物进化，从真菌直到哺乳动物的生物钟调控机制有着根本上的相似性。因此，得益于上述三位科学家的里程碑式研究，迄今为止研究者已构建出对动物生物钟节律相对全面的认知体系。近日节律的调节系统和机制十分复杂，各类生物体内起介导和调控作用的节律基因蛋白也各不相同，然而，真核生物的近日节律反馈环路调控系统高度保守且稳定存在。

20世纪中叶，德国动物学家克雷默（Gustav Kramer）认为，除植物以外，包括人类在内的所有动物都有先天生物钟使机体与自然环境昼夜节律的变化相适应。还有生物学家发现，鸟类约24小时的昼夜节律甚至能够帮助它们导航。

对人类来说，人体内的生物钟可以精确地调控着我们的生理机能，诸如行为、激素水平、睡眠、体温、新陈代谢、免疫反应等，让我们能适应一天中不同的时间段。当外部环境和这种内部时钟出现了暂时的不匹配时，比如当我们经历时差时，身体健康就会受到一定程度的影响。也有一些证据表明，如果我们的生活方式和内部时钟出现长期的"不同步"，可能会影响相关疾病的风险。

但我们体内的生物钟究竟是如何工作的仍然成谜。1984年，霍尔、罗斯巴什和扬等团队密切合作，成功分离出了*period*基因。霍尔和罗斯巴什随后又发现了*period*基因编码的PER蛋白质，它们在夜间会累积，在白天则被降解。也就是说，PER蛋白质的水平会在24小时的周期内振荡，与昼夜节律同步。

1994年，扬发现了第二个生物钟基因*timeless*，它编码了TIM蛋白质。他的研究表明，当TIM与PER结合时，这两种蛋白质能够进入细胞核，在核中，它们阻断了*period*基因的活性，从而关闭了抑制性反馈循环。

所有的生物体都是由细胞组成的，那么细胞具有什么样的节律周期呢？真核细胞之中，细胞核包裹着染色体，与细胞的其余成分实现区域分离。这些细胞最早出现在约20亿年前的地球上。这些细胞组成的生物可以是单细胞生物，也可以是多细胞生物，比如动植物。人体由大量细胞组成，平均每克组织有10亿个细胞，每个细胞核都包含人体全部的遗传物质，也就是DNA，分布在23对染色体上。人体全部细胞都是由最初的受精卵分裂分化而来，即使是成年人身体中，大量细胞也在源源不断地分裂，完成凋亡细胞的更新。

一百多年前，人们就知道细胞是通过分裂繁殖的，细胞周期和细胞分裂调控的分子机制是到20世纪后期才被研究确认的。这些生物体内在的机制在整个进化过程中具有高度保守的特征，它们在所有真核生物中以相同的方式运作。这些机制就像精确的"码表"，严格调控着分裂的每一步。

细胞周期由几个阶段组成。在第一阶段（G1），细胞生长并变大。当它达到一定大小时，就会进入下一个阶段（S），DNA合成就在这一阶段中发生。细胞复制其遗传物质（DNA复制），每条染色体形成副本。在下一阶段（G2），细胞会检查DNA复制是否完成，并为细胞分裂做好准备。在染色体分离即有丝分裂阶段（M），一个细胞分裂形成两个子细胞，子细胞得到与母细胞相同的染色体。在分裂之后，细胞会回到G1，细胞周期完成。

细胞周期的持续时间因细胞类型而不同。在大多数哺乳动物的细胞中，它会持续

10到30小时。处于G1阶段的细胞并不总是会进入整个周期。相反，它们可以退出细胞周期，进入休眠期（G0）。对于所有活的真核生物来说，细胞周期的不同阶段必须精确协调，各阶段必须按照正确的顺序进行。细胞周期各阶段发生错误协调结果可能是染色体发生改变，产生的子细胞中部分或全部染色体丢失或排列混乱，癌细胞中就常常发生这种染色体变化。

2001年，诺贝尔生理学或医学奖得主哈特韦尔（Leland Hartwell）、亨特（Tim Hunt）和纳斯（Paul Nurse）在有关细胞周期的控制方面取得了突破性的进展。他们确认了在所有真核生物中调节细胞周期的关键分子，包括调控细胞周期的CDC基因家族、关键性调节蛋白CDK（周期蛋白依赖性激酶）以及蛋白质家族细胞周期素。这些基本发现对细胞生长的各个方面都有很大的影响。从长远来看，这也为肿瘤治疗开辟新的可能性。

（二）生物钟基因和疾病

细胞作为器官的最小单位具有一定的生物周期，那么由细胞组成的外周组织如肝脏、胰腺、肾脏、心脏等也都存在着生物钟，而当它们出现问题时，就有可能引起糖脂代谢异常，导致糖尿病、肥胖和心脑血管疾病等疾病的发生。

1. **胰腺生物钟基因** 胰腺分泌释放胰岛素和胰高血糖素，维持着血液里的血浆葡萄糖浓度保持稳定，生物钟基因也参与了这两种激素的调控。在研究中敲除小鼠胰腺的*BMAL1*基因，小鼠出现重型葡萄糖不耐受症状，胰岛素分泌量降低，血糖明显上升直至发展成为糖尿病。另外，设计实验使小鼠模拟轮班工作制度，发现其胰岛的细胞节律失调，胰岛素分泌释放失常，进一步产生胰岛素耐受不良甚至糖尿病症状，正是与敲除小鼠的β细胞*BMAL1*基因同样的现象。

2. **肝脏生物钟基因** 肝糖原作为葡萄糖贮存在肝脏中，肝糖原维持分解合成的稳定平衡基于生物体正常的近日节律。实验中当仅敲除小鼠肝脏中的*BMAL1*基因时，小鼠不仅产生脂肪肝，还伴随着胰岛素抵抗症状。该结果表明，肝脏生物钟相关基因的正常表达既是调控肝糖原合成及分解的关键，也是肝脏对胰岛素敏感性的重要影响因素。若肝脏的近日节律基因不能够正常表达，引发的胰岛素抵抗会带来血糖代谢紊乱，糖尿病发病率大大提高。

3. **外界环境的改变** 除以上两点之外，生物节律紊乱还有可能是外部环境因子（如食物、运动时间、光暗环境）的变化带来的。生物节律紊乱是糖尿病的影响因素之一，研究认为缺乏睡眠会使糖尿病发病率提高；即使在能保证充足睡眠时间的情况下，破坏生物节律也是患糖尿病的危险因素。工作制度为昼夜倒班的人长期工作和生活节奏有别于社会环境，很容易产生生物钟节律失调，根据流行病学的调查结果，这类人群的糖尿病患病率与工龄关系紧密，前瞻性研究中同样揭示，倒班工作者罹患2型糖尿病的风险比工作不需倒班的人更高。

在临床上还发现了一些与昼夜节律相关的现象。例如，在清晨进行口服耐葡萄糖量实验比晚间出现异常结果的概率更小，这是由于晚间人体分泌的胰岛素减少，且对胰岛素的敏感性降低。除了动物试验，还有许多临床研究表明昼夜节律和糖尿病存在各种程度上的相关性，证实了生物昼夜节律调控着体内血糖水平。

第五节　生物节律紊乱和疾病

一、健康新定义

简单地说，健康就是"没生病"。那么健康的核心标志有哪些呢？通过整理相关文献，下面将从人整体组织、器官、细胞到分子水平逐步剖析，给出对健康新定义的认识。

1. **屏障完整**　人体皮肤和肠道、呼吸道等组织为机体细胞提供了隔离外界环境的屏障，正是有了这些屏障系统才使得病原体难以入侵人体，身体健康得到充分保障。此外，细胞膜、线粒体、细胞核、血脑屏障等膜结构构成的机体内各屏障系统之间尺度相去甚远。屏障系统会准许特定的分子或物质通过，进入指定区域实现其功能，一旦屏障受损，机体相应区域就会受到损伤，功能失调，因此屏障系统的完好对机体健康的维持必不可缺。例如神经血管多种细胞紧密相连构成的血脑屏障，是大脑表面的滤过系统，阻碍着血液循环带来的细菌、代谢废物或炎性的大分子化学物质等进入脑组织，损伤大脑功能。研究已经证实，血脑屏障系统被破坏可以导致多种神经系统疾病。

2. **遏制局部变化**　人体生活在复杂的外界环境中，局部的外部和内部环境经常产生的细微改变，例如形成创口导致病原体进入，或是细胞分裂过程中意外发生导致DNA未能正常修复、蛋白质的折叠和堆积方式发生错误等。这些细微的差错若得不到及时处理，其后果进一步扩大，最终机体可能会产生较大的疾病。

3. **回收和更新**　蛋白质、脂肪、核酸等生物体离不开的分子物质会在外部刺激下被氧化、修饰或者自发性地变性甚至降解，这些不正常的生理过程会导致细胞功能受损。因此，细胞在经历主动死亡、清除并替换更新的过程，所释放的有毒有害成分或衰老的细胞都必须不断被回收，否则会造成机体生理功能损害的病理性特征。同时机体为了应对这些病理性变化，减少有害物质对机体造成的损伤，细胞有一种自御的方式——自噬，这是胞内首要性的物质回收机制。研究者利用模型动物以热量限制（禁止进食）、胰岛素信号抑制、遗传学操作和其他一些药物作为干预手段，揭示出自噬与延长生物体的健康和寿命的机制具有相关性。在抗衰老作用特征之外，自噬还广泛关系到多种重要疾病，例如动脉硬化、遗传性线粒体疾病、代谢综合征以及神经退行性疾病。

4. **网络"集成"**　机体的网络系统相当复杂，机体健康由各种调控网络共同"集成"配合来完成维护。从胞内结构、组织器官、个体到人体与体内微生物之间的作用，不同的网络系统错杂交织，不同层面上的众多因子同时同地发挥着各种作用。因此不能把疾病当作局部表现出来的病理现象，而应该考虑到各个网络系统协调、配合时产生的问题同样是疾病的诱因。例如，大量证据显示高发的精神疾病（如抑郁症）和代谢综合征之间存在联系；肠道菌群的变化关系到癌症、精神障碍和代谢障碍；病理性衰老和神经系统、代谢系统、免疫系统以及肠道菌群都有关系。

5. 节律和周期　　昼夜节律控制着我们的新陈代谢，甚至可以说体内所有器官的功能都受其影响，心脏、大脑、呼吸系统、消化系统等众多关键器官的功能都需要一定的节律控制，激素的分泌释放和细胞因子的活性也始终处于各自的周期性波动变化中。然而，如果我们经常不遵守自然的昼夜循环，比如倒班、饮食或睡眠时间不规律、频繁往来不同时区，人体生物钟失调后，患上多种疾病的风险都会增加，包括抑郁症、糖尿病、癌症和认知功能障碍等。

6. 内稳态的复原能力　　人体的脉搏、心率、体温、体重、血糖、血压、血氧、激素等大量的生理生化参数一般情况下是在健康范围内浮动的。若这些参数值较大程度地偏离正常范围，往往指示着疾病的发生或发生风险。体现内稳态条件重要性的典型案例就是机体因激素分泌过量或不足进而发展成内分泌失调。内稳态的保持和波动后的复原能力关系到代谢、免疫和遗传等众多人体生理过程。人体的内肠道菌群从出生开始定植，直到成年达到稳定直至衰老，在老年时期由于我们生活方式的改变、肠道结构的改变、饮食习惯的改变、外界环境的改变，我们体内的肠道菌群结构也在不断发生变化。正常情况下肠道菌群始终维持在相对平衡的状态，然而在我们生命进程中，由于外界环境的改变，肠道微生态也会发生相应的变化，肠道菌群发生变化会导致肠炎、结肠癌、哮喘、代谢综合征、心血管功能障碍等一系列疾病，因此，维持内稳态的修复力是促进健康的关键措施。

7. 毒素的兴奋效应调节　　毒素兴奋效应的含义是低剂量毒素暴露可使机体产生一定的保护反应，从而避免该毒素的较高剂量暴露对机体带来的损害。这个名称也常指代低剂量应激源所引起的细胞和机体适应性反应，这种反应使体内状态得到稳定，同时提高生物体的可塑性。关于如何利用这种生物过程增强健康的研究正在利用动物模型进行，低剂量辐射、低浓度化学物质投放、低强度饮食干预等都可作为具体手段，以期达成稳定基因组、清除自由基等效果，保护机体健康，进一步延长寿命。

8. 修复和再生　　对一些涉及DNA、蛋白质分子以及线粒体、溶酶体等细胞器的损伤必须做出修复，需要尽可能地实现受损功能修复和再生，争取实现全面恢复。人类干细胞和祖细胞能够修复受到损伤的组织，提高组织细胞适应能力和代偿性反应力。长期以来人们认为成年人的大脑是不可修复的，但后来研究也在大脑中发现了具备潜在修复能力的干细胞。干细胞再生医学在将来可以作为组织细胞和器官移植治疗的替代方案，实现衰亡或病变的组织器官的修复。多能干细胞诱导和基因编辑等创新性技术的发展，使先天性基因缺陷和衰老相关疾病的治疗有了更多可能，未来将有助于人体健康状态的塑造和保持。

健康的各个生物学标志之间不仅存在空间距离，身体的健康平衡也会随着时相变化振荡并保持相对稳定，对一系列外界刺激做出应激反应。不能单独考量任何一个健康标志，它们之间是互相联系的，任何一个方面遭受攻击都会给生物体带来致病威胁，造成机体整体健康的急性或慢性损伤。

二、生物节律与疾病

人体的很多生理功能都表现为近日节律性，如人的体温、心率、脉搏及血压等都会呈现出周期性变化。众多实验数据证实，许多疾病的产生都与近日节律紊乱相关，如免疫系统肿瘤、心血管疾病、神经系统疾病、血液病、乳腺或卵巢癌症和认知功能障碍等。现如今，随着生活节奏越来越快，人们的作息已然构筑在人为划分的白天和黑夜上，以适应夜班、通宵、或因各种原因经常需要乘飞机飞行。这种生活方式必然会扰乱人体原本内在的昼夜节律，当人篡改了自己的昼夜节律，其健康就会受到影响。昼夜节律控制着人的新陈代谢，甚至可以说体内所有器官的功能都受其影响。生物节律紊乱会影响疾病进展，在研究动物和人体的过程中，人们已经确定肿瘤发生与昼夜节律紊乱存在关系——节律紊乱是肿瘤发生发展的一个内源因子。从大量的流行病学调研中可以总结出，女性在长期进行夜班工作，其乳腺癌患病率显著上升；对啮齿类动物来说，将其长期置于光照环境中使其昼夜节律紊乱后，群体中肿瘤发病率明显上升。*period1*基因本身参与昼夜节律的形成和保持状态稳定，研究显示它还和药物依赖性密切相关，而*period2*则关系到肿瘤的发病进展。

三、生物节律对生理功能的影响

1. 内分泌功能 哺乳动物多种激素的分泌节律是脉冲式的（如生长激素、肾上腺素、褪黑素、促甲状腺素等）。生长激素和褪黑素在个体睡眠时间内明显达到分泌峰值，促甲状腺素在夜间浓度水平高于白日许多。切断鼠下丘脑传入神经后，其分泌促甲状腺素失去了昼夜节律，损伤甲状腺功能。

对人的行为功能进行统计学方法的研究，结果表明由于昼夜节律的调控，人的机体运动能力呈现周期性变化。这方面运动员的相关研究比较充分，整体上一天中机体体能最好的时段是晚间6～8点，最差的时段是凌晨6～8点，过了凌晨6点体能呈上升趋势。除了体能，昼夜节律还密切关系着人的睡眠模式，*period2*基因突变形成典型的提前睡眠时相（又称百灵鸟型）综合征，*period3*基因则关系到延迟睡眠时相（又称猫头鹰型）综合征。对模型动物和人类的研究发现，昼夜节律会对记忆和学习产生影响，具体机制涉及肾上腺素和皮质激素分泌的昼夜节律。

2. 引发疾病 诸如癌症、呼吸道疾病、心血管疾病、神经系统疾病等与生物节律系统有着深入联系，研究者对该领域的发展愈发重视。近年来，人们对生物节律的研究越来越深入，也延伸出了时间生物学的治疗方法，时间生物学疗法发展逐渐偏向临床应用的治疗手段，在肿瘤、心血管和内分泌系统的择时药物或激素治疗，以及睡眠节律调整等方面取得重大进步。实验研究中，高血压患者按血压节律时相服用降压药物，能更好发挥药物的降压疗效；晚间使用糖皮质激素药物抑制ACTH的效果是早上使用药效的2倍。利用肿瘤细胞代谢节律有别于健康细胞的特点，一般治疗方案会将使用抗癌药物和化疗手段安排在肿瘤细胞代谢相对旺盛而健康细胞相对平缓的时段，使肿瘤细胞被高效消灭的同时降低对健康细胞的损伤，以期达到在正常组织损失较小的情况下大量杀死肿瘤细胞的效果。

四、生物钟紊乱如何导致疾病

随着研究的深入，研究者发现生物钟和人体的健康是密不可分的，可以说人体健康的各个方面都受到生物节律的影响。家族性睡眠相位提前综合征是可遗传的，患者晚间约7点入睡，约凌晨3点醒来，生物钟相位比正常人大幅提早，很难适应于大多数正常人生物钟作息形成的社会规律。尽管如此，每个人的生物钟受到打破都会为机体健康带来多种多样的影响。若生物钟受到短期破坏，经调整回归正常节律可以消除影响，长时间的节律失调则大概率导致疾病发生。流行病学调查研究显示，女性频繁进行夜班工作会提升患乳腺癌概率。生物节律失调的癌症患者，其预后比节律正常的患者水平明显较差，有人将这种现象解释为褪黑素分泌会因夜间过多置身于光亮环境中而减少，癌症患病概率随之上升。

（一）生物钟与代谢性疾病的关系

1. **利用人体生物钟帮助治疗肥胖**　研究者通过采集患者手术前后的脂肪和血液样本，比较它们的生物化学信息，发现了人体生物钟在身体脂肪代谢中起着重要作用。通过调节生物钟，有助于开发出治疗肥胖症与超重致命疾病的新途径。同时该研究团队在小鼠脂肪组织中也发现了和人体一致的生物钟变化规律。

2. **生物钟调节酒精性肝病的疾病进展**　脂肪肝是脂肪在肝脏细胞的异常积累，并与脂肪代谢的扰动密切相关。酒精性肝脂肪变性是由过量饮酒产生的，与肝炎或肝脏炎症有关。研究人员揭示了生物钟在酒精性肝脂肪变性或脂肪肝病发展中的作用。生物钟调节生物化学、生理学和行为的24小时节律，是维持正常健康状态的关键。生物钟的紊乱已与精神健康障碍，代谢性疾病（包括肥胖和糖尿病），癌症发展相关。肝脏具有许多功能，包括调节代谢，控制能源分子的储存和释放，解毒等。

3. **胃部神经可扮演生物钟的角色来限制个体食物的摄入量**　胃部的神经可以扮演生物钟的角色，从而在一天的特定时间限制食物的摄取量，一项研究首次报道了胃部的神经可以扮演生物钟的角色，调节饮食。该研究同时也揭示当我们吃饱或者需要继续摄入食物的时候，肠道信号发送到大脑的分子机制。研究者的研究结果显示，胃肠道中的神经至少在某一天的特殊时间段是处于敏感状态的，这就意味着在神经处于高活性的时候我们可以摄取很多食物直至感觉到吃饱了。然而日夜循环的改变和睡觉相关，这就使得胃部的神经变得对弹性非常敏感，当吃饱的信号传输到大脑中时机体就会迅速限制食物的摄取。

4. **体内生物钟或可成为引发糖尿病、肥胖的定时炸弹** 在一天中的特定时间不吃饭是否会降低个体患肥胖或糖尿病的风险？外面的路灯会让你变胖吗？针对这些问题研究者阐明了糖尿病、肥胖与生物钟之间的关联。在实验室进行条件控制，研究者研究了紊乱的生物节律对小鼠产生的影响，发现小鼠在经历多次时差反应后，体重增加甚至会产生高度糖尿病症状。只要是会对生物钟造成干扰的因素都会干扰人体的健康状态，诸如时差、倒班、错误的光-暗暴露环境等，而研究者想要探明的是对生物钟产生干扰的具体因素。亚力山大（Alexander Tups）教授解释，即使是非常明亮的街道灯光也会干扰人体分泌褪黑素（昼夜节律的调节激素），褪黑素分泌失调会导致肥胖和糖尿病，且越来越多的研究结果显示褪黑素紊乱还可能导致癌症发生。研究者尝试分析人造光源的光强与调控机体褪黑素分泌的相关性，另外还对生物节律影响机体消化吸收食物中脂肪的机制进行了探究分析。

还有一项研究研究者通过小鼠模型的研究揭示，稳定的睡眠节律对机体代谢功能健康的调控参与度很高，近日节律轻度失衡都可能成为重大健康隐患，例如引起肥胖症和糖尿病。研究者克劳迪娅（Claudia Coomans）表示，人类一定要充分认识到保持昼夜节律内健康生活模式的重要性，所谓健康的模式要尽可能与内在天然节律相符。研究者使得小鼠处于持续的光照之中，光照就可以破坏小鼠内在的生物钟功能，不断的光照会使得小鼠内部的生物钟分子不断降解，最终达到一定水平，这种生物钟分子的降解在老年化的小鼠中也是常常发生的。最终小鼠会在能量代谢、胰岛素敏感性上出现24小时节律的缺失，这就意味着生物钟功能的轻度损伤就会引发小鼠严重的代谢障碍。

5. **Reverb-α/β 是控制生物钟和脂肪代谢的分子** 人体内各种细胞，包括脂肪细胞，都具备各自内源性近日节律，这些节律调控着各项具体的重要代谢行为。研究者探索了来自生活环境变化不大的人身上的脂肪细胞的昼夜节律。研究人员认为生物钟紊乱是导致肥胖和健康状况不佳的关键原因。在这项独特的研究中，7名参与者在进入实验室之前都保持着固定的睡眠模式和进食时间，他们进入实验室后继续维持这种情况长达3天。随后他们经历了一个37小时的固定周期，在此期间他们处于一种无光、快速进食和睡觉-醒来的循环。

24小时的内部生物钟控制人类行为和生理包括睡眠、血压和代谢等诸多方面。生物节律混乱会导致许多疾病，包括代谢性疾病和癌症的发病率增加。身体的每个细胞内部都存在生物钟的时间机制，这一时间机制是由蛋白质保持的检查控制。Reverb-α是这些蛋白质中的一员，被认为是一个从属角色，因为生物钟在其不存在的情况下也能运行正常。研究者发现 Reverb-β 是 Reverb-α 的后备蛋白质。当两者都不能正常工作时，生物钟就失去了它的功能。两个 Reverbs 相互作用以控制脂肪代谢，当他们不存在的情况下，肝脏会被脂肪填充。这些结果证实 Reverb 是生物钟功能和代谢的主要调控因子。

6. **生物钟关键蛋白 p75NTR 调节新陈代谢** 地球上，从细菌到人类，几乎每一个生物体都有一个独立运行的生物钟，受到外部环境影响如光照、温度和食物供应的节奏影响。最近的研究发现一个生物钟和代谢之间的联系。研究发现重要的代谢功能都受到昼夜时钟严重影响，这就是为什么长期夜班工作等不良习惯会导致代谢和自身免疫性疾病。该研究指出p75神经营养因子受体（p75NTR）作为一个重要的分子链接着生物钟和代谢健康。

机体都有自己内部的"计时装置"，但这个所谓的"生物钟"的内部工作是复杂的，科学家一直在探究它背后的分子过程。研究人员发现了一个重要的蛋白p75NTR，接受人体生理时钟的直接指示。此外，他们还揭示了这种蛋白质是如何调节基本昼夜流程，破坏其正常功能，以及它是如何可以影响生理时钟系统。该研究利用动物模型揭示了p75NTR的产生是如何随着人体的自然昼夜节律时钟振荡，以及这些节律振荡如何帮助生物钟调节重要代谢功能。这一发现展现了生物钟在p75NTR作用下如何保持身体的整体代谢健康。

（二）生物钟与机体免疫系统的关联

1. 免疫系统也有生物钟　用于治疗哮喘和肺炎的药物有时出现失去疗效的情况，这是因为肺炎的发作和糖皮质激素的作用也具有节律性。研究表明广泛用于治疗肺部疾病的药物自身也有生物节律性。肺呼吸道衬里细胞的机能生物钟处于紊乱状态时，肺部原本发生的炎症将更加严重。CXCL5在免疫细胞转移至组织的过程中起关键性调节作用，劳登（Loudon）教授的研究小组发现CXCL5对肺部炎症具有重要作用，缺失CXCL5会使肺部炎症丧失近日节律，以此为依据发展出肺部疾病新的治疗方案。

2. 生物钟影响CD8 T细胞免疫反应效率　研究发现，生物钟影响免疫反应的效力；事实上，CD8 T细胞是对抗感染和癌症的关键细胞，但它们的功能却因时间的不同而大不相同。我们知道昼夜节律是由"生物钟基因"控制，它影响大多数器官和细胞，包括免疫系统的器官和细胞，免疫系统的功能会随着一天的时间发生变化。因此，生理节律存在于生理的各个方面，包括睡眠、营养、激素活动和体温。这些日常节律帮助身体适应环境的周期性变化，比如季节和昼夜循环。

3. 分子时钟或会影响机体免疫细胞的反应　即使是相同类型的细胞，在不同的外界刺激下也可能产生不同的应激性，这种现象可能是由于各类细胞的分子节律之间存在相位差别。人体生物钟可以调控睡眠-觉醒节律，细胞层面上也具有对细胞行为产生影响的分子时钟，研究者认为细胞反应存在差异可能正是因为分子时钟的存在。为验证这一猜想，研究者针对巨噬细胞这种对感染做出反应的免疫细胞开展研究，并通过体外试验发现，生物钟基因不仅调控巨噬细胞的节律，同时决定着细胞是否会对细菌带来的刺激做出相应反应。利用小鼠作为动物模型，研究者发现，不同时间细胞的反应剧烈程度和发生反应的细胞占比存在显著差异；细胞对细菌的暴露时间决定了巨噬细胞炎症化学信号的释放。

4. 昼夜节律和肿瘤　时间疗法是以内源性生物钟为依据，按时间节律对癌症患者进行药物治疗的方法。近期研究指出，昼夜节律紊乱是刺激肿瘤生长的重要因子且对抗癌药物的效果产生抑制作用，这项结果为时间疗法提供了机制性的佐证。从整个机体到细胞的分子层面，昼夜节律调控方方面面的生理生化行为和活动。无论是跨时区旅行、昼夜倒班还是睡眠障碍引发的生物钟紊乱，都可以构成癌症的风险因素。动物的模型实验表明，通过激素诱导途径引发的生物钟紊乱会导致肿瘤发生，但具体机制仍是未知的。为了对机制进行探究，研究者使用地塞米松这种激素，逐渐使所培养细胞的节律加快，结果发现激素药物的处理使多种基因，特别是细胞周期的调控基因表达发生了变化。紊乱的昼夜节律紊乱使细胞繁殖增多，究其原因是调控细胞周期的 Cyclin D1 蛋白表达上升，Cyclin D1 又进一步激活细胞周期蛋白依赖激酶 4/6，在该蛋白的作用下，细胞从生长变大转为 DNA 复制，最终形成新的细胞。

（三）生物钟和衰老的未解之谜

1. 皮肤干细胞的生物钟保护其免受紫外线伤害　人类皮肤需要应对来自太阳和其他环境因素的紫外线辐射，来阻止皮肤细胞的衰老，皮肤干细胞通过白天激活与防护 UV 有关基因的特殊机制，节律性地抵抗紫外线，避免紫外线辐射使皮肤的 DNA 损伤。这一发现对人类的早衰防治和抗癌治疗有指导性作用。研究发现皮肤干细胞具有能精准分辨白天和黑夜的内在生物钟，从而让皮肤高效地应对紫外线辐射。包括皮肤细胞在内，人体多种细胞都有很强的节律依赖性。有研究表明皮肤干细胞在失去正常的节律周期后会明显加速衰老，说明细胞节律使其抵抗了大量损伤，但目前研究者还不知道节律控制皮肤干细胞功能的具体机制。

2. 生物钟功能紊乱内部机制　生物体的昼夜节律是由于地球自转造成的白天和黑夜而产生的。哺乳动物大脑的中枢钟系统调控睡眠 - 唤醒、饮食、激素分泌、新陈代谢等方面及许多其他生理行为过程的节律。经常倒夜班或者是乘坐跨时区过夜航班，常常会使人彻夜难眠。研究发现，大脑中存在可以阻碍昼夜节律正常运转相关的关键蛋白，该蛋白与蛋白合成这一基本生物学过程密切相关，去除该蛋白后，大脑生物钟功能将会得到令人惊奇的改善。该项发现可以应用于跨时区旅行和夜班所引起的睡眠障碍，抑郁以及帕金森病等患者的治疗。

3. 衰老生物钟的新希望　衰老相关疾病，包括代谢性疾病、神经退行性疾病、心血管系统疾病、恶性肿瘤等，这些严重制约着人类健康的衰老。尽管这些疾病病理表现各异，但细胞内线粒体功能异常是其中不容忽视的一个重要因素。线粒体是真核细胞内高度特化的细胞器，是能量代谢和信号传导的重要中枢。作为细胞内的发电厂，线粒体是细胞有氧代谢产生能量的主要场所。同时，线粒体在细胞内的 Ca^{2+} 稳态、信号转导以及细胞凋亡等方面发挥着重要作用。此外，线粒体也参与氨基酸、核酸、脂类等重要生物分子的合成。正是由于线粒体在细胞能量供应及维持细胞正常代谢等方面发挥着非常重要的作用，调控和改善线粒体功能以及修复损伤的线粒体对于衰老疾病的预防和治疗至关重要。线粒体在衰老过程中的核心作用已被生物医学界广泛认同，其被称为衰老的生物钟。在衰老过程中人类和动物模型的实验结果表明，脑、心脏、肌肉等关键组织的线粒体呼吸产能功能逐渐下降，并表现出线粒体 DNA 突变的累积。

4. 最佳密码子打破生物钟节奏　生物钟通过协调发生在24个小时周期内的具有昼夜循环的基因表达从而在生理学过程中控制每日的振荡。两项研究显示，在真菌粗糙脉孢菌和蓝藻聚球藻中，基因编码的生理节律机制的核心组件表现出了一种不是最佳的密码子偏倚，并且这是对于保持一种适当的生理节奏的适应。被丰富的tRNA（所谓最优密码子）解码的密码子在高度表达的基因中被过度表达，基本上确保了mRNA的快速和准确地转化，以实现高水平蛋白质的生成。研究小组开始在生物钟基因中评估密码子的使用偏倚，进而发现粗糙脉孢菌frq和聚球藻KaiB及KaiC（这对于各自生物体中的生物钟功能而言是必不可少的）展示出了非最佳的密码子使用。

（四）生物钟与神经系统疾病的关系

1. 抑郁症与生物钟紊乱有关　中枢基因按照自然昼夜时相维持着哺乳动物大脑的主时钟，生物体激素分泌、代谢、睡眠和饮食等生理生化活动的节律都由主时钟调控。中枢时钟与大脑其他部位或外周时钟系统不同步的现象是有可能出现的，而这种相位错位会引发身体的不适甚至疾病。

抑郁症往往伴随着睡眠或者其他生理生化活动的节奏紊乱，很容易影响大脑功能。研究脑部基因活性后发现，抑郁症患者大概率发生生物钟相位失调。研究已获得部分间接证据，这些证据可说明生物钟紊乱和抑郁症之间存在联系。

2. 压力与生物钟之间的关系　研究表明适当的压力可以使昼夜节律时钟更好、更快地运行。过去几十年的研究发现，我们的身体进化出一套称为生物钟的机制，该机制在内部驱动几乎每个细胞的节律，而昼夜节律时钟的活动受单元中各种信号的影响。致力于细胞应激信号与生物钟之间的研究组研究结果表明，细胞通过激活以蛋白质eIF2α为中心的信号转导级联反应来响应各种应激信号，该信号转导是协调细胞中蛋白质合成的关键因素。其他团队的研究发现，在人的中枢时钟中，压力会导致eIF2α的节律性磷酸化，从而促进ATF4蛋白的产生；ATF4蛋白激活period2基因，最终使时钟转动得更快。

3. 大脑星形胶质细胞控制生物钟　星形胶质细胞是在大脑神经元周围包围着、起到支持保护作用的细胞，研究发现其对昼夜节律具有重要作用。以往认为星形胶质细胞只负责支撑有昼夜节律调控作用的神经元，一项发表在《科学》上的新研究指出，它们实际上影响着机体的体内生物节律，同时证实了它们参与哺乳动物的行为模式调控。紊乱的昼夜节律可以带来时差反应和睡眠障碍，严重情况下会引发精神疾病、痴呆症、糖尿病甚至癌症。众所周知昼夜节律对于人体健康状态的保持发挥巨大作用，目前在人体内已发现众多不同类型的细胞各自具备内在生物钟，它们的节律主要统一由视交叉上核调控。

（五）生物钟与肠道微生态的关系

1. 肠道菌群参与肠道昼夜节律的设定　研究发现小鼠小肠中的微生物参与肠道昼夜节律的设定。大多数人（和其他哺乳动物）都存在昼夜节律，即控制进食和睡眠等过程的代谢时钟。最常见的昼夜节律周期是控制睡眠的周期，不过科学家们已发现存在着多种控制着不同生物系统的昼夜节律。过去的研究已表明如果其中的一种昼夜节律变得不正常，人们可能会遇到健康问题。比如，改变工作时间的轮班工人更容易增重、患高血压和糖尿病。昼夜节律的运作方式仍是一个谜，因此，在这项新的研究中，这些研究人员猜测肠道生物群落可能参与调节肠道中的生物钟，因而可能间接地参与了体重增加。

2. 微生物组的可靠"时钟"　尽管人类微生物组在过去几年中受到了人们的广泛关注，但一直以来难以观察其在各种刺激下随时间变化的情况。最常见的分析方法是从粪便样本中提取细菌，然后对它们的基因组进行测序，但是这种方法会丢失肠道中细菌的位置和时间等关键信息。如今，来自哈佛大学的研究人员创建的一种新工具提供了解决此问题的方法，他们设计改造了一部分细菌基因，可以用于检测和记录菌群随着时间变化的情况，该系统使用"基因电路"，作为测量细菌生长的遗传"时钟"。该调控因子由三个细菌基因组成，这些细菌基因编码三种蛋白质（tetR，cl和lacI），每种蛋白质均阻断其他一种蛋白质的表达。这些基因被链接到一个负反馈回路中，因此当一种阻断蛋白的浓度降低到一定水平以下时，受其影响的蛋白就会顺利表达出来，从而阻止了第三种蛋白的表达，并且进行不断重复，形成周期效应。

■第六节　生物节律的影响因素

在农耕社会时，老百姓普遍遵循着"日出而作，日落而息"的生活模式，因为只有当生命的节奏与自然环境的节奏相吻合，生命才能够更好地生存和发展。久而久之，生物的生命活动便形成了内在节律性，这就是生物钟，这种现象在生物界广泛存在，关于生物钟的特征、意义和机制的研究近年来备受关注。

生物钟是长期以来生物对自然环境的一种适应，它普遍存在于地球上几乎所有的生物中，关于原始钟的起源，很多学者对他们进行了探讨，直到20世纪50年代中期以后，随着遗传学和分子生物学的迅猛发展，人们开始了对生物钟的认识越来越清楚，并在基因水平上对生物钟有了较深刻的研究。2017年的诺贝尔生理学或医学奖授予了3位在探究昼夜节律的分子控制机制领域作出重要贡献的科学家。对于生物钟的影响因素不同学者也进行了探究，主要通过基因控制的方法，发现，食物，声、光、温度等物理条件以及化学物质都会对生物钟产生影响。下面主要介绍生物钟的重要影响因素——褪黑素。

一、褪黑素：调节生物钟的分子

自然界存在一种古老的化学分子：褪黑素，它跨越物种地出现在几乎所有门类的生物体中，与其他生物体内作用不同，褪黑素对于动物来说是生物钟调控激素。褪黑素是由哺乳动物大脑松果体分泌的一种激素，又被称为松果体素、褪黑激素、褪黑色素。褪黑素的学名是 N-乙酰基-5-甲氧基色胺，高等动物体内的褪黑素由松果体制造，随后进入血液到达其作用的受体，血液中它的浓度呈昼夜节律性变化，其分泌受到光照影响并且主要在黑暗状态下进行，因此它被形象地称为"暗信号"。在生物体内发挥着同步内源性节律的作用，并且能够稳定和加强昼夜节律。

褪黑素被称为睡眠的促发因子，生理性的褪黑素浓度升高可以促进睡眠，而褪黑素分泌异常会导致部分患者出现睡眠障碍。研究表明，适时地给予适量外源性褪黑素补充可以协助调整睡眠周期，尤其是治疗因褪黑素分泌减少而导致的失眠。

不同国家和地区褪黑素的使用标准不同。美国食品和药物管理局批准褪黑素作为膳食补充剂；加拿大允许褪黑素作为天然健康产品的原料使用（成人推荐用量 0.5～10 mg/d）；欧洲药品局已批准 2 mg/d 的褪黑素缓释剂用于 55 岁以上原发性失眠患者的短期治疗；澳大利亚允许褪黑素作为药物使用；我国允许褪黑素作为保健食品（调节身体机能，不能防治疾病）原料使用，推荐用量为 1～3 mg/d。

二、褪黑素的分泌特点

1. **褪黑素的分泌具有昼夜节律性**　褪黑素发挥睡眠起始信号的作用与昼夜节律性有关。夜间褪黑素浓度比白天高出 3～10 倍。受光照的影响褪黑素通常在晚上 21～22 点开始分泌，凌晨 2～4 点达到峰值，早上 7～9 点逐渐减少。

2. **褪黑素分泌量与年龄有关**　不同年龄段个体血中褪黑素浓度变化显著。不足 3 个月的婴儿褪黑素分泌量非常少，3～6 个月开始上升并呈现昼夜节律性变化，3～5 岁分泌量最高，6～8 岁降至最高量的 70%，12 岁降到成人水平。35 岁以后褪黑素分泌量显著减少，随后平均每 10 年降低 10%～15%。70 岁以后大多数人褪黑素分泌的昼夜节律性几乎消失。

3. **人体褪黑素合成随季节波动**　人体内冬季褪黑素水平比夏季高。人的饥饿程度和运动的剧烈程度会影响体内褪黑素水平。此外，褪黑素分泌还与光的照度和波长、电场、磁场、污染成分等多种环境因子有关。

4. **褪黑素的合成**　前文已经提到，褪黑素的分泌受光控制，视网膜能够感受蓝光信号，当环境中的蓝光被视网膜感知后，光信号会被输送到松果体，如果是在黑暗环境中，松果体将开始分泌褪黑素。松果体细胞利用 L-色氨酸（L-tryptophan）为原料，在色氨酸羟化酶的作用下得到 5-羟色氨酸，随后经脱羧酶的作用转化为 5-HT，然后在 N-乙酰基转移酶催化下与乙酰辅酶 A 反应转化为 N-乙酰-5-羟色胺，最后在甲基转移酶作用下即可得到褪黑素。

褪黑素的一些生理和药理活性可以成功应用于药品和保健食品，具有很大的市场需求，因此探讨褪黑素的化学合成非常必要。褪黑素的合成工艺已经成熟、按照现有工艺可以获得纯度高的产品，已经成为褪黑素的主要来源，褪黑素的合成方法不胜枚举，代表性的合成路线以 5-甲氧基吲哚为起始原料，经草酰基化、胺化、还原和乙酰化四步反应，可以获得产率非常可观的褪黑素；还有一种较为成熟的方法是采用Fischer吲哚合成法，以4-甲氧基苯肼和4-氯丁醛为原料，经缩合得到5-甲氧基色胺，最后只需乙酰化即可得到褪黑素。

5. 褪黑素的其他作用　生物进化复杂而漫长，遵循"优胜劣汰、适者生存"的自然法则，褪黑素这种分子能够从远古保留至今一定有它极其重要的意义。除调节生物体内的节律与环境周期保持同步外，研究还发现褪黑素能够帮助机体抵御恶劣的自然条件，有效清除生物体内的自由基，使机体免受氧化损伤，此外褪黑素与钙调蛋白结合后能够调节细胞骨架的机能状态。

近些年来聚焦于褪黑素的研究表明，褪黑素还具有抗肿瘤，增强机体免疫，调节血压、心率、保护心血管细胞、促进代谢、减肥等作用，未来有很大可能被开发成为作用剂量低、药效温和、毒副作用小以及耐受性良好的临床药物或是膳食保健品。

褪黑素的生理作用十分广泛，尤其是它的免疫增强、抗衰老、抗肿瘤作用已受到医学界的广泛关注。利用褪黑素的生物学作用或者将外源性褪黑素开发成为人们所需要的产品应用到医学界，具有使人类生活质量进一步提高的广阔前景。

三、生物钟的精细调节机制

最近几年的研究表明，生物钟除了受褪黑素的调节外，还受下面几个方面的调控。

1. 食物可以调节生物钟　若个体生理节律与环境节律不符，除了会各使方面机能减弱，还会明显提高各种疾病（如糖尿病、心血管疾病和癌症）的发病风险。生物体内在昼夜节律调控大量的生理生化行为，生物钟相关基因在节律调控下，在一昼夜内呈现出具有周期性的表达，使个体从分子到组织器官层面上的变化跟随地球自转的昼夜节律。最近的研究表明调控生物钟的方法之一是控制饮食，这为某些疾病患者提供新的治疗思路，例如有研究证实，生物钟的改变可能受到了胰岛素的影响。研究者称生物钟的变化涉及两个主要途径，①生物钟受光照的调节而发生变化，比如说受生物钟调节的褪黑素的变化；②生物钟受食物调节而发生变化，这是一个新奇的观点，研究者通过细胞和小鼠实验发现，胰岛素可能涉及生物钟的重新设定变化。

2. 酪蛋白激酶1e（CK1e）重置生物钟　机体每日的生理生化节律，例如睡眠-唤醒和激素分泌，都在生物钟的调控之中。近期研究指出一种新的人体在生物钟控制下环境因素变化应对机制：人类生物钟在外界环境因素（如光照、温度）变化中做出调节和更新的困难程度由酪蛋白激酶CK1e掌控。研究者分析，这项研究成果或许可以用于控制夜班、倒班工作和时差综合征对人体健康的负面影响。

3. 研究发现人体生物钟的齿轮　内在昼夜节律让人类在白天精力充沛，到了晚上则感到困意习惯入睡。近期研究表明，人类昼夜节律调控机制中的一个关键因子是锌离子，它像齿轮一样精密调整着人类生物钟。

研究发现，已知的PER蛋白和CRY蛋白间的相互作用对于调控人体的生物钟规律性运转至关重要，在这两种蛋白的结合部位的锌离子至关重要地稳定着生物钟的正常运转。在受到营养元素失调等外界因素扰乱的情况下，锌离子在体内的浓度发生了变化，人体内的生物钟就会受到负面因素的不当干扰。维持健康的饮食习惯有助人们更好地调节生物钟的变化，维持生物钟正常的良性运转以及使人体生理机能适应环境的节奏，正确调节生物钟可以改善人们的生活质量。

4. 妨碍生物钟调节的机制　24小时周期的生物钟存在于地球上几乎每个生命机体之中，个体会按照昼夜变换调节自身机能和行为。当人进行跨时区旅行时，人体生物钟不得不重新适应新时区的时间节律，但是时相偏移不可避免地会使一些人产生程度不同的时差综合征，让人在一定时间内睡眠状况不佳，感到疲倦和头脑混乱。特别是在有的跨国行程中，人需要长时间乘坐飞机和倒时差，在时差综合征的影响下，有人在很长一段时间内都难以调整到目的地对应的昼夜节律中。近期一项研究发现了新的生物钟对环境光暗节律变化适应能力的限制机制，可以针对性研发有助于人快速调整生物钟的药物，降低时差综合征给人带来的不适。

5. 生物钟的校正者：硫辛酸　研究者表示，以24小时为周期（白天-黑夜循环）的昼夜节律，可以影响机体关键的生物学过程，机体中几乎1/3的基因都会受生物节律变化所影响，当昼夜节律失衡后这些基因就会引发人类各种疾病，比如癌症、心脑血管疾病、炎症等。我们对昼夜节律理解地越为深入，对于机体疾病的发病机制的理解就越为明晰；研究者发现，微量营养素——硫辛酸可以恢复并且同步个体的生物节律，也就是大多数有机体的生物钟。硫辛酸可以帮助恢复衰老动物机体的昼夜节律。硫辛酸作为一种微量营养素及抗氧化物对于有氧代谢过程非常关键，在肉类及菠菜和绿花椰菜等叶菜中含量较高。研究表明硫辛酸可以维持机体抗逆性、激素水平、肌肉性能、葡萄糖代谢等重要生物功能。

四、深入剖析生物钟的深远作用

1. 利用新型细胞模型来追踪机体生物钟基因的功能　昼夜节律对人体各方面生理功能的影响非常重要，最新的研究报道，研究者开发了新型模型可以更好地帮助科学家理解时钟基因的功能及其遗传特性，从而以其为工具，设计一定的手段来改善其功能。该模型可以帮助科学家们追踪并且实时监控个体的生物钟基因功能。值得一提的是该细胞模型非常便宜，可以充当"录音设备"，其不仅可以在小型实验室使用，也可以在大型制药研发企业中使用，可以用于筛选有效的候选药物分子，从而帮助机体恢复正常的生物钟功能。该研究首先从肝脏细胞和脂肪细胞开始进行研究，因为这两种细胞控制着机体的能量代谢过程以及储存系统，通过研究发现，改变这些细胞的生物钟基因功能和缺失生物钟基因的突变小鼠细胞所表现出来的生理特性表现非常类似。该模型为研究生物钟基因相关的生理功能，以及筛选靶向生物钟基因的药物提供了扎实的基础。

2. 生物钟基因突变猪　不论是藻类还是结构复杂的人类，所有生物体都受到生物钟调控，各方面表现出以24小时为振荡周期的节律。生物钟通过对机体日常生理生化行为活动的调节，让机体自身节律符合外部环境节律，同时调控生物体健康。在对生物钟机制进行深入研究的过程中，人们发现生物体免疫系统疾病、心血管疾病和肿瘤癌症等一系列疾病均与生物节律紊乱有着分不开的联系，对生物钟基因翻译表达机制的研究意义重大，这将为今后人类疾病生物钟疗法相关靶向药物开发提供坚实的理论基础。在发展出手工克隆技术的基础上，研究者成功将人类的生物钟基因突变体植入猪体内，首次获得生物节律上的转基因猪。该研究成果对人们深入了解生物钟的工作原理和后期筛选靶向调节生物钟基因的药物提供了更好的动物模型。

　　3. 生物钟基因突变猴　　中国科学院神经科学研究所研究团队曾经利用CRISPR/Cas9的方法，针对核心节律基因 *BMAL1* 进行基因编辑，成功克隆出 5 只基因编辑小猴。*BMAL1* 敲除猴表现出节律活动异常和睡眠紊乱，为了验证这些猴是否具有节律紊乱的症状，研究者就从多个方面开始观察敲除猴的生物节律。电子设备检测发现，敲除猴的行为活动丧失了原本 24 小时的节律周期，夜间的行为活动较正常显著活跃，基本说明敲除猴的机体节律发生紊乱。将记录脑电、肌电的电子设备植入实验猴的背部皮下，发现敲除猴比对照猴在整个睡眠周期之中的快速眼动睡眠（浅睡期）和慢波睡眠（熟睡期）明显缩短。研究者采集了两天时间内不同具体时间的血液，测定样本中各神经内分泌激素水平，判断生物节律调控状况，结果表明敲除猴分泌的有助眠作用的褪黑素比对照猴要少。血液表达谱测定结果显示，敲除猴不仅多数节律基因表达发生异常，还有大量关于睡眠剥夺、衰老和抑郁的基因在表达活跃状态。

　　同时研究者也检测了节律紊乱猴的精神症状，给受试猴做了一个经典的听觉刺激实验，发现相比正常猴来说，敲除猴识别特殊事件和对其做出反应的能力明显弱化，最大的生物节律紊乱体细胞克隆猴总是没有安全感地抱着头，这种现象与精神分裂症症状接近。此外，研究者还发现了基因编辑猴也表现出如双向情感障碍、抑郁症、自闭症谱系障碍的早期症状。

　　机体发生节律紊乱后，常常也会发生神经退行性疾病，此类患者通常经历各种睡眠问题，例如失眠、无规律觉醒、日间嗜睡等，甚至可能产生人际交流障碍。过去人们并不清楚神经退行性疾病的症状究竟是睡眠紊乱直接导致，抑或是由于经常性失眠或长期服药产生了不良反应。

　　对非人灵长类模型动物的成功克隆，使得实验研究逐渐找到睡眠紊乱、精神类疾病、免疫反应、早衰等不同程度疾病与生物节律的联系，既让这些疾病治疗手段和药物的研发具备了可靠的理论基础，又将理论与临床应用相结合。今后研究者将针对人类提出更多前景广阔的疾病干预和治疗方法。

参 考 文 献

［1］　崔成红, 谭新旺, 臧恒昌. 褪黑素合成方法研究进展 [J]. 食品与药品, 2009,11(09): 61-64.

［2］　荆瀛黎, 武清斌, 苑晓晨, 等. 褪黑素对人体睡眠和血压的影响 [J]. 现代生物医学进展, 2013, 13 (11): 2165-2167.

［3］ 李经才, 王芳, 霍艳, 等. 从生物进化看褪黑素的功能意义 [J]. 生命科学, 2000, 3: 130-133.

［4］ 刘建忠, 朱艳君, 周丽芳. 褪黑素生理及药理作用研究进展 [J]. 武汉科技大学学报 (自然科学版), 2004, 2: 198-201.

［5］ 张娜, 张海军, 杨荣超, 等. 褪黑素在植物中的功能研究进展 [J]. 中国农学通报, 2012, 28 (09): 16-20.

［6］ Carlos López Otín, Guido Kroemer. Hallmarks of Health [J]. *Cell*, 2020.

第二章

生物节律紊乱与睡眠障碍

引 言

人的睡眠状况关系到生理和心理的健康状态，常被作为人体功能水平的评价指标之一。人的精力和体力都可以通过睡眠的过程从劳累状态中恢复，同时神经系统也能从疲倦回到正常功能状态，与通常认知不同，睡眠行为实际上是主动的。人的一生约有1/3时间被睡眠占据，这基本上是人最必不可缺的生理活动；人不仅要保证足够的睡眠时间，睡眠质量也反映了人体健康状态，拥有高质量睡眠的人才能保持身心健康。人类习以为常的睡眠具有强大功能，不仅可以消解人体疲劳、使人恢复体力，还对促进青少年发育、维持良好抵抗力和细胞抗衰老意义重大。能获得充足睡眠的人往往表现出精力十足，思维意识活跃，行动力强，工作效率高；而缺乏睡眠时间和睡眠质量低下者则会出现烦躁、精神萎靡、注意力集中困难和记忆衰退等症状。总之，想要拥有高效工作的精力和能力，必须在保证质量的睡眠中获得充分休息，维持机体健康水平。

睡眠表面是个相对静止的行为，实际上机体内在神经调节下，对各种生理系统有重要影响的众多生理过程都在睡眠中发生。在过去几十年中许多研究进展揭示了睡眠-觉醒的这些神经生物学机制，在功能遗传学和基因组学领域方面的分子机制尤其令人兴奋。尽管如此，睡眠是存在于细胞核和细胞膜之外的现象学体验。除了食物、水和空气之外，睡眠是人类的基本生理需求。与食物的消耗一样，与呼吸空气不同，实现这种生物需求需要个人从事有意识的行为。尽管这些行为是遗传和个人内在驱动的（例如，大多数人更喜欢晚上睡觉，并且大多数人以刻板的姿势卧姿睡觉并非巧合），但睡眠行为和实践仍然存在很大差异。正因为如此，睡眠也是社会驱动的，受环境支配，受人际和社会因素的影响。

大多数人的睡眠时间占一天的20%～40%。睡眠对人类生活极为重要，对早期人类社会的考古和历史记载也反映了睡眠的突出和重要作用。睡眠作为一种不可避免的普遍现象被纳入社会结构，故而睡眠不仅是一组生理过程，也在社会文化结构中有所体现。因此，人类社会中围绕睡眠的时间、环境和限制开始在富人和穷人、强者和无权者、农村和城市等之间有所不同。正如社会学家西蒙·威廉姆斯（Simon Williams）所写，"我们在哪里睡觉、什么时候睡觉以及和谁睡觉，都是社会地位、特权和普遍权力关系的重要标志或指标"。

睡眠时间不足或睡眠质量不好的后果是多种多样的，并影响许多生理系统。因此，将睡眠不足的后果概念化是困难的，但可以从不同方面判断睡眠不足的危害并认识到这些危害之间的重叠和其他关系。美国睡眠医学学会和睡眠研究学会最近发表的声明将睡眠不足造成的影响分为以下几类：一般健康、心血管健康、代谢健康、心理健康、免疫健康、人类表现、癌症、疼痛和死亡率。

第1份记录睡眠时间与死亡风险之间关系的报告发表于50多年前。相关的第1项研究是美国癌症协会首次对超过100万美国成年人进行癌症预防研究的数据分析，发现死亡风险增加与短（6小时或更短）和长（9小时或更长时间）相关。从那时起，已经发表了许多其他研究，包括来自六个大洲的大型和小型队列，涵盖短期和长期随访期。综上所述，尽管并非所有研究都发现了这种模式，但短睡眠和长睡眠都与死亡风险相关的总体发现模式在各项研究中基本保持一致。已经发表的两项荟萃分析使用略有不同的方法和对照，尽管如此，他们的发现还是高度一致的，表明短睡眠的风险增加了10%～12%，而与长睡眠时间相关的风险增加了30%～38%。不过，关于这个问题，仍有很多争议。例如，这些研究中的睡眠测量精度通常很差。自我报告的睡眠时间可能更接近于在床上的时间，一项活动图研究发现了类似的模式，即短期和长期睡眠的截止值表明自我报告中的高估。

许多研究发现睡眠时间与肥胖之间存在关联。尽管这些研究中的大多数是横断面的，排除了因果关系，但其他几项研究已经纵向检验了这种关系，表明睡眠时间短与体重随时间增加有关。这些研究包括肥胖风险较低的个体、不同的社区样本，以及减肥干预效果因睡眠和昼夜节律因素而降低的样本。在这种关系中似乎存在几个重要的警告。首先，这种关系取决于年龄，年轻人之间的关系最强，U型关系在中年人中更常见。此外，这种关系可能会受到种族/民族的影响，在非西班牙裔白人和黑人/非洲裔美国成年人中，睡眠与肥胖之间的关系更强。

睡眠不足与糖尿病风险之间存在着横截面关系。并且，实验室研究表明，生理性睡眠限制与促炎状态相关，包括炎症细胞因子升高，例如白细胞介素1β（IL-1β）、IL-6、IL-17、肿瘤坏死因子和C反应蛋白。人口层面的调查结果更难评估，但发现了类似的关系。

除了增加肥胖、糖尿病和炎症的可能性外，睡眠不足还与心血管疾病风险增加有关。许多研究发现，睡眠时间短与高血压有关。尽管方向性难以确定，但其中一些研究本质上是纵向的，而这些纵向研究的荟萃分析表明，相对于正常睡眠时间，习惯性短睡眠时间使得高血压的可能性增加20%。其他研究也支持这种关联，证实短睡眠者的24小时血压升高，以及短睡眠与高胆固醇血症和动脉粥样硬化风险有关。有一些证据表明习惯性的短睡眠会增加心血管疾病事件的可能性，尽管荟萃分析没有显示短睡眠与心血管死亡率增加有关。

许多研究通过实验表明了睡眠丧失与神经认知功能之间的关系。研究最多的领域是警觉注意，常与精神运动警觉任务一起操作。随着睡眠时间的减少，注意力不集中会以某种剂量依赖的方式增加。此外，这些损伤通常会随着时间的推移而累积并且即使在实验室中经过数周后似乎也不会趋于平稳。研究还评估了神经认知功能的其他领域。例如，减少睡眠时间已被证明会导致工作记忆受损，执行功能减弱，处理速度下降和认知障碍发生。尽管咖啡因等兴奋剂可能会改善其中一些影响，但对执行功能的影响似乎并没有得到改善。虽然在普通人群中对这种现象的研究很少，但一些研究表明，睡眠时间减少与疲劳驾驶和职业事故有关。

此外，许多研究表明，睡眠时间短与心理健康状况不佳有关。若患者患有焦虑症或受情绪障碍困扰，其连续睡眠时间往往较为短暂，而许多精神方面疾病的医学诊断都包含睡眠中断这一症状。睡眠时间也被确定为自杀风险因素。在一般人群中，自我报告睡眠不足已被确定为整体心理健康的主要预测因素。

不同社会阶层的睡眠习惯和信仰可能会有很大差异。例如，与婴儿和其他家庭成员共享床位在不同文化中存在差异。梦的文化影响也因文化而异。随着全球化和技术渗透社会，与睡眠相关的信念和做法可能会发生变化，包括提供更长的工作时间、轮班工作以及在某些文化中不鼓励适当小睡。有一些研究检查了关于睡眠的信念和态度。在来自纽约布鲁克林的样本中，与那些不处于高风险的人相比，患有阻塞性睡眠呼吸暂停高风险的黑人/非裔美国人在功能失调的信念和睡眠态度量表上的得分更高。在费城地区的一项针对老年黑人和白人女性的研究中，对129名参与者进行了问卷调查，以评估与睡眠相关的信念和做法。黑人女性更有可能支持不正确和无益的言论。总而言之，睡眠和健康在社会中的作用是由健康的行为选择驱动的。如上述模型中所述，这些行为决策在很大程度上受到有关睡眠的信念和态度的影响。然而，这些信念和态度受到种族/民族群体的不同支持，这可能是引发相应人群睡眠困难的基础性问题。

睡眠的生理变化已得到充分证明。随着年龄的增长，多导睡眠图总睡眠时间、睡眠效率、慢波睡眠、快速眼动睡眠（rapid eye movement，REM）和REM潜伏期下降，而睡眠潜伏期、入睡后醒来、第1阶段睡眠和第2阶段睡眠增加。这一发现表明了一种更不安和更轻的睡眠现象。除了这些变化外，褪黑激素分泌随着年龄的增长而下降，这也可能影响老年人的睡眠巩固。许多睡眠障碍的风险也随着年龄的增长而增加。特别是睡眠障碍，例如失眠不宁腿综合征、睡眠呼吸暂停和快速眼动行为障碍均以年龄较大作为发病的危险因素。然而，存在一个悖论，即老年人更可能表现出入睡和持续睡眠困难。然而，他们并不赞同对自己的睡眠有更大程度的不满。而年轻人可能比老年人更容易报告对睡眠的不满。2006年在美国人群中使用行为风险因素监视系统（behavioral risk factor surveillance system，BRFSS）检查了对与年龄相关的睡眠的普遍不满。该研究针对15万多名美国成年人，发现一般睡眠障碍（一般睡眠困难）在年轻人中最常见，并且随着年龄的增长而下降。在对照分析中，没有哪个年龄组报告睡眠障碍的可能性低于80岁或以上的老年人，尽管许多年轻组报告的睡眠障碍水平更高。

后来使用BRFSS复制了这些结果，该报告检查了超过35万名美国成年人自我报告的睡眠不足，并发现一般睡眠不足的下降与年龄相关。因此，睡眠在客观上似乎随着年龄的增长而恶化，但对睡眠的主观不满意与正常衰老无关。事实上，这可能是疾病或抑郁症的征兆。

综上所述，长期睡眠不足会带来严重后果，下面将对睡眠障碍进行详细探究。

第一节　睡眠障碍概述

由于生活水平和生活质量的不断提高，越来越多的人关注睡眠质量。睡眠障碍在公共健康卫生领域愈发引起广泛关注，人们对于不论是病理还是治疗手段的认识都在持续加深。1979年美国睡眠障碍协会出版了《睡眠及觉醒障碍诊断分类》，将睡眠相关的问题分成四大类，之后睡眠医学逐渐成为正式临床学科。该协会于1990年制定《睡眠障碍国际分类》（International Classification of Sleep Disorders，ICSD），并于1997年作出修订，但在临床使用及管理中，ICSD不能完全适应临床需求，因此2005年更新了ICSD第2版（ICSD-2），对分类系统修订时使用了多种结构化方法，后来又在2014年出版了第3版（ICSD-3）。ICSD-2（2005）将睡眠障碍分为8大类，ICSD-3建立在ICSD-2基础上，仍然包括8大类：失眠；呼吸相关的睡眠障碍；中枢性睡眠增多；昼夜节律失调导致睡眠障碍；异态睡眠；运动相关的睡眠障碍；独立症候群，正常变异和未定义项目；尚未做出诊断的其他睡眠障碍。

整个睡眠过程中（包括觉醒节律）产生的所有功能性障碍统称为睡眠障碍。很多人都面临着睡眠质量问题，统计学表明有高达15%的成年人长期受到睡眠障碍困扰。广义上讲，各类成因下的失眠或嗜睡过度、睡眠过程中的呼吸障碍和睡眠节律紊乱都属于睡眠障碍，除此之外还包括睡行症、睡惊症、不宁腿综合征等睡眠行为异常。

睡眠障碍很难在人群水平上测量。通常，对一般睡眠障碍的人群水平评估包含睡眠持续时间不足和（或）可能不明确属于此类别的睡眠障碍。2006年BRFSS向美国36个州的15万多名居民提出了以下问题：在过去2周内，您有多少天难以入睡、难以醒来或睡眠过多？在对这些响应的分析中，值以0到14整数编码，但响应汇总为0和14；因此，反应被分为是否存在睡眠障碍。对于男性，睡眠障碍的患病率从13.7%（70～74岁）到18.1%（18～24岁），对于女性，患病率从17.7%（80岁或以上）到25.1%（18～24岁）。有趣的是，睡眠障碍的报告普遍随着年龄的增长而下降。最近使用2009年BRFSS的数据重复了这一发现，该数据显示了类似的模式，即睡眠不足的自我报告随着年龄的增长而下降。

关于睡眠症状，我们检查了2007年至2008年美国成人和儿童健康和营养状况数据，以了解各种睡眠症状的发生率。18.8%的美国人报告了长睡眠潜伏期（超过30分钟）。据报道，轻度症状（每周1～3次）的自我报告入睡困难率为11.71%，中重度症状（至少半夜）为7.7%。同样，13.21%的轻度症状和7.7%的中度严重症状报告了睡眠维持困难，轻度和中重度症状报告的早醒率为10.7%和5.8%。据报道，轻度症状的白天嗜睡和非恢复性睡眠的发生率分别为13.0%和17.8%，中重度症状的发生率分别为5.8%和10.9%。31.5%的成年人报告经常打鼾，6.6%的成年人报告"偶尔"和5.8%的"经常"在睡眠期间打鼾/喘气。

几十年来，文献中广泛报道了男性和女性之间的睡眠差异。总体而言，在一般人群中，女性报告的睡眠持续时间较短，睡眠症状增加150种，失眠发生率增加31次，睡眠呼吸暂停发生率降低151次。在对2006年BRFSS报告的睡眠障碍的分析中，发现女性报告的夜间睡眠障碍和白天疲劳比男性多。在所有年龄组中，根据年龄组的不同，13.7%至18.1%的男性和17.7%至25.1%的女性报告了睡眠障碍。同样，对于白天的疲劳，男性的比率为16.4%至22.9%，女性为20.5%至29.9%，具体取决于年龄。在所有年龄组中，女性均比男性报告了更多的干扰。统计数据显示，在调整人口统计、社会经济学、健康变量和抑郁症后，25至69岁所有年龄组的女性睡眠障碍发生率更为普遍，而18岁以上所有年龄组的女性白天疲倦率更为普遍。

男性和女性之间还存在有关睡眠差异的其他问题。例如，睡眠障碍在怀孕期间很常见，尤其是在孕早期和晚期。这些睡眠障碍可能包括失眠、睡眠时间短、睡眠碎片化和妊娠期睡眠呼吸暂停。孕妇的睡眠障碍会对母亲和胎儿造成不良后果。新父母（尤其是母亲）的睡眠也经常受到干扰，尤其是在出生后的头几个月。婴儿父母的睡眠障碍与产后抑郁症的增加有关，增加婴儿的睡眠障碍和其他不良后果。女性在更年期前后也会出现睡眠障碍。更年期过渡期间的睡眠通常以失眠症状和睡眠碎片增加为特征。潮热也是更年期过渡期睡眠障碍的常见来源。而男性更有可能患有阻塞性睡眠呼吸暂停，更有可能难以坚持睡眠呼吸暂停治疗，并且更有可能因睡眠呼吸暂停的并发症或后果而死亡。此外，男性更有可能被诊断出患有REM行为障碍，这种疾病通常在老年人中被诊断出来，并且可能早于神经退行性疾病。在衰老过程中，男性慢波睡眠产生的可能性也更大，老年男性的慢波睡眠量低于老年女性。

一、发病原因及机制

现在普遍认为下丘脑腹前区的视交叉上核是调节睡眠的中枢，一旦视交叉上核发生病变，不仅睡眠-唤醒的节律会发生紊乱，体温、进食、新陈代谢等生理生化活动都会相应被改变。要想对睡眠进行专业的医学分析，首先要找到调控睡眠的中枢系统。有一种持续性昏睡是第三脑室侧壁（包括下丘脑）发生病变造成的，不属于正常的生理性睡眠，不在睡眠-唤醒节律的控制范围内。迄今解剖研究揭示有许多机体部位关乎睡眠，例如额叶底部、视交叉上核、蓝斑、缝际核、中脑盖部巨细胞区和延髓网状结构抑制区等；睡眠相关的神经递质包含乙酰胆碱、多巴胺、去甲肾上腺素、腺苷、γ-氨基丁酸、5-HT以及神经肽类等。视交叉上核（SCN）连带下丘脑束共同调节机体的节律性，包括动物睡眠-唤醒周期的起止，人体中的该区域参与构成复杂的生物钟中枢系统。脑内5-羟色胺能神经元主要集中位于缝际核上，该区域遭到破坏会使快波睡眠受到抑制，特别是当中脑缝际核被破坏后，慢波睡眠随之消失。蓝斑区域分布着去甲肾上腺能神经元，该神经元的放电频率有一定的睡眠节律性，在觉醒和阶段放电增加，在慢波睡眠阶段减少，与缝际核类似，蓝斑区遭到破坏会使人丧失快波睡眠。目前已能将神经肽S和促睡眠肽制成浓缩药剂，人可以通过注射该药剂获得慢波睡眠。

二、睡眠障碍的临床分类

目前国际上没统一的用于睡眠功能障碍诊断的分类标准，通常情况下分为两大类，即睡眠障碍和深眠状态。睡眠障碍又分为两类：内源性睡眠障碍，症状包括失眠、过度嗜睡、睡眠呼吸暂停、不宁腿综合征等；外源性睡眠障碍，症状例如睡眠环境不佳导致的入睡障碍和时差综合征等睡眠节律失调。深眠状态包括梦行症和REM行为障碍，即使入睡也无法获得充足休息。

1979年美国睡眠障碍中心协会出版的《睡眠和觉醒障碍的诊断分类》把与睡眠相关的问题分成4大类，包括失眠症、过度嗜睡性障碍、睡眠-觉醒时间程序的障碍以及深眠状态。

作为患病率最高的睡眠障碍疾病，失眠症（又称入睡和睡眠保持障碍）包含3种类型，即入睡障碍性、保持睡眠障碍性和终末性失眠，患者均表现出慢性睡眠障碍和日间感到疲倦。入睡障碍性失眠也就是进入睡眠状态上的困难；保持睡眠障碍性失眠的症状是入睡后容易觉醒且频率较高；终末性失眠指的是早晨容易提前醒来，醒后无法继续睡眠。患者既可以单独患有3种类型失眠症中的一种，也可能混合发生，但只要是外部环境具备睡眠条件，通常失眠者很少发生通宵失眠。

过度嗜睡性障碍常见疾病之一是发作性睡病，患者表现出猝倒、睡眠瘫痪、睡眠幻觉和病理性睡眠的主要症状。另外常见的是患者进入睡眠后频繁发生呼吸停顿，之后惊醒才得以恢复正常呼吸。这种类型睡眠障碍被称为睡眠呼吸暂停，也是一种入睡障碍或睡眠维持困难，患者在白日醒时会明显精神萎靡，昏昏欲睡。主诉失眠并且在日间表现出过度嗜睡症状的人要警惕产生睡眠呼吸暂停睡眠障碍。

睡眠-觉醒时间程序的障碍多为两种情况，包括长途飞行带来的生物节律紊乱和倒班工作人员的暂时性睡眠障碍。若人很长一段时间都无法拥有正常的睡眠节律，很可能是患上了睡眠相延迟综合征；此类患者在节假日这种对睡眠时间要求比较宽松的时候，往往能够拥有相对质量较高的睡眠。因此，物种各异的内在生物节律调节着睡眠的节律和时相，睡眠节律发生紊乱很容易产生睡眠障碍。

慢波睡眠可分为1~4期，在整个睡眠过程中循环交替出现，人的睡眠过程没有太大问题，但慢波睡眠3、4期中可能发生部分深眠状态的临床表现。例如儿童和癔症成人常见的梦游症，就多发于睡眠3、4期，患者表现为进入睡眠后，不定时坐起，下床甚至四处走动，与其对话不会给出回应，行动可自行终止继续睡眠，难以唤醒，对梦游行为部分或完全没有记忆。表现出梦游症的儿童一般随着成长而自然恢复健康睡眠。深眠状态还包括睡眠惊恐和遗尿症。睡眠惊恐发生在睡眠4期，对儿童来说一般表现为入睡约一小时后突发尖叫；成人梦魇的情况比较多，如果惊醒会感觉仿佛有重物压迫上半身，如果没有醒来则往往不会留下记忆。整个睡眠过程前1/3的3、4期容易发生遗尿症。

第二节　睡眠障碍的评价标准和方法

在进行临床的睡眠障碍相关诊断时，一定要做到对病史详细询问记录，对患者身体指标进行仔细的检查，如有必要，额外进行一些辅助检查，进行综合分析判断。人类各个年龄阶段正常的睡眠节律和周期具有各自的显著特征，对婴儿来说，每天可以分成3段，分别是清醒期、慢波睡眠期和快波睡眠期；稍长一些的幼儿时期，睡眠变作间歇性的。到了青少年时期，睡眠会产生清晰的规律，睡眠质量比较高，表现为潜伏期相对短暂且不易在夜间睡眠的中间醒来，青少年睡眠模式的特点之一是前半夜约每0.75～1.5小时出现一次δ波睡眠（在所有阶段中出现频率最高）。人在成年后不仅睡眠时间缩短，睡眠质量也有降低趋势，睡眠中间醒来的频率有所升高。到了老年有的人可能丧失了δ波睡眠，睡眠时间进一步减少且缺乏坚实性，睡眠中唤醒频率更高，由于白天允许少量多次睡眠，昼夜总的睡眠时间得到保障。

通过记录人的夜间多相睡眠图（nocturnalpolysomnographicrecording，NPSG）可以较为精准地找到睡眠障碍者临床上的非特异性症状，深入细致研究NPSG比研究白日小睡科学参考性更高。对NPSG研究资料的整理以卧床时长、睡眠时长、睡眠潜伏期来判定睡眠的有效性，衡量指标不仅含有快波和慢波睡眠，还应仔细归纳睡眠的活动、警觉、呼吸障碍和呼吸暂停现象、睡眠潜伏期和唤醒。若多相睡眠潜伏期测定（eultiple sleep latency test，MSLT）验证患者一天内分多个小时进行多次小睡，在睡眠潜伏期不变或缩短的基础上日间总睡眠时长增多，具有以快波睡眠起始睡眠的特征。以快波睡眠起始睡眠是辅助诊断发作性睡病的条件，一次以上的以快波睡眠起始睡眠不足以构成确定的发作性睡病，但两次以快波睡眠起始睡眠的出现就满足对该病的通常诊断。需要注意区分的是，慢性睡眠剥夺、心律失常、睡眠中的阻塞性呼吸暂停和周期性腿动等在临床上都有表现出两次或以上以快波睡眠起始睡眠的可能。

多种原因都可引起睡眠异常和白天嗜睡，临床上的准确诊断往往要依靠脑电图多导联描记。想要充分掌握睡眠障碍的情况，在脑电图多导联描记上对夜间全睡眠过程记录监测基本上是最适宜可靠的方式，包含多种量表，如Epworth睡眠量表（ESS、NPSG）的测定记录以及多相睡眠潜伏期测定等。其中NPSG尤其对内源性睡眠障碍（如阻塞性睡眠呼吸暂停综合征）、周期性动腿和经常性深睡状态（如快波睡眠行为紊乱）的评价作用重大，而无益于诊断（特别是主诉为入睡困难）失眠。MSLT一般放在NPSG后面，主要作用是评价过量睡眠，能够指出发作性睡病中快波睡眠发生于睡眠初期和白日睡眠过度。应注意，MSLT是在患者清醒状态下测定多相睡眠潜伏期，然后观测一个夜间睡眠的全过程。除了厘清病史和对神经系统进行各项检查，还可以在必要情况下选择检查一些其他辅助项目，如血常规、电解质、胸透、心电图、B超、CT和MRI等。

一、失眠

难以入睡或清晨提早醒来都称为失眠，作为睡眠障碍中普遍的一种，失眠往往带有浅眠和多梦的症状。根据引发因素，失眠被分为以下几种。

（1）由精神因素引起：紧张、烦躁、忧虑、恐惧等会引发入睡困难，睡眠过程中也容易惊醒，只要消除精神方面的因素，这种短暂性的失眠会得到良好改善。神经衰弱患者主诉通常包括入睡困难和浅睡眠易梦，对其进行脑电图检测后发现睡眠时间是正常的，但睡眠中唤醒的频率提高且时间延长，患者其他症状包括眩晕、头痛、乏力、烦躁等。抑郁症患者多有失眠，具体体现在睡眠时相提前和浅眠，其脑电图表明觉醒时间异常增多；精神分裂症患者的妄想症状会导致入睡困难和浅眠；躁狂症患者不仅入睡困难，还有可能彻夜失眠。

（2）由躯体因素引起：当身体患上其他疾病，表现出的一些症状如疼痛、瘙痒、鼻塞、咳嗽、尿频、呕吐、腹泻、心悸等，均会使人难以入睡，睡后易醒。

（3）由生理因素引起：例如工作节奏或生活环境发生变化、时差综合征、摄入咖啡因过量等情况都可能使人失眠，但这种失眠经过人体调节适应并不会长期持续。

（4）由药物因素引起：失眠是一些药物（如苯丙胺、甲状腺素、氨茶碱、利血平）服用的副作用，停止药物使用后就会恢复。

（5）大脑弥散性引起的病变：内分泌失调、代谢障碍、慢性中毒、动脉硬化等都可能导致大脑弥散性病变，其早期症状之一往往是失眠，具体表现为睡眠减少、丧失深度睡眠以及在睡眠过程中容易醒来；随着病情逐渐加重，也会发生意识醒觉和内容下降，甚至意识障碍。

二、睡眠过多

睡眠过多的含义是比正常人睡眠时间增多几小时以上，或连续几天都处于睡眠状态；睡眠开始阶段没有出现快波睡眠期，全睡眠过程中的慢波睡眠和快波睡眠与正常状态基本一致。许多脑部疾病都会引起患者睡眠过多，比如第三脑室底部和蝶鞍肿瘤、脑部外伤、脑血管疾病，又如糖尿病和尿毒症。

三、夜惊

若在睡眠过程中猛然惊醒，双目直视前方，神情惊恐，心率异常加快，呼吸急促，或同时大喊大叫，这就是夜惊的症状。夜惊发作一般持续1～2分钟后人又恢复睡眠状态，早晨醒来后对夜惊并不会有记忆。根据医学统计，一般夜惊的发作时间是进入睡眠的第15～30分钟慢波睡眠期，夜惊时脑电图记录下的是觉醒的α节律，因此属于觉醒障碍。

四、夜游

夜游就是通常所说的梦游症，也被称为睡行症。患者会在睡眠状态中起床，在床上或下床来回走动，动作僵硬，行走并不稳定，表情呆滞，可能同时模糊地自言自语，发作几分钟后患者又恢复睡眠。少数夜游中会出现穿衣之类相对复杂的行为，清晨醒来后本人对发作丝毫没有记忆。

夜游在儿童中相对常见，多发于男童，在成长过程中夜游会逐渐自愈，说明实际上是中枢神经发育延缓的表现。当慢波睡眠期发生夜游，脑电图记录下阵发性高幅慢波，一种看法是夜游可能关联着癫痫。慢波睡眠期的夜游患者如果被搀扶站立起来可使夜游发作，正常人则不会发生这种状况，表明夜游并不是做噩梦导致的。

五、梦魇

睡眠中做噩梦被称为梦魇，梦见如被追赶或从高处跌落等可怕的事情而下意识喊叫和惊醒，醒来暂时性地意识模糊，保留紧张、心悸的感觉，身体发冷出汗等，此时对梦的内容有片段式的记忆，然后仍可重新入睡。梦魇的诱因有很多，例如醒时受惊、兴奋过度，或是睡眠时压迫胸腔、呼吸不畅，抑或晚间胃部负担过重等。梦魇一般在快波睡眠阶段出现，有服用镇静、安眠类药物抑制快波睡眠期习惯的人，突然停药也可能产生梦魇症状。梦魇一般是短期且无严重不良后果的，长期梦魇则可能是精神类疾病的前兆，需要引起患者警惕。

六、发作性嗜睡病

发作性嗜睡病的睡眠是无法自主决定的，往往伴随着猝倒症、入睡幻觉或睡眠瘫痪症突然发作。患者在任何场合都有可能突然进入睡眠状态，如工作、聊天、进食和行走时，饭后、进行重复性单调工作或置身于安静的外部环境中则更易发作。患者一日内发作在几次到几十次不等，每次时长十多分钟；发作时脑电图与正常睡眠基本一致，但睡眠程度通常较浅，若被唤醒仍可再度入睡。

50%～70%的发作性嗜睡病都伴有猝倒症，发生猝倒时人的意识是清晰的，但躯体肌张力突然急剧下降并延续1～2分钟。20%～30%的患者有睡眠瘫痪的症状，发作时瘫痪是全身弛缓性的，意识仍然清晰却失去行动力，此时他人的接触可使得发作中止，严重者还需要他人用力摇晃身体。

约25%的患者存在以视听幻觉为主的入睡幻觉，由于幻觉主要是日常生活和经历，患者感觉仿佛在睡梦又仿佛在真实的周围环境中。

七、皮克威克综合征

皮克威克综合征又称肥胖低通气综合征，患者肥胖且睡眠过度，在睡眠中会发作性呼吸暂停，造成低氧血症。呼吸暂停通常持续10～20秒钟，严重时会持续2分钟，常于慢波睡眠期发作。该病症存在家族遗传倾向，患者大多伴有严重心律失常和高血压，目前尚未查明病因。

第三节 睡眠障碍与作业能力

睡眠障碍会干扰人体各大功能系统，引发人的种种生理生化行为变化，反过来睡眠障碍也会由一些疾病伴随产生。长期失眠会在精神和躯体上反映出来亚健康状态，表现出诸如焦虑、抑郁、无精打采、神经功能障碍、活动力低下、消化功能紊乱、免疫系统受损等，身体各方面健康状态下降后，必然影响日常生活状态和工作绩效。相对地，机体出现功能障碍既可以诱发睡眠障碍，也可能是由睡眠障碍诱发产生。

一、轮班工作睡眠障碍

当代社会不断提高效率和生产力的压力，加上我们"24/7"生活方式的本质要求在典型的"09:00-05:00"工作时间之外轮班工作，因此，我们新的"24小时社会"增加了夜间工作和工作时间模式。虽然轮班工作使企业能够全天候运营、创造就业机会并提供更便宜的产品和服务，但它往往会给员工带来严重的健康后果。晚上保持清醒并试图在白天睡觉并不是人类等昼夜生物的生理条件，这给视交叉上核（SCN）造成了巨大的压力，作为主要的环境同步器，它必须放弃光的校正作用。这些负面后果反过来又扰乱了生物功能"昼夜节律"的内源性调节，它们由内生的"主时钟"即SCN驱动。在适应轮班工作的能力方面存在很大的个体差异，许多受试者成为轮班工作睡眠障碍（shift work sleep disorder，SWSD）的牺牲品，也称为轮班工作障碍（shift-work disorder，SWD），这是一种昼夜节律睡眠障碍，其特征是工作期间过度嗜睡而导致睡觉时失眠。

这种疾病牺牲了通常用于睡眠的时间，在夜班工作的人中很常见。几种类型的轮班工作时间表包括夜间工作时间。最常与睡眠障碍相关的是：夜班，导致早上或下午难以入睡（恢复性睡眠），以及下班后半段和回家时严重嗜睡（车祸）；早班从凌晨4点到7点开始，导致入睡困难（醒来焦虑）和醒来；由于社交习惯和活动，早班也会产生明显的快速眼动睡眠，这是由超前的觉醒时间引起的，通常不会通过前一天晚上相应的超前就寝时间来补偿。

由于夜班和早班的睡眠时间减少了1～4小时，患者抱怨睡眠时间短。工作期间的警觉性会降低，会引发与嗜睡相关的错误和事故，尤其是在清晨时分，会导致生产力降低和安全风险增加。

关于以这种疾病为特征的嗜睡的病理生理学，SWD患者过度嗜睡是由于累积性睡眠丧失和昼夜节律失调，导致夜间工作时间的警觉性降低。目前，文献中可用的数据无法让专业人士将短睡眠时间的影响与社会非典型工作时间的影响区分开来。当发生多次夜班时，睡眠剥夺会逐渐累积，特别是在没有足够时间来恢复睡眠的情况下。睡眠剥夺对警觉性和表现的负面影响在特定个体中是稳定的，但因个体而异。

关于昼夜节律失调，多导睡眠图（polysomnography，PSG）的睡眠参数，如睡眠持续时间、入睡潜伏期、睡眠效率和REM睡眠潜伏期，已显示随昼夜节律阶段而变化，并取决于受试者在睡眠期间的体温和褪黑激素节律。当受试者在接近Tmin的时间上床睡觉时，在清晨比通常比起床时间早几个小时，他/她很快入睡并且睡眠效率更高。当他/她在接近Tmax的时间（晚上通常睡前几个小时）上床睡觉时会发生相反的情况，这个时候有所谓的"晚醒"，它会阻止睡眠。因此，轮班工人在夜班后的上午晚些时候或下午睡眠并不能获得令人满意的恢复睡眠。

嗜睡会降低认知能力并增加精神运动警觉性测试中注意力错误的数量。正如睡眠的持续时间和质量取决于睡眠发生的昼夜节律阶段一样，精神运动表现也与调用它的昼夜节律阶段相关。相位延迟导致的部分或全部重新夹带可以显著提高夜班工人的绩效，尤其是在他们年轻的情况下，事实上，在适应的巡逻人员中，观察到唾液褪黑激素峰值从夜间睡眠转移到白天睡眠期间，连续7晚夜班工作表现稳定。相反，如果没有进行调整，警觉性和绩效水平会在清晨、夜班结束时出现；在不适应的受试者中，当他们上床睡觉时，观察到睡眠潜伏期小于5分钟，表明严重嗜睡，与白天或夜间就寝时间无关。因此，不适应的夜班工人可能会在整个24小时周期内受到过度嗜睡的影响。另一方面，只有不到3%的夜班工人完全适应，即使他们总是上夜班；部分调整发生在不到25%的情况下，而这些工人中的大多数（超过72%）没有表现出任何昼夜节律适应。基于这些观察，事故风险的增加并不令人意外。嗜睡也是夜班后开车回家的轮班工人发生交通事故的原因。众所周知，轮班时间延长与机动车碰撞或与工作有关的事故之间存在关联，在工作8或9小时后呈指数增长。

在SWD的过程中可能会出现一些并发症：过去几十年中越来越多的流行病学研究表明，轮班和夜间工作可能会对健康造成严重的长期影响，从而产生高昂的经济和社会成本。在睡眠障碍之后，由于进餐时间（人类的重要同步器）与胃肠功能的正常昼夜节律阶段之间的相位偏移，由于压力水平较高、昼夜节律不匹配以及日常生活方式的改变（低质量膳食、脂肪和碳水化合物摄入量），轮班工人往往患有胃肠道疾病。

心血管疾病和轮班工作之间的关系不仅可以通过代谢紊乱来解释，还可能是由于多种因素的组合，例如睡眠-觉醒周期倒转所产生的压力以及由此导致的昼夜节律紊乱以及心脏自主神经控制紊乱、睡眠剥夺和生活方式的改变。

女性的生殖功能也可能受损。月经周期是人类最著名的每月激素节律，在轮班工人中可能会因昼夜节律紊乱而受到干扰。2007年，国际癌症研究机构（International

Agency for Research on Cancer，IARC）将"涉及昼夜节律紊乱的轮班工作"归类为"可能对人类致癌"（2A组），理由是"轮班工作对人类致癌的证据有限，涉及夜间工作"，以及"在实验动物身上有足够的证据表明在日常黑暗期间（生物夜间）光的致癌性"。该分类专门针对女性的乳腺癌。事实上，在过去十年中，一项新的研究重点关注昼夜节律基因功能及其与乳腺癌风险的关系。所谓的LAN效应（夜间光照）可以诱导昼夜节律基因水平的表观遗传修饰，并且已发现"时钟基因"与人类乳腺癌发展之间存在关联。

最后，SWD可能会损害心理和心理健康：由于空闲时间必须主要用于恢复睡眠，轮班工作会严重干扰家庭和社交生活。所述干扰可能导致烦躁，不仅与缺乏睡眠有关，而且与对睡眠和社交活动的冲突需求有关，潜在产生心理压力和/或心身疾病。昼夜节律紊乱和睡眠不足也可能导致情绪障碍以及慢性焦虑；在这些患者中也观察到因以药物或酒精改善睡眠、警觉或治疗精神障碍而成瘾的现象。

非药物干预旨在在不使用药物的情况下改善健康和福祉，其中包括睡眠卫生教育、光照变化、策略性小睡和认知行为技术。暴露在1000～10000 lux的强光下，以3～6小时为间隔，以20分钟或1小时为间隔（在轮班结束前2小时结束），可以加速适应夜班并提高警觉性和工作中的表现。最近的一项研究强调了富含蓝色的光在提高夜班工人的警觉性和表现方面的有效性，可能是由于这种特殊的光谱具有抑制褪黑激素的能力。然而，夜间受控的强光照射不能被认为没有不良影响：一项针对健康志愿者的研究表明，在夜间照射8小时强光8天后，这些基因的表达随着睡眠的变化而发生变化——唤醒时间表的唤醒程度峰值为下午结束时分。这项研究表明，明暗循环可以影响人类"时钟"基因的表达，但如上所述，昼夜节律的分子扰动可能会导致不良的健康后果。避免在早晨暴露在强光下或使用太阳镜限制其活动也已被证明是有用的。另一种简单且廉价的措施包括在夜班后的白天睡眠期间保持稳定的黑暗条件，从而促进适应夜班并在休息日允许充足的夜间睡眠。策略性小睡、预防性小睡（在夜班前的晚上）以及恢复性小睡（在夜班期间暂时缓解困倦），可以增加白天的总睡眠时间，并可以提高警觉性和工作表现。但是，工人应意识到在恢复午睡后可能出现"睡眠惯性"的潜在风险，夜间工作时从午睡中醒来可能会因混乱而导致错误和事故；此外，夜班期间的小睡可能会降低睡眠压力，从而导致更差地适应变化的睡眠-觉醒周期。

一项针对工作嗜睡和轮班工人睡眠障碍的非药物干预的综述发现了一些限制，例如纳入研究在干预、设置和评估工具方面的方法多样性，以及有限的报告和低质量的证据。该评价包括17项相关试验（有556名与评价相关的参与者），分为三类干预措施：①各种强光暴露（$n=10$）；②各种午睡机会（$n=4$）；③其他干预措施，例如体育锻炼或睡眠教育（$n=3$）。鉴于上述限制，作者得出结论，"无法确定轮班工人的嗜睡是否可以减少，或者他们的睡眠时间或质量是否可以通过这些干预措施得到改善"。因此，有必要对非药物干预的有效性进行完善和结构充分的随机对照。

基于以上数据，轮班工作带来的安全和健康问题不容忽视。轮班工作会损害睡眠和警觉性。未来以人体工程学标准为指导安排轮班系统，并对工人个体脆弱性予以尊重，以及必要时进行药物和/或非药物干预。

二、军事人员睡眠障碍

很多军事人员的工作环境较为特殊，承担重大任务和使命，长期在执行任务和命令的过程中承受巨大的身心压力。倒班、训练和演习等作业任务充斥着军事人员的常规工作生活，其自然作息甚至生物节律很容易被打乱，睡眠剥夺成为军事人员常见症状。此外，军人需要处理各种应激事件，如根据兵种划分的飞行、迫降、灾害和突发事件救援，需要长期克服外部环境不良因素驻守海岛、高原、热区，以及长期在潜艇、边防、航天基地、雷达站等军事封闭环境中工作等。这些任务和环境造成的应激都可能造成军人身心健康状态受损，应激伤害的重要主诉之一、也是易感表现之一就是睡眠障碍问题。睡眠健康关系到人的身体健康、精神状态、心理健康和应激反应能力，属于军事人员健康保障的重点范畴。随着睡眠医学的认知发展，当今睡眠医学在军事上除去对军事人员的健康防护，还应用于研究将睡眠质量和任务执行力协同最大化，便于上级准确快速地优化管理措施，从而提升部队整体战斗力。因此，聚焦于军事人员的失眠障碍，涵盖我军及外军的睡眠障碍研究现状以及防护进展，可以更好地为军事人员睡眠管理提供一些新视角。

在不同兵种军事人员睡眠情况的医学调查中，发现失眠症的患病率高，受调查官兵中有37.99%患有睡眠障碍，在年轻官兵中尤为高发，21～30岁官兵的睡眠障碍检出率在所有年龄段中最高（42.59%）。这种现象可能是由于作为主要任务执行人群，年轻官兵更多地面对应激事件，本身需要承担更大压力，又缺乏相应的经验和身心调节能力，且患上睡眠障碍的可能性和受教育程度成正比。高原、戈壁等恶劣的自然环境对长期驻扎的官兵生理和心理状态都会产生比较大的影响，多方面外部和内部因素共同威胁着官兵的睡眠健康。统计研究表明恶劣环境中驻扎的官兵总体睡眠质量差，且睡眠质量和年龄、环境恶劣程度、驻岗时长、工作压力成反比。有评估研究发现到高原驻扎的官兵睡眠质量明显变差，分析认为是受到了环境氧分压降低的影响。

军事演习前，官兵训练的负荷重、强度高，演习过程中需要具备处理各种突发事件的能力，一段时间内精神始终高度紧张。演习过程中昼夜均可执行的训练、侦查、对抗等任务使官兵常规睡眠规律受到干扰。在心理应激状态下，有数据表明参加军事演习的官兵有13.4%在之前的1个月内睡眠质量低，到了演习阶段睡眠质量低下率进一步提高，达到了31.2%。上面给出了典型恶劣环境中军事人员发生睡眠障碍的案例，其实只要是在军事环境中工作的官兵，几乎都会经历以失眠症为主的睡眠障碍，因此，需要对军事人员的睡眠障碍给予重点关注。

（一）极地特殊环境下的睡眠障碍

根据党的十八大方针指示，我国对建设海洋强国作出战略部署，极地是军事安全研究关注的重点领域——远海战略不可或缺的项目。极地不仅环境条件非常艰苦，人需要面临极寒、极昼（极夜）、强磁场等因素的考验，过于安静的环境也会很大程度上制约人的身心健康，很容易引发睡眠紊乱。对于极地作业人员来说，保持身心健康从而保证作业绩效的关键问题之一是解决睡眠障碍困扰。极地睡眠障碍主要主诉包含睡眠碎片化、睡眠潜伏期长、慢波睡眠变少甚至整体生物节律失调，人会表现出焦虑、易怒、人际关系紧张，或是迟钝呆滞、精力涣散和工作能力下降等，整体行动力和认知能力受到影响。

1. 极地睡眠障碍的影响因素　生物体内普遍都拥有昼夜节律，节律会受到外部环境和体内各种因素（包括心理健康和精神状态等）调控。在极地环境下影响生物节律且会引发睡眠障碍的诱因主要是3种：光-暗节律时相错乱、生活和工作规律失常、远离正常社会产生心理问题。

调控生物节律的内外部因素有很多，其中最重要的光信号最终被SCN接收，睡眠节律直接受光-暗周期调控。极地特殊的地理特征会产生极昼和极夜，持续时间与纬度正相关，位于75°S的哈雷湾一年中极昼长达110天，极夜也有连续100天。如此漫长的极端光-暗时相自然会干扰睡眠，使生物体节律系统发生紊乱。极昼意味着该区域太阳光照度超过40000 lux，有实验证明，处于这种程度的光环境中的被试睡眠相位明显推后，伴有睡眠缩短、潜伏期延长和整体睡眠质量降低，生物节律相位延迟是最明显的特征。极地工作者在冬季比夏季有更明显的睡眠相位延迟。极夜的室外自然光基本为1 lux，最大也不高于100 lux，造成极地工作者在冬季普遍生物节律推迟，所处纬度越高，节律推迟就越明显。对此研究给出了一定的解决方法，即对工作和休息的节奏做出规定可以调控极地工作者睡眠的时间和相位，引导睡眠相位逐步恢复正常；日常工作生活严格的规律性赋予生物钟基因振幅更高、顶相的标准差更低的时间曲线，意味着机体与内在生物节律系统的节奏一致性得到提升。

睡眠会受到多方面因素影响，情绪因素的作用就十分重要，它与睡眠有着复杂的关系，互相包含，互为因果。在极地睡眠障碍问题中，情绪与睡眠相关性的研究在极地与世隔绝的环境下就更为复杂。在孤立的社会环境中人容易产生情绪困扰，进而影响睡眠；反过来，睡眠障碍也能够单独导致极地工作者的负面情绪。研究分析得知，极地工作中出现情绪失调和发生睡眠障碍的人员血液T3和T4两种甲状腺激素含量减少，这种症状被称为南极综合征（或极地T3综合征）。目前的综合性研究仍然不能阐明情绪和睡眠障碍的关系。比如褪黑素很大程度上控制着动物机体的昼夜节律，既可以保障人的睡眠质量，又能够调节主观情绪。另外有人认为褪黑素分泌释放的延迟和严重睡眠障碍有直接关系，却并不会作用于人的情绪。

2. 极地睡眠障碍的研究方法

（1）问卷调查：调查问卷是研究睡眠障碍的常用方法，可以直接从主观角度体现调查对象的睡眠和情绪状况。睡眠质量调查常用的一个量表称为匹兹堡睡眠质量指数（Pittsburgh sleep quality index，PSQI），用来表示被测者近1个月的睡眠质量，其睡眠质量与PSQI得分成反比。这类调查还包括霍恩和奥斯博格清晨型-夜晚型问卷（Horne and Ostberg morningness-eveningness questionnaire，MEQ）、正性负性情绪量表

（positive and negative affect scale，PANAS）、利兹睡眠评估问卷（Leeds sleep evaluation questionnaire，LSEQ）、卑尔根失眠量表（Bergen insomnia scale，BIS）和季节模式评估问卷（seasonal pattern assessment questionnaire，SPAQ）等。MEQ通过被试对早晨和夜晚的偏好程度反映其行为模式和性格，PANAS用来判断被试倾向于正面或是负面情绪，LSEQ和BIS一般用来评估睡眠障碍的严重程度，SPAQ提供睡眠和日常活动与情绪间关系的季节性调整。

一项包含了13位（男性8位，女性5位）居住在北极高海拔区的人的睡眠质量指数调查发现，冬季男性被试PSQI均分达到19.5，女性被试也有18.8，整体睡眠质量并不高。尽管都会经历光-暗周期失调，北极居民冬季比夏季存在更显著的失眠、抑郁等症状。对极地工作者进行问卷调查发现，冬季的睡眠障碍主诉十分常见。在针对我国南极中山站科考队员的研究中发现，出港时队员平均SPAQ3.79±3.14分，到冬至时期得分达6.71±1.94分，意味着在科考过程中，特别是进入冬季后，队员的睡眠障碍和情绪低落情况更明显。

就在极地使用睡眠障碍调查问卷收到的结果来说，存在明显的夏冬季节性差别。研究指出夏天晚间光照影响了北极高纬度地区居住者的入睡，从而降低了睡眠质量。对夏季到南极开展工作的人员进行调查，发现其睡眠质量在抵达南极前后不存在显著变化，而计划性、规律性的日常工作生活作为一种外部节律，能够调节和校正人体生物节律。

（2）体动描计术：体动描计术对人体安全且效率高，目前常被使用于研究睡眠和生物节律。含微处理器的记录仪类似手表，实验中戴在被试的手腕上，记录下睡眠的具体起止时间、潜伏期、总时长和效率等各种可被检测的指标。体动描计术可以评价被试的睡眠质量和干扰因子（如外部光环境、外源性褪黑素）对睡眠质量的影响或作用程度。

已有研究利用体动描计术考察极地工作人员睡眠随季节的变化。北极工作者六月间平均睡眠时长为369±43 min，比一月的数据（419±38 min）大幅下跌，说明夏季夜晚的光环境异常显著影响了睡眠。研究中还监测了极地人员在各种夜间自然光环境状况下的睡眠，就平均睡眠时长来说低照度组（406 min）远高于高照度组（368 min），两个组睡眠潜伏期和睡眠效率基本类似，说明夜间光照水平单独明显影响到平均睡眠时长。有17位南极中山站科考队员参与了体动描计术研究，结果发现他们冬季的睡眠时相比11月出港时有相当大的延迟：3月时队员平均从睡眠中唤醒的时间推迟1.39 h，而7月队员的平均睡眠起、止时间分别推后了1.46 h和1.80 h。有研究监测了37位男性和17位女性德国南极科考站队员在冬季的睡眠，结论是部分睡眠指标的变化剧烈性与冬季长度呈线性相关，在过冬过程中队员们的日睡眠时间逐渐缩短，睡眠效率随之下降，睡眠中断频率不断提高。另一方面，性别也是睡眠质量的潜在决定因素，研究显示女性比男性有更长的睡眠潜伏期，夜间更易苏醒，也就是说女性的整体睡眠质量低于男性。

（3）褪黑素节律评估：光暗周期对生物节律的调控有决定性作用。人体对自然昼夜时间做出的主要响应是释放褪黑素，这一激素信号关系到众多生理生化行为活动的节律，例如睡眠、新陈代谢、激素分泌等。在生物节律相关的研究中常常用到褪黑素和 6-羟基褪黑素磺酸盐，后者为褪黑素主要代谢产物，存在于尿液中。许多研究证明了褪黑素自身节律受外界光环境条件调控，而极端光环境更是对褪黑素分泌影响显著。由于夏季的极昼现象，北极工作者褪黑素分泌的峰值减弱，且发生时相和顶相延迟，南极工作者到冬季也存在相似状况。对此现象进行深入研究，发现褪黑素节律推后与光照过量密切相关，可能是促使北极夏季与南极冬季褪黑素分泌延迟的主要因素，甚至造成人的睡眠障碍。若人在特定激素分泌开始前进入睡眠状态，其睡眠总时长和效率均明显低于睡眠时相正常的群体。

3. 极地环境对睡眠障碍的作用机制探究 生物体含有的大量生物钟节律基因可分成钟基因和钟控基因 2 种，生物节律主要由钟基因维持。生物钟基因表达发生变化很可能导致睡眠障碍。哺乳动物细胞中丰富的钟基因有 *CLOCK*、*BMAL1*、*period1*、*period2*、*period3*、*CRY1*、*CRY2* 和 *Mop3* 等。钟基因控制着其下游的钟控基因全方位影响细胞活动，细胞的各种生理生化行为因而有了节律性。*CLOCK* 和 *BMAL1* 基因表达的蛋白结合成为异二聚体，作为生物节律调节的转录因子引发其他一些钟控基因的表达。PER 和 CRY 蛋白表达在白天逐渐累积，在一定浓度时触发负反馈，*CLOCK* 和 *BMAL1* 的转录开始受到抑制。正是这个以 24 小时为振动周期的反馈环推动着昼夜节律，也存在另外的辅助环路以及对蛋白的化学修饰，共同控制钟基因表达。

连续的夜间光暴露实验会使外周血单核细胞中至关重要的 *hperiod2* 和 *hBMAL1* 基因表达紊乱，进而影响昼夜节律，使节律曲线相位延迟。*hperiod2* 表达紊乱程度过于严重以至于三位被试完全失去了表达节律。金关（Kervezee）等以夜班模式让人在夜间处于光照环境，结果发现被试的生物节律相关转录组高达 73% 的表达节律性减弱，整体平均相位延迟。研究发现当睡眠缩短到较为严重的不足时，原本体内表达的 1855 个节律基因仅剩 1481 个仍在表达，同时伴随着进一步的节律性减少，因此节律紊乱的状况还会更加严重。将小鼠置于光照实验条件下，发现 *mperiod1* 的表达被单次脉冲性光照调整，生物节律也以相位依赖的手段受到改变。SCN 调控机体全部细胞的钟基因表达节律一致性，若 SCN 遭到破坏或是钟基因表达发生变化，睡眠节律也会发生异常。外源性褪黑素的大鼠会产生 *period1* 和 *BMAL1* 基因表达的相位改变，另外，褪黑素注射使得大鼠 SCN 的 *BMAL1*、*period1*、*period2*、*CRY1* 和 *CRY2* 转录 mRNA 的昼夜平均浓度明显上升。有研究认为泛素-蛋白酶体途径调控钟基因的表达时存在褪黑素的共同作用，褪黑素调控生物节律是通过抑制蛋白酶体活性从而使人体的钟基因蛋白增多。极地的极端光环境诱发褪黑素分泌释放异常，可能对 SCN 产生作用从而改变了钟基因的表达节律。

极地环境影响中枢和周围生物钟系统的因素不仅是光照，低温也是作用显著的环境因子。对刚出生的大鼠持续 5 天做寒冷环境暴露实验，结果是低温导致 *period2* 的表达产生节律延迟，延迟程度和温度降低呈正相关。寒冷除了影响中枢生物钟系统，还能影响周围钟系统尤其是棕色脂肪组织，人通过改变其细胞内钟基因的表达调整新陈代谢来适应低温环境。这种调节手段对睡眠的具体作用至今尚未被解释清楚。

南极大陆在地球上平均海拔最高，而高海拔上氧气分压较低，这是影响南极科考队员睡眠质量的另一个因素。研究证实缺氧条件下，基因表达情况受到缺氧诱导因子-1（hypoxia inducible factor-1，HIF-1）的影响。这一关键性转录因子的作用是监测胞外氧浓度并适应氧环境，含有两部分，分别是功能性亚基（HIF-1α）和组成型表达亚基（HIF-1β）。缺氧环境中，小鼠的 CLOCK 基因表达节律被破坏，SCN 中的 PER1 和 CLOCK 蛋白增多。将小鼠 SCN 组织置于体外模拟的缺氧环境，发现 periord2 和 BMAL1 基因表达振幅变小且节律推后，若抑制 HIF-1α 的表达，上述两个基因相关效应得到显著缓解，这意味着实验模拟的缺氧条件在 HIF-1α 表达通路上调控人体昼夜节律。众多研究发现生物节律和氧感觉之间由大量互相干扰的反馈通路联结，二者的关系作用非常复杂，低氧状态对生物节律和睡眠的影响机制依然有待评估。

4. 极地睡眠障碍应对措施   设计人造光源的照度、色温等参数，让睡眠障碍患者接受连续光照，监测相关指标，以患者睡眠和情绪的综合情况评价光照效果，这种方法叫作光照疗法。早在 1984 年研究者就以白光调整了一批季节性情绪失调患者的昼夜节律，使他们疾病症状得到改善。由此人们开始利用光照疗法治疗外部光环境匮乏带来的生物节律紊乱。英国哈雷观测站的工作者在接受每日早晨时长 1 h 的白光治疗后，尽管睡眠质量并未得到有效改善，治疗还是对生物节律延迟起到了明显作用，同时让被试的认知能力有所提高。在另外一些实验发现光照疗法可以把血液中的褪黑素调节到相对正常水平，人的睡眠质量上升，消极情绪得到有效控制。在极地，夏季的睡眠障碍治疗手段与冬季相反，应主动消除夜间光暴露。实验证实，夜间消除光照的被试比对照组拥有明显更长的睡眠时长，即夜间避光是有效提升睡眠质量的方法；后续研究中发现，对褪黑素分泌释放水平降低、节律延迟有疗效的是类似蓝光和紫光的短波长可见光，白光作用微弱，但短波长光可以减少睡眠潜伏期，使睡眠更加高效。

补充外源性褪黑素对人体节律调节有效，已有研究给出了以褪黑素摄入剂量为依据的相位响应曲线，临床上同样表明褪黑素疗法对睡眠相位后移综合征患者表现出的节律延迟有效。在北极将该疗法应用于夏季睡眠障碍患者，主诉的睡眠质量差确实得到明显缓解，然而由于对患者身体指标监测未发现可产生结论的区别，对该疗法还不能下以定论。有研究者对睡眠障碍患者同时使用褪黑素疗法和光照疗法，发现患者失调的生物节律得到校正。

极地的自然环境条件既极端又恶劣，当地居民和工作者很容易发生睡眠障碍。光-暗周期是人体生物钟调控是重要因素，长期处于极端的光暴露条件下，机体昼夜节律系统完全无法正常运转。日常的工作生活规律、精神情绪和体力活动等因素也与人的睡眠质量相互作用。尽管研究已发现了一些对睡眠障碍有效的疗法，相关工作仍然是比较初步的，例如，需要进一步剖析睡眠障碍与情绪异常的内在联系，睡眠是如何被分子生物学特别是基因水平上诸多负面因素调控也需要继续探讨。继续机理研究并发觉和完善极地睡眠障碍应对措施，解决极地工作者驻扎期间睡眠障碍，才能保证人员的作业绩效。

（二）沙漠汽车兵睡眠障碍及作业能力

交通安全是当今社会人类重点关注的安全领域。2014年出版的第3版睡眠障碍国际分类（ICSD-3）阐述了8大类睡眠障碍，其中失眠、呼吸相关的睡眠障碍、中枢性睡眠增多、昼夜节律失调导致睡眠障碍等关乎交通安全。国外就睡眠障碍对交通安全的影响进行了广泛的研究，相比之下，国内这方面的研究尚存在一定差距。

沙漠中的极端环境造成自然条件极差。在沙漠中进行交通运输的特点，首先是一般路线长达数百甚至上千公里，其次是各种地形具有独特且复杂的行驶运输难点，另外各地形中天气复杂多变，驾驶员需要面对高热干燥、风沙、巨大昼夜温差、高原缺氧等挑战人生理的情况。汽车兵是一种应激环境高暴露量的特殊兵种，在沙漠驻扎的汽车兵不仅需要适应面对恶劣条件中军事训练带给个人的外界和内在复合应激刺激因素，还要习惯且能够高质量完成沙漠环境中的驾驶任务。这样艰巨和危险的任务会给汽车兵造成心理压力，产生的应激反应之一就是睡眠障碍，而睡眠障碍严重威胁着行驶安全。过去研究往往将重点放在官兵的睡眠质量和产生影响的内外条件，而在研究沙漠中汽车兵工作绩效时一般针对体力和心理素质进行，缺乏对其睡眠质量相关性的分析。

国内外对驾驶员的统计调查表明，国外在驾驶时存在疲劳感的驾驶员有25%～35%，国内北京地区驾驶时疲劳的发生率有24%，而在沙漠戈壁公路上执行运输工作的驾驶员疲劳发生率高达40.8%。任务类型是驾驶疲劳的重要影响因素，如长途汽车驾驶员中感到疲劳的就比出租车驾驶员更多。疲劳是影响行驶安全的重要因素，调查分析发现驾驶员疲劳量表得分与其平均应激反应时间存在统计学关系（$P<0.05$）。国外调查显示有47%的卡车驾驶员存在行驶过程中瞌睡的现象，在我国的一项调查中该日发生瞌睡的驾驶员占10%，但50%的驾驶员均承认在过往行驶过程中发生瞌睡。调查还发现，有33.3%驾驶员反映出浅眠和睡眠过程中易醒来，有1.67%入睡困难，存在神经衰弱症状的则占比4.86%；非营运性驾驶员产生神经衰弱相关症状（如头晕、失眠、乏力）的比例较营运性驾驶员明显偏低（分别是8.1%和13.1%），二者差异具备统计学意义（$P<0.05$）。

睡眠障碍与交通安全有着密切关系，医学统计发现成年人中2%～4%患有阻塞性睡眠呼吸暂停综合征（obstructive sleep apnea syndrome，OSAS），该病的患病率表现出职业性，驾驶员中患病率高达48.57%，远远超过其他职业。OSAS患者作为驾驶员发生交通事故的概率是健康者的2～7倍。在对50名OSAS患者进行研究后发现，54%患者的行驶过程中瞌睡曾造成车祸，有20%的患者引发的事故是由于驾驶汽车时进入睡眠状态。与无睡眠问题困扰的人相比，驾驶员存在睡眠障碍症状发生的安全事故概率更大，恶性程度也更高。国外重型卡车发生的交通事故中，约四到六成的诱因是疲劳驾驶；我国的车辆交通事故中，有14%～24%的事故原因是疲劳驾驶。在美国，驾驶员失眠引起的事故占7%。全部交通事故里，有25%是由于驾驶员疲劳所致的行驶过程中瞌睡，这也造成了交通事故中83%的死亡。

失眠使人在白天感觉疲倦、缺乏精力、情绪低落，由此发展出头晕头痛、反应迟钝、注意涣散等行为功能失常。失眠的人大脑无法获得充分休息，对人工作状态有较高需求的职业者（例如驾驶员）若患有失眠症，在工作中很容易难以集中精力，发生工作失误乃至引发事故。研究表明，驾驶室的二氧化碳含量、噪声和振动关系着驾驶员的失眠情况，长时间从事驾驶工作会难以避免产生头部不适、失眠、易疲劳等症状，进而患上神经衰弱。另一种看法是造成职业驾驶员失眠的主要原因是工作时承受较大的精神压力，收入较为不稳定，再加上对收入的需求主动过劳驾驶，长期处于精神紧张的状态下。很多驾驶员逐渐养成抽烟、饮酒等不良的生活习惯，也应被考虑在各类疾病发生的因素之内。

哈佛大学公共卫生学院于2002年4月举办了一次国际学术会议，主题为"发展中国家道路交通伤害和健康公平"，会议上指出，中国道路交通的事故率和死亡率双双处于会议统计的国家之首。交通安全事关无数个人和家庭的健康和幸福，对我国来说，降低交通事故率、保护人民安全和健康任重道远。综合国内外统计资料来看，55%～90%的交通事故是人本身导致的，因此人们一直以来致力于以生理和心理、个人和社会的各角度分析驾驶员的选择和预判事故的发生。驾驶员本人生活背景、行驶经历、性格情绪、即时应激原、行驶时天气等因素都会影响到驾驶者的紧张程度，综合决定事故走向，因外界刺激环境的消除又会使事故的紧张性降低。国内研究证实，事故发生概率和驾驶员的一周驾驶时长、驾驶疲劳程度、饮酒习惯、寻衅驾驶等因素的Logistic回归模型系数显著相关。

对部队官兵来说，睡眠障碍切实干扰着生活节奏和战斗力。众多研究从不同出发点分析了驾驶安全性和睡眠问题之间的关系，在一些非常重视睡眠障碍引起的驾驶过程疲劳问题的国家中有相关法律规定。当今关于睡眠障碍和疲劳驾驶进行的主要研究包括驾驶过程中发生瞌睡的诱因和机制，以及规避这个问题和相应危险的措施。除了在车辆上研发高智能化警报系统，还有一些其他方面的办法：对驾驶员来说需要获得足够的睡眠和休息，长时间驾驶需中途休息；若患有睡眠障碍，应尽快在专业医师指导下接受综合治疗；高速公路上可以在道侧设震动带和疲劳提醒标志等。有些药物可以用于预防和缓解行驶疲劳，研究认为莫达非尼不仅对缓解疲劳有较好效果，也不会降低驾驶员的操作力和反应力。一项研究发现汽车兵服用三唑仑后7小时内驾驶能力并无降低，且按一般的单剂量使用就可以改善睡眠。曲唑酮和帕罗西汀也有控制失眠的作用。除了使用药物还有一些其他治疗手段，练习太极拳是一种对人整体健康有利的选择，行为干预也是一种有效手段，还可以配合药物治疗的方式进行。如果考虑药物对认知能力方面的不良反应，这两种药物中三唑仑安全性更高。神经中枢兴奋类药物和短时安眠药物分别可以维持中枢神经系统兴奋性和提高睡眠质量，只要安全合理地服用，有助于改善疲劳状态，恢复精神和体力，保障驾驶员行驶技术。

（三）高原军事人员睡眠障碍与作业能力

高原地区上部队的驻地环境条件和所需执行的任务复杂多样，与平原地区最大的区别是，高原驻地的军事人员常年生存在气温气压低、氧含量低、太阳辐射高、干燥、昼夜温差大的环境中，为身体和精神上带来了常人难以想象的高强度、高频率应激原。性别、年龄、兵种、驻地海拔高度、驻扎时长和具体任务类型等都与高原军事人员的睡眠障碍形成有关。

全世界范围内，中国拥有平均海拔最高、面积最大、常住人口最多的高原地区。在我国西部的青藏高原和帕米尔高原，海拔平均超过4000米，氧分压不足平原地区的30%，呈现高原地区典型的低温低压、低空气湿度、高辐射、昼夜温差大的环境特点。这两处紧邻印度、巴基斯坦等多国的高原是我国重要的边陲地带，战略地位不可估量，一直以来都有充足的军事人员驻守。特别是近年来，对两处高原的高海拔地区驻防需求上升，行动频率有所提高，增加了机动部队由内陆向高原移动、训练和驻扎的任务，高原条件下军事作业人员的生理和心理健康保障要求不断提高。

高原的艰苦环境强烈影响着驻防、驻训军事人员的睡眠，包括失眠、嗜睡、和睡眠中断等症状的睡眠障碍高发。有关研究发现，如今睡眠障碍是位于急性和慢性高原病之后最严峻的高原医疗问题，高原官兵中多于40%患有睡眠障碍。睡眠障碍既有损高原军事人员的消化、呼吸、生殖和内分泌等系统的组织器官或功能，同时会导致他们的心理健康水平降低，整体影响其生理健康、认知能力和作业绩效。迄今为止并未研究清楚高原睡眠障碍的具体引发机制，针对高原睡眠障碍的治疗方案匮乏，成为目前国际上的高原（军事）医学研究重点之一。下面将从高原外部环境条件对睡眠的影响因子、高原上睡眠障碍的发生机制以及防治手段方面，对国际当前研究进展进行综述，力求从理论和实际应用上帮助控制高原军事人员的睡眠障碍。

1. 高原环境对睡眠的影响

（1）影响高原官兵睡眠的因素：高原环境可以说涵盖了睡眠干扰要素的方方面面，如表2-1所示，包含生理、心理、环境和其他个人因素。各要素既单独对睡眠质量产生影响，也会复合性地对睡眠质量产生更严重作用。实际中常常是多种要素的作用并存，给缓解应对带来了更高难度。过去在研究高原睡眠问题的调控因素时常使用的方法为横断面式，大多关注军事人员在特定海拔、特定时间的睡眠相关指标动态情况，而没有考虑到高原地区众多环境要素是持续对人产生影响的，此外还应该将动态的基线和权重考虑在内，进行多维度的全面分析，因此许多关于高原睡眠障碍影响因素的研究结果并不适用于其他多数情况。高原睡眠障碍的研究和防治需要建立基于各维度下影响因素的军事人员睡眠质量权重模型，因此就需要大量数据的支持，以准确分析高原军事人员睡眠障碍的引发因素谱系并解析内在的规律性。

表 2-1　高原环境对睡眠的影响因素

维度	影响因素
环境因素	低压、低氧、寒冷、噪声、干燥、恶劣气候（大风、冰雹等）
生理因素	性别（女性易感）、年龄（中年易感）、体质、作息时间改变
心理因素	高原卫生知识缺乏、对环境的恐惧、焦虑、压抑
伤病因素	急性疾病（如急性高原病，高原咳嗽，胃肠道感染），慢性疾病恶化（如慢性阻塞性呼吸系统疾病，肌肉骨骼疾病，前列腺疾病），时差综合征，应激等

（2）高原睡眠障碍的特点：睡眠根据状态分为REM和非快速眼动睡眠（non-rapid eye movement sleep NREM）两个阶段；NREM包含 I ～ IV 期，前两期是浅睡眠，后两期的深睡眠在脑电图上呈慢波状态，又称为慢波睡眠。人在高原上容易发生各种生理活动的节律紊乱，其中睡眠紊乱主要是睡眠总时长不变但效率降低，NREM的深睡眠减少且变为浅睡眠，睡眠过程中醒来的频率升高，且发生周期性呼吸。脑电图主要产生 α 波节律紊乱，开始时脑部血液流量适应性地上涨，在持续低氧含量环境中又会降低，血液氧饱和量因此减弱，中枢神经系统的活动受到限制，最终影响了睡眠质量。

大部分研究认为高原睡眠障碍的主要成因是高原的低氧环境。大脑对血液氧浓度极其敏感，有着十分复杂的睡眠调控生理生化机制，与睡眠调控有关的因子首先是二氧化碳水平，除此外还有一氧化氮、钾离子、氧化性自由基、神经递质和包括褪黑素在内的激素等，生物钟基因表达同时参与睡眠调控。当大脑缺氧时，负责睡眠调控的区域会受损，直接引起人睡眠结构发生变化，睡眠质量降低，发生睡眠障碍。缺氧产生对睡眠质量造成严重破坏的症状是周期性呼吸，氧水平和碳酸水平低更替发生致使人交替性过度换气和抑制换气，于是产生了周期性呼吸。醒时人的呼吸可以部分由主观调控，但进入睡眠状态后呼吸丧失了自主节律，因而可能呼吸暂停。人在中等海拔睡眠的REM阶段基本上不存在周期性呼吸，在高原地区，周期性呼吸却会在REM频繁发生。

（3）高原睡眠质量的评估：由于缺乏一致性的量化评价准则，高原睡眠评估一般在其他方法的辅助作用下，将主观性量表与客观性多导睡眠图结合起来。匹兹堡睡眠质量指数（Pittsburgh sleep quality index，PSQI）可以评估人过去30天的综合睡眠质量，睡眠质量与所得总分成反比，PSQI是一种睡眠评估的最常用量表。其他诸如斯坦福睡眠量表、格罗宁根睡眠量表、理查兹-坎贝尔睡眠量表等均在睡眠质量评价上得到应用。对于高原睡眠障碍来说，情况比通常失眠要复杂，使用某种特定量表往往效果有限，常用解决办法是多维评分同时进行以反映睡眠质量以及睡眠障碍程度，综合运用睡眠状况自评量表、爱泼沃斯嗜睡量表、阿森斯失眠量表、疲劳自评量表、焦虑自评量表等。需要注意的是，此方法尽管简单却难以避免量表填写完全靠主观的缺点，并不能对睡眠作出客观评价。

多导睡眠图（polysomnography，PSG）的采集包含睡眠过程中的心电、脑电、肌电、眼电和血氧，同时利用口鼻呼吸气流和胸腹呼吸运动等生理参数来进行睡眠的多方位研究。整夜PSG监测是目前国内外诊断睡眠呼吸暂停低通气综合征的"金标准"，还可以在其他各类睡眠障碍的评估中使用。其不足之处是应用场景限制在睡眠实验室，且必须配备接受专业训练的睡眠技师，不仅对医师的技术要求高，多项相关检测要求在人体粘贴的电极使检测者负担上升，对睡眠势必产生一定影响。

研究利用功能性神经影像学检查到，缺乏睡眠使人在前额皮质、丘脑、顶叶、颞叶均发生异常，这些异常关系到认知能力受损。另外目前已研发出可监测睡眠的床垫、眼罩和动度仪等设备，但技术还不能完善全面地记录睡眠状况。

2. 高原睡眠障碍的预防与治疗 高原睡眠障碍具有与普通的睡眠障碍不一样的诱因，因而其防治手段具有独特性。针对高原睡眠障碍有各种使用范围不同的防治手段，应基于军事训练和任务的具体要求进行最优选择。

（1）氧疗：高原地区海拔每升高300米，含氧量下降约1%，提升人体的血氧饱和度是增强睡眠结构与质量的有力途径。防治高原睡眠障碍通常会为官兵加大换气量或直接进行氧疗，当前治疗高原睡眠障碍的主要依靠高压氧。三成以上接受过高压氧治疗的睡眠障碍者反映症状显著减轻，若在进入高原环境前就接受高压氧疗法，还可以降低高原睡眠障碍发病率。

临床证明高压氧疗能够显著改善官兵的高原睡眠障碍。鼻饲供氧把浓度较高的氧气以插入鼻饲管或戴氧气面罩的方式注入人体内，人呼吸得到的氧气分压上升，缺氧症状可以得到有效缓解。夜间鼻饲供氧使睡眠时血氧饱和度增高，睡眠过程中觉醒频率自然下降，低通气（呼吸暂停）指数减小，睡眠质量因而得到保障。鼻饲供氧是相对很早就在高原上开始使用的方法，氧气既可以被大型制氧设备的管路输送到人的指定位置，也能通过便携式制氧仪器或氧气瓶获得，官兵吸氧较为方便。作为一种简单易行，相对低成本高利用率的方法，鼻饲供养广泛适用于高原官兵；缺点是刺激呼吸道黏膜，舒适性问题反而会降低治疗效果。

弥散式供氧是指将高氧浓度氧气压入较为密闭的空间内，提高空间的氧气水平，提供人造富氧环境（artificial oxygen enriched environment，AOEE），人在空间中可呼吸的氧分压升高，缺氧得到缓解。AOEE治疗高原睡眠障碍同样能通过提高血氧饱和度使睡眠结构发生变化，即增加睡眠总时长，提高慢波睡眠比例，整体睡眠质量显著上升。相对于鼻饲供养，弥散式供氧的优势是无需佩戴式吸氧装具，人处于富氧环境能体验到更好的舒适性，睡眠质量更佳；但人必须要处于富氧室中，为作训任务造成诸多不便。AOEE使用时连续消耗大量的高浓度氧气，氧气利用率远低于鼻饲氧疗，经济成本也是重要的限制因素。

就高压氧疗来说，由于对氧气输出设备的依赖性，平时为高原地区官兵提供睡眠障碍治疗比较实用，遇到紧急任务和突发事件就难以继续投入使用。另一种可以用于提高睡眠质量的正压供氧系统是非侵入性的，如一种新型无创通气技术自适应伺服通气，是以气道正压在缺氧环境中使呼吸保持正常，避免中枢性睡眠呼吸暂停发作。自适应伺服通气用于提升人体在夜间的血氧饱和度效果低于直接补充氧气，为满足高原军事人员的军事作业需要，保障我国高原官兵的机体健康和持久性战斗力，仍需研究开发更加简便高效的睡眠障碍防治方法。

（2）药物：药物治疗可以较为快速高效地提高睡眠质量，在高原睡眠障碍的治疗上是改善主观感受和客观睡眠的常用方法。药物不会对睡眠结构、通气和血氧饱和度（SaO_2）产生影响，对人无机体疲劳、过度嗜睡等副作用。常用的睡眠药物见表2-2。

表 2-2　改善高原睡眠质量的药物

种类	常用药品	优点	缺点
苯二氮䓬受体 激动剂	替马西泮	改善睡眠结构 减少周期性呼吸 不降低睡眠 SaO_2 不影响次日作业能力	不能纠正高海拔睡眠障碍的病因
碳酸酐酶 抑制剂	乙酰唑胺	减少周期性呼吸 改善睡眠结构 改善主观和客观睡眠质量	利尿，夜间频繁小便中断睡眠 与磺胺类药物有交叉过敏反应
γ氨基丁酸 受体激动剂	唑吡坦 扎来普隆	改善睡眠结构 增加总睡眠时间 提高睡眠效率 不加重缺氧	导致第 2 天晨起时疲劳 改变初醒期的认知功能
抗组胺药物 腺苷受体 阻断剂	苯海拉明 茶碱	非处方药，价廉易得，有呼吸兴奋作用 可减少周期性呼吸 防治夜间 SaO_2 下降	服用后会有困意 有效性和安全性仍需验证
中药	复方红景天 丁苯酞软胶囊 银杏内酯 复方中药	改善机体代谢功能，间接改善睡眠	缺少高原环境的对照研究

　　研究证实苯二氮䓬类（benzodiazepines，BZD）在高原睡眠障碍治疗上的良好效果具有安全性。低剂量使用BZD除了减少睡眠潜伏期和睡眠过程中觉醒次数外，还能够抑制周期性呼吸，延长深度睡眠，且维持夜间血氧饱和度，从而使睡眠效率和关于睡眠质量的主观感受均有所提高。有多种BZD均可治疗平原上的失眠症，然而针对高原地区睡眠障碍，目前仅替马西泮的临床使用有数据表明其安全有效，同时可以保障次日人的机体行动力、敏捷性、认知和作业能力。然而，部分学者表示BZD之所以能改善高原睡眠障碍是因为抑制了缺氧通气反应（hypoxic ventilation reaction，HVR），而这种方式有时会使血氧饱和度降低，致使肺部通气匮乏，人产生呼吸相关的睡眠异常现象，也就是说BZD即使缓解了缺氧反应也并没有消除高原睡眠障碍的成因。另外还有一些研究称替马西泮无法提高高原地区人的整体睡眠质量。研究对于一些BZD（如劳拉西泮和奥沙西泮）防治高原睡眠障碍的效果和安全性还存在研究空白，目前不能使用它们进行相关治疗。

　　乙酰唑胺是一种碳酸酐酶抑制剂，同时还是最常用于对抗高原睡眠障碍的药物。大量实验证实，通过服用乙酰唑胺，人的周期性呼吸受到显著抑制，睡眠结构得到优化，睡眠过程中觉醒频率降低，浅睡眠减少而深睡眠增多，主客观上均提升了睡眠质量。除此之外，乙酰唑胺抑制肾脏中蛋白酶水合 CO_2 产生有利尿作用的碳酸，这种作用会中和呼吸性碱中毒，使机体的 CO_2 得到累积，提高大脑的血液流量和运氧情况。不过乙酰唑胺的副作用是利尿，若使人睡眠过程中多次因尿意觉醒，睡眠质量会因中断而降低；需引起特别注意的是磺胺类药物过敏者有对乙酰唑胺交叉过敏的风险。这些问题和风险使得乙酰唑胺一般不作为高原上睡眠障碍治疗方案的优先用药。

经多项高原睡眠障碍相关研究，数据证实γ氨基丁酸受体的激动剂对于治疗高原睡眠障碍是安全有效的，相比苯二氮䓬类及碳酸酐酶抑制剂有更强的实用意义。例如扎来普隆和唑吡坦，不仅能够优化睡眠结构，增加总睡眠时长、睡眠效率和深睡眠时间，且对睡眠期间的呼吸状况不产生影响，不会引发更强的缺氧症状，总体上可以较为理想地提高睡眠质量。然而这两种药物可能引发服用官兵的醒时疲劳，在高原地区服用唑吡坦还会使人晨醒时的认知能力和躯体控制减弱，这在特殊地形的军事训练任务中应当尽力避免。综上，此类药物要根据高原官兵的具体环境和任务谨慎使用。

另有临床研究涉及其他助眠药物在高原睡眠障碍上的应用。茶碱是一种腺苷受体阻断剂，可以抑制周期性呼吸，保障睡眠期间血氧饱和度，从而缓解高原睡眠障碍症状；非处方类抗组胺药物苯海拉明价廉易得，可以使人产生困意且不会阻碍呼吸，使用安全性较高；关于非苯二氮䓬类镇静药物和环吡咯酮类（佐匹克隆、右旋佐匹克隆、埃佐匹克隆、依索匹克隆）不良反应的研究已经比较充分，近期更多睡眠障碍患者选择使用这些药物，它们的机体作用机制适宜在高原环境下用于改善睡眠。预防高原反应最常用的中成药物复方红景天，可改善机体代谢功能和睡眠状况；丁苯酞软胶囊具有使微血管扩张的作用，能够加快脑部血液微循环，提升线粒体的抗氧化效能；银杏内酯可以提升线粒体呼吸酶的作用，降低自由基对人体的负面作用，在缺氧条件下依然维持细胞的ATP水平，促进血液循环。同样对急性高原疾病有比较好防治效果的还有高原康和高原西氏胶囊。一些复方中药主要效果是缓解人的缺氧症状和补血活血，若辨证施药、运用得当同样能够防治高原睡眠障碍。尽管以上药物都可被用于防治高原睡眠障碍，有关记录仍局限于非系统性的病例研究或非医学临床使用，也缺乏在高原环境条件下的对照。目前无法将它们用作医学上推荐使用药物，需要尽快通过对照实验确定其在高原环境下的有效性和安全性。

受研究方法和目标差异性（高原地区海拔，官兵驻扎时长期用药的剂量、方法、时间等）及睡眠障碍药物配合施用研究匮乏的限制，以上这些药物中，迄今无法确定防止高原睡眠障碍最有效的种类。例如，在针对睡眠呼吸暂停综合征使用乙酰唑胺时能否同时使用其他药物（如替马西泮或唑吡坦），相关安全性研究的结果非常稀少，至于药物性的联合催眠治疗研究则对安全性考虑要求极高。今后研究应当重点解决高原地区睡眠障碍药物对军事人员使用的安全性和有效性问题，特别是注意填补联合辅助使用方面的空白。

（3）高原习服：快速上升到＞1200米高海拔地区会因为氧分压的降低和随后的动脉低氧血症而影响睡眠。但在中、高海拔地区生活数天至数周时，机体产生高度适应，可提高细胞氧运输能力，减轻动脉低氧血症，改善睡眠质量等。高原习服的目的是让进入高原的部队能更快地适应高原的低氧环境，不影响驻防驻训等各类军事任务的执行。研究发现，高原习服能一定程度上预防进驻高原官兵睡眠障碍的发生。

高原低氧预习服是指在进入高原低氧环境之前，在平原地区进行低氧训练，使机体产生一系列的代偿性和适应性变化，逐步适应高原低氧环境。低氧预习服研究大多使用低气压舱，暴露模拟的海拔而达到非常高海拔的水平（＞4000米）。低氧训练可使机体产生一系列与暴露高原环境相类似的变化，所产生的耐缺氧能力在缺氧结束后仍能持续很久，且再次遇到缺氧刺激时，能很快建立对缺氧的习服，以保证睡眠质量。低氧预习服训练按其持续的时间，有连续性和间歇性（IHE）两种形式。两种形式的低氧环境暴露都可诱导通气习服，使人逐步适应低氧环境，缓解睡眠障碍，但间歇性低氧比长期连续低氧训练的效果更好，且训练时间灵活，可更好地与日常工作学习相协调，是一种很有前途的改善睡眠的高原习服方法。另外，有研究报道了一种新型高原预习服方法，自主式屏气（呼吸暂停训练）是一种短期IHE方法，在适应高原环境方面有很多优势，如增加脾容量和收缩，增加循环红细胞压积和血红蛋白浓度而提高动脉血氧含量，增加脑血流，可增加通气控制，改善睡眠质量。

　　阶梯习服是通过缓慢的渐进式上升方式或在中等海拔地区停留一段时间，使机体产生一定的适应能力，再上到高海拔地区。阶梯习服可更好地适应高原环境，并减少睡眠障碍。研究显示，从平原上升到3400米的高度，>3天的上升方式比1～2天或更短时间的睡眠障碍发生率显著降低。Wilderness医学会发布的循证临床指南也提示，适应高原环境的最好方法是缓慢上升，建议每天上升不超过500米，每3或4天休息1天。总之，阶梯习服是高原环境适应的一种重要方式，对高原睡眠障碍的预防有一定的作用。官兵进入高原而条件允许时，宜采用阶梯适应法，逐步登高，进行阶段低氧习服锻炼，可减轻高原环境对睡眠的影响，但这种渐进式的习服方式耗时长，不适用于需要快速反应部署的军事任务。

　　体育锻炼一直被认为是预防和治疗睡眠障碍的最好方法。高原适应性锻炼是指在进入高原前的2～3个月进行一定强度的体育锻炼，以增强进入高原后的低氧代偿能力。在常氧条件下进行体育锻炼能改善睡眠，还能调节记忆、注意力和情绪状态。在急性低氧环境中进行适当的运动训练也可增加机体耐受能力，还可部分逆转缺氧对睡眠的影响。目前，适应性运动锻炼被认为是预防急性高原睡眠障碍、促进高原习服的有效方法。适应性运动锻炼促进高原习服可能是通过增强心、肺功能，改善机体对氧的摄取、运输和利用能力实现的。低氧预习服训练过程中进行运动训练，对于军人提高体能、缓解人体高原缺氧症状、改善睡眠也具有积极意义。

　　预防和治疗高原睡眠障碍还有一些辅助方法，在多年的临床应用中，也发挥了重要的作用。心理调适是保证高原睡眠质量的重要环节。高原军事人员的心理健康水平除与高原恶劣的地理环境有关外，还与其所承担的任务强度、难易程度及个体对环境的适应能力密切相关。因此，进行针对性的高原卫生与心理健康教育，消除心理紧张状态，减轻作业压力，是预防高原睡眠障碍的必要措施。物理刺激疗法可改善睡眠，对大脑进行低频重复电或磁刺激可降低或减轻抑郁、焦虑，调节和改善睡眠。有规律的生活包括避免白天睡觉，上床前限制生理和心理压力，坚持每天同样的起床时间，在任务间歇或野外营帐增加小睡（打盹），戒掉咖啡因、乙醇和烟草等都是有效的辅助睡眠的方式。另外，营造良好的睡眠环境，保持安静、舒适、保暖、通风等也是辅助睡眠的重要方式。

　　高原睡眠障碍已成为高原驻防、驻训官兵常见的健康问题，对高原官兵生理功能与军事作业效能影响巨大。现阶段针对高原官兵睡眠障碍的影响因素谱系构建、病理生理机制诠释仍处于研究阶段。与此同时，现有的高原睡眠障碍防治手段均存在一定的弊端：氧疗从睡眠障碍的机制出发，直接通过给氧改善睡眠，快速且高效，但建设经济和时间成本较高，且机动性较差；高原习服是改善睡眠质量的经典方法，但需要在进入高原前或进入高原后进行长时间的准备，不适合急进高原作战部队；药物防治睡眠障碍虽已普遍采用，但大部分为处方药，且药物的有效性和安全性还缺乏大量的临床验证研究。因此，面向高原睡眠障碍防治这一军事医学难题，一方面亟需加强高原睡眠障碍影响谱系分析与相关基础研究，另一方面则是在促进现有方式优化的同时，积极研发高效、安全、无创的新型防治手段，以改善高原官兵睡眠质量，维持和增强高原官兵健康与作业能力。

3. 高原军事人员睡眠障碍的发生机制　高原的地理学定义是海拔高于1000米，海拔每升高100米，气压降低12.7 kPa，正常人身体具备一定适应性，一般处于海拔高于3000米的高原才会引发各种程度的机体高原反应。高原地区氧分压低于平原，对流的气候条件使温度变低，使空气变得稀薄、干燥，日光辐射强度高，天气易发生急剧变化。我国官兵在高原上的驻地相对来说位置偏远且自然条件恶劣，上述气候环境容易引发驻守官兵的身体和精神方面疾病，睡眠障碍发生率较平原地区明显升高。

高原地区造成睡眠障碍的主要原因如下：低气压、低氧分压让血液氧饱和度降低，于是脑部血管扩张以加大供血量，大脑的中枢钟系统功能紊乱影响睡眠；缺氧条件下人长时间过度主动和被动通气，当膈肌、肋间肌疲劳后通气又只能减少，缺氧症状更剧烈；除了生理疾病症状外，睡眠还会受到烦躁、紧张等心理因素影响；高原上空气干冷缺氧，这会阻塞呼吸道黏膜使其发炎，人在睡眠过程中容易用嘴呼吸、打鼾，还有可能因为缺氧而憋醒，睡眠质量显著降低；长时间处于缺氧条件下，血红细胞过度增殖，血压升高，睡眠期间可能需要端坐呼吸；高原地区睡眠障碍机制还受到血液、骨骼肌和脑部细胞分泌释放的炎性细胞因子（如白细胞介素、干扰素）影响。

4. 睡眠障碍对高原军事作业人员的不良影响研究　军事人员在高原地区若患上睡眠障碍，其一般认知作业能力就会显著减弱，受到的影响与海拔呈正相关。认知作业能力包括注意力、记忆力、理解力、判断力、运动力、精细操作协调力等。睡眠障碍会使各方面能力受损并引起情绪紊乱；人的视觉降低，夜视力、光敏感度、视敏感度、颜色区分度等受损，还可能伴有空间视觉障碍；听力也会有所降低，前庭神经变得敏感，此外嗅觉和味觉功能均会受到影响。在3300米高度对驻地官兵（108位）进行实验测试，发现其中45人（划分为1组）PSQI问卷得分大于7，63人（划分为2组）得分在7以下，而相对于1组，2组对不同的人造光源色彩具有明显更长的平均反应时间。另外在调研2037名高原驻防官兵后，结果再次指出睡眠与认知功能的高度紧密关系，一旦睡眠质量下降，官兵的注意力、记忆力、动作敏捷性和准确度、空间视觉能力等均会受损。分别对109位驻地在海拔3700米和99位驻地在500米的官兵进行了PSQI问卷调查，结果显示驻地3700米的官兵平均得分5.13±2.61，明显低于驻地500米的官兵（6.39±3.13）（P＜0.05）；对官兵的认知作业能力利用数字广度、译码和目标追踪加以测试，驻地3700米的官兵成绩显著低于驻地500米的官兵。调查结果反映出在高海拔地区驻扎使官兵睡眠质量下降，认知作业能力受损，海拔越高驻守官兵受到的负面影响也就越严重。

一般认知作业能力的下降会连带军事认知作业能力水平降低。一项调查结果显示，将驻藏某部的56位侦察兵分为患有睡眠障碍（25人）和睡眠正常（31人）的两组，在军事训练考核中睡眠障碍组有36%成绩不合格者，而睡眠正常组的不合格率只有6%。调查研究显示，官兵在西藏驻训过程中PSQI、SCL-90量表各项因子之间存在明显的正相关性，而与正常者相比，患有睡眠障碍的官兵SCL-90量表总分和各因子对应得分体现出显著性差异；睡眠质量是影响驻地官兵射击、战术动作、引体向上等各项训练成绩（如战术动作、精确射击、引体向上、俯卧撑等）的关键。

5. 高原军事人员睡眠障碍干预措施　睡眠障碍可以优先通过个人措施进行干预。

（1）健康检查：有呼吸、消化和循环系统器质性疾病，或是患有神经衰弱和睡眠障碍的军事人员若必须驻扎高原地区，建议暂缓执行任务。

（2）健康教育：进入高原地区之前，应针对具体气候、环境特点学习健康防护知识，对高原疾病进行合理防治，例如以深慢呼吸法缓解负面情绪，提高睡眠质量。

（3）科学作息：在进入高原地区前保障充分的休息和睡眠，进入高原的前几日通过短时间午休等方式延长睡眠时间，尽量创造良好的睡眠环境，进入后约1周可以逐步加大体力活动。

（4）科学膳食：在高原上饮食应遵循高碳水、高优质蛋白、低脂、足量饮水和注意补充维生素，刚进入高原地区在饮食上以清淡为佳，不应进食过多或过少，也应避免刺激性的食物，注意在睡前1小时内禁忌酒精和咖啡因。碳水化合物体内代谢的产物CO_2对通气和睡眠质量有利；抗氧化食物特别是维生素对防治氧化性损伤有很大作用，还可以增强通气和认知作业能力。

（5）体能训练：日常训练中应主动通过有氧科目提高心肺功能，便于进入高原后尽快适应恶劣环境，但正式进入的前1周最好降低或停止疲劳性训练。

我军卫勤工作者在持续研究中取得了许多高原地区睡眠障碍的卫生保障和防治措施相关成果，具体如下：

（1）睡眠过程中觉醒与认知作业能力测评对军事任务的安排和睡眠干预有指导性作用。在睡眠的低生理负荷下，睡眠监测床垫和生理活动监测仪能够提高机体检测水平；新型多功能腕式穿戴设备不仅能够即时监测脉搏、睡眠-觉醒节律、SaO_2等参数，还可以对被监测者进行反馈放松训练，经济实用，针对高原官兵的应用前景广阔。将心理量表和运动测评相结合，可以高效对官兵的睡眠-觉醒及认知作业能力进行综合性评估。

（2）有很多方法可以开展低氧习服训练，例如使用低压舱或者低氧呼吸器。官兵在进入高原地区前约1周进行低氧习服，可有效增强对缺氧环境的耐受力从而提高睡眠质量。在进入高原前安排为期10天的间歇渐进式低氧条件训练，或在进入高原后的前10天采用氧气浓度暴露量逐渐降低的方法，这样官兵的（深）睡眠时间及血氧饱和度都会有显著上升。对中枢性睡眠呼吸暂停进行监测，结果同样显示对低氧环境的渐进式预先习服训练使官兵在高原地区的睡眠质量大幅上升。低压低氧舱不仅本身费用昂贵，且在其中训练容易引发官兵的中耳损伤，而用空气-氮气混合气体进行呼吸训练会因呼吸阻力而使低氧相关生理反应失调。为此学者研发出安全又操作简单的常压低氧舱模拟最高8000米海拔的气体环境，可以让官兵充分进行低氧环境训练，同时对其进行睡眠监测。

（3）氧疗：氧气使用是高原上最关键的睡眠问题干预措施，具体措施有导管呼吸道给氧和富氧室吸氧等。研究中令238名和117名青年男性分别到4300米和5400米海拔的驻地，对他们使用氧疗后，吸氧有效改善了被试中发生的急性高原病，使他们的睡眠质量明显提高。研究结果表明，急进到4000米左右海拔吸氧三到四天较为合适，而到高于5000米地区则应不低于7天。通常推荐在官兵急进高原后的前十天按日逐步缩短白日用氧而保证夜间用氧时间，这样有利于尽快适应高原的恶劣环境；在离开高原地区之前的七到十日推荐逐步增加吸氧时长，从而更好地在回到低海拔地区时重新适应。高压氧疗法的机制是提高组织细胞的贮氧量从而调控中枢神经功能，已被证实能够改善高原上汽车兵的睡眠，缓解高原军事人员低氧血症。

（4）心理放松训练：在高原官兵中推广心理卫生知识能够使他们自身消除负面情绪，有助于提高睡眠质量。通过放松训练进行自主神经反馈调节可以提高官兵对高原恶劣环境的适应力，进入高原初期若产生入睡问题，建议使用深慢呼吸放松肌肉。

（5）物理治疗：低频电磁的刺激能够调动大脑神经及各方面功能，具体机制涉及大脑的各种神经递质分泌代谢，有助于改善人的烦躁和抑郁情绪，调节睡眠。

（6）睡眠障碍治疗康复：在保证进入高原后的适应性睡眠卫生的基础上，应定期规律检查高原地区驻守官兵的各项身体指标，尽快对睡眠障碍患者给予康复治疗，这样可以保障官兵睡眠健康，有助于各项作业能力的增强。

我军卫勤人员在药物治疗高原睡眠障碍方案上同样获得了有力成果：

（1）碳酸酐酶抑制剂乙酰唑胺既有利尿功效又可刺激呼吸道，能够促进重碳酸盐的排泄，提高动脉氧分压，增强血脑屏障上的离子转运，在急性高原病的防治方面向来被作为首选。

（2）一项研究中，在海拔3613米地区使12名正常男性被试接连3个夜晚交叉服用唑吡坦、扎来普隆和对照安慰剂。实验结果显示唑吡坦的摄入有助于提高睡眠质量，被试在白天的各项功能有所增强。

（3）在海拔3540米上的高原将34位失眠症患者被试随机分成两组，一组服用7.5 mg替马西泮，另一组服用125 mg组乙酰唑胺。一次用药后，摄入替马西泮组被试表示睡眠质量得到改善，替马西泮还能有效降低周期性呼吸的频率。然而目前仍没有数据表明乙酰唑胺联合催眠药共同使用能取得更好的疗效。

（4）一些复方中药制剂可促进人体循环，提高在缺氧环境中的耐受力，因而可用于治疗高原地区睡眠障碍。例如，联合使用红景天与曲美他嗪能够有效缓解高原环境引发的睡眠障碍；具备活血化瘀、除湿健脾、消痰解郁功效的中药也可以用来防治高原性失眠，有证据表明它们是安全有效的。

由以上可知，高原地区特殊、恶劣的自然地理和气候环境造成官兵容易发生各类疾病，其中高原性睡眠障碍尤为常见，不同程度地影响着高原驻守官兵的认知作业能力。官兵自身需要增强睡眠卫生知识的学习和运用，基层部队需要改善卫勤服务技术能力和医疗装备保障水平，共同努力提高高原地区官兵的睡眠质量，只有这样才能保障官兵的作业绩效，提高部队的整体战斗力。

（四）外军睡眠障碍研究

国外军队有较多的军事人员心理健康保障经验，一直以来就比较关注睡眠问题的机制和针对措施研究。美国陆军就着重强调了3项效能，即营养、睡眠、体力训练，基本囊括了体力和精神保障的关键。针对性探索睡眠障碍防治的过程中，首先需要解决的就是失眠引起的睡眠不足，因为不管是失眠障碍抑或睡眠剥夺，都普遍性影响着军事人员的各方面健康和作业能力。研究发现连续48 h不睡眠后将失去军事作业能力；大量军事人员常年睡眠时间较短，夜间往往睡眠少于6 h。一项跨越2007到2013年的调查研究显示，军事人员人均日睡眠时间5.6 h，显著不足保证正常敏捷和警觉等精神状态所需的7～8 h，即使是让人主诉感觉状态良好的睡眠也需要6～7 h。另一研究表明，患有失眠障碍的军事人员发生道路交通事故的概率是对照人员的两倍。

在研究军事学校的青少年后发现，若先为青少年安排过度训练对他们进行睡眠剥夺，再让他们按正常作息节律获得适当的睡眠，不仅睡眠质量会整体提高，消除了疲劳，且负面情绪明显缓解，作业能力增强。在美国针对退役军人的失眠症进行了综合性研究，证实睡眠问题是一种初始的突发性应激源，使得军人抵抗后续应激源的能力减弱，被应激性事件引发情绪和精神方面应激问题的概率更高，且更易于患上创伤后应激障碍（posttraumatic stress disorder，PTSD）。美军中失眠症十分常见，导致军人的镇静剂、催眠药、酒精滥用问题和训练、作战状态下的兴奋剂依赖相当普遍。

美军会使用一些针对睡眠和应激问题的管理方法。军人在常规的军事训练环境就难以拥有健康的睡眠节律，合理运用睡眠管理技巧（如每24 h周期内睡眠或休息7～8 h）能够在各种限制因素下保障一定的睡眠效率，让不患有睡眠障碍的军人即使得不到充分睡眠时长，也能保持持续的作业能力。美军还会筛查潜在易患睡眠障碍的军事人员，同时鼓励自我评估和上报，及早发现和防治睡眠障碍能使他们执行军事任务时不易受睡眠问题干扰。

军人在职业中最容易面对的问题就是心理应激，具体可分为急性应激障碍、适应障碍和PTSD。人在被应激源刺激后极易产生睡眠障碍。过去的研究发现，应激性失眠是睡眠质量指数的前因变量，意味着军事训练中官兵的整体应激失眠状况可以用于前瞻性预测官兵在实际军事行动中的睡眠质量，降低官兵的应激失眠反应就能改善降低实际的军事应激水平。

PTSD延续的时间长于急性应激障碍，对军人造成的损害也更大，又因为大部分患有PTSD的军人同时具有高度失眠等睡眠障碍，他们对PTSD的治疗过程需要面对各种困难。在服役前拥有正常睡眠节律的军人，在快速进入军队中睡眠条件有限、经常碎片化睡眠的环境中可能发生急性失眠，开始使用镇静助眠药物。延迟的药效和紊乱的睡眠节律又使他们对咖啡因需求加大以保持军事作业精力和体力，在咖啡因的作用下，睡眠中断程度加大且会在本就不足的睡眠时间内造成对睡眠的进一步抑制。上述恶性循环不断加深军人对睡眠辅助和兴奋刺激药物的需求，药物依赖就是这样形成的。而这些军人经历（脑部）创伤后，常常必须使用更激烈的手段（如麻醉）才能保障一定的睡眠质量，这就是睡眠障碍成为 PTSD 主要症状的机制。由此可见，用有效的管理方式及早干预军人的睡眠问题有希望终结 PTSD 患者形成严重睡眠障碍的恶性循环，反过来对睡眠障碍的缓解又能够推动治疗 PTSD。

精神类疾病的患者也经常表现出失眠的症状，若军事人员在经历创伤前就有失眠症，会增大其创伤后发生精神疾病的概率。在研究现役军人的战斗获得头部损伤后发现，55.2% 有头部损伤的军人主诉包含失眠，而患（可能不止一种）精神疾病的人高达 90.5%。有针对睡眠与心理疾病症状关系的研究结果显示，抑郁、敌意、对他人敏感等心理因素与各个兵种睡眠质量之间的关系都是正相关性影响。失眠会削弱调控认知能力和情绪反应的大脑区域之间的关联，使人难以管理产生的消极情绪。

人醒时的认知能力需要高质量的睡眠来维护，大脑思考所需的敏捷程度和判断力会因为睡眠剥夺而降低，很多安全事故都是因此发生的。警觉注意力对睡眠剥夺非常敏感，有一种常用于测试人的注意力、精神集中性、警觉性的行为测试方法叫作精神运动警觉性任务（psychomotor vigilance task，PVT）。研究表明，人的警觉性会因睡眠剥夺的加剧而降低，具体表现为被试的 PVT 反应所需时间延长，精神不集中的频率也明显提高，并且短期内即使恢复睡眠也无法完全解决问题。该结果说明被急性睡眠剥夺的军人即使是接受了短期睡眠恢复，一段时间内也不适合再执行需要较高注意警觉性的任务（如驾驶和复杂仪器操作）。

大量对我国军事人员进行的睡眠研究已指出睡眠障碍在我军的普遍性，然而尚未有规范化的指导手册用于睡眠障碍专业医学性防治。特别是针对应激性失眠治疗方面，军事人员镇静催眠类药物的使用以及睡眠节律的调控方法（如认知行为治疗）都急需建立专业守则。军事人员应当根据具体环境条件和任务需求，尽可能将自身睡眠节律调整为与环境和任务最相匹配的状态。军事人员的睡眠问题需要个性化的卫勤服务和综合性的军事管理。

治疗军事人员的睡眠障碍主要依靠包括苯二氮䓬类、非苯二氮䓬类、褪黑素受体激动剂、镇静催眠和抗抑郁类等的药物。军人的睡眠障碍用药目前仍需一本专业详尽的相关药物指导手册，便于与卫勤人员或网络上医师给出的建议相结合。如果军人有失眠带来的白天疲倦症状，在军事作业时可以适当使用神经兴奋类药物（如咖啡因和氟马西尼）以避免安全事故的发生。下丘脑部分神经元会释放食欲素-A 帮助控制睡眠-觉醒节律，该神经肽的作用是促进觉醒并进行状态维持。研究显示，食欲素-A 的分泌水平会因为睡眠剥夺而变化，这种变化和 PVT 中位反应时的改变具有负相关性。食欲素-A 可以缓解睡眠剥夺导致的认知作业能力削弱和调睡眠相关生物节律，是一种对睡眠障碍防治极具前景的药物。药物治疗的方式可以搭配使用白噪声、音乐疗法和放松疗法等物理疗法，综合治疗方案会更有助于失眠障碍的恢复。

在失眠症的治疗方案中，认知行为治疗往往被作为优先选项，其在军事人员治疗中的运用也被证明是有效的。匹兹堡大学构建了交互式弹性增强睡眠策略（interactive resiliency enhances sleep strategies，iRESS）并以现役和退役军人为对象开展研究，使用的客户端平台是链接着临床医师网站的手机应用程序。在该应用程序上，研究对象记录基线卧床和觉醒时间，整理出睡眠-觉醒日记。iRESS 系统利用收集到的数据进行运算，并因人而异地提供睡眠和刺激调控方案，即睡眠行为调整的措施及理由相关建议，经临床医师的审核、修改和批准方可发送至研究对象的客户端。在研究对象执行系统方案后，iRESS 系统继续监测和评估其睡眠行为和质量，对应所做的调整再次提出建议，医师审批后发送。连续执行这样的循环直到研究对象的睡眠问题得到显著改善，最终结果显示 iRESS 的认知行为治疗对睡眠质量提高十分有效。当今社会在信息化智能化技术的不断创新下，认知行为治疗领域经常发生从管理模式到执行方式上的进步。目前我国已有企业开发移动交互式的认知行为治疗管理系统与客户端平台，首先会在普通失眠人群开展广泛测试，目标是使最终产品适用于工作环境相对独立、任务特殊、需求广泛的军人群体。

根据大量的研究数据，有人总结出"睡眠越多对人体越好"的规律，认为睡眠持续超过一天后，会有类似于"睡眠银行"机制储存过量的睡眠。实验中首先让被试延长正常睡眠的时间然后再缩短至睡眠不足，对比前期遵循正常睡眠节律的人，试图探究睡眠限制期间的认知能力能否通过预先延长睡眠提高，以及会否影响后续恢复性睡眠对警觉性的复原。结果发现睡眠限制前的增量睡眠缓解了睡眠限制期间人认知能力的下降，睡眠限制之后恢复性睡眠对人的恢复作用也更迅速。因此若军人在任务前开发自身"睡眠银行"，且若任务持续时间长在过程中尽可能进行预防性小睡，必要情况下使用助眠药物，很有可能改善军事行动造成的睡眠剥夺。

在军事卫勤中，对睡眠的研究（如建立模型预测睡眠障碍导致的认知作业能力下降）不仅仅是为了防治睡眠障碍，同时也是为了提升官兵的军事作业能力。美国国防部生物技术高性能计算软件应用研究所开发了一种睡眠-警觉性预测工具，可以计算推测官兵对睡眠障碍和咖啡因的敏感程度，还可以评估警觉性在失眠后的睡眠恢复过程中的损失比例，从而给出官兵在即将面临睡眠损失的前一周内大概应当贮备的睡眠量。利用这一模型，官兵的睡眠卫生实现了更精准的个性化保障。对个人来说，实际连续睡眠时长与个人状态最佳的睡眠时长差距可以被定义作睡眠债务，研究认为睡眠债务的发生特点是因人而异的，依赖于自身的最佳睡眠持续时长和稳态。正因如此，需要依据机体对睡眠的需求及内源性稳态对每个人的最佳睡眠时长分别进行评估，决不能以偏概全地给出普适性数据。睡眠反弹可以用于简单估算睡眠债务，理论上越高的睡眠债务对应着满足充足睡眠条件下幅度越大的睡眠时长反弹。以上结果表明，部队对官兵的睡眠健康管理应收集统计每个官兵的个体内源性睡眠特征和需要，这样才能充分合理评估官兵适宜进行的军事作业任务，优化军队的行动人员结构。

军事人员所承担的作业任务难度高、强度和压力大，在恶劣外部环境之中极易发生比常人更严重的睡眠障碍，失眠症是睡眠障碍中最重要的症状，高压地区军事人员的睡眠障碍防治是部队的卫勤工作重点。应该把军事人员的睡眠质量评估和保障列为常规保健项目，建立军事人员睡眠特征与需求档案和规范化评价体系，制定针对作业环境的军事人员睡眠问题解决方案指导手册，以保障军事人员的身心健康，实现其各方面作业能力的优化。

第四节　生物节律基因和睡眠与觉醒节律

生物节律（生物钟）表示着生物体内部发生周期性变化的过程，睡眠-觉醒就是生物节律的典型案例。生物各项生理生化活动精准的内在节律除了受到机体组织器官的细胞活动周期的调控，还依赖于外界环境（如光暗周期）的变化。太阳、月亮的运动规律直接影响地球上生物的节律性变化，如谷物随季节生长；候鸟随潮汐变化而迁徙（潮汐是月亮对海洋的引力引起的）；人的体温在一昼夜内出现节律性升降等。生物钟现象使人在一天的不同时刻工作效率不一。骤然改变正常的昼夜节律（如从地球的东部迁到西部居住）会使人的机体功能混乱，情绪烦躁，工作效率降低。

每个人在平时的生活中都会有时感到精力充沛有时却又感到倦怠萎靡。长期的科学研究发现，人的主观感觉主要受到三大因素支配，分别是体力、智力和情绪，这三个因素随时间存在转变的规律性。人的一生中三大因素的时间变化节律基本不会发生巨大改变，几乎不受到后天外界因素的影响，若发生紊乱则会产生健康问题。这种节律被称为生物节律，体力、智力和情绪被并称为生物三节律。

人类从出生到死亡机体始终遵循着各种各样的内源性节律，包括精力、体力、情绪、新陈代谢等。生物钟根据中枢和周围控制系统调节机体各组织器官的昼夜节律，其中一项很重要的节律就是睡眠-觉醒。目前已被人类证实与生物节律相关的基因有12个。由于生物钟的存在，人在一昼夜中会经历高潮期、低潮期以及中间的临界期，处于高潮期的人精力充沛、感官敏锐、情绪高昂，临界期出现各方面机能衰退，而到了低潮期则精力不济、感觉迟钝、情绪低落。

地球上几乎全部生物都具备生物节律，哺乳动物的细胞生物钟机制广泛分布于脑中枢神经和外周组织器官中，生物钟基因的表达负责调控进食、睡眠、代谢、激素分泌等生理生化行为的节律性。在技术经济飞速进步的当今社会，人类生活方式已发生巨大变化，尤其是年轻人的作息规律与长久进化形成的内在生物钟节律节奏并不相符，失眠或过度嗜睡等睡眠问题多发。睡眠障碍国际分类（第3版）（ICSD-3）中给出了昼夜节律睡眠-觉醒障碍（circadian rhythm sleepwake disorders，CRSWD）作为睡眠问题相关疾病的统称。下面将分析昼夜节律系统和睡眠之间的关系，追踪临床上对睡眠障碍产生机制的研究进展，帮助整合睡眠障碍的临床认识，并为后续医学防治手段的开发提供指导。

一、昼夜节律研究的发展

　　早在几个世纪前，科学家发现了植物和动物一些行为活动有昼夜节律性，他们在当时就认为这些节律和外界光-暗环境的变化周期有相关性，还一度判断节律被光照所控制。法国学者德梅朗在1729年注意到，就算将含羞草一直置于黑暗之中，它也仍然保持在自然环境的白天打开，夜间关闭。人们就此意识到，即便失去了外部环境的昼夜条件，生物体的行为活动依然保持其内在的昼夜节律。

　　20世纪70年代，学者在发现视交叉上核（SCN）后，指出它是生物钟系统的控制中枢；80年代三位美国科学家在果蝇细胞内分离出 *period* 基因，由其编码的 period 蛋白维持生物钟周期的稳定。后来研究者发现 *timeless* 基因编码的蛋白可与 period 蛋白发生结合，双分子蛋白进入细胞核后会降低 *period* 基因的表达，这在分子层面构建了生物节律周期的抑制性负反馈环路。后来又发现 *doubletime* 基因表达的蛋白有推迟 period 蛋白积累的作用，进一步阐释了生物节律的震荡周期约24小时的原因。过去多种因素导致了时间生物学和睡眠医学的进步一直没有产生联系，在睡眠医学的研究发展到一定程度后，科研人员开始注意到生物钟节律系统对睡眠的决定性作用。睡眠医学由基础理论研究逐步向临床应用发展，其中昼夜节律已占据了关键性地位。

　　实际上大多数人的昼夜节律比24小时略长，基因决定了这种现象，使人即便长时间处在黑暗环境中也保持不变。人类的工作生活各方面节律应当和外界环境约24小时的昼夜节律步调相同，但环境中特定因素可能产生推动昼夜节律提前或延迟的效果，人们将这些刺激性因素称为授时因子。各种授时因子被接收后转化成神经信号传输至振荡器，经分子振荡，生物钟信号由多条通路影响和控制着人体各项生理生化活动，例如睡眠-觉醒、激素分泌和自主神经活动。当前大量研究集中于解析 SCN 从人体内外环境中获取原始信号的方式，SCN 与外周生物钟系统在昼夜节律调控过程中的作用机制，以及生物钟系统对人体各方面健康状态及疾病发生的影响。

　　SCN 中枢生物钟系统是调控生物节律的核心，包含节律基因、基因表达的蛋白质及转录-翻译反馈调节环路。时钟基因 *BMAL1* 和 *CLOCK* 基因会耦合形成异源二聚体并与 *period1*、*period2*、*CRY1* 和 *CRY2* 上端的 E-box 结合，这就是节律调控输出由起点开始的反馈环，是 *period* 和 *CRY* 基因的转录动力。mperiod 和 mCRY 构成负反馈环路，二者表达后形成 period 和 CRY 蛋白，不仅 CRY 蛋白、period 和 CRY 蛋白形成的异源二聚体也能进入细胞核，对 *CLOCK* 和 *BMAL1* 产生抑制表达活性的作用，使 *period* 和 *CRY* 基因转录减少。后续又逐渐在人体内发现了 *Dec*、*Npas2*、*Fbxl*、*Csnk* 基因等约20种发挥关键调控作用的生物钟基因（图2-1）。

　　生物体几乎全部生理生化行为节律均由 SCN 调控，同时还依赖于个体的睡眠-觉醒状态。哺乳动物最典型的昼夜节律是周期性的睡眠-觉醒，另外普遍的生理生化节律还包括血压、代谢、激素分泌等。每天人的体温是变化浮动的，通常在下午最高，夜间熟睡时最低。人内在的睡眠节律决定了一天当中人会在特定时段相对更容易产生困

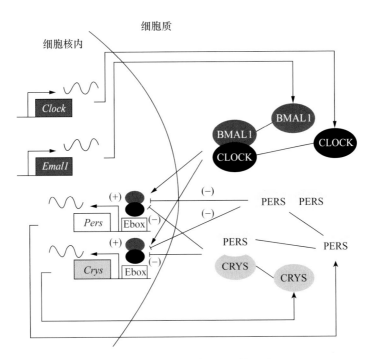

图 2-1　生物节律的分子调控环路

觉。即使是睡眠也存在自身节律，基本上分成五个阶段：阶段一过渡期通常为 1～7 分钟，人精神疲倦，意识逐渐模糊，体温降低，呼吸和心跳频率变慢，脑电波为低频、高振幅的 α 波；阶段二轻睡期为 10～25 分钟，此时的脑电 θ 波频率低于 α 波；阶段三和四是沉睡期，脑电图上的 δ 波频率低且振幅非常高；睡眠的尾声阶段被称为快速眼动睡眠，仪器监测到该阶段人的眼球会快速跳动，出现不规律的呼吸、心跳且难以唤醒（图 2-2）。

二、昼夜节律睡眠 - 觉醒障碍

CRSWD 是一类独特的睡眠障碍，它是由昼夜节律计时系统、其携带机理的改变或内源性昼夜节律与外部环境的失调引起。在这些疾病中，主要睡眠发作的时间比预期的早或晚，每天不规律和 / 或睡眠发生在错误的昼夜节律时间。病理生理学可能发生在视交叉上核（SCN，中央昼夜节律起搏器）或 SCN 本身的输入水平，导致幅度降低或节律失准。当个体处于时间线索有限或不规则的环境中时，症状可能会进一步恶化。除了昼夜节律系统异常，其他病因可能包括睡眠稳态机制和行为选择

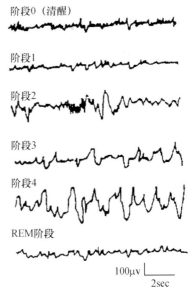

图 2-2　睡眠过程的脑电图

的改变，这反过来又与昼夜节律系统相互作用。虽然患病率数据不完整且不充分，但CRSWD可能影响至少80万甚至多达300万美国人，如果将轮班工作障碍和时差包括在内，那么还有数百万人受到影响。

自从20世纪70年代早期SCN被确定为哺乳动物的中央昼夜节律器以来，对昼夜节律计时系统的总体了解一直在迅速扩展。目前已经了解到，从眼睛中固有的光敏视网膜神经节细胞到SCN有一条直接的途径，将明暗信息从环境传递到时钟，单个SCN神经元在其电学中表现出昼夜节律。由于转录-翻译"分子钟"，身体的大多数细胞中也存在24小时节律。重要的是，人类昼夜节律系统在其组织中显示出与其他哺乳动物相似的特性。

人类昼夜节律系统会产生睡眠-觉醒倾向的每日节律，在这种内在节律和行为时间之间适当的时间安排对于巩固睡眠和觉醒至关重要。在正常情况下，睡眠开始于傍晚，通常在褪黑激素分泌开始后2-3小时。CRSWD阶段被广泛定义为由于睡眠-觉醒倾向的这种内在昼夜节律时间的不适当而导致不适当的睡眠时间。因此，在晚期睡眠-觉醒阶段障碍（advanced sleep-wake phase disorder，ASWPD）中，基本假设是昼夜节律系统的阶段早于所需的睡眠-觉醒时间，导致难以保持清醒直到所需的就寝时间和相应的清晨醒来。同样，在延迟睡眠-觉醒阶段障碍（delayed sleep-wake phase disorder，DSWPD）中，假设是昼夜节律系统的阶段晚于所需的睡眠-觉醒时间，导致难以入睡和在需要时醒来。然而，目前对ASWPD或DSWPD的诊断只需要"睡眠"的时间比预期的早或晚，建议但不要求评估潜在的"昼夜节律"。

虽然ASWPD和DSWPD的病理生理学假设是由于昼夜节律失调，但最近对ASWPD和DSWPD患者的阶段进行测量的研究发现，昼夜节律相位可能并不总会改变，睡眠时间或许会提前或延迟，而基本的昼夜节律没有相应变化。例如，基于内源性昼夜节律阶段，两组研究均发现DSWPD患者可以大致分为两种不同的亚型：睡眠延迟和内源性昼夜节律阶段延迟的患者，以及那些睡眠延迟但内源性昼夜节律阶段没有延迟的患者。这些最近的研究结果强调，必须有多种潜在机制驱动延迟睡眠表型。

很少有研究检查ASWPD或DSWPD的发病率和患病率。虽然ASWPD的自我报告范围高达7%，但使用国际睡眠障碍分类（ICSD）标准的患病率估计范围为0~0.21%。ASWPD的真实患病率可能被低估了，部分原因是早期睡眠时间的趋势对于传统的学术/工作时间表来说问题较小，并且因为ASWPD可能在经常退休的老年人中最常见，因此可能有更灵活的时间表。同样，DSWPD的患病率在经验文献中记录很少，估计范围从0.2%到16%，具体取决于所研究的标准和年龄组的不同操作化。与表型的寿命趋势一致，DSWPD发病通常发生在青春期和青年期，并且可能在成年后期缓解，因为据报道中年人的患病率较低。然而，由一个患者倡导团体进行的调查表明，在某些情况下，DSWPD可能会随着年龄的增长而恶化。

学界对ASWPD和DSWPD的病因仍然知之甚少。家族性ASWPD的遗传贡献已被证明，这表明涉及*period2*和*CSNK1D*的常染色体显性遗传。遗传对DSWPD的贡献的证据仍然仅限于*CRY1*突变的单一报告，尽管更广泛地说，与晚上性的明显遗传联系

（例如*period*基因）也可能与ASWPD和DSWPD有关。

有证据证实了DSWPD的病原学机制，包括昼夜节律延迟、长昼夜节律、早晨光敏感度降低或晚上光敏感度增加、特定的每日光照模式，以及睡眠-觉醒稳态动力学的改变。值得注意的是，这些病因并不相互排斥。

已开展的少数研究指出与ASWPD家族突变相关的昼夜节律变短、昼夜节律变长、相位延迟、睡眠-觉醒稳态反应改变以及光敏感性作为DSWPD的潜在机制。诊断标准目前不包括使用生物标志物直接评估昼夜节律。可能出现具有不同病因的ASWPD和DSWPD亚型，但目前尚未有研究明确定义其表征，阻碍了适当的治疗进展。昼夜节律幅度的作用尚不清楚，并且目前缺乏评估它的程序。此外，如前所述，目前尚缺乏通用操作化诊断过程和标准。患者登记或多地点研究可以加速制定更好的诊断标准。实用且具有成本效益的行为分析尚有待开发，以更好地定义ASWPD和DSWPD及其生物标志物。现有疗法（例如光疗法、时间疗法和褪黑激素）的疗效研究受到单一地点的小样本量和非多样化人群的限制。

三、非24小时睡眠-觉醒障碍

与从一晚到下一晚的睡眠时间相对稳定以及昼夜节律时间稳定的假设相反，夹带障碍的特征是从一夜到另一夜的睡眠时间不稳定。有两种主要的与夹带相关的昼夜节律睡眠障碍：非24小时睡眠-觉醒障碍（non-24-hour sleep-wake disorder，N24SWD）和不规则睡眠-觉醒节律障碍（irregular sleep-wake rhythm disorder，ISWRD）。

N24SWD的特点是无法进入24小时生物节律。通常，患者在昼夜节律中表现出进行性相位延迟，尽管根据患者内部昼夜节律起搏器的周期长度可能会出现进行性相位提前。失明的N24SWD患者试图保持稳定的睡眠-觉醒时间表，由于内部节律与外部24小时一天同步或不同步，白天睡眠和嗜睡可能与夜间失眠一起周期性发生。几乎一半没有光感的盲人患者可能患有N24SWD；由于缺乏通过视网膜下丘脑束到SCN中的昼夜节律起搏器的光输入，最终会发展为N24SWD。目前尚不清楚为什么在盲人中，有些人会发展为N24SWD，而另一些人尽管缺乏光感，但仍能保持夹带。原因可能是非光线索如外源性物质（酒精、咖啡因、处方药或非处方药），可变时间的社交和运动刺激以及可变时间的休息活动时间表引导那些具有接近24小时的内源性昼夜节律的盲人和在一些盲人中保留了昼夜光感受。

研究表明，N24SWD也可以在有视力的个体中发展，并且可能代表DSWPD的一种极端形式，DSPWD包括有视力个体的N24SWD的发病前症状。N24SWD几乎没有已知的遗传标记或触发因素。N24SWD的潜在病因包括较长的内在期、光敏感度的改变和/或体内平衡压力的增加速率的改变，所有这些都可能因结构性社交和身体活动的减少而加剧。此外，在经过有目的地延迟睡眠-觉醒节律作为DSWPD的治疗策略后，有通过时间疗法诱导的N24SWD的病例报告。

有病例报告创伤性脑损伤（traumatic brain injury，TBI）后继发N24SW，提醒我们注意TBI后的昼夜睡眠-觉醒功能障碍。如果不及时治疗，N24SWD与重度抑郁症的发展有关，这可能是正常日常活动受到严重破坏的结果。

对N24SWD失明和有视力患者的研究有可能提高我们对多个生理学领域的理解。患有N24SWD的视力正常的人提供了一个独特的机会来更好地了解其潜在机制。如果确定患有N24SWD的视力正常的人对定时人工强光的常见治疗或外源性褪黑激素给药没有适当的反应，则可以继续研究其他治疗方法。进一步研究N24SWD盲人的携带机制策略可能会提高对普通人群中人类昼夜节律对非光时间的夹带的理解。这些患者中，许多人主观报告其症状与外周振荡器失调相一致（如不同的睡眠、进食和精神警觉节律）。确认和研究该人群中疑似内部昼夜节律失调可以进一步了解昼夜节律失调的一般健康后果。这些观察结果还表明，与外围振荡器同步的策略可能是有益的。

目前N24SWD的诊断标准侧重于使用至少14天的每日睡眠日志和腕部活动图以及至少为期3个月的自我报告临床症状，包括无症状期之后的交替的失眠和嗜睡期，具体取决于当前与24小时光/暗循环的一致程度。值得注意的是，许多患有N24SWD的个体有时会表现出其他症状，如有时会出现N24模式，因此仅进行2周的睡眠日志或活动记录数据以试图充分捕捉N24模式具有挑战性。推荐可以作为替代的诊断工具主要包括使用一系列生物学标志物，如多个唾液DLMO或尿6-硫酸氧褪黑激素（褪黑激素的代谢物）测量，以确认N24模式并估计患者的内源性时期。昼夜节律的知识也可能有助于指导治疗的时机。目前的措施涉及大量的患者收集负担，并且这部分费用通常不由医疗保险支付，导致患者的自付费用很高。

基于几项小型研究的结果，对N24SWD盲人的治疗建议主要集中在使用定时褪黑激素（0.5～10 mg）或在睡前1小时服用褪黑激素激动剂他西美琼。对于患有N24SWD的视力正常的个体，治疗方案选择不明确主要是由于在该人群中缺乏大型随机对照治疗试验。对于N24SWD的视力正常的患者，光和褪黑激素的组合取得了不同程度的成功，尽管长期遵守这些治疗往往具有挑战性。因此，最新的AASM临床实践指南无法为这种视力正常N24SWD患者提供任何基于证据的治疗建议。

盲人中N24SWD的病理生理学尚不完全清楚。内在昼夜周期（与观察周期相比）是否在患有N24SWD的盲人或有视力的人中起作用尚不清楚，并且，视力正常个体中N24SWD的患病率尚不清楚；改变的睡眠-觉醒稳态是否在N24SWD中起作用尚不清楚；N24SWD在视力正常的个体中的病因、合并症和病理生理学知之甚少；TBI或其他神经或精神疾病是否以及如何促成N24SWD的潜在病理生理学仍然未知；目前缺乏针对有视力个体的N24SWD的有效治疗策略；非光授时因子的有效性如运动、食物摄入和社交互动对N24SWD失明或有视力患者的牵引效果尚不清楚；N24SWD患者的外部不同步（内在时钟和环境之间）和内部不同步（内在时钟和外在时钟之间）的程度尚不清楚；人们对间歇性或长期昼夜节律失调如何影响身心健康知之甚少。

四、不规则睡眠 - 觉醒节律障碍

不规则睡眠 - 觉醒节律障碍（Irregular sleep-wake rhythm disorder，ISWRD）的特点是缺乏24小时睡眠 - 觉醒模式。由于在所需的睡眠时间内难以入睡以及白天多次小睡，患有ISWRD的个体会出现失眠、白天嗜睡或两者兼有，同时对于该人的年龄而言，总睡眠量是正常的。尽管许多患者在夜间的睡眠时间会稍长，缺乏固定的节律会导致整个24小时的睡眠和觉醒模式几乎无法预测。ISWRD主要见于患有神经发育障碍、阿尔茨海默病等神经退行性疾病和精神分裂症等精神疾病的人。也有报告称ISWRD可发生于TBI和影响下丘脑的脑肿患者中。

ISWRD的潜在病理生理学被认为与SCN本身或其输出的输入功能障碍有关。一些神经退行性疾病（如阿尔茨海默病）会导致SCN中的神经元丢失，SCN细胞丢失的程度与休息活动节律幅度的降低相关。目前的证据还提示光信号受损是ISWRD病理生理学的一个因素。有视神经功能障碍或先天性失明的患者报告了ISWRD模式。来自SCN的输出信号也会受到影响，导致某些生理昼夜节律的节律性受损和对SCN的反馈受损。例如，可以改变核心体温调节，减少褪黑激素分泌以及降低大脑节律的同步性。

虽然ISWRD的患病率尚不清楚，但在老年人中更为常见，尤其是患有阿尔茨海默病的老年人。功能障碍的程度会随着时间的推移而进展，ISWRD的严重程度与认知障碍和痴呆的严重程度相关。研究表明，昼夜节律的改变也可能比认知障碍或痴呆的发展早几年。

目前ISWRD的诊断标准要求投诉（或由护理人员观察）无法维持一致的睡眠和觉醒时间，每24小时至少3次不规则间隔的睡眠发作，持续至少3个月。睡眠日记，最好是结合手腕活动图获得，需要至少7天的记录期来确认诊断。当这些睡眠 - 觉醒模式在发育上正常时，例如在幼儿或其他睡眠障碍的患者（例如嗜睡症中的午睡），这种疾病不会被诊断出来。

尽管ICSD-3要求症状不仅仅是继发于另一种疾病或由另一种疾病更好地解释，但在没有另一种疾病的情况下很少见到ISWRD。因此，在对这种疾病有更多了解之前，将其视为并发症可能是有用的。

ISWRD患者的治疗选择包括多种方法。一种干预措施是限制白天有意或无意的睡眠发作以维持睡眠稳态驱动的积累直到夜间。通过光疗增加日间光照可能会改善痴呆患者的问题行为，但似乎不会改善夜间睡眠。

最近的AASM临床实践指南不建议使用催眠药物和褪黑激素治疗老年痴呆症患者的ISWRD，但其建议使用褪黑激素治疗患有神经（发育）障碍的儿童ISWRD。它建议对患有痴呆症和ISWRD的老年人进行光疗和褪黑激素联合光疗治疗。不过，该指南没有提供关于修改夜间睡眠时间表或限制白天睡眠、锻炼或避免强光照射的建议。

ISWRD是昼夜节律睡眠 - 觉醒障碍中人类认识最少且特征最不充分的。目前尚不清楚ISWRD的发生是否是与其相关的神经、发育和精神疾病的结果。鉴于不规律的睡眠模式经常被认为是该类人群住院的原因，更好地了解这种疾病的性质和加强管理可能会对这些患者的健康和福祉产生重大影响。

五、未另行说明的昼夜节律紊乱

未另行说明的昼夜节律紊乱（circadian rhythm disorder not otherwise specified，CRD-NOS）患者必须满足 CRSWD 的所有一般诊断标准，但不满足任何其他特定 CRSWD 的标准，即必须存在睡眠和（或）觉醒障碍，主要由内源性昼夜节律功能障碍或昼夜节律失调导致的失眠和（或）嗜睡症状。诊断类别的目的是捕获由于某些其他"潜在的医学、神经系统和（或）精神疾病"而导致基于昼夜节律的睡眠 - 觉醒变化的患者。最常见的假设是潜在的疾病会导致昼夜节律功能障碍或失调。患者可能表现出晚期、延迟、不规则或非 24 小时睡眠 - 觉醒模式。如重度抑郁症（有或没有季节性成分）、双相情感障碍、阿尔茨海默病以及帕金森等。

CRD-NOS 的定义在缺乏任何商业测试或已建立的昼夜节律功能障碍或昼夜节律失调的临床定义（如没有就昼夜节律相位和睡眠时间之间关系的规范范围达成一致）的情况下有待商榷。换句话说，没有办法确定失眠或嗜睡的症状是否"主要是由于"昼夜节律病理学，或者昼夜节律紊乱是否是疾病病理学的一部分。尽管在所有 CRSWD 的诊断中都存在这样的困境，但在 CRD-NOS 的情况下尤其严重，因为其定义非常广泛。

鉴于围绕 CRD-NOS 诊断的不确定性，对该疾病几乎没有研究也就不足为奇。在这种情况下，这种疾病的存在本身是值得商榷的。如果能证明昼夜节律系统在各种精神和医疗状况中出现的睡眠和觉醒障碍中发挥作用，则这一诊断类别的案例将得到加强。

多条证据表明，昼夜节律功能障碍确实可能对包括癌症、心脏代谢、神经退行性和精神疾病在内的一系列疾病的发展、表现和治疗产生影响，包括疾病结果中的昼夜节律（如心肌梗塞和自杀），昼夜节律失调对疾病结果或疾病发展中重要参数（如葡萄糖调节）和情绪的不利影响，相关的病理学昼夜节律系统本身（如阿尔茨海默病中的 SCN 病理学）以及最近在某些疾病状态下昼夜节律参数的变化（如帕金森氏病的昼夜节律幅度降低）。多种疾病中昼夜节律功能障碍的证据表明，尽管诊断存在不确定性，如果对昼夜节律干预措施改善了这些疾病的治疗结果，那么 CRD-NOS 的诊断可能具有一定临床意义，但仍需进一步检验。

■ 第五节　空间环境对睡眠障碍的影响

一、种族（民族）对睡眠的影响

许多研究记录了人口中的睡眠差异，发现部分种族（少数民族），特别是在社会经济劣势的情况下，睡眠质量较差。该领域的大多数研究表明，总体而言，与非西班牙裔白色人种相比，黑色人种／非裔美国人的睡眠时间更短。一项具有全国代表性的研究发现，即使在调整了大量其他人口统计和社会经济协变量后，这种模式仍然很稳健，因此睡眠时间非常短（≤4小时）的比率是非西班牙裔白人的2.5倍，并且短（5～6小时）睡眠率大约是前者的两倍。亚洲人／其他人也发现了类似的模式，他们报告的睡眠时间很短，是非西班牙裔白人的4倍，睡眠时间短的频率大约是后者的两倍。在西班牙裔（拉丁裔）中，习惯性短睡眠的证据较少，尤其是在墨西哥裔美国人中。除了流行病学研究，一些实验室研究也研究了这个问题。例如，黑人（非洲裔）美国人已在实验室被证明睡得更少。此外，该组已被证明表现出较少的慢波睡眠，但通过增加第2阶段睡眠来弥补。其他研究在包括少数群体在内的其他样本中显示了类似的睡眠时间模式。

目前，在描述少数族裔睡眠障碍率方面所做的工作较少。先前的一项研究表明，基于活动记录，部分种族／少数民族表现出较低的睡眠效率。费城地区的一项研究发现，有关于睡眠质量的种族差异很大程度上取决于社会经济地位。一项具有全国代表性的研究发现，黑色人种（非洲裔）美国人报告入睡时间超过30分钟的可能性比非西班牙裔白人高60%，尽管他们（以及西班牙裔／拉丁裔）报告"难以入睡"的可能性较小。自我报告的"问题"与计算出的长睡眠潜伏期之间的这种差异表明，症状报告可能会根据所提出的问题而有所不同。总体而言，少数群体报告失眠症状、非恢复性睡眠和白天嗜睡的可能性较小，尽管非墨西哥裔西班牙裔（拉丁美洲人）更有可能出现打鼾等睡眠呼吸暂停症状。

多项研究已经探究了种族歧视作为影响睡眠的独特压力源的作用。一项针对密歇根州和威斯康星州居民的研究发现，种族歧视与睡眠障碍有关，高于种族、社会人口统计学甚至抑郁情绪的影响。睡眠障碍与暴露于种族主义有关的发现与其他研究发现一致，表明暴露于歧视与睡眠时间较短和睡眠困难更多有关，并且这些发现也可以在客观的睡眠评估中看到。有趣的是，黑人／非洲裔美国人和非西班牙裔白人之间慢波睡眠的多导睡眠图差异（即慢波睡眠减少）是由暴露于歧视介导的。很少有研究检查与文化适应有关的睡眠障碍。塞尔（Sell）等发现，更适应美国生活方式的墨西哥裔美国人更熟悉有关睡眠障碍的信息。此外，在一个具有全美代表性的样本中，若标准睡眠时间为7～8小时，在家中仅说西班牙语与睡眠时间短（5～6小时）和非常短（≤4小时）的可能性降低有关。在同一个样本中，出生在墨西哥（而非任何其他国家）与睡眠时间短和极短的可能性降低有关，但在调整其他人口和社会经济因素后，这些影响并不显著。

二、用睡眠换工作时间

尽管睡眠是影响整体健康的重要因素，但现代社会似乎在鼓励睡眠不足。其中许多激励措施涉及财务和就业。正因为如此，有证据表明，睡眠的最强社会决定因素之一是工作。工作与睡眠之间的关系对于安全敏感的职业尤为重要，这些职业不仅会导致睡眠不足，而且相关的疲劳也会危及公共安全。

巴斯那（Basner）及其同事分析了9年内美国劳工统计局数据并使用时间日记来确定工作以及24小时内的其他活动，发现工作时间，包括实际工作和其他相关活动（如通勤）是睡眠时间的主要决定因素。此外，上学和工作的较晚开始时间与更长的睡眠时间相关，因此，工作或培训开始时间每延迟一小时关系到睡眠时间约增加20 min。此外，与一次只从事一份工作的人相比，从事多项工作的人睡眠时间短的风险更大。尽管工作是睡眠持续时间的重要决定因素，但其他研究表明，受雇人士报告的自我报告睡眠障碍发生率最低；另一方面，失业与更多的睡眠问题有关。

三、职业环境中的睡眠剥夺和睡眠障碍

对睡眠障碍和睡眠剥夺在职业环境中的作用的认识越来越受到关注。罗斯金德（Rosekind）及其同事研究发现，典型的休息良好的工人每年因睡眠相关的生产力损失会导致雇主损失约1300美元（1美元＝7元人民币，下同），而对于失眠或睡眠不足的人，这一数字增加到约3000美元。此外，生产力的损失渗透到许多功能领域，包括时间管理、精神和人际关系需求、输出需求和体力工作需求。刘慧等研究表明不仅自我报告的睡眠质量差与工作表现下降有关，而且根据纵向预测，随着时间的推移，睡眠恶化的表现会进一步加剧。此外，睡眠困难与增加的医疗保健费用有关。"经常"或"总是"难以入睡的人与那些"从不"有睡眠问题的人相比，每人每年要多支付3600～5200美元的额外医疗保健费用，而且如果睡眠变得更糟，这些费用会随着时间的推移而增加。该数据集的其他分析还表明，作为工作场所健康计划的一部分，睡眠不足可能会激励员工做出健康的改变，但也可能会限制这些员工保持健康改变的能力。

对于医疗、执法、交通等安全敏感的职业，睡眠在安全中起着至关重要的作用。例如，商业司机的睡眠呼吸暂停发生率很高，并削弱了他们安全驾驶的能力。因此，增加睡眠呼吸暂停筛查和治疗的工作场所计划可能会给公司带来经济利益。类似的努力也可能在铁路工人中显示出有效性。除了跨越多个时区带来的挑战之外，航空公司的飞行员也面临着类似的挑战。为了解决这些问题，除了昼夜节律方法和定时午睡外，睡眠障碍筛查已显示出提高安全性的有效性。在执法人员和急救人员中，多项研究表明，睡眠障碍在警察和消防员中很常见。特别是睡眠呼吸暂停、失眠和轮班工作等问题是最常见的问题。在拉贾那纳姆（Rajaratnam）及其同事的一项具有里程碑意义的研究中，睡眠障碍风险最高的警察也更有可能面临与工作相关的问题，例如在会议上睡着和对公民使用不必要的暴力。研究表明，警察和消防员的睡眠障碍与维持工作绩效和安全的能力下降有关。

研究发现，对于护士来说，轮班工作和长时间工作已被证明与不良的健康结果和功能下降的指标有关，住院医师长时间工作和轮班工作已被证明会导致睡眠时间不足。此外，住院医师的工作时间较长与工作绩效下降的标志有关，尽管对实际工作绩效的影响更加不一致。在一项比较两组住院医师计划的具有里程碑意义的研究中，那些被

给予更多休息时间的人在工作绩效方面没有表现出可测量的变化。矛盾的是，获得更多睡眠时间的居民更担心因工作减少而导致工作质量下降，但他们对自己的生活质量和社会功能更满意。

四、睡眠、贫困和邻里因素

几项研究表明，贫困与睡眠时间较短和睡眠质量较差有关。然而，一旦考虑到收入的好处（通过统计上的共变教育、获得医疗保健等），与收入的关联通常不存在，并且可能会朝着相反的方向发展。例如，在对超过35万名美国成年人的数据进行分析时，在调整协变量之前，睡眠不足与贫困相关，但在调整后，发现了相反的关系。调整协变量后，收入与睡眠不足之间的正相关关系表明，金钱可能无法购买优质睡眠，但收入可能有助于健康睡眠。这种关系的一个方面表现为邻里关系的质量。几项研究调查了社区在个人睡眠质量中的作用，表明犯罪猖獗、缺乏社会凝聚力和肮脏的社区与较差的睡眠质量有关。此外，睡眠质量可能部分调节邻里质量与心理和身体之间的关系健康。邻里可能直接影响睡眠的一种方式是通过物理环境。大量文献表明，环境噪声和光线会对睡眠产生不利影响，而夜间活跃的社区可能会通过这些直接影响睡眠。

五、家庭和学校环境的影响

家庭、家庭和学校环境也可能在个人睡眠中发挥重要作用。例如，家庭规模与睡眠呈负相关，因此更拥挤的家庭更有可能导致睡眠不足。此外，如上所述，物理睡眠环境也可以发挥作用。光线、噪声和温度不利于睡眠的卧室可能会导致睡眠不足。虽然关于床和其他睡眠表面的数据相对稀缺，但不舒服的睡眠环境也可能会降低睡眠能力。

家庭和家庭环境对睡眠的另一个关键问题是婚姻关系。尽管大多数睡眠研究都是针对在实验室里独自睡觉的人进行的，但大多数成年人大多数晚上都不会独自睡觉。考虑到这一点，一些研究探讨了婚姻和关系质量在睡眠质量中的重要作用，以及这与健康的关系。例如，关系质量已被证明是睡眠健康的重要预测因素，尤其是在女性中，关系质量可能是睡眠质量和健康之间的重要调节因素。

六、卧室内外的科技

2011年，美国国家睡眠基金会对美国人在卧室使用技术进行了调查。格拉迪萨（Gradisar）等在一份关于这项调查结果的报告中指出，90%的美国人在睡前一小时使用某种电子设备。此外，超过2/3的青少年和年轻人在睡前一小时使用智能手机，相比之下，大约1/3的中年人和大约五分之一的老年人使用智能手机。此外，技术应用越吸引人，电子设备的使用与入睡困难和非恢复性睡眠越相关。这一发现得到了其他研究的支持，这些研究表明，不仅在睡前使用电子媒体很普遍，而且这些设备发出的光以及精神参与也会很普遍地干扰睡眠。越来越多的人意识到移动电子设备的使用对睡眠的影响是社会层面的变化（技术的使用）影响个人睡眠的一个关键案例。

七、全球化和"24/7"全天候社会

另一个影响睡眠的社会层面因素是全球化和"24/7"全天候社会的到来。过去，社会交往、商业活动和工作职责更多地取决于当地因素。然而现在全球化和"24/7"全天候运营的出现经常影响睡眠。全球化是个人和组织在全球范围内相互联系；结合实行轮班工作和24小时营业的社会，整个人类群体在24小时内的所有时间都保持清醒，跨时区接触个人比以往任何时候都更容易。正因如此，社交互动（如与朋友、家人甚至在线群组的互动）、商业活动（如电子商务和全天候按需提供的娱乐）、工作职责（如工作时间以外的电子邮件和在全球范围内开展的业务）都可能会影响睡眠。

八、公共安全和公共政策

如上所述，许多对安全敏感的职业（如交通运输、执法和医疗行业）都需要健康的睡眠才能获得最佳表现。问题在于，这些职业本身的需求往往让作业人员难以获得健康睡眠。因此，从事其中一种职业的人的睡眠可能会对公众中的其他人产生影响。例如，当一辆大型商用卡车发生碰撞时，可能会造成更大的损坏和致命伤害。出于这个原因，目前已经提出了几种针对睡眠和公共安全的政策方法。根据医学研究所的报告结果，研究生医学教育认证委员会已经对住院医师实施了工作时间限制。这些限制虽然有争议，但有望增加住院医师的睡眠。在交通运输行业，尽管尚未通过正式法规，美国国家公路运输和安全管理局提出的建议解决了对商业驾驶员进行睡眠障碍筛查和缓解疲劳的需求。美国联邦航空管理局最近还发布了解决飞行员睡眠问题的指南。目前仍未通过确保公共安全的法规，在这方面需要做更多工作。

公共安全的另一个领域是疲劳驾驶。即使在非商业司机中，驾驶过程中昏昏欲睡也是一项重要的公共安全问题。据报道，在6个月的时间里，约有5%的美国人口出现在驾驶过程中昏昏欲睡的情况。人群层面的数据分析表明，即使受访者认为他们完全休息好，睡眠时间短也是导致疲劳驾驶的独立风险因素。

与睡眠有关的另一个公共政策领域涉及上学时间。现有证据表明，大多数美国学校，尤其是高中，对大多数青少年来说开学过早。较早的开始时间不仅可以导致青少年（他们比成年人需要更多的睡眠）的睡眠时间更短，而且还没有考虑到青春期发生的自然昼夜节律延迟。有人提出推迟上学时间可以提高学业成绩、改善心理健康并改善学生的整体健康状况。

其他公共政策举措已经解决了社区的环境光和噪声问题。政策正在陆续被提出，包括限制街区路灯的亮度、增加夜间"安静时间"规定、引导飞机在夜间避开一些住

宅区、减少夜间交通和火车噪声等。这些方法通常是区域性的。

与睡眠相关的另一项公共政策影响是健康政策立法。例如，改善心理健康评价法将对干预可能影响30岁人群睡眠健康的最重要决定因素起到很大作用，并将促进以最充分支持的疗法治疗失眠症。此外，健康公平立法可能有助于解决人口睡眠方面的一些差异。

参 考 文 献

［1］ 毕殉, 刘庆春, 金峰. 枣环磷酸腺苷提取液高原应激条件下抗疲劳作用实验研究 [J]. 中国食品与营养, 2015, 21 (3): 81-84.

［2］ 曹军胜, 满长富, 梁爱堂. 驻高原某部官兵睡眠质量状况及相关因素分析 [J]. 西北国防医学杂志, 2018, 19 (10): 648-652.

［3］ 陈勇胜, 王生成. 高原低氧环境度睡眠和脑功能的影响 [J]. 空军医学杂志, 2012, 28 (3): 150-153.

［4］ 慈书平, 张希龙, 杨宇. 睡眠与睡眠疾病 [M]. 北京: 军事科学出版社, 2005, 177.

［5］ 段小晏, 曾述旭. 高原驻训对官兵心理健康的影响 [J]. 解放军预防医学杂志, 2002, 20 (2): 143-154.

［6］ 范亮亮, 甘景梨. 军事演习中官兵睡眠状况与应激性失眠交叉滞后分析 [J]. 实用医药杂志, 2017, 34 (12): 1120-1124.

［7］ 格日力. 高原医学 [M]. 北京: 北京大学出版社, 2015, 1-299.

［8］ 哈振德, 何晗痛, 张西洲. 富氧对高原移居者睡眠结构的影响 [J]. 中华内科杂志, 2004, 43 (5): 368-370.

［9］ 侯冬青, 王湘富, 杨辉红. 阻塞性睡眠呼吸暂停低通综合征的临床流行病学调查及相关因素分析 [J]. 医学临床研究, 2006, 233: 297-299.

［10］ 黄海涛. 高原反应的药物预防与治疗 [J]. 武警医学, 2017, 28 (12): 1282-1285.

［11］ 黄永涛, 覃军, 高旭滨. 唑吡坦改善高原睡眠的效果及其作用机制探讨 [J]. 中国临床研究, 2015, 28 (5): 624-627.

［12］ 蒋春华, 黄庆愿, 高钰琪. 预适应锻炼对急进高原新兵脑功能的保护作用 [J]. 解放军预防医学杂志, 2005, 23 (5): 323-326.

［13］ 李爱军. 驾驶员职业性多发病调查 [J]. 职业卫生与病伤, 1997, 12: 60-61.

［14］ 李彬, 阳盛洪, 徐昌永. 急进不同海拔高原氧疗效果评价 [J]. 西南国防医药, 2016, 26 (11): 1324-1327.

［15］ 李昌吉. 从预防医学角度研究汽车运输交通事故的危险因素及预防对策 [J]. 中华劳动卫生职业病杂志, 2002, 20: 66-67.

［16］ 李凤芝, 李昌吉, 詹承烈. 中华劳动卫生职业病杂志 [J]. 2004, 22 (2): 112-114.

［17］ 李强, 李鹏翔, 李海芹. 高原环境下侦察兵进驻海拔地区后睡眠质量对军事训练成绩的影响 [J]. 神经损伤与功能重建, 2013, 8 (6): 453-454.

［18］ 李砚锋, 詹皓, 唐桂香. 短效催眠药三唑仑、唑吡坦和佐匹克隆对人体认知能力的影响 [J]. 解放军预防医学杂志, 2004, 22 (1): 10-13.

［19］ 廉靖靖, 颜玲娣, 周培岚. 组胺H3受体参与低氧调控的研究进展 [J]. 中国药理学与毒理学杂志, 2016, 30 (4): 369-374.

［20］ 梁学军, 甘景梨, 段惠峰. 军事演习状态下应激性失眠与精神障碍易患性的相关研究 [J]. 实用医药杂志, 2017, 34 (9): 769-771.

［21］ 刘清源, 孙振学, 谭川江. 高原武警官兵睡眠质量及其影响因素分析 [J]. 武警医学, 2017, 28 (12): 1193-1195.

［22］ 刘诗翔, 摇玲, 李鹏翔. 西藏高原军人睡眠质量对心理健康和训练成绩的影响 [J]. 西南国防医学, 2011, 21 (8): 823-825.

［23］ 刘彦山, 贾敏, 药永红. 单次高压氧预防急性高原反应的疗效观察 [J]. 西南国防医药, 2012, 22 (1): 55-56.

［24］ 楼铁柱, 刘术. 美军官兵的睡眠问题及健康维护 [J]. 人民军医, 2016, 59 (5): 457-458.

［25］ 卢会珍, 余建芬, 于巧萍. 太极拳可改善癌症失眠患者睡眠 [J]. 中华护理杂志, 2002, 37 (10): 799.

［26］ 缪毅强, 陈金西, 刘锦高. 出租车驾驶员疲劳程度测试仪的设计、制作和研究 [J]. 中国医学物理学杂志, 2006, 23 (4): 289-291.

［27］ 上海市医学会呼吸病学分会睡眠呼吸疾病学组. 阻塞性睡眠呼吸暂停低通气综合征诊治指南 [J]. 中华结核和呼吸杂志, 2002, 25 (4): 195-198.

［28］ 史菊红, 丁玎, 史健平. 2037 名驻高原官兵认知功能降低情况及其危险因素分析 [J]. 第二军医大学学报, 2017, 38 (9): 1214-1217.

［29］ 宋健, 苗丹民, 李婧. 出租车驾驶员驾驶疲劳前后事件相关电位 P300 比较 [J]. 中国行为医学科学, 2006, 15 (11): 1023-1024.

［30］ 孙正良, 刘阳云, 冯秀荣. 阻塞性睡眠呼吸暂停低通气综合征对军训成绩的影响 [J]. 人民军医, 2004, 541 (12): 688-690.

［31］ 汪洪, 刘诗翔, 周小平. 高原军人睡眠质量对选择反应时间的影响 [J]. 中国健康心理学杂志, 2011, 19 (4): 419-420.

［32］ 汪永周, 许常平. 沙漠戈壁公路运输中驾驶员致疲劳因素 [J]. 青海医学杂志, 1997, 178 (27): 53-54.

［33］ 王宏宇. 北京公布驾驶员警觉度测试结果公布 [J]. 中国医药导报, 2003, 28 (6): 120-125.

［34］ 王忠, 朱囡囡, 陈文浩. 睡眠剥夺所致的警觉性受损及其可能机制 [J]. 实用医学杂志, 2018, 34 (13): 2177-2180.

［35］ 肖高辉, 黄席珍. 睡眠呼吸障碍与交通安全 [J]. 中国全科医学, 2002, 5 (3): 184.

［36］ 刑文荣, 王阳, 徐莉. 特勤疗养对高原官兵睡眠质量影响的研究 [J]. 中国疗养医学, 2016, 25 (6): 561-565.

［37］ 熊富先, 方翔, 童承敏. 不同兵种军人心理健康状况及睡眠质量关联性及影响因素 [J]. 中国健康心理杂志, 2018, 26 (10): 1578-1581.

［38］ 徐大军, 平海军, 徐锋. 汽车驾驶员心理卫生状况及影响因素的调查 [J]. 中国职业医学, 2002, 29 (4): 60-61.

［39］ 徐继民. 长途汽车驾驶员身体健康的影响因素 [J]. 职业与健康, 2006, 22 (19): 1547-1548.

［40］ 徐莉, 岳增文, 史润泽. 不同海拔区域对高原官兵睡眠质量影响的调查研究 [J]. 西南军医, 2016, 18 (1): 29-33.

［41］ 徐明, 储雪雁, 王浩. 部队军官睡眠质量情况调查研究 [J]. 保健医学杂志, 2017, 19 (1): 60-61.

［42］ 杨永勤. 浅谈高原睡眠障碍综合征防治 [J]. 西南军医, 2006, 8 (1): 69-70.

［43］ 杨玉兴, 李晓云, 魏品康. 消炎解郁对急进西部高原军人睡眠质量的影响 [J]. 解放军医杂志, 2016, 41 (10): 869-872.

［44］ 臧斌, 肖华军, 王桂友. 分子筛制氧机对拉萨地区房间弥散式供养效果检测 [J]. 医疗卫生装备, 2014, 35 (5): 60-65.

［45］ 詹皓, 韩学平, 葛朝丽. 莫达非尼对睡眠剥夺汽车兵汽车驾驶能力和疲劳感的影响 [J]. 中华航空航天医学杂志, 2005, 16 (3): 171-174.

［46］ 詹皓, 葛华, 付威威. 精神运动警觉性任务在航空航天及相关作业疲劳评估与卫生防护措施评价中的作用 [J]. 中华航空航天医学杂志, 2016, 27 (2): 155-160.

［47］ 张昆龙, 徐莉, 史润泽. 康复疗养对高原官兵睡眠质量影响的研究 [J]. 中国疗养医学, 2014, 23 (5): 385-388.

［48］ 张娜, 陈学伟, 安改红. 不同海拔驻地官兵进驻高海拔地区后睡眠质量及认知功能的比较 [J]. 解放军预防医学杂志, 2014, 32 (5): 406-408.

［49］ 张娜, 陈学伟, 安改红. 不同海拔驻地官兵进驻高海拔地区后睡眠质量及认知功能的比较 [J]. 解放军预防医学杂志, 2014, 30 (5): 406-408.

［50］ 张西洲, 王引虎. 高原肺水肿 [M]. 乌鲁木齐: 新疆人民卫生出版社, 2007.

［51］ 张熙, 詹皓. 军事睡眠医学 [M]. 北京: 科学出版社, 2019.

［52］ 张娴, 刘莉, 陆晓刚. 红景天与曲美嗪联用对进入高原人员睡眠障碍及平均动脉压的影响 [J]. 中华灾害救援医学, 2016, 4 (8): 425-428.

［53］ 赵立山, 张朝刚. 驾驶疲劳 [J]. 公路与汽运, 2002, 2: 16-17.

［54］ 郑培, 宋正河, 周一鸣. 机动车驾驶员驾驶疲劳测评方法的研究状况及发展趋势 [J]. 中国农业大学学报, 2001, 6 (6): 101-105.

［55］ 周翠玲, 谢惠君, 王利群. 帕罗西汀治疗老年人慢性原发性失眠症的临床疗效观察 [J]. 中华老年医学杂志, 2002, 21 (3): 185-187.

［56］ 周东海. 14124 例机车驾驶员健康状况初步调查 [J]. 职业卫生与病伤, 2003, 18 (4): 269-270.

［57］ Abbott SM, Choi J, Wilson J, Zee PC. Melanopsin-dependent phototransduction is impaired indelayed sleep-wake phase disorder and sighted non-24-hour sleep-wake rhythm disorder [J]. *Sleep*, 2021, 44 (2): 142-145.

［58］ Abbott SM, Zee PC. Irregular Sleep-Wake Rhythm Disorder [J]. *Sleep Med Clin*, 2015, 10 (4): 517-522.

［59］ Adenekan B, Pandey A, Jean-Louis G: Sleep in America: role of racial/ethnic differences [J]. *Sleep Med Rev*, 2013, 17 (4): 255-262.

［60］ Adlanmerini M, Carpenter BJ, Remsberg JR, et al. Circadian lipid synthesis in brown fat maintains murine body temperature during chronic cold [J]. *Proc Natl Acad Sci U S A*, 2019, 116 (37): 18691-18699.

［61］ Administration FA. Fact sheet–sleep apnea in aviation [M]. *Washington, DC: FAA*, 2015.

［62］ Afonso P, Brissos S, Figueira ML, Paiva T. Schizophrenia patients with predominantly positive symptoms have more disturbed sleep-wake cycles measured by actigraphy [J]. *Psychiatry Res*, 2011, 189 (1): 62-66.

［63］ Amin MM, Graber M, Ahmad K, Gold AR. The effects of a mid-day nap on the neurocognitive performance of first-year medical residents: a controlled interventional pilot study [J]. *Acad Med*, 2012, 87 (10): 1428-1433.

［64］ Ancoli-Israel S, Martin JL, Kripke DF, Marler M. Effect of light treatment on sleep and circadian rhythms in demented nursing home patients [J]. *J Am Geriatr Soc*, 2002, 50 (2): 282-289.

[65]　Ando K, Kripke DF, Ancoli-Israel S. Delayed and advanced sleep phase symptoms [J]. *Isr J Psychiatry Relat Sci*, 2002, 39 (1): 11-18.

[66]　Arendt J. Biological rhythms during residence in polar regions [J]. *Chronobiol Int*, 2012, 29 (4): 379-394.

[67]　Auger RR, Burgess HJ, Emens JS, Deriy LV. Clinical Practice Guideline for the Treatment of Intrinsic Circadian Rhythm Sleep-Wake Disorders: Advanced Sleep-Wake Phase Disorder (ASWPD), Delayed Sleep-Wake Phase Disorder (DSWPD), Non-24-Hour Sleep-Wake Rhythm Disorder (N24SWD), and Irregular Sleep-Wake Rhythm Disorder (ISWRD). An Update for 2015: An American Academy of Sleep Medicine Clinical Practice Guideline [J]. *J Clin Sleep Med*, 2015, 11 (10): 1199-1236.

[68]　Ayalon L, Borodkin K, Dishon L, Kanety H. Circadian rhythm sleep disorders following mild traumatic brain injury [J]. *Neurology*, 2007, 68 (14): 1136-1140.

[69]　Bain AR, Drvis I, Dujic Z, MacLeod DB. Physiology of static breath holding in elite apneists [J]. *Exp Physiol*, 2018, 103 (5): 635-651.

[70]　Basner M, Spaeth AM, Dinges DF. Sociodemographic characteristics and waking activities and their role in the timing and duration of sleep [J]. *Sleep*, 2014, 37 (12): 1889-1906.

[71]　Beaumont M, Batejat D, Pierard C. Zaleplon and zolpidem objectively alleviate sleep disturbances in mountaineers at a 3, 613 meter altitude [J]. *Sleep*, 2007, 30 (11): 1527-1533.

[72]　Bedrosian TA, Fonken LK, Nelson RJ. Endocrine Effects of Circadian Disruption [J]. *Annu Rev Physiol*, 2016, 78: 109-131.

[73]　Beidleman BA, Muza SR, Fulco CS. Seven intermittent exposures to altitude improves exercise performance at 4300 m [J]. *Med Sci Sports Exerc*, 2008, 40 (1): 141-148.

[74]　Bian SZ, Zhang L, Jin J, *et al*. The onset of sleep disturbances and their associations with anxiety after acute high-altitude exposure at 3700 m [J]. *Transl Psychiatry*, 2019, 9 (1): 175.

[75]　Bilimoria KY, Chung JW, Hedges LV, *et al*. National Cluster-Randomized Trial of Duty-Hour Flexibility in Surgical Training [J]. *N Engl J Med*, 2016, 374 (8): 713-727.

[76]　Bliwise DL. Sleep disorders in Alzheimer's disease and other dementias [J]. *Clin Cornerstone*, 2004, 6 Suppl 1A: S16-28.

[77]　Bloch KE, Latshang TD, Ulrich S. Patients with Obstructive Sleep Apnea at Altitude [J]. *High Alt Med Biol*, 2015, 16 (2): 110-116.

[78]　Boivin DB, Boudreau P. Impacts of shift work on sleep and circadian rhythms [J]. *Pathol Biol (Paris)*, 2014, 62 (5): 292-301.

[79]　Boivin DB, James FO, Santo JB. Non-24-hour sleep-wake syndrome following a car accident [J]. *Neurology*, 2003, 60 (11): 1841-1843.

[80]　Borman KR, Biester TW, Jones AT, Shea JA. Sleep, supervision, education, and service: views of junior and senior residents [J]. *J Surg Educ*, 2011, 68 (6): 495-501.

[81]　Burki T. Nobel Prize awarded for discoveries in circadian rhythm [J]. *Lancet*, 2017, 390 (10104): e25.

[82]　Buxton OM, Ellenbogen JM, McKinney SM, Solet JM. Sleep disruption due to hospital noises: a prospective evaluation [J]. *Ann Intern Med*, 2012, 157 (3): 170-179.

[83]　C U, DM W, MME J. Institute of Medicine committee on optimizing graduate medical trainee (resident)

hours and work schedules to improve patient safety Resident duty hours: enhancing sleep, supervision, and safety [M]. *Washington, DC: National Academies Press*, 2009.

［84］ Caldwell JA, Gilreath SR. A survey of aircrew fatigue in a sample of U. S. Army aviation personnel [J]. *Aviat Space Environ Med*, 2002, 73 (5): 472-480.

［85］ Capaldi VF, Balkin TJ, Mysliwiec V. Optimizing Sleep in the Military: Challenges and Opportunities [J]. *Chest*, 2019, 155 (1): 215-226.

［86］ Centers for Disease C, Prevention. Unhealthy sleep-related behaviors--12 States, 2009 [J]. *MMWR Morb Mortal Wkly Rep*, 2011, 60 (8): 233-238.

［87］ Cermakian N, Lamont EW, Boudreau P, Boivin DB. Circadian clock gene expression in brain regions of Alzheimer's disease patients and control subjects [J]. *J Biol Rhythms*, 2011, 26 (2): 160-170.

［88］ Chang AM, Aeschbach D, Duffy JF, Czeisler CA. Evening use of light-emitting eReaders negatively affects sleep, circadian timing, and next-morning alertness [J]. *Proc Natl Acad Sci U S A*, 2015, 112 (4): 1232-1237.

［89］ Chen N, Wu Q, Li H, et al. Different adaptations of Chinese winter-over expeditioners during prolonged Antarctic and sub-Antarctic residence [J]. *Int J Biometeorol*, 2016, 60 (5): 737-747.

［90］ Chen N, Wu Q, Xiong Y, et al. Circadian Rhythm and Sleep During Prolonged Antarctic Residence at Chinese Zhongshan Station [J]. *Wilderness Environ Med*, 2016, 27 (4): 458-467.

［91］ Cho H, Ryu S, Noh J, Lee J. The Effectiveness of Daily Mindful Breathing Practices on Test Anxiety of Students [J]. *PLoS One*, 2016, 11 (10): e0164822.

［92］ Choudhry H, Harris AL. Advances in Hypoxia-Inducible Factor Biology [J]. *Cell Metab*, 2018, 27 (2): 281-298.

［93］ Corbett RW, Middleton B, Arendt J. An hour of bright white light in the early morning improves performance and advances sleep and circadian phase during the Antarctic winter [J]. *Neurosci Lett*, 2012, 525 (2): 146-151.

［94］ Costa G. Shift work and health: current problems and preventive actions [J]. *Saf Health Work*, 2010, 1 (2): 112-123.

［95］ CS J, W J, B W. Why do people have drowsy driving crashes [J]. *AAA foundation for traffic safety*, 1999. 21 (3): 125-128.

［96］ CS J, W J, B W. Why do people hace drowsy driving crashes [J]. *Foundation for Traffic Safety*, 1999, 12: 120-125.

［97］ Curtis BJ, Ashbrook LH, Young T, Finn LA. Extreme morning chronotypes are often familial and not exceedingly rare: the estimated prevalence of advanced sleep phase, familial advanced sleep phase, and advanced sleep-wake phase disorder in a sleep clinic population [J]. *Sleep*, 2019, 42 (10).

［98］ Dahlitz M, Alvarez B, Vignau J, English J, Arendt J, Parkes JD. Delayed sleep phase syndrome response to melatonin [J]. *Lancet*, 1991, 337 (8750): 1121-1124.

［99］ Dijk DJ, Czeisler CA. Contribution of the circadian pacemaker and the sleep homeostat to sleep propensity, sleep structure, electroencephalographic slow waves, and sleep spindle activity in humans [J]. *J Neurosci*, 1995, 15 (5 Pt 1): 3526-3538.

［100］ Dowling GA, Burr RL, Van Someren EJ, Cooper BA. Melatonin and bright-light treatment for rest-activity disruption in institutionalized patients with Alzheimer's disease [J]. *J Am Geriatr Soc*, 2008,

56 (2): 239-246.

[101]　Eldevik MF, Flo E, Moen BE. Insomnia, excessive sleepiness, excessive fatigue, anxiety, depression and shift work disorder in nurses having less than 11 hours in-between shifts [J]. *PLoS One*, 2013, 8 (8): e70882.

[102]　Emens J, Lewy A, Kinzie JM, Arntz D, Rough J. Circadian misalignment in major depressive disorder [J]. *Psychiatry Res*, 2009, 168 (3): 259-261.

[103]　Erickson EA, Stahlman S, McNellis MG. Insomnia and motor vehicle accident-related injuries, active component, U. S [J]. Armed Forces, 2007-2016. *MSMR*, 2017, 24 (12): 2-11.

[104]　Falloon K, Arroll B, Elley CR. The assessment and management of insomnia in primary care [J]. *BMJ*, 2011, 342: d2899.

[105]　Farkas RH, Unger EF, Temple R. Zolpidem and driving impairment--identifying persons at risk [J]. *N Engl J Med*, 2013, 369 (8): 689-691.

[106]　Fekedulegn D, Burchfiel CM, Violanti JM. Shiftwork and sickness absence among police officers: the BCOPS study [J]. *Chronobiol Int*, 2013, 30 (7): 930-941.

[107]　Feyer AM, Williamson A, Friswell R. Balancing work and rest to combat driver fatigue: an investigation of two-up driving in Australia [J]. *Accid Anal Prev*, 1997, 29 (4): 541-553.

[108]　Figueiro MG. Delayed sleep phase disorder: clinical perspective with a focus on light therapy [J]. *Nat Sci Sleep*, 2016, 8: 91-106.

[109]　Flaherty G, O'Connor R, Johnston N. Altitude training for elite endurance athletes: A review for the travel medicine practitioner [J]. *Travel Med Infect Dis*, 2016, 14 (3): 200-211.

[110]　Flynn-Evans EE, Tabandeh H, Skene DJ, Lockley SW. Circadian Rhythm Disorders and Melatonin Production in 127 Blind Women with and without Light Perception [J]. *J Biol Rhythms*, 2014, 29 (3): 215-224.

[111]　Folgueira A, Simonelli G, Plano S, et al. Sleep, napping and alertness during an overwintering mission at Belgrano II Argentine Antarctic station [J]. *Sci Rep*, 2019, 9 (1): 10875.

[112]　Fonken LK, Kitsmiller E, Smale L, Nelson RJ. Dim nighttime light impairs cognition and provokes depressive-like responses in a diurnal rodent [J]. *J Biol Rhythms*, 2012, 27 (4): 319-327.

[113]　Friborg O, Rosenvinge JH, Wynn R, et al. Sleep timing, chronotype, mood, and behavior at an Arctic latitude (69 degrees N) [J]. *Sleep Med*, 2014, 15 (7): 798-807.

[114]　Fulco CS, Muza SR, Beidleman BA. Effect of repeated normobaric hypoxia exposures during sleep on acute mountain sickness, exercise performance, and sleep during exposure to terrestrial altitude [J]. *Am J Physiol Regul Integr Comp Physiol*, 2011, 300 (2): R428-436.

[115]　Gander PH, Signal TL, van den Berg MJ. In-flight sleep, pilot fatigue and Psychomotor Vigilance Task performance on ultra-long range versus long range flights [J], *J Sleep Res*, 2013, 22 (6): 697-706.

[116]　Gapstur R, Gross CR, Ness K. Factors associated with sleep-wake disturbances in child and adult survivors of pediatric brain tumors: a review [J]. *Oncol Nurs Forum*, 2009, 36 (6): 723-731.

[117]　Garbazza C, Bromundt V, Eckert A. Non-24-Hour Sleep-Wake Disorder Revisited - A Case Study [J]. *Front Neurol*, 2016, 7: 17-19.

[118]　Gerhards LJ, van Arnhem AC, Holman ND, Nossent GD. [Fatal anaphylactic reaction after oral

acetazolamide (diamox) for glaucoma] [J]. *Ned Tijdschr Geneeskd*, 2000, 144 (25): 1228-1230.

[119] Gomez-Gonzalez B, Dominguez-Salazar E, Hurtado-Alvarado G. Role of sleep in the regulation of the immune system and the pituitary hormones [J]. *Ann N Y Acad Sci*, 2012, 1261: 97-106.

[120] Gradisar M, Wolfson AR, Harvey AG, Hale L. The sleep and technology use of Americans: findings from the National Sleep Foundation's 2011 Sleep in America poll [J]. *J Clin Sleep Med*, 2013, 9 (12): 1291-1299.

[121] Grandner MA, Patel NP, Gehrman PR, Xie D, et al. Who gets the best sleep? Ethnic and socioeconomic factors related to sleep complaints [J]. *Sleep Med*, 2010, 11 (5): 470-478.

[122] Grandner MA, Martin JL, Patel NP. *et al*. Age and sleep disturbances among American men and women: data from the U. S. Behavioral Risk Factor Surveillance System [J]. *Sleep*, 2012, 35 (3): 395-406.

[123] Grandner MA, Jackson NJ, Izci-Balserak B, et al. Social and Behavioral Determinants of Perceived Insufficient Sleep [J]. *Front Neurol*, 2015, 6: 112-115.

[124] Grandner MA, Petrov ME, Rattanaumpawan P, et al. Sleep symptoms, race/ethnicity, and socioeconomic position [J]. *J Clin Sleep Med*, 2013, 9 (9): 897-905.

[125] Grandner MA, Williams NJ, Knutson KL. Sleep disparity, race/ethnicity, and socioeconomic position [J]. *Sleep Med*, 2016, 18: 7-18.

[126] Grandner MA, Patel NP, Jean-Louis G. Sleep-related behaviors and beliefs associated with race/ethnicity in women [J]. *J Natl Med Assoc*, 2013, 105 (1): 4-15.

[127] Grandner MA, Pack AI. Sleep disorders, public health, and public safety [J]. *JAMA*, 2011, 306 (23): 2616-2617.

[128] Gupta R, Ulfberg J, Allen RP, Goel D. Comparison of Subjective Sleep Quality of Long-Term Residents at Low and High Altitudes: SARAHA Study [J]. *J Clin Sleep Med*, 2018, 14 (1): 15-21.

[129] Gurubhagavatula I, Nkwuo JE, Maislin G, Pack AI. Estimated cost of crashes in commercial drivers supports screening and treatment of obstructive sleep apnea [J]. *Accid Anal Prev*, 2008, 40 (1): 104-115.

[130] H. GC, J. BA, Capaldi VF. Sleep in the United States Military [J]. *Neuropsychopharmacology*, 2020, 45 (1): 176-191.

[131] Hale L, Hill TD, Friedman E, Peppard PE. Perceived neighborhood quality, sleep quality, and health status: evidence from the Survey of the Health of Wisconsin [J]. *Soc Sci Med*, 2013, 79: 16-22.

[132] Hale L, Hill TD, Burdette AM. Does sleep quality mediate the association between neighborhood disorder and self-rated physical health? [J]. *Prev Med*, 2010, 51 (3-4): 275-278.

[133] Hanecke K, Tiedemann S, Nachreiner F, Grzech-Sukalo H. Accident risk as a function of hour at work and time of day as determined from accident data and exposure models for the German working population [J]. *Scand J Work Environ Health*, 1998, 24 Suppl 3: 43-48.

[134] Hayakawa T, Uchiyama M, Kamei Y, Shibui K. Clinical analyses of sighted patients with non-24-hour sleep-wake syndrome: a study of 57 consecutively diagnosed cases [J]. *Sleep*, 2005, 28 (8): 945-952.

[135] Heikkila E, Hatonen TH, Telakivi T, Santavuori P. Circadian rhythm studies in neuronal ceroidlipofuscinosis (NCL) [J]. *Am J Med Genet*, 1995, 57 (2): 229-234.

［136］ Heinrich EC, Djokic MA, Gilbertson D, *et al*. Cognitive function and mood at high altitude following acclimatization and use of supplemental oxygen and adaptive servoventilation sleep treatments [J]. *PLoS One*, 2019, 14 (6): e0217089.

［137］ Hill TD, Burdette AM, Hale L. Neighborhood disorder, sleep quality, and psychological distress: testing a model of structural amplification [J]. *Health Place*, 2009, 15 (4): 1006-1013.

［138］ Hughes JM, Ulmer CS, Gierisch JM. Insomnia in United States military veterans: An integrated theoretical model [J]. *Clin Psychol Rev*, 2018, 59: 118-125.

［139］ Hui SK, Grandner MA. Trouble Sleeping Associated With Lower Work Performance and Greater Health Care Costs: Longitudinal Data From Kansas State Employee Wellness Program [J]. *J Occup Environ Med*, 2015, 57 (10): 1031-1038.

［140］ Hui SK, Grandner MA. Associations between Poor Sleep Quality and Stages of Change of Multiple Health Behaviors among Participants of Employee Wellness Program [J]. *Prev Med Rep*, 2015, 2: 292-299.

［141］ Issa AN, Herman NM, Wentz RJ. Association of Cognitive Performance with Time at Altitude, Sleep Quality, and Acute Mountain Sickness Symptoms [J]. *Wilderness Environ Med*, 2016, 27 (3): 371-378.

［142］ Jafarian S, Gorouhi F, Taghva A, Lotfi J. High-altitude sleep disturbance: results of the Groningen Sleep Quality Questionnaire survey [J]. *Sleep Med*, 2008, 9 (4): 446-449.

［143］ Jenni OG, van Reen E, Carskadon MA. Regional differences of the sleep electroencephalogram in adolescents [J]. *J Sleep Res*, 2005, 14 (2): 141-147.

［144］ Jurado-Fasoli L, De-la OA, Molina-Hidalgo C. Exercise training improves sleep quality: A randomized controlled trial [J]. *Eur J Clin Invest*, 2020, 50 (3): 320-329.

［145］ K O, MA G, BM R. Electronic media use within 2 hours of bedtime predicts sleep variables in college students [J]. *Sleep*, 2012, 35 (A37).

［146］ Kavcic P, Rojc B, Dolenc-Groselj L, et al. The impact of sleep deprivation and nighttime light exposure on clock gene expression in humans [J]. *Croat Med J*, 2011, 52 (5): 594-603.

［147］ Kayser B, Dumont L, Lysakowski C. Reappraisal of acetazolamide for the prevention of acute mountain sickness: a systematic review and meta-analysis [J]. *High Alt Med Biol*, 2012, 13 (2): 82-92.

［148］ Kervezee L, Cuesta M, Cermakian N, Boivin DB. Simulated night shift work induces circadian misalignment of the human peripheral blood mononuclear cell transcriptome [J]. *Proc Natl Acad Sci U S A*, 2018, 115 (21): 5540-5545.

［149］ Kitamura S, Katayose Y, Nakazaki K, *et al*. Estimating individual optimal sleep duration and potential sleep debt [J]. *Sci Rep*, 2016, 6: 358-362.

［150］ Klein T, Martens H, Dijk DJ, Kronauer RE. Circadian sleep regulation in the absence of light perception: chronic non-24-hour circadian rhythm sleep disorder in a blind man with a regular 24-hour sleep-wake schedule [J]. *Sleep*, 1993, 16 (4): 333-343.

［151］ Klerman EB, Rimmer DW, Dijk DJ, Kronauer RE. Nonphotic entrainment of the human circadian pacemaker [J]. *Am J Physiol*, 1998, 274 (4 Pt 2): R991-996.

［152］ Klerman EB, Shanahan TL, Brotman DJ, Rimmer DW. Photic resetting of the human circadian pacemaker in the absence of conscious vision [J]. *J Biol Rhythms*, 2002, 17 (6): 548-555.

[153] Kong F, Liu G, Xu J. Pharmacological agents for improving sleep quality at high altitude: a systematic review and meta-analysis of randomized controlled trials [J]. *Sleep Med*, 2018, 51: 105-114.

[154] Lam B, Lauder IJ, Tsang KW. A community study of sleep-disordered breathing in middle-aged Chinese men in Hong Kong [J]. *Chest*, 2001, 119 (1): 62-69.

[155] Lane JM, Vlasac I, Anderson SG, *et al*. Genome-wide association analysis identifies novel loci for chronotype in 100, 420 individuals from the UK Biobank [J]. *Nat Commun*, 2016, 7: 108-189.

[156] Latshang TD, Kaufmann B, Nussbaumer-Ochsner Y. Patients with Obstructive Sleep Apnea Have Cardiac Repolarization Disturbances when Travelling to Altitude: Randomized, Placebo-Controlled Trial of Acetazolamide [J]. *Sleep*, 2016, 39 (9): 1631-1637.

[157] Lemos Vde A, dos Santos RV, Lira FS. Can high altitude influence cytokines and sleep? [J] *Mediators Inflamm*, 2013, 2013: 279-365.

[158] Lim AS, Yu L, Costa MD, Leurgans SE. Increased fragmentation of rest-activity patterns is associated with a characteristic pattern of cognitive impairment in older individuals [J]. *Sleep*, 2012, 35 (5): 633-640.

[159] Lockley SW, Dressman MA, Licamele L. Tasimelteon for non-24-hour sleep-wake disorder in totally blind people (SET and RESET): two multicentre, randomised, double-masked, placebocontrolled phase 3 trials [J]. *Lancet*, 2015, 386 (10005): 1754-1764.

[160] Lombardi DA, Folkard S, Willetts JL, Smith GS. Daily sleep, weekly working hours, and risk of work-related injury: US National Health Interview Survey [J]. *Chronobiol Int*, 2010, 27 (5): 1013-1030.

[161] Lufi D, Tzischinsky O, Hadar S. Delaying school starting time by one hour: some effects on attention levels in adolescents [J]. *J Clin Sleep Med*, 2011, 7 (2): 137-143.

[162] Luks AM, Auerbach PS, Freer L, et al. Wilderness Medical Society Clinical Practice Guidelines for the Prevention and Treatment of Acute Altitude Illness: 2019 Update [J]. *Wilderness Environ Med*, 2019, 30 (4S): S3-S18.

[163] Luks AM. Which medications are safe and effective for improving sleep at high altitude? [J]. *High Alt Med Biol*, 2008, 9 (3): 195-198.

[164] Lundby C, Calbet JA, van Hall G, Saltin B. Pulmonary gas exchange at maximal exercise in Danish lowlanders during 8 wk of acclimatization to 4, 100 m and in high-altitude Aymara natives [J]. *Am J Physiol Regul Integr Comp Physiol*, 2004, 287 (5): R1202-1208.

[165] MA G. Sleep disparities in the American population: prevalence, potential causes, relationships to cardiometabolic health disparities, and future drections for research and policy In: Kelly R, editor. Health disparities in America [M]. *Washington, DC: US Congress*, 2015, 126-132.

[166] Maia Q, Grandner MA, Findley J, Gurubhagavatula I. Short and long sleep duration and risk of drowsy driving and the role of subjective sleep insufficiency [J]. *Accid Anal Prev*, 2013, 59: 618-622.

[167] Malhotra RK. Neurodegenerative Disorders and Sleep [J]. *Sleep Med Clin*, 2018, 13 (1): 63-70.

[168] Malkani RG, Abbott SM, Reid KJ, Zee PC. Diagnostic and Treatment Challenges of Sighted Non-24-Hour Sleep-Wake Disorder [J]. *J Clin Sleep Med*, 2018, 14 (4): 603-613.

［169］ Martins PJ, D'Almeida V, Vergani N, Perez AB. Increased plasma homocysteine levels in shift working bus drivers [J]. *Occup Environ Med*, 2003, 60 (9): 662-666.

［170］ Mattam U, Jagota A. Differential role of melatonin in restoration of age-induced alterations in daily rhythms of expression of various clock genes in suprachiasmatic nucleus of male Wistar rats [J]. *Biogerontology*, 2014, 15 (3): 257-268.

［171］ Maycock G. Sleepiness and driving: the experience of U. K. car drivers [J]. *Accid Anal Prev*, 1997, 29 (4): 453-462.

［172］ McCall WV, Boggs N, Letton A. Changes in sleep and wake in response to different sleeping surfaces: a pilot study [J]. *Appl Ergon*, 2012, 43 (2): 386-391.

［173］ Medicine ACoS. Exercise prescription for health populations and special considerations [J]. *guidleines for exercise testing and prescription*, 2017: 183-206.

［174］ Medicine. AAoS: The international classification of sleep disorders [M]. 2nd ed. *Illinois: American Academy of sleep Medicine*, 2005.

［175］ Michalczyk M, Czuba M, Zydek G. Dietary Recommendations for Cyclists during Altitude Training [J]. *Nutrients*, 2016, 8 (6).

［176］ Micic G, Lovato N, Gradisar M. The etiology of delayed sleep phase disorder [J]. *Sleep Med Rev*, 2016, 27: 29-38.

［177］ Micic G, Lovato N, Gradisar M, Burgess HJ. Circadian Melatonin and Temperature Taus in Delayed Sleep-wake Phase Disorder and Non-24-hour Sleep-wake Rhythm Disorder Patients: An Ultradian Constant Routine Study [J]. *J Biol Rhythms*, 2016, 31 (4): 387-405.

［178］ Miller NL, Tvaryanas AP, Shattuck LG. Accommodating adolescent sleep-wake patterns: the effects of shifting the timing of sleep on training effectiveness [J]. *Sleep*, 2012, 35 (8): 1123-1136.

［179］ Minges KE, Redeker NS. Delayed school start times and adolescent sleep: A systematic review of the experimental evidence [J]. *Sleep Med Rev*, 2016, 28: 86-95.

［180］ Mishima K, Okawa M, Hishikawa Y, Hozumi S. Morning bright light therapy for sleep and behavior disorders in elderly patients with dementia [J]. *Acta Psychiatr Scand*, 1994, 89 (1): 1-7.

［181］ Miyagawa T, Hida A, Shimada M, *et al*. A missense variant in PER2 is associated with delayed sleep-wake phase disorder in a Japanese population [J]. *J Hum Genet*, 2019, 64 (12): 1219-1225.

［182］ Moller-Levet CS, Archer SN, Bucca G, *et al*. Effects of insufficient sleep on circadian rhythmicity and expression amplitude of the human blood transcriptome [J]. *Proc Natl Acad Sci U S A*, 2013, 110 (12): E1132-1141.

［183］ Moore RY, Eichler VB. Loss of a circadian adrenal corticosterone rhythm following suprachiasmatic lesions in the rat [J]. *Brain Res*, 1972, 42 (1): 201-206.

［184］ Moore RY, Lenn NJ. A retinohypothalamic projection in the rat [J]. *J Comp Neurol*, 1972, 146 (1): 1-14.

［185］ Mottaghy FM, Keller CE, Gangitano M. Correlation of cerebral blood flow and treatment effects of repetitive transcranial magnetic stimulation in depressed patients [J]. *Psychiatry Res*, 2002, 115 (1-2): 1-14.

［186］ Mottram V, Middleton B, Williams P, Arendt J. The impact of bright artificial white and 'blueenriched' light on sleep and circadian phase during the polar winter [J]. *J Sleep Res*, 2011, 20 (1 Pt 2): 154-161.

［187］ Murray JM, Sletten TL, Magee M, et al. Prevalence of Circadian Misalignment and Its Association With Depressive Symptoms in Delayed Sleep Phase Disorder [J]. Sleep, 2017, 40 (1): 120-125.

［188］ Musiek ES, Holtzman DM. Mechanisms linking circadian clocks, sleep, and neurodegeneration [J]. Science, 2016, 354 (6315): 1004-1008.

［189］ Muza SR. Military applications of hypoxic training for high-altitude operations [J]. Med Sci Sports Exerc, 2007, 39 (9): 1625-1631.

［190］ Mysliwiec V, Walter RJ, Collen J, Wesensten N. Military Sleep Management: An Operational Imperative [J]. US Army Med Dep J, 2016 (2-16): 128-134.

［191］ NHTSA. Drowsy driving [M]. Wahinton, DC: US Department of Transportation, 2011.

［192］ Nickol AH, Leverment J, Richards P, et al. Temazepam at high altitude reduces periodic breathing without impairing next-day performance: a randomized cross-over double-blind study [J]. J Sleep Res, 2006, 15 (4): 445-454.

［193］ Nussbaumer-Ochsner Y, Ursprung J, Siebenmann C, Maggiorini M. Effect of short-term acclimatization to high altitude on sleep and nocturnal breathing [J]. Sleep, 2012, 35 (3): 419-423.

［194］ Okawa M, Nanami T, Wada S. Takahashi K. Four congenitally blind children with circadian sleep-wake rhythm disorder [J]. Sleep, 1987, 10 (2): 101-110.

［195］ Okawa M, Mishima K, Hishikawa Y. Circadian rhythm disorders in sleep-waking and body temperature in elderly patients with dementia and their treatment [J]. Sleep, 1991, 14 (6): 478-485.

［196］ Oren DA, Wehr TA. Hypernyctohemeral syndrome after chronotherapy for delayed sleep phase syndrome [J]. N Engl J Med, 1992, 327 (24): 1762.

［197］ Orr JE, Heinrich EC, Djokic M. Adaptive Servoventilation as Treatment for Central Sleep Apnea Due to High-Altitude Periodic Breathing in Nonacclimatized Healthy Individuals [J]. High Alt Med Biol, 2018, 19 (2): 178-184.

［198］ Paine SJ, Fink J, Gander PH, Warman GR. Identifying advanced and delayed sleep phase disorders in the general population: a national survey of New Zealand adults [J]. Chronobiol Int, 2014, 31 (5): 627-636.

［199］ Paterson JL, Dorrian J, Clarkson L, Darwent D, Ferguson SA. Beyond working time: factors affecting sleep behaviour in rail safety workers [J]. Accid Anal Prev, 2012, 45 Suppl: 32-35.

［200］ Pattyn N, Van Puyvelde M, Fernandez-Tellez H, et al. From the midnight sun to the longest night: Sleep in Antarctica [J]. Sleep Med Rev, 2018, 37: 159-172.

［201］ Pattyn N, Mairesse O, Cortoos A, et al. Sleep during an Antarctic summer expedition: new light on "polar insomnia" [J]. J Appl Physiol, 2017, 122 (4): 788-794.

［202］ Paul MA, Love RJ, Hawton A, et al. Sleep deficits in the High Arctic summer in relation to light exposure and behaviour: use of melatonin as a countermeasure [J]. Sleep Med, 2015, 16 (3): 406-413.

［203］ Paul MA, Love RJ, Hawton A, et al. Light treatment improves sleep quality and negative affectiveness in high arctic residents during winter [J]. Photochem Photobiol, 2015, 91 (3): 567-573.

［204］ Paul MA, Love RJ, Hawton A, Arendt J. Sleep and the endogenous melatonin rhythm of high arctic residents during the summer and winter [J]. Physiol Behav, 2015, 141: 199-206.

［205］ Paul MA, Gray GW, Lieberman HR, et al. Phase advance with separate and combined melatonin and light treatment [J]. Psychopharmacology (Berl), 2011, 214 (2): 515-523.

［206］ Perlis ML, Grandner MA, Brown GK, Dinges DF. Nocturnal Wakefulness as a Previously Unrecognized Risk Factor for Suicide [J]. *J Clin Psychiatry*, 2016, 77 (6): e726-733.

［207］ Pirrera S, De Valck E, Cluydts R. Nocturnal road traffic noise: A review on its assessment and consequences on sleep and health [J]. *Environ Int*, 2010, 36 (5): 492-498.

［208］ Poirel VJ, Boggio V, Dardente H, et al. Contrary to other non-photic cues, acute melatonin injection does not induce immediate changes of clock gene mRNA expression in the rat suprachiasmatic nuclei [J]. *Neuroscience*, 2003, 120 (3): 745-755.

［209］ Pulantara IW, Parmanto B, Germain A. Clinical Feasibility of a Just-in-Time Adaptive Intervention App (iREST) as a Behavioral Sleep Treatment in a Military Population: Feasibility Comparative Effectiveness Study [J]. *J Med Internet Res*, 2018, 20 (12): e10124.

［210］ Rahman SA, Kayumov L, Tchmoutina EA, Shapiro CM. Clinical efficacy of dim light melatonin onset testing in diagnosing delayed sleep phase syndrome [J]. *Sleep Med*, 2009, 10 (5): 549-555.

［211］ rajaratnam SM, LK B, Lockley SW. Sleep disorders, health, and safety in police officers [J]. *JAMA*, 2011, 306 (23): 2567-2578.

［212］ RE S, W B, L P. Ethnic differences in sleep-health knowledge [J]. *Sleep*, 2009, 32 (Abstract Supplement): A392-394.

［213］ Reed DA, Fletcher KE, Arora VM. Systematic review: association of shift length, protected sleep time, and night float with patient care, residents' health, and education [J]. *Ann Intern Med*, 2010, 153 (12): 829-842.

［214］ Revell VL, Burgess HJ, Gazda CJ, et al. Advancing human circadian rhythms with afternoon melatonin and morning intermittent bright light [J]. *J Clin Endocrinol Metab*, 2006, 91 (1): 54-59.

［215］ RL G, TS S, K G. Metabolic aspects of high-altitude in Tibetans [J]. *Exp Physiol*, 2015, 100 (11): 1247-1255.

［216］ Roenneberg T, Kuehnle T, Pramstaller PP. A marker for the end of adolescence [J]. *Curr Biol*, 2004, 14 (24): R1038-1039.

［217］ Roenneberg T, Allebrandt KV, Merrow M, Vetter C. Social jetlag and obesity [J]. *Curr Biol*, 2012, 22 (10): 939-943.

［218］ Rosekind MR, Gregory KB, Mallis MM. The cost of poor sleep: workplace productivity loss and associated costs [J]. *J Occup Environ Med*, 2010, 52 (1): 91-98.

［219］ Rosenthal NE, Sack DA, Gillin JC, et al. Seasonal affective disorder. A description of the syndrome and preliminary findings with light therapy [J]. *Arch Gen Psychiatry*, 1984, 41 (1): 72-80.

［220］ Ruggiero JS, Redeker NS, Fiedler N. Sleep and psychomotor vigilance in female shiftworkers [J]. *Biol Res Nurs*, 2012, 14 (3): 225-235.

［221］ Rundo JV, Downey R. Polysomnography [J]. *Handb Clin Neurol*, 2019, 160: 381-392.

［222］ Rupp TL, Wesensten NJ, Bliese PD, Balkin TJ. Banking sleep: realization of benefits during subsequent sleep restriction and recovery [J]. *Sleep*, 2009, 32 (3): 311-321.

［223］ Sataloff RT. Resident duty hours: concerns and consequences [J]. *Ear Nose Throat J*, 2009, 88 (3): 812-816.

［224］ Sateia MJ. International classification of sleep disorders-third edition: highlights and modifications [J]. *Chest*, 2014, 146 (5): 1387-1394.

［225］ Saxvig IW, Pallesen S, Wilhelmsen-Langeland A. Prevalence and correlates of delayed sleep phase in high school students [J]. *Sleep Med*, 2012, 13 (2): 193-199.

［226］ Schrader H, Bovim G, Sand T. The prevalence of delayed and advanced sleep phase syndromes [J]. *J Sleep Res*, 1993, 2 (1): 51-55.

［227］ Shigeyoshi Y, Taguchi K, Yamamoto S, *et al*. Light-induced resetting of a mammalian circadian clock is associated with rapid induction of the mPer1 transcript [J]. *Cell*, 1997, 91 (7): 1043-1053.

［228］ Siebern AT, Manber R. Insomnia and its effective non-pharmacologic treatment [J]. *Med Clin North Am*, 2010, 94 (3): 581-591.

［229］ Statistics. BoL. American time use survey fact sheet [M]. *Washington, DC: Bureau of Labor Statistics*, 2013.

［230］ Steinach M, Kohlberg E, Maggioni MA, et al. Sleep Quality Changes during Overwintering at the German Antarctic Stations Neumayer Ⅱ and Ⅲ: The Gender Factor [J]. *PLoS One*, 2016, 11 (2): e0150099.

［231］ Stoller EP, Papp KK, Aikens JE, Strohl KP. Strategies Resident-Physicians Use to Manage Sleep Loss and Fatigue [J]. *Med Educ Online*, 2005, 10 (1): 4376-4378.

［232］ Straif K, Baan R, Grosse Y, et al. Group WHOIAFRoCMW. Carcinogenicity of shift-work, painting, and fire-fighting [J]. *Lancet Oncol*, 2007, 8 (12): 1065-1066.

［233］ Takaesu Y, Komada Y. Inoue Y. Melatonin profile and its relation to circadian rhythm sleep disorders in Angelman syndrome patients [J]. *Sleep Med*, 2012, 13 (9): 1164-1170.

［234］ Tang XG, Zhang JH, Gao XB, Li QN. Sleep quality changes in insomniacs and noninsomniacs after acute altitude exposure and its relationship with acute mountain sickness [J]. *Neuropsychiatr Dis Treat*, 2014, 10: 1423-1432.

［235］ Tanner JB, Tanner SM, Thapa GB, et al. A randomized trial of temazepam versus acetazolamide in high altitude sleep disturbance [J]. *High Alt Med Biol*, 2013, 14 (3): 234-239.

［236］ Tranah GJ, Blackwell T, Stone KL, *et al*. Circadian activity rhythms and risk of incident dementia and mild cognitive impairment in older women [J]. *Ann Neurol*, 2011, 70 (5): 722-732.

［237］ Troxel WM, Buysse DJ, Monk TH, Begley A. Does social support differentially affect sleep in older adults with versus without insomnia? [J] *J Psychosom Res*, 2010, 69 (5): 459-466.

［238］ Troxel WM, Cyranowski JM, Hall M, Buysse DJ. Attachment anxiety, relationship context, and sleep in women with recurrent major depression [J]. *Psychosom Med*, 2007, 69 (7): 692-699.

［239］ Troxel WM. It's more than sex: exploring the dyadic nature of sleep and implications for health [J]. *Psychosom Med*, 2010, 72 (6): 578-586.

［240］ Uchiyama M, Lockley SW. Non-24-Hour Sleep-Wake Rhythm Disorder in Sighted and Blind Patients [J]. *Sleep Med Clin*, 2015, 10 (4): 495-516.

［241］ VA L, RV dS, FS L. Can high altitude influence cytokines and sleep [J]? *Mediators Inflamm*, 2013: 279365.

［242］ Van der Maren S, Moderie C, Duclos C. Daily Profiles of Light Exposure and Evening Use of Light-emitting Devices in Young Adults Complaining of a Delayed Sleep Schedule [J]. *J Biol Rhythms*, 2018, 33 (2): 192-202.

［243］ Vargas de Barros V, Martins LF, Saitz R. Mental health conditions, individual and job characteristics and sleep disturbances among firefighters [J]. *J Health Psychol*, 2013, 18 (3): 350-358.

［244］ Verganik. Fatigue in automobile drivers due to long time driving [J]. J sleep Res, 2012, 21: 162-166.

［245］ Videnovic A, Noble C, Reid KJ, Zee PC. Circadian melatonin rhythm and excessive daytime sleepiness in Parkinson disease [J]. *JAMA Neurol*, 2014, 71 (4): 463-469.

［246］ Vitale JA, Lombardi G, Weydahl A, Banfi G. Biological rhythms, chronodisruption and chronoenhancement: The role of physical activity as synchronizer in correcting steroids circadian rhythm in metabolic dysfunctions and cancer [J]. *Chronobiol Int*, 2018, 35 (9): 1185-1197.

［247］ Vriend J, Reiter RJ. Melatonin feedback on clock genes: a theory involving the proteasome [J]. *J Pineal Res*, 2015, 58 (1): 1-11.

［248］ Walsh JK. Clinical and socioeconomic correlates of insomnia [J]. *J Clin Psychiatry*, 2004, 65 Suppl 8: 13-19.

［249］ Walton ZE, Patel CH, Brooks RC, *et al*. Acid Suspends the Circadian Clock in Hypoxia through Inhibition of mTOR [J]. *Cell*, 2018, 174 (1): 72-87 e32.

［250］ Wang H, Parker JD, Newton GE, et al. Influence of obstructive sleep apnea on mortality in patients with heart failure [J]. *J Am Coll Cardiol*, 2007, 49 (15): 1625-1631.

［251］ Wang JL, Lim AS, Chiang WY, Hsieh WH. Suprachiasmatic neuron numbers and rest-activity circadian rhythms in older humans [J]. *Ann Neurol*, 2015, 78 (2): 317-322.

［252］ Watson LA, Phillips AJK, Hosken IT, McGlashan EM. Increased sensitivity of the circadian system to light in delayed sleep-wake phase disorder [J]. *J Physiol*, 2018, 596 (24): 6249-6261.

［253］ Weaver E, Gradisar M, Dohnt H, Douglas P. The effect of presleep video-game playing on adolescent sleep [J]. *J Clin Sleep Med*, 2010, 6 (2): 184-189.

［254］ Weissova K, Skrabalova J, Skalova K, et al. The Effect of a Common Daily Schedule on Human Circadian Rhythms During the Polar Day in Svalbard: A Field Study [J]. *J Circadian Rhythms*, 2019, 17: 9.

［255］ Welsh DK, Logothetis DE, Meister M, Reppert SM. Individual neurons dissociated from rat suprachiasmatic nucleus express independently phased circadian firing rhythms [J]. *Neuron*, 1995, 14 (4): 697-706.

［256］ Weng YM, Chiu YH, Lynn JJ. Different duration of high-altitude pre-exposure associated with the incidence of acute mountain sickness on Jade Mountain [J]. *Am J Emerg Med*, 2013, 31 (7): 1113-1117.

［257］ Wey D, Garefelt J, Fischer FM, et al. Individual differences in the sleep/wake cycle of Arctic flexitime workers [J]. *Chronobiol Int*, 2016, 33 (10): 1422-1432.

［258］ Weymouth W, Steel GD. Sleep patterns during an antarctic field expedition [J]. *Mil Med*, 2013, 178 (4): 438-444.

［259］ Wilson MH, Newman S, Imray CH. The cerebral effects of ascent to high altitudes [J]. *Lancet Neurol*, 2009, 8 (2): 175-191.

［260］ Windsor JS, Rodway GW. Sleep disturbance at altitude [J]. *Curr Opin Pulm Med*, 2012, 18 (6): 554-560.

［261］ Windsor JS, Rodway GW. Supplemental oxygen and sleep at altitude [J]. *High Alt Med Biol*, 2006, 7 (4): 307-311.

［262］ Witting W, Kwa IH, Eikelenboom P. Alterations in the circadian rest-activity rhythm in aging and Alzheimer's disease [J]. *Biol Psychiatry*, 1990, 27 (6): 563-572.

［263］ Wu Y, Tang D, Liu N, *et al*. Reciprocal Regulation between the Circadian Clock and Hypoxia Signaling at the Genome Level in Mammals [J]. *Cell Metab*, 2017, 25 (1): 73-85.

［264］ Xu Y, Padiath QS, Shapiro RE. Functional consequences of a CKIdelta mutation causing familial advanced sleep phase syndrome [J]. *Nature*, 2005, 434 (7033): 640-644.

［265］ Yoshikawa T, Matsuno A, Yamanaka Y, et al. Daily exposure to cold phase-shifts the circadian clock of neonatal rats in vivo [J]. *Eur J Neurosci*, 2013, 37 (3): 491-497.

［266］ Zee PC, Vitiello MV. Circadian Rhythm Sleep Disorder: Irregular Sleep Wake Rhythm Type [J]. *Sleep Med Clin*, 2009, 4 (2): 213-218.

［267］ Zhang Y, Fang B, Emmett MJ, *et al*. GENE REGULATION. Discrete functions of nuclear receptor Rev-erbalpha couple metabolism to the clock [J]. *Science*, 2015, 348 (6242): 1488-1492.

第三章

生物节律紊乱与神经认知

第一节 神经认知概述

认知神经科学（cognitive neuroscience）是一门研究大脑如何产生思想和行为的学科，是神经科学和认知心理学的交叉学科。神经科学是研究中枢神经系统结构和功能的科学；而认知心理学是心理学的一个分支，研究人类认知或心理活动的过程。认知神经科学致力于了解大脑认知过程的神经机制，例如记忆的"首因效应"，即相比出现在列表中间的项目，人们更容易记住出现在列表开头的项目。认知心理学认为，列表中开头项目比中间项目重复的次数更多，并且记忆开头项目时干扰较少，因此大脑对开头项目的长期记忆编码更强。这解释了该现象为什么以及何时会发生。认知神经科学则进一步解释是什么神经机制促成了这一现象：内侧颞叶（与陈述性记忆形成有关的脑区）只对列表开头项目激活。因此，认知神经科学既试图理解记忆是如何以及何时形成的，又试图发现大脑支持记忆形成的神经机制。

用于研究认知神经科学的方法十分丰富，新的研究手段的发明和应用推动了学科发展。目前，研究人员不仅使用多种类型的结构和脑功能成像技术，还应用计算模型、基因遗传学和药物操作等手段，以更好地理解大脑在认知过程中发挥作用的方式和过程。因此，除了神经科学和认知心理学，社会与情感神经科学、神经病学、药理学、计算神经科学等众多学科的研究内容和手段也已融入认知神经科学的研究中。

一、科学起源

认知神经科学是产生于神经科学和心理学的交叉学科。虽然认知神经科学的任务是描述思维相关的神经机制，但从历史上看，它是通过研究大脑的特定区域如何支持特定的思维能力发展而来的。很多对大脑进行解释的早期努力被证明有问题，如颅相学运动、大脑所有区域均参与所有行为的聚集场观点等。格式塔理论、神经心理学和认知革命是认知神经科学领域诞生的重要转折点，诞生了使研究人员能够在行为和神经机制之间建立更多联系的思想和技术。

（一）颅相学

认知神经科学的第一个早期起源是颅相学。颅相学学者声称行为可以由头皮的形状决定，但这是一种伪科学理论。19世纪初，弗朗兹·约瑟夫·加尔（Franz Joseph Gall）和斯普尔茨海姆（J. G. Spurzheim）认为人脑应被区分为大约35个不同的部分。在加尔的《一般神经系统的解剖学和生理学，特别是大脑的解剖学和生理学》书中，他声称其中一个区域的隆起越大，意味着该大脑区域被使用越频繁。这一理论导致了颅相学期刊的出版和用于测量受试者头部的肿块大小的颅骨计的发明，在当时引起了公众的广泛关注。

（二）定位主义观点

定位主义观点主要关注心理功能被定位到大脑的哪个特定区域，而相对忽视这些能力的特征是什么以及如何测量它们。杰克森（John Hughlings Jackson）的研究是这一观点提出的早期关键证据。他发现癫痫患者在癫痫发作期间经常会出现相同的阵挛性和强直性运动，提示这些运动可能是由大脑中同一部位的活动引起的。于是杰克森提出特定的功能定位于大脑的特定区域，该观点对于未来了解脑叶至关重要。

（三）聚集场理论

法国实验心理学家皮埃尔·弗劳伦斯（Pierre Flourens）利用动物试验挑战了定位主义观点。他发现，切除兔子和鸽子的小脑会影响它们的肌肉协调感，而当切除大脑半球时，鸽子的所有认知功能都会受到干扰。由此他得出结论：大脑皮质、小脑和脑干是作为一个整体共同发挥作用。于是，他提出了大脑是一个聚集场的理论，意味着行为由大脑的不同区域共同参与支配。

（四）神经心理学的出现

第一个将心理功能定位到大脑特定位置的较为严谨的研究是由保尔·布罗卡（Paul Broca）和卡尔·韦尼克（Carl Wernicke）完成的。他们主要通过研究大脑不同部位的损伤对心理功能的影响。1861年，法国神经学家Paul Broca遇到了一个能够理解语言但不会说话的人，这个人只能发出"tan"的声音。后来发现该男子的左额叶区域受损，该区域被称为布罗卡区（Broca's area）。德国神经学家韦尼克发现了一个类似的患者，该患者曾有脑卒中病史，说话流利但不理智，表现为无法理解口语或书面语言。通过检查发现该患者左侧顶叶和颞叶相交的区域有病变，该区域被称为韦尼克区（Wernicke's area）。这些病例表明，病变引起了特定的行为变化，有力地支持了定位主义观点。此外，失语症也是由Paul Broca发现的。目前认为，失语症是一种语言障碍，由控制语言表达和理解的大脑特定区域受损引起。

（五）绘制大脑地图

1870年，德国医师希齐（Eduard Hitzig）和古斯塔夫·弗里奇（Gustav Fritsch）发表了他们关于动物行为的发现。希齐和弗里奇使用电流刺激狗的大脑皮质，发现电流施加的位置不同导致狗出现不同的肌肉收缩。这一不同区域产生不同的运动的现象使他们得出结论：个体功能是由大脑的特定区域控制，而不是整个大脑。德国神经解剖学家科比尼安·布洛德曼（Korbinian Brodmann）使用由弗朗兹·尼塞尔（Franz Nissl）发明的组织染色技术来观察大脑中不同类型的细胞。通过这项研究，布洛德曼在1909年提出人脑由52个不同的区域组成，现在称为布洛德曼区域。

（六）认知革命

20世纪初，美国主张以实用主义研究心理学，这导致人们倾向于将行为主义作为心理学的主要研究方法。沃森（J.B. Watson）是这方面的代表人物，他希望通过对动物进行实验以期能够预测和控制行为。行为主义主要关注刺激与反应的关联，忽视了解释产生思维想象等现象的原因，尽管最终失败了，但引发了"认知革命"。

（七）神经元学说

20世纪初，圣地亚哥·拉蒙尼·卡哈尔（Santiago Ramóny Cajal）和卡米洛·高尔基（Camillo Golgi）开始研究神经元的结构。高尔基发明了一种银染方法，可以将特定区域的几个细胞完全染色，这一项技术的应用使他提出神经元之间是相互连接的。卡哈尔在对髓鞘较少的大脑区域进行染色发现神经元是离散的细胞，对这一观点提出了质疑。卡哈尔还发现，神经元只沿一个方向传递电信号。高尔基和卡哈尔因关于神经元学说的工作于1906年获得诺贝尔生理学或医学奖。

（八）心理学到认知科学

20世纪中期的几项重要发现继续推动该领域的发展，如眼优势柱的发现、动物单个神经细胞的记录以及眼睛和头部运动的协调。实验心理学对认知神经科学的发展也很重要。一些实验心理学家开始研究行为的神经基础。怀尔德·彭菲尔德（Wilder Penfield）通过在手术过程中刺激患者的皮质，绘制了大脑主要感觉和运动区域的地图。斯佩里（Sperry）和加扎尼加（Gazzaniga）在20世纪50年代对脑裂患者的研究也对这一领域的发展起到了推动作用。1956年9月11日，认知研究大会在麻省理工学院举行。米勒（George A. Miller）发表了题为"The Magical Number Seven, Plus or Minus Two"的论文，诺姆·乔姆斯基（Noam Chomsky）等人展示了他们在计算神经科学方面的发现。"认知心理学"中"心理学"一词在20世纪50到60年代逐渐消失，人们逐渐称该领域为"认知科学"。米勒等行为主义者开始关注语言的表现，而不是一般行为。马尔（David Marr）关于记忆分层表征的提议使许多心理学家认识到心理技能需要在大脑中进行大量处理（包括算法）。在1976年，加扎尼加和米勒共同创造了"认知神经科学"

一词。

（九）认知科学到认知神经科学

在20世纪80年代之前，神经科学和认知科学之间的互动很少。学者将20世纪50年代到60年代之间出现的认知科学新奠定的理论基础与实验心理学、神经心理学和神经科学（神经科学直到1971年才成为一个统一的学科）的方法结合起来后，便真正形成了认知神经科学。

二、神经认知的细胞学机制

细胞是生命活动的基本单位，在神经系统中承担认知功能的主要是神经元。在静息状态下，神经元细胞膜允许某些溶于细胞内液和细胞外液的物质（主要是离子）进行跨膜移动。此外，主动转运体为不同种类的离子提供跨膜的离子泵，导致细胞内外出现电位差。电位差可以作为某种形式的能量产生电流，并以动作电位的方式实现从神经元胞体向轴突的远距离信息传递。当动作电位到达轴突末梢时，在特化的突触结构处释放化学物质。

这些化学物质一般称为神经递质，通过扩散作用穿过神经元间的突触间隙，与突触后膜的受体分子相结合。这种化学信号的传递将导致突触后神经元产生电流，神经系统内神经元信号的持续产生便构成一个神经环路。

神经递质的种类繁多，根据化学组成特点可分为胆碱类（如乙酰胆碱）、单胺类（如去甲肾上腺素、多巴胺和5-HT）、氨基酸类（兴奋性递质如谷氨酸和天冬氨酸；抑制性递质如γ氨基丁酸、甘氨酸和牛磺酸）和神经肽类等。而神经递质的紊乱将会导致神经或精神疾病。例如，多巴胺产生异常（主要在黑质纹状体中）可能导致帕金森病，患者会出现僵硬、震颤或摇晃等症状。此外，脑内多巴胺含量异常还可能导致精神分裂症或注意力缺陷多动障碍等疾病。多巴胺也参与成瘾和吸毒，大多数娱乐性毒品（特别是阿片类药物和甲基苯丙胺）会导致多巴胺大量释放从而产生愉悦感。5-HT也是一种重要的参与认知过程的神经递质。阻止5-HT循环或再吸收的药物对一些抑郁症患者有效。谷氨酸是兴奋性神经递质，其含量异常与多种精神障碍有关，包括自闭症、强迫症、精神分裂症和抑郁症。谷氨酸也与多种神经系统疾病有关，如帕金森病、多发性硬化、阿尔茨海默病、脑卒中和肌萎缩侧索硬化症等。

三、功能神经解剖学

（一）功能神经解剖观

早在一个世纪以前，卡哈尔等人就已经提出单个神经元是神经系统的基本单位。卡哈尔还进一步提出，神经元只沿一个方向传递电信号，即单个神经元内的信息是从树突传到胞体再到轴突的。人类大脑中大约有1000亿个神经元，每个神经元的树突可以与其他神经元形成多达10000个突触连接（synaptic connections）。每个神经元本身就是一个复杂的信号处理单元，而神经元上的突触连接使神经元与神经元之间还可以形成特殊的神经环路，进而使大脑成为真正强大的"计算机"系统。假如把大脑想象成一篇文章，那么神经元就好比是文章里的文字或字母，小区域内的微环路好比是词语，大区域或跨区域平面上的神经连接好比是句子。在词语即微神经环路层面，主要为兴奋性神经元和抑制性神经元之间的特定连接，这形成最基本的信息处理功能。这些微环路是建立大脑这个复杂信号处理传递系统的核心单元。在"句子"层面，神经环路则因为解剖结构和区域的扩大，使连接和功能更加多元化。神经系统中有大量的循环神经回路，构成所谓神经活动动力学。目前，在这个层次上的许多神经环路结构还有待发现。

（二）大脑主要结构与功能

小脑和脑干位于脑的底部，是大脑中非常古老的部分，类似结构在比哺乳动物和灵长类动物进化更早的物种中同样存在。小脑最主要的功能是协调复杂的运动技能。有关身体位置和运动系统输出的信号被发送到小脑，它利用这些信息来保持姿势和协调运动，实现复杂的运动技能（如步行、游泳和滑雪）。脑干由延髓、脑桥和中脑组成，三者是独立的结构，代表了解剖学上不同的神经元胞体或核团的集合。

位于中脑上方和周围的是称为间脑的前脑结构，其将大脑皮质与脑干连接起来，包括两个主要结构：丘脑和下丘脑。丘脑与大脑皮质的许多区域广泛相连，如视觉和听觉特定的感觉区域等。下丘脑控制内脏器官、自主神经系统和内分泌系统，调节情绪、饥饿和口渴等功能。例如，它在情绪调节中监督垂体的输出，内分泌腺在接收到垂体的信号后则将激素分泌到血液中，这些激素影响内心感受的情绪表达，如焦虑、放松、愤怒、快乐、幸福、惊讶、战斗或逃跑反应和性反应。肾上腺素由肾上腺髓质释放，肾上腺素可以增加心跳的速度和力量，收缩皮肤和内脏器官的小动脉，扩张骨骼肌的小动脉，并提高血液中的葡萄糖水平，为战斗或逃跑反应做好准备。内分泌腺释放的激素同时会向垂体、下丘脑或两者提供反馈以调节它们的输出。

脑干、基底前脑和间脑对于维持身体的基本生命活动至关重要，如清醒和睡眠的周期、呼吸、心跳都受此区域控制。身体器官（如心脏、血管、肌肉和皮肤）信号通过神经通路或血流（如pH、激素和葡萄糖水平）到达这些区域，再从这里发出指令对不同的状态做出反应。这些大脑结构以动态形式维持体内平衡状态，使身体变量保持在支持生命的最佳范围内，如当休息、食物、水或热量不足时，这些大脑结构会启动特定行为以改变内部状态，使其回到最佳范围内。

胼胝体是连接左右大脑半球的纤维带。在胼胝体周围的脑皮质统称为边缘叶。在鳄鱼等原始物种中，大部分前脑是由边缘叶组成的。胼胝体上方是扣带回，这是一条从大脑前部延伸到后部的皮质带。穹窿从大脑皮质延伸到下丘脑。扣带回、穹窿、海马和其他相关结构形成一个更大的功能单元，称为边缘系统。边缘系统是哺乳动物大脑的特征。鳄鱼等原始物种的边缘系统负责分析环境中的气味，并准备接近、攻击、交配或逃跑的反应。虽然情绪反应仍然是哺乳动物边缘系统的功能之一，但对嗅觉的依赖已较少。更重要的是，边缘系统的一些结构已经承担了学习和记忆的认知功能，如海马体参与长期记忆中新事件的学习和存储。

前脑的其余部分是大脑皮质。大脑皮质主要由无髓鞘、密集互连的神经元构成，呈灰色外观，又被称为灰质。大脑皮质的整体平均厚度只有3 mm，神经元分层排列并与大脑表面平行。哺乳动物中最新进化的大脑皮质称为新皮质。人类大脑皮质的总表面积为2200～2400 cm^2，其中大部分被埋在脑沟深处。在人类头盖骨的狭小空间中填充这么多神经组织是不小的挑战，进化解决方案是折叠皮质，形成清晰可见的卷积表面。每个被折叠的区域都是一个沟。根据这些区域中的神经元在结构中的显示方式以及它们相对于彼此的排列方式，已经绘制了这些叶内的皮质区域图谱。

在宏观的范围内，大脑被称为中央沟、侧裂和纵裂的解剖标记部分分开，分成某些特定的组织区域。新皮质的叶被纵裂分为左右半球。在每个半球内，区分额叶、颞叶、顶叶和枕叶，皮质中的大褶皱确定了大脑4个叶之间的边界。额叶从大脑前部向后延伸至中央沟。颞叶从外侧裂下方开始，位于大脑的一侧。顶叶从中央沟开始，向大脑后部延伸。枕叶位于大脑的后部。一些区域服务于特定的感觉和运动功能，而其他区域（关联区域）则在众多认知功能中发挥作用。一些功能是侧向化的，如对语言至关重要的区域位于左半球，而涉及面部识别和空间处理的区域则依赖于右半球的区域，意味着一个半球起着特殊的作用。将认知功能完全横向化也是不正确的，如人脸识别需要右颞叶，但左右枕叶对人脸的视觉处理也是必要的。

四、认知产生的结构模式

（一）认知产生的微观模式

1. 在简单元素的集合中产生　认知神经科学的基本观点是认知或精神状态由分布在许多神经元上的活动模式产生。例如，一个人在拿着、嗅探并观看玫瑰花时的体验是一种复杂的神经活动模式，是由负责控制视觉、体感和嗅觉的多个大脑区域参与，并可能延伸到语言脑区去表达"玫瑰"这个词的声音，同时可能有由经验唤起的相关记忆内容脑区共同参与。

这些脑区的激活模式源于神经元之间的兴奋性和抑制性的相互作用，由突触连接介导。神经元接收到的传入信号导致它们发出动作电位脉冲，这些脉冲沿着轴突传播到突触末端，会触发某些化学物质的释放，然后对突触另一侧的神经元产生兴奋性或抑制性影响。传入信号对每个神经元的综合影响连同它最近的经历，决定了它是否会在特定时刻触发。虽然通常不应低估单个神经元的计算能力，但神经元数量（人脑中约1000亿）及它们之间的连接密度（典型的皮质神经元可从其他神经元处接收

1万～10万个单独的突触传递）是赋予神经系统强大处理能力和复杂性的关键。

2. 分布式表征   大脑的表征通常由涉及相当多神经元的活动模式集合组成。单个神经元通常被认为是特定刺激或情境特征的"检测器"（如 Hubel 和 Weisel 于 1962 年在他们对视觉皮质的开创性研究中引入"边缘检测器"概念），但大多数单个神经元已经被与最佳刺激重叠的其他广泛刺激部分激活。分布式表征的一个主要案例是运动皮质中手臂运动方向的表征。一个特定到达方向的表示是大量神经元的模式集合，每个神经元对一个特定方向的响应最大，对相邻方向的响应较小，因此部分参与了许多不同到达方向的表示。大脑还使用了其他类型的分布式表征，其中之一是一个神经元可以参与两种不同的表征，而导致神经元激发的情况之间却没有明显的共享特征。例如，在海马中单个神经元同时参与动物在外部空间的位置表征和当前行为状况的其他方面的分布式表征。当动物执行不同的任务时，同一神经元可能以不同的方式参与不同环境的表征，甚至参与同一环境的两种不同表征。

3. 连接优势参与认知和学习   在经验传入（记忆重现或形成想象的体验）时出现的特定激活模式是由神经元之间的连接决定的。神经元之间的连接塑造了感知、认知和行动，了解神经元之间特定兴奋性和抑制性连接如何形成显然十分重要。一般认为，在发育早期，与活动无关的突起建立了连接的初始框架，然后依赖于活动选择性地稳定一些连接，并可能形成新的连接，而其他连接则被修剪掉。

依赖于活动的突起形成在整个生命过程中持续存在，并且为学习提供了基础。二十世纪中叶，神经心理学家唐纳德·赫布（Donald Hebb）提出，如果一个神经元参与激发另一个神经元，那么从第一个神经元到第二个神经元的联系将得到加强。虽然没有直接证据表明这是大脑学习的主要基础，但在脑组织切片中 Hebb 的想法得到了支持。同时，在整个神经元水平上也可能存在可塑性，即在某些特定的大脑区域，一些神经元不断被创造并整合到神经环路中，而某些神经元则丢失。同样，轴突和树突的分支也可能具有一定的可塑性。

（二）认知产生的宏观模式

1. 大脑区域的特化   关于大脑认知结构的一个重要的事实是，各个大脑区域是特化的。大脑皮质可以分为初级、次级和三级皮质区。初级皮质区内神经元的反应可以描述为反映给定模式内传入或传出的相对简单的局部特性，如在皮肤表面的特定点存在触觉刺激。相应的运动区神经元的反应可能对应于特定肌肉或基本运动元素的激活。次级皮质区内神经元的反应代表了给定模态下高阶刺激属性，例如特征的连接，如包含该特征刺激在感觉表面的位置。第三级皮质区负责超越个体模式的表征，例如当前任务前后过程的表示，或个人在超个人空间中的位置表示，或语义内容的表示。应该注意的是，这只是一个非常粗略的近似，许多所谓的主要区域似乎参与了刺激或反应情况的整体结构的表征，许多被视为特定模态的区域可以受到其他影响的调制。还应注意的是，新皮质以外的结构在认知功能中也起着非常重要的作用，包括调节行为认知状态（如警觉、清醒和情绪）的弥漫性神经调节系统，以及丘脑、淋巴系统和小脑等。

2. 并行处理　解析大脑认知功能的另一个复杂之处是它对并行处理的依赖。单一的认知功能需要许多独立的数据流处理支持，且每个并行流都包含一系列处理阶段。因此，把认知功能看作只依赖于大脑皮质的某一个区域是一种误导。比如，在拥挤的房间里认出你的朋友，虽然对人脸和其他物体的识别主要依靠大脑颞叶皮质的某些区域，但在房间里的朋友的位置是通过顶叶的平行数据流同时计算出来的。此外，虽然大脑广泛使用并行处理，串行处理也不可忽视。例如，与面部识别相对应的数据流和与位置识别相对应的数据流都依赖于较早的枕叶视觉皮质串行处理阶段。因此，在这一认知过程中枕叶、顶叶和颞叶都是完成看见朋友这一过程所必需的，并行处理和串行处理都是必要的。

五、认知神经科学有待解决的问题

认知神经科学还很年轻，还有很多研究要做。一般来说，认知功能越抽象或高级，对其神经基础的了解就越少。在此简要地讨论几个最重要和最有趣的问题。

1. 大脑是如何学习的　关于突触可塑性基本机制的研究已经有了很大的进展，但通常这些研究都是在高度简化的实验条件下进行的（如大脑切片）。切片中所研究的基本过程在整个大脑的神经连接形成过程中发挥着重要作用，但它们受到的神经调节过程无法在切片中开展研究。信息加工过程中的注意力的参与对学习至关重要，这由大脑中各种神经调节机制控制，但调节和控制过程的细节探索才刚刚开始。

2. 意识如何产生　尽管在表征意识的伴随物方面已经取得了一些相当大的进展，但对于究竟是什么活动赋予了大脑意识的属性，目前还没有全面的理解。意识似乎无法定位，虽然它可能高度依赖于特定的大脑结构，但它很可能是由大脑中许多相互作用的不同部分所共同决定的。至于意识究竟如何从这些相互作用中产生，原因尚不清楚。

3. 相比于其他生物体，人脑产生认知的独特结构基础是什么　人类与其他生物的区别是什么，这个问题仍然是尚未解决的核心问题之一。人类基因组与亲缘关系密切的物种基因组的相似性可以通过不同的方式来理解。一方面，将人类与黑猩猩等生物区分开来的差异基因的数量非常少；另一方面，这可能表明人类大脑的真正不同之处在于其结构的扩展和延伸已经在一定程度上超过其他生物。

六、认知神经科学的未来

诺贝尔奖获得者埃里克·坎德尔（Eric Kandel）曾表示，认知神经科学将在21世纪占据神经科学的中心舞台。许多认知心理学领域的顶尖研究者已经将他们的研究方向转向从传统神经科学中发掘思想和方法，并取得重大进展。该领域的未来十分令人兴奋，许多重要的研究方法的建立和应用展现了进一步发展的美好前景。功能性脑成像和其他相关方法的进一步突破可能会为大脑活动提供更好的空间和时间分辨率。另一个非常重要的方法学进展是构建转基因大脑的能力，特别是在小型哺乳动物和无脊椎动物中，有利于探索这些改变对功能的影响。这些方法已经达到了可以让生物体正常发育，然后在特定时间诱导区域性基因敲除，从而提供了研究大脑特定部位突触可塑性变化的条件。认知神经科学的许多其他领域也有望取得突破，包括神经元记录、功能成像和计算建模方法等。总之，这些方法将使我们更深入地了解人类大脑的高级功能。

▊第二节　用于评估人类认知过程昼夜节律的方法

一、评估人类神经认知的方法

使用一定的研究方法可以更好地理解我们的大脑如何思考、感觉和行为。有许多不同的方法可以帮助我们分析大脑，众所周知的技术包括记录大脑电活动的电磁记录方法如脑电图（electroencephalogram，EEG）和记录大脑功能图像的影像学方法如功能性磁共振成像（functional magnetic resonance imaging，fMRI）。还有一些比较原始的方法，如损伤法，在现代神经认知研究中仍然非常有影响力。

（一）损伤法

研究大脑功能的最古老的方法是通过研究因事故、卒中或大脑疾病（如阿尔茨海默病和帕金森病）而遭受脑组织损伤的个体。这种方式为临床神经心理学这一旨在将大脑中的特定病变与特定类型的行为和认知缺陷联系起来的领域提供了大量数据。例如，在顶叶-颞叶-枕叶联合区有病变的患者有失写症，即尽管在运动技能方面没有缺陷，但不能写字。一般来说，如果结构X被破坏，行为Y发生变化，那么研究人员即推断X与Y之间有关系。铁路工人盖奇（Phineas Gage）是著名的"损伤法"病例之一。1848年9月13日，盖奇正在用一根铁棒将炸药捣固到一块岩石中，炸药意外过早爆炸，铁棒穿过他的左下巴，从头顶穿出。他奇迹般地活了下来，但据报道，由于额叶的破坏，他的性格发生了巨大变化。该病例的独特性（以及在伦理上不可能在其他患者身上重复实验）使得很难从中得出结论，但也说明了损伤法背后的核心思想。

损伤法在实验动物研究中有很多优点。第一，这些动物在相同的环境中长大，在手术时年龄相同。第二，在单只动物身上可以比较一项行为在损伤前后的变化。第三，可以观察未接受手术或与在另一个大脑区域接受手术的动物进行对照。这些好处提高了被测试假设的准确性。研究人员通常在大鼠、兔子、猴和其他哺乳动物中进行实验性损伤，以确定受损区域的功能。这种方法可以将病变准确地定位到特定的脑区并验证预期的行为与认知改变。然而，这种方法同样有缺陷，如病变可能会在其他大脑区域产生意想不到的和未观察到的影响。此外，损伤法在人类研究中十分困难，很难进行前后比较和对照实验。

　　为了提高大脑区域与行为功能之间假设关系的准确概率，科学家一般采用双重分离的方法。这种方法需要找到各有一处脑部病变的两名患者，并且他们表现出一种相互矛盾的疾病模式，科学家便可研究证明这两项行为是在两个不同的大脑区域实现的。布罗卡区和韦尼克区的病变即是一个案例。大脑中布罗卡区负责语言处理、理解和言语产生。在这个区域有病变的患者出现一种叫作布罗卡失语症（表达性失语症）或非流利性失语症的疾病。他们再也说不出一口流利的话，而说出的一句话可能是"我…呃…想要啊…我好想…呃…去冲浪…和呃…好"。韦尼克区负责分析口语，该区域有病变的患者出现所谓的韦尼克失语症。患者能够听到语言，但不再能够理解，因此不再说出任何有意义的句子。他说的是"单词沙拉"，比如"在我的达兹经历了温顺和沙尔科之后，我做了几个小时的欣戈"。韦尼克失语症患者往往没有意识到自己缺乏正确说话的能力，因为他们无法理解自己在说什么，并且认为自己在进行正常的对话。

（二）神经影像学

　　随着功能性脑成像方法（如 positron emission tomography，PET 和 fMRI）作为分析人类认知的主要工具的出现，认知神经科学才作为一门独立的学科应运而生。虽然与神经元记录方法相比，该方法的时间和空间分辨率较低，但它们为我们探索人类认知功能的神经机制提供了大量信息。与病变和损伤的研究方法一样，脑成像研究也经常被用来确定大脑中与特定认知功能相关的区域。除此之外，因为大脑激活的模式会随着行为发生巨大变化，大脑成像已经被用于开始揭示大脑可塑性的信息。成像技术也被用于寻找大脑中与特定认知功能相关的分布式网络，如一些研究人员已经开始使用不同大脑区域神经活动的协变来确定在不同任务情况下哪些大脑区域正在影响彼此的激活。

　　1. 1972 年英国工程师亨斯菲尔德（Hounsfield）和南非物理学家科马克（Cormack）发明了 CT。CT 是一种 X 射线摄影，一个巨大的 X 光机在身体周围以许多不同的角度拍摄 X 光图像，在计算机的辅助下利用 X 射线图像生成横截面图，并在需要时生成人体内部器官和结构的 3D 图像。在每一张照片中，身体的 X 射线"切片"被记录在胶片上。CT 扫描可以识别脑部创伤性损伤（如血凝块或颅骨骨折）、肿瘤和感染。CT 扫描在观察身体其他器官方面也非常有用，包括肝脏、胆囊、胰腺、脾脏、主动脉、肾脏、子宫和卵巢等。

　　2. 磁共振成像　磁共振成像（nuclear magnetic resonance imaging，MRI）是基于一种称为磁共振的物理现象开发的成像技术，这种现象是 20 世纪 30 年代由斯坦福大学的菲利克斯•布洛赫（Felix Bloch）和哈佛大学的爱德华•珀塞尔（Edward Purcell）发现的。在这种共振中，磁场和无线电波使原子发出微小的无线电信号。1970 年，雷蒙德•达马迪安（Raymond Damadian）将磁共振成像用于医学诊断。1977 年，达马丁（Damadian）博士完成了第一台"全身"磁共振扫描仪的建造。20 世纪 80 年代初，第一台医用 MRI 设备终于问世。由于其图像详细且清晰，MRI 被广泛用于诊断与软组织有关的损伤。此外，心脏、主动脉和血管的MRI是诊断动脉疾病和心脏问题的快速、无创工具。脑、肺、肝或脾等器官也可以通过MRI进行详细检查。由于不涉及辐射照射，MRI通常是检查男性和女性生殖系统、骨盆、髋部和膀胱的首选诊断工具。

（1）DT-MRI：DT-MRI（diffusion tensor MRI）能够测量水在组织中的受限扩散，并给出其三维图像。DT-MRI技术利用了脑组织中水分子的流动性受到细胞膜等障碍物限制这一事实。在神经纤维中，水分子只能沿着轴突移动。中枢神经系统特定疾病的患者扩散方式会发生特征性变化，因此可以通过扩散张量技术进行识别。卒中的诊断和涉及白质变化的疾病（如阿尔茨海默病或多发性硬化）的医学研究是其主要应用领域。DT-MRI的缺点是比普通MRI费时得多，并且产生的大量数据必须通过特定的方法进行可视化才能被读取。

（2）功能性磁共振成像（functional magnetic resonance imaging，fMRI）：fMRI是基于磁共振成像的一种新技术。fMRI的中心目标是观察血流增加的区域。血红蛋白干扰了磁成像，因此可以识别血氧水平依赖性（blood oxygen level dependence，BOLD）增加的区域。更高的BOLD信号强度源于脱氧血红蛋白浓度的降低。功能性磁共振成像实验通常需要1~2小时。受试者躺在磁铁中，设置一种特定形式的刺激，并拍摄受试者大脑的MRI图像。首先需要进行高分辨率单次扫描作为背景，接下来随着时间推移进行一系列低分辨率扫描。活跃的大脑区域耗氧量增加，脱氧血红蛋白浓度升高。最后使用一系列软件工具来完成分析，主要用于纠正图像中的失真，消除受试者在实验过程中移动头部的影响，并比较在刺激前后拍摄的图像差异。最终的图像显示大脑中激活的部分。

fMRI的空间分辨率适中，但因为一个功能性磁共振成像帧约需2 s，相对于神经元通讯的电信号而言，fMRI显示的血液供应的时间响应时间分辨率较差。因此，一些研究小组正在通过将fMRI与诸如脑电图或脑磁图（magnetoencephalogram，MEG）等技术相结合以解决这个问题。

3. 正电子发射断层扫描   正电子发射断层扫描（positron emission tomography，PET）是一种根据正电子发射的辐射检测获取图像的方法，是目前检查癌症复发最有效的方法。PET扫描仪由环绕患者的一系列探测器组成，利用注入的放射性核素发出的伽马射线信号测量身体某个部位的代谢活动量，计算机再将信号重新组装成图像。正电子是从给患者服用的放射性物质（如18F-氟脱氧葡萄糖）中释放出来的微小粒子。这种放射性药物被注射到患者体内，细胞需要的能量越多，放射性示踪剂在该位置积累越多。PET测量新陈代谢的能力在诊断阿尔茨海默病、帕金森病、癫痫和其他神经疾病时非常有用，也是定位导致癫痫发作的大脑区域，并确定是否手术治疗的最准确的方法之一。PET通过与MRI或CT扫描结合使用，可以提供器官的完整三维视图。

（三）电磁记录方法

上述讨论方法具有良好的空间分辨率，但不能逐毫秒地测量大脑活动。电生理学通过测量大脑中神经元网络产生的电场和磁场来揭示大脑的活动（如单细胞记录或脑电图）。这些方法测量大脑活动的速度非常快，持续时间更长，可以给出非常好的时间分辨率。

1. 单细胞法　单细胞法指实验者将一个电极放置在关注的大脑细胞中，记录与电极尖端接触的细胞的电输出。这对于研究负责细胞静息电位的离子流非常有用，常用于确定细胞是否只对外界的特定刺激做出反应，是否只在一种感觉模式下对输入敏感，或者在敏感性上是多模态的。我们还可以找出刺激物的哪些特性使这些区域的细胞放电。此外，我们还可以研究某种刺激是否会影响细胞的反应。单细胞研究对研究人脑目前没有太大帮助，因为它太具侵入性，尚无法成为一种常用的方法。在少数情况下，单细胞记录也适用于人类，如癫痫患者切除癫痫组织前常将电极植入大脑或在手术期间放置在大脑表面，以更好地确定癫痫活动的来源。

2. 脑电图　研究大脑活动最著名的技术之一可能是脑电图（EEG），临床上用于检测多种疾病的异常电活动（如癫痫和精神障碍）。在实验中，电极被放置在头皮上。每个电极都有自己的记录器。首先需要描记基线，将该值与每个记录电极进行比较，通常由放在耳后乳突骨处的电极提供。随后即可测量电势，并依据电压和频率进行区分。如果一个人是清醒的，会记录到频率相对较快的β波。在入睡之前，人们可以观察到频率较低的α波。δ波频率最慢，发生在睡眠中。癫痫患者的脑电图放电幅度增加。此外，在抑郁症患者中，右额叶区域的α抑制比左额叶区域的α抑制更大，提示抑郁症患者右额叶区域比左额叶区域存在更高的激活。

脑电图的缺点是空间分辨率差，这是因为所有组织（脑物质、血液、骨骼等）对电信号都具有导电性，无法明确电信号来源的确切区域。

3. 事件相关电位　EEG记录是对大脑活动的连续测量，但由特定刺激引起的脑电图的变化很难观察。为了知道大脑皮质区域对单一刺激（如闪光或文字或图片）的反应，通过将脑电图记录平均在一起，所有与刺激无关的大脑反应被排除在图像之外，只留下反映大脑对特定刺激反应的脑电图信号，这就是事件相关电位（event related potential，ERP）或诱发电位。ERP是与事件发生相关的电活动的记录。通过测量大脑对事件的反应，我们可以了解不同类型的信息是如何处理的。例如，单词eats或bake会在200 ms左右产生正电位，提示大脑在呈现这些单词200 ms后会对其进行处理。在大约400 ms时，这个正电位接一个负电位，也被称为N400（N代表负数，400代表时间）。而数字刺激出现之后，电信号出现的平均时间是数百ms。事件相关电位反应的不同表明认知加工过程的不同。此外，我们通过观察电极在头皮上最大响应的位置，可以找出这种活动在大脑中发生的位置。

4. 脑磁图　脑磁图与脑电图类似，但它不是记录头皮上的电位，而是利用头皮附近的磁场来指示大脑活动。通过使用超导量子干涉仪，人们可以记录这些磁场。MEG主要用于定位癫痫活动的来源，还可以用于检查人的各种认知过程，如语言、物体识别和空间处理等。MEG比EEG有一些优势。第一，磁场通过脑组织、脑脊液、颅骨和头皮传导的影响比电流小。第二，磁场的强度可以告诉我们活动源在大脑中的深度。MEG也有缺点，其一是因为大脑中的磁场大约是地球磁场的一亿分之一，需要在铝制屏蔽室中检测，因此MEG费用昂贵；另一个缺点是MEG无法检测大脑中特定方向的细胞的活动，如长轴径向于头皮表面的细胞产生的磁场是不可测的。

5. 经颅磁刺激　经颅磁刺激（transcranial magnetic stimulation，TMS）是主动调节大脑活动的重要技术。Anthony Barker经过8年的研究于1985年开发出第一台现代TMS设备。TMS利用电磁感应原理，通过将一个电磁铁线圈固定在受试者头部，随着磁场的快速变化，会出现感应电流对特定大脑区域进行刺激。TMS产生的磁场强度经过脑外组织（头皮、骨骼、脑膜）后会降低，但其仍然能够诱导产生足以使浅表轴突去极化的电场。然而，由于灰质的阻抗大于白质，皮质下结构（如基底神经节和丘脑等）不会被TMS激活。

与其他测量方法相比，TMS更适合于探索某些大脑区域功能。如通过重复经颅磁刺激（repeated TMS，rTMS）作用于前额叶皮质时，患者无法建立短期记忆，说明前额叶皮质直接参与短期记忆过程。其他研究证明TMS可能导致视觉抑制、言语停顿和感觉异常，可被用于绘制运动皮质以外区域的特定大脑功能。有研究人员已将TMS应用于视觉信息处理、语言生成、记忆、注意力、反应时间以及情绪等大脑功能研究。然而，TMS对大脑的长期影响尚未得到充分研究。此外，作为一种治疗精神疾病的工具正引起重视，TMS在抑郁症中的应用研究广泛。例如，1994年乔治（George）和瓦塞尔曼（Wassermann）发现间歇性刺激重要的前额叶皮质脑区产生抗抑郁反应。但是，这些方法尚无法在临床治疗中使用，需要进一步了解正常的心理现象以及经颅磁刺激如何影响这些区域。将TMS与功能成像结合起来，直接监测TMS对大脑的影响可能是有前景的研究方向。

6. 经颅直流电刺激　经颅直流电刺激（transcranial direct current stimulation，tDCS）与TMS一样，是一种无创、无痛的刺激方法，通过施加微弱电流实现大脑区域的兴奋性刺激。tDCS的工作原理是将两个电极固定在头骨上，直流电池的电流通常在1～2 mA，施加在头骨上的直流电大约50%到达大脑。大脑区域活动的调节取决于电流值、刺激持续时间和电流流向。在tDCS中存在两种不同的刺激方式：阳极刺激，阳极被放置在要刺激的大脑区域附近；阴极刺激，阴极被放置在目标区域附近。阳极刺激的效果是施加正电荷，导致附近大脑区域的膜电位去极化，而阴极刺激则施加负电荷而发生超极化。阳极刺激通常会导致受刺激的大脑区域更活跃，在MRI扫描中，靶区血流量增加表明阳极刺激成功。

与TMS相比，tDCS的优势在于它不仅能够通过降低目标区域大脑活动来调节大脑功能，而且还能够增加目标脑区的活动。因此，这种方法可以为抑郁症等精神疾病提供更好的治疗，tDSC对卒中患者也有一定帮助。

（四）行为学方法

除了使用测量大脑生理和解剖的方法外，为了更好地了解认知，行为学方法也很重要。与专注于大脑区域神经元活动的神经科学方法相比，行为学方法侧重于了解受试者的行为表现。一般通过成套测试（如IQ测试）、定义明确的行为（如眼睛跟踪）或回答与人类行为有关的特定问题来实现。此外，行为学方法经常与上述各种神经科学方法结合使用。每当大脑对刺激（如图片）有明显反应时，这些行为方法都是有用的。行为测试的另一个目标是检查中枢神经系统损伤对认知能力的影响。

1. **成套测试**　神经心理学评估可以通过测试方法实现，该方法通过分析不同的认知能力来概述一个人的认知优势和劣势。这种成套测试不仅能测试各种精神功能，还能测试一个人的整体智力。Halstead-Reitan成套测试是使用最多的成套测试，测试的范围从基本的感官处理到需要复杂推理的能力测试。该成套测试的目的是查明一个人是否患有脑损伤，它们在区分脑损伤患者和神经损伤患者方面效果很好，但在区分他们和精神障碍患者方面效果较差。此外，Halstead-Reitan成套测试还能分析造成损伤的原因、受损的大脑区域以及损伤程度等信息，这些信息对制定康复计划非常有帮助。

成套测试的另一个案例是智力测定（intelligence quotient，IQ）。评估一个人智力最常用的测试是韦氏家族智力测试，如测试6～16岁儿童的各种认知能力的WAIS-Ⅲ测试。该测试首先是根据词汇、相似性和信息表现评估其语言理解指数，其次是分析非语言能力（如视觉运动整合）的知觉能力指数，然后根据一个人的知识广度、算术表现和对象组合子测验评估其工作记忆指数，最后根据数字符号编码和字母编号排序评估信息处理速度。

2. **眼球追踪程序**　分析行为和认知的另一个重要行为学方法是眼睛跟踪。这是一个测量我们注视的位置（注视点）或眼睛相对于头部运动的过程。眼球追踪具有悠久的研究历史。1879年，路易斯·埃米尔（Louis Emile Javal）注意到阅读行为并不是沿着文本流畅地扫视，而是一系列被称为注视的短暂停留。1967年，雅布斯（L.Yarbus）发表关于眼球追踪的专著，成为有史以来被引用最多的眼球追踪出版物。眼球追踪的过程并不复杂，主要是基于视频的眼睛跟踪器。摄像机聚焦在一只眼睛或两只眼睛上，记录观察者观看刺激物时的动作。有不同的眼球跟踪技术装备，有些是头戴式的，有些要求头部保持稳定，有些则在运动过程中自动跟踪头部。眼球运动分为注视和扫视，产生的一系列注视和扫视被称为扫描路径。大多数来自眼睛的信息都是在注视时接收的，而不是在扫视时接收的。阅读文本时的注视持续约200 ms，观看场景时的注视持续约350 ms，向新目标扫视大约需要200 ms。扫描路径用于分析认知意图、兴趣和显著性。

眼球跟踪被用来研究各种认知过程，主要是视觉感知和语言处理。它也用于人机交互以及市场营销和医学研究。在汽车设计领域，眼睛跟踪被用于分析驾驶员在驾驶时的注意力水平，以防止瞌睡造成事故。

二、评估人类认知昼夜节律的方法

自19世纪末实验心理生理学开始以来，人们就研究了一天中强迫清醒的延长对认知能力的影响。这些早期研究主要为了确定一天中最有效的教学时间，以优化学校时间表。如昼夜节律和睡眠研究的先驱纳瑟尼尔·克莱特曼（Nathaniel Kleitman）首次系统地将认知能力、时间生物学和睡眠联系起来。他注意到认知能力表现的速度和准确性存在周期性变化，下午表现最好，凌晨和深夜表现最差。从方法论的角度，评估人类认知表现的昼夜节律比测量核心体温或松果体释放褪黑素的昼夜节律更复杂。在评估个人任务时，任务本身和受试者群体对测量的输出变量（如反应时间）都有重大影响。为了揭示昼夜节律和睡眠依赖对生理和行为节奏的影响，人们通过设计适当的研究方案来理清这两个相互作用的过程。目前主要有3种主要方法被用于研究人类生理和认知表现中的昼夜节律：一天中的时间记录、恒定的常规方案和强制去同步方案。

（一）一天中的时间记录

一天中的时间记录意味着在一天中记录两次或两次以上生活在正常环境中的个体的表现。通常情况下，录音只在白天进行，不干扰睡眠，但通过这种方法获得的少量日间记录不足以测量一天中24小时内的昼夜节律振荡。这些研究的结果通常差异较大，许多研究得出了相互矛盾的结果。由于该方案所得结果的高度可变性，需要较大的样本才能在一天的不同时间获得显著差异。因此，当试图就认知过程的昼夜节律得出确切结论时，这类研究的意义非常有限。

（二）恒定例行程序协议

恒定的常规方案（constant routine protocol，CR）通常表示至少每隔24小时（如每小时）定期测量生理和认知功能指标。昼夜节律研究中的一个关键因素是所谓的"掩盖"影响。任何外部因素（如身体姿势、食物、光线）或内部因素（如压力水平、消化、运动）都有可能掩盖核心体温或褪黑素等内源性节律。因此，需要对所有其他可能的外部因素进行强有力的控制，以避免它们对测量变量的掩盖影响。在CR方案中，参与者在昏暗的光线下保持超过24小时的清醒状态。受试者保持半卧位。每小时的等热量食物提供恒定的能量供应。睡眠-觉醒周期和昼夜节律起搏器之间没有失同步。因此，延长清醒时间（24小时）的影响叠加在各种认知能力变量的昼夜节律曲线上。由于认知表现受睡眠内稳态驱动过程（过程S）和生物钟样过程（过程C）的调节，因此测量的任何任务变量的时间过程都反映了CR期间这些过程的相互作用，并根据任务表现出更"昼夜节律"或更"稳态"的模式。该方案有助于评估认知能力的稳态和昼夜变化。

除了经典的CR协议，研究者可以在相同的去屏蔽CR条件下使用多个超短睡眠协议。这些超短睡眠/觉醒周期协议的优点是间歇性睡眠机会（只要时间足够长）可以使睡眠压力的稳态累积保持在非常低的水平。通常通过主观困倦评分和额叶低脑电图活动来量化这一点（额叶低EEG是衡量清醒期间睡眠过程的良好指标）。因此，可以（尽管并非完全）"消除"昼夜节律振荡，防止其阻碍体内平衡，这会使得认知表现测量的"昼夜节律"曲线比经典CR方案更佳。

（三）强制去同步协议

在正常状态下，各种生理和认知功能的昼夜节律以及睡眠-觉醒周期相互同步，并与白天-夜间周期同步。光是视交叉上核这一内源性昼夜节律起搏器的主要同步器，它将昼夜节律与24小时地球自转同步。在失去光的同步作用的情况下，睡眠-觉醒周期也会自发地与核心体温节律失去同步，并表现出过长（最多48小时）或过短（24小时）的节律。这种自发去同步现象通常发生在隔离期间和低光照水平两周后。为了评估昼夜节律的作用，人们通过将受试者安排在与24小时节律有很大偏差的极端的睡眠-觉醒作息表上，此时内源性昼夜节律起搏器无法跟踪强加的极端睡眠-觉醒周期（如28小时），并开始遵循其自身的节律（即"自由跑"）。该协议后来被称为强制去同步协议。

纳瑟尼尔·克莱特曼是第一位进行此种实验的研究人员。在1938年，他安排受试者在肯塔基州的猛犸洞穴生活。在这种环境中，缺乏日光提示昼夜节律，受试者行为随其内生周期振荡。在强制去同步协议中，计划的睡眠和觉醒几乎发生在所有昼夜节律阶段。由于受试者被安排在黑暗中卧床休息，因此每次睡眠前的清醒量变化被最小化。因此，可以在连续的昼夜节律周期或连续的睡眠或觉醒事件中平均数据，从而分离这两个组成部分。该平均值通过去除混杂的睡眠-觉醒相关贡献，从而隔离感兴趣变量的昼夜节律曲线。强制去同步方案在消除或均匀分布几个驱动因素方面的有效性已通过以下发现得到证明：在周期长度明显不同（如11、20、28或42.85小时）且体力活动水平明显不同的强制去同步方案中，起搏器的观察周期几乎相同。到目前为止，强迫去同步协议已被用于量化非快速眼动和快速眼动睡眠期间以及清醒期间睡眠、睡眠结构和脑电图功率密度的昼夜节律和睡眠稳态变化。最近也有强迫去同步期间，神经行为功能的昼夜节律和稳态调节的定量等方面的报道。

■第三节　节律紊乱与注意力、工作记忆和执行功能

注意力是一种认知过程，是人类顺利完成多种活动和任务，如感觉、运动、记忆任务、语言任务、算术计算和模拟驾驶任务等的基础。脑损伤导致注意力下降的患者在执行多种任务和神经心理学测试时出现缺陷。

注意力具有稳态（清醒时间、睡眠剥夺）和昼夜节律的变化。注意力在夜间和清晨达到最低水平，中午左右为较高水平，下午和晚上达到更高水平。然而，这个过程可能会受到计时类型、睡眠剥夺、年龄或药物等因素的调节。了解注意力的昼夜节律对于正确规划和执行学习和工作任务至关重要。

一、注意力概述

注意是人脑的高级认知功能之一，是意识对某个信息或对象的指向和集中的认知

活动，是记忆和思维能力的基础。注意的问题是心理学最古老的问题之一，至今仍是心理学研究中的热点。然而，二十世纪前半个世纪里，由于行为主义在心理学中占统治地位，极大地阻碍了对注意力内部机制的研究。近50多年来，随着认识神经科学的兴起，注意的重要性愈来愈清楚地显示出来，并得到更加深入的研究。认知神经科学以信息加工的观点，将复杂的行为和心理功能分解为不同的认知亚成分，对以往不能量化的内在的认知过程进行科学的定量研究，不仅加速了认知心理学和神经科学的结合，也极大地促进了对于注意力等高级认知功能的研究。

（一）注意力的类型

许多心理学模型试图解释注意力；有些强调刺激的处理；有的着重刺激物的选择以及对环境的反应等。按照注意驱动来源分类可以分为有意注意（目标驱动/自上而下）和反射性注意（刺激驱动/自下而上）。按照是否有眼动分类，分为外显注意和内隐注意。波斯纳（Posner）依据注意不同的功能维度进行分析，提出注意网络系统按功能可分为警觉，定向和执行控制网络。

1. 警觉注意 警觉注意（内源性警觉与外源性警觉）是指对可能到来的刺激保持高度敏感的一种准备状态，促使对目标任务做出快速且准确的反应。警觉存在两种不同的机制，称为固有警觉和相位性警觉。固有警觉是指在没有外界线索提示的情况下，个体对无从预知的外界刺激的注意激活状态。它反映了机体的基础注意力水平，又称为内源性警觉。相位性警觉又叫作外源性警觉，是指在外界刺激线索出现后迅速产生对目标刺激反应易化的能力，对于应对环境变化至关重要。外源性警觉侧重警觉信号对目标刺激加工的影响作用，而内源性警觉更倾向于表达个体在缺乏警觉信号时对目标的敏感程度。

2. 定向注意   定向注意是在多种感觉器官输入的信息中，选出有意义的进行加工。其意义是从环境中过滤无关信息。定向注意包含复杂的认知过程，主要由注意解离、注意转移和注意投入三个阶段组成，即注意焦点从原来注意中心解脱，注意转移，重新定向，再投入到新的注意目标上。

3. 执行控制   注意的执行控制系统指对认知操作进行协调控制和解决反应冲突的能力，包括解决冲突、错误探测、觅新和各种努力认知过程等。

（二）注意力的神经机制

1. 警觉的神经机制   警觉的提高可以改善对注意目标的觉察速度。脑干网状系统在保持警觉性中发挥重要作用（图3-1）。然而，随着神经影像学的发展，人们对脑干和丘脑的神经调节系统的了解越来越深入，人们对警觉相关的脑区有了更精准的认识。目前认为，警觉功能相关的脑区包括前扣带回、脑岛、楔前叶、额顶网络（右侧）、脑干、丘脑等。

（1）脑干网状上行激活系统与觉醒维持：上行激活系统由背侧和腹侧通路组成。背侧通路起源于中脑、脑桥以及延髓网状结构的谷氨酸能神经元和脚桥被盖核/背外侧

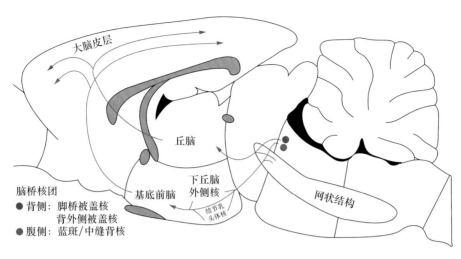

图3-1 上行网状激活系统的背侧和腹侧通路

被盖核（pedunculopontine and laterodorsal tegmental nuclei，PPT/LDT）中的胆碱能神经元，这些神经元投射到"非特异性"的丘脑板内核和中线核，即丘脑皮质投射系统（包括丘脑室旁核、带旁核、中间核、中央外侧核、旁中央核、中央内侧核、菱形核、核仁、中央内侧核和束旁核）。这些丘脑核团进一步广泛投射到的新皮质区域。除了丘脑投射外，脑干胆碱能（LDT/PPT）神经元还支配Tsai氏中脑腹侧被盖区的多巴胺能和GABA能神经元，这些神经元参与奖赏过程并投射到伏隔核和前额叶皮质。

腹侧通路主要通过内侧前脑束的纤维上行，穿过下丘脑后/外侧和基底前脑（basal forebrain，BF），投射到达皮质。腹侧通路起源于桥脑的谷氨酸能神经元（臂旁核）、去甲肾上腺素能神经元（蓝斑）、5-羟色胺能神经元（中缝背核和中缝正中核）和多巴胺能神经元（中脑导水管周围灰质）。这些上行纤维与下丘脑后部/外侧的谷氨酸能神经元、结节乳头体核（tuberomammillary nuclei，TMN）的组胺能神经元和下丘脑外侧核（lateral hypothalamic nuclei，LH）的食欲素能神经元形成突触。所有这些系统都汇聚到BF尾侧的胆碱能、GABA能和谷氨酸能神经元，并投射到新皮质。

背侧通路（蓝色）起源于脑桥和中脑网状结构的胆碱能（LDT/PPT）和谷氨酸能神经元，投射到"非特异性"的丘脑板内核和中线核，这些核团广泛支配大脑皮质的诸多区域以及丘脑中继神经元。腹侧通路也起源于脑桥/中脑区域，并投射到下丘脑外侧核（LH）和结节乳头体核（TMN）以及基底前脑（BF）。LH和TMN的输出也投射到BF，BF进一步投射到皮质。蓝斑（LC）的去甲肾上腺素能神经元和中缝背核（DR）的5-羟色胺能神经元参与这两条通路，并向皮质发出直接投射。

（2）去甲肾上腺素与警觉：蓝斑-皮质去甲肾上腺素通路对于警觉功能至关重要。工具药6-羟基多巴胺（6-hydroxydopamine，6-OHDA）可以选择性损毁儿茶酚胺能神经元，在鼠脑内蓝斑皮质通路注射6-OHDA，导致去甲肾上腺素严重耗竭，损伤鼠在完成习得条件辨别任务中存在缺陷。通过对猴的实验研究，发现应用减少去甲肾上腺释放的药物（如可乐定、胍法辛），会减少线索提示的警觉状态的保持，提示警觉注意与大脑去甲肾上腺素递质系统密切相关。操纵人类中枢去甲肾上腺素水平也会影响注意。静脉内注射氯压定的正常人类志愿者需要注意参与的作业能力变差。增加去甲肾上腺素释放的药物也可以增强警觉能力。

2. 注意定向的神经机制   注意定向网络又包含内源性注意定向和外源性注意定向。内源性定向主要由大脑的前注意系统（anterior attentional net，AAN）负责。主要依赖于个体的目标意愿，即在目标刺激出现之前，个体已主动地将注意定位到与当前任务目标相关的空间位置上。是一种自上而下的注意定向过程。而外源性注意定向主要由后注意系统（posterior attentional net，PAN）负责，受外界环境刺激的驱动。注意的关注中心为外界刺激对注意的吸引，通常受刺激强度，刺激间对比以及刺激的新颖性等影响较大，是一种自下而上的注意定向过程。

顶叶与注意的定向和集中密切相关。研究发现顶叶皮质存在"注意神经元"。注意力集中时，顶叶某些神经元放电会增加且持续。顶叶损伤破坏了对同侧目标的注意力，但是不影响对侧目标的注意力。对侧疏忽综合征主要表现为，患者不能对出现在脑损伤对侧空间的刺激作出适当的反应。对侧疏忽综合征的原因是，对损伤的大脑半球同侧线索的过度注意，而注意损伤大脑半球对侧的目标出现困难。此外，对侧疏忽综合征主要与右半球顶叶损伤有关。这是因为，右侧顶叶同时主管对身体左右两侧及其对外部空间事物的注意力，而左侧顶叶只管对身体左边目标的注意。右侧顶叶损伤，左侧不能代替其功能。顶叶局部注射胆碱能拮抗剂东莨菪碱，可以降低注意的定向能力，但并不影响警觉，提示胆碱能系统与注意的定向功能密切相关，但是与警觉注意无关。

注意力的"脱离"功能与丘脑后结节、上丘、上顶叶、颞顶联合、上颞叶和额视区有关，病损颞顶联合、上颞叶的患者表现出注意从某个位置脱离困难。注意的"转移"功能是指个体能够主动地、有目的地及时将注意从一个对象或者活动调整到另一个对象或者活动。注意力转移的速度是思维灵活性的体现，也是快速加工信息形成判断的基本保证。转移功能相关的脑结构是前额叶皮质和扣带回前部的灰质。前额叶损伤的症状表现为患者注意的调控能力低下，很难把注意力集中到被特别暗示的事情上，注意力容易分散。此外，患者不能根据暗示信号调整自己的行为，注意力很难在不同事物或不同的行为操作间进行转移。

其他具有注意定向功能的神经元包括：其一是中脑上丘，中脑上丘及其周围区域的损伤影响视觉定向。进行性麻痹是一种进行性退变痴呆，典型症状之一是产生随意眼动，尤其是垂直平面上眼球运动明显麻痹。上丘及其临近顶盖区机能的退变是其独有特征。另一个是丘脑枕核，丘脑枕核损伤患者和猴在执行隐蔽定向任务时出现困难。

4. 注意执行功能的神经机制   影像研究发现前扣带回、副运动区、额直回、前额叶背侧皮质和部分基底节以及丘脑常在解决冲突任务中激活。老年人在执行功能任务（如威斯康星卡片分类测验测试）中成绩明显下降，发现这种改变与前额叶的体积减小功能下降密切相关。多数研究报道，包括衰老、脑外伤、额叶卒中等病变累及额叶时，都出现执行功能受损。皮质-纹状体环路受到破坏的帕金森病患者，也发现有执行功能缺陷，表现为任务切换速度下降。正常老年人认知功能的改变和多巴胺递质系统对前额叶的投射或功能下降有着重要的关联，研究认为，多巴胺神经递质对注意的执行功能有重要影响。帕金森病执行功能受损也是内源性多巴胺递质下降所致。

除了以上的三大功能，注意力的"编码"功能相关的脑结构主要为边缘系统，包括海马和颞叶前部的灰质；额叶、顶叶构成神经网络相互协调完成空间注意功能：其中额叶眼球运动区（frontal eye field，FEF）主要控制空间探究行为，后顶叶主要控制空间信息的传入。

5. 丘脑网状核闸门理论　当人全神贯注时，除了眼前专注的事外，对周围的一切往往都会充耳不闻、熟视无睹。那么我们当专注时对其他事物的忽视究竟是依靠什么生理机制实现的呢？答案是丘脑网状核。丘脑本身是人类大脑的感觉传导接替站，来自全身各种感觉的传导通路均在丘脑内换元，再投射到大脑皮质。根据丘脑各部分向皮质投射特征的不同，丘脑可以分为特异投射系统和非特异投射系统（或称弥散性投射系统）。丘脑非特异投射系激动大脑皮质的兴奋活动，使机体处于醒觉状态，而丘脑网状核对非特异投射系统核团有抑制性的调控作用。丘脑网状核的活跃会抑制丘脑内感觉传导接替神经元的活动，从而屏蔽过滤掉我们接收的外界信息。

那么，丘脑网状核又是怎么样决定何时屏蔽以及屏蔽哪些感觉信息呢？答案是丘脑网状核受皮质和中脑网状结构的双重控制，皮质和中脑网状结构对丘脑网状核的作用是相互对抗的，前者引起丘脑网状核兴奋性增强，后者引起兴奋性降低（抑制性作用）。通常情况下，受网状结构影响，丘脑网状核不活跃，也就不会屏蔽感觉信息，而当我们思考问题大脑皮质活跃时，就会使丘脑网状核也开始活跃，继而屏蔽各种感觉信息了。

这就是20世纪70年代提出的丘脑网状核闸门理论。其主要内容是：丘脑抑制性网状核接受双重控制，即额叶-丘脑系统的兴奋作用和中脑网状结构的泛化性抑制影响，使其成为一个闸门，对丘脑的各种感觉接替核实施控制，从而对感觉信息进行筛选，只有通过闸门的感觉冲动才可到达大脑皮质受到注意。

内侧丘脑-额叶系统是指在结构上有直接联系，在机能上关系更为密切的内侧丘脑的神经核、额叶皮质（主要是额叶颗粒层细胞）以及联结它们的双向通路——丘脑下合脚。内侧丘脑-额叶系统通过精确投射的方式调节网状核的活动，抑制无关刺激向大脑皮质的传递，表现为选择性随意注意。而中脑网状结构通过弥散投射的方式调节网状核的活动，从而控制着不随意注意（图3-2）。

（三）注意力的临床检测方法

1. 神经心理学测验　注意力常用的神经心理学测试方法分为：①用来评估注意力持续性的测试：连续性能任务（continuance performance test，CPT），令受试者在几分钟或几十分钟内不间断地执行一项恒定难度的任务。1956年，Haldor Rosvold及其同事开发了CPT的第一个版本，证明了与健康对照组相比，额叶损伤士兵存在注意力缺陷，导致任务执行困难。目前最常用研究注意力持续性的测试是注意变量测试（test of variables of attention，TOVA）、视觉听觉整合CPT（integrated visual and auditory CPT，IVA）

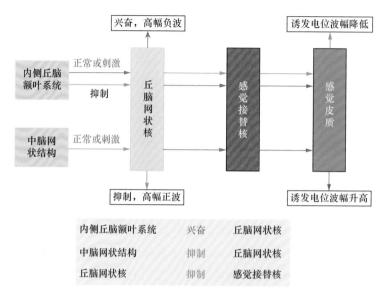

图 3-2　丘脑网状核闸门理论示意图

绿色箭头代表抑制性作用，红色箭头代表兴奋性作用。

和Conners量表。这些检测通常用于注意缺陷多动障碍（attention deficit and hyperactivity disorder，ADHD）的诊断和鉴别诊断；②研究注意力编码功能的相关测验有：韦氏成人智能测验（Wechsler Adult Intelligence Scale，WAIS）中的数字广度测验和算术计算测验的分项得分；③研究注意力的选择性，即集中执行功能的相关测验有：WAIS操作测验中的数字符号分项、Stroop字色干扰测验（stroop colour-word test，SC-WT）、字母划消测验和连线测验；④研究注意力转换功能的相关测验有：威斯康星（Wisconsin）卡片分类测验和WAIS语言测验中的词汇测验；⑤研究注意力稳定功能的相关测验为CPT测验中正确应答反应时间的变化率。以上检测被统称为注意系列测查。

随着认知神经科学的发展，人们对注意力的认识不断提高，注意力的测试手段更加完善。如新的测试软件——注意网络测验（attention network test，ANT）是用来评估注意网络的警觉、定向和执行控制功能以及三者之间的联系，该测验简单易行，可用于成人、儿童及动物的检查。ANT通过改变暗示方式（干扰）来检查注意网络的警觉与定向功能，通过靶子出现时的状态（是否冲突）来检查注意网络的执行控制功能，结果由反应时来表示。

2. 功能性磁共振成像　近年来，功能性磁振成像（functional magnetic resonance imaging，fMRI）正从实验室走向临床，对注意等认知功能的研究日趋活跃。应用fMRI可观察到在涉及认知任务操作时脑区的激活区域。研究显示，在靶子前出现警觉信号时fMRI发现右侧额顶叶被激活，而上顶叶和颞顶交界等区域与注意网络的定向功能有关。涉及解决冲突任务时，fMRI显示额叶的中间部分（前扣带回，anterior cingulate cortex，ACC）和前额叶的侧面被激活，人类前额叶损伤可导致执行干扰任务的能力下降。大量对前额叶控制功能的研究发现，额叶腹背侧区、扣带回、顶叶和前运动区紧密联系，构成一个与认知活动（如注意、工作记忆）相关的网络。

3. 事件相关电位检查　目前认为ERP是评价认知能力和判定能力受损程度较有价值的方法之一。P3波反映了受试者对刺激的接受、处理以及反应等认知过程，是注意、感知、记忆、判断和思维的总和，它不受刺激的物理特性影响，其波幅和潜伏期能客观地反映被检查者的认知能力。有研究发现重度ADHD组较轻度ADHD组EPR的P3波波幅低、潜伏期长，这可能与患儿主动性选择注意缺陷和心理期望不足有关，对靶刺激的敏感性和警觉性降低，表现为认知过程的感受能力下降，因而P3波出现率低或波幅低。并且发现主动注意时ADHD患儿的N1、P2、N2和P3等波幅都明显低于正常儿童，说明ADHD患儿主动注意能力较差，这些异常在服用兴奋剂后可以得到改善。

4. 其他检查的应用　经颅磁刺激通过高强度快速变化的磁场在皮质上产生局部感应电流，来兴奋（低强度）或抑制（高强度）脑皮质神经元的活动。根据TMS可以可逆地阻断皮质的活动，具有良好的时间（0.1 s）和位点（1 cm）分辨率的特点，使用重复经颅磁刺激（repetitive TMS，rTMS）可逆地阻断后顶叶的活动来观察其空间注意功能的改变。用TMS刺激志愿者的FEF，观察对注意转移功能的影响，认为FEF功能在两侧大脑半球不对称，当TMS刺激右侧的FEF时，能明显地妨碍注意的转换功能。其他如多导脑电图、正电子发射断层扫描等也可用来研究记忆功能。

二、注意力的昼夜节律

（一）注意力的昼夜节律现象

注意力在早上（07:00至10:00）处于较低水平，主要是因为人体生理活动的昼夜节律在这个时间达到最低点；睡眠惰性也是导致注意力低下的原因之一。注意力在中午（10:00至14:00）时有所提高，但在午餐后（14:00至16:00）下降，下午和晚上入睡前（16:00至22:00）执行力会更好。最后，注意力在夜间（22:00至04:00）再次降低，在黎明和清晨（04:00至07:00）达到最低水平。这种注意力表现变化规律适用于通常在23:00到07:00之间睡觉，并且具有中间型计时类型的人。计时类型反映了一个人在一天活动（休息）周期中的偏好模式，有些人更喜欢在早上进行活动，称为早起型，有些人更喜欢在晚上进行活动，即晚起型，还有些人没有偏好，可以在一天中的任何时间进行活动，称为中间型。了解认知表现的计时类型对于规划日常活动非常重要，例如学校时间表分配给学习、运动或工作的时间，以及规划学术、医学、心理或神经心理学测试。

（二）注意力昼夜节律的调节

计时类型、睡眠剥夺、年龄和药物均可以调节注意力在一天中不同时间点的表现。其中，计时类型是一种非常稳定的生理特征，早起型人昼夜节律相位提前，晚起型人昼夜节律相位延迟。个体的计时类型明显影响不同时间的注意力表现。早起型学生往往早上注意力更好，晚上表现较差，因此可能在下午学习或考试产生困难；而晚起型学生呈现相反模式，通常在上午学习或考试产生困难，在午后（12:00到16:00）注意力提高。

睡眠剥夺会影响注意力。无论是急性失眠还是慢性睡眠限制，都会对注意力产生负面影响。睡眠剥夺越严重，注意力损害越明显。晚起型学生尽管入睡较晚，但是在工作日必须早起以遵守上学时间，这种睡眠时间的缩短会导致白天注意力下降。据调查，晚起型学生的成绩往往比早起型学生更低。年龄也会调节注意力的昼夜节律，青少年往往睡眠-觉醒周期延迟，而老年人则倾向睡眠-觉醒周期提前。有些药物可以调节注意力的昼夜节律，其效果取决于摄入的剂量和时间。例如，早上服用咖啡因可以提高白天的警觉性，并促进昼夜节律的相位提前，而晚上服用咖啡因可能会提高夜晚的警觉性，干扰就寝时间，并导致昼夜节律相位延迟。

（三）注意力不同组分的昼夜节律调节

注意组分的昼夜节律变化可能会调节人类所有活动表现。当注意力的任何组成部分受到大脑损伤或任何其他障碍的影响时，几乎所有测试和任务表现都会受到影响。为了分析注意力的昼夜节律，这里使用Posner和Rafal的神经心理学模型，根据这个模型，注意包括四个组成部分：固有警觉、相位性警觉、选择性注意和持续注意（表3-1）。

1. 警觉性注意（固有警觉和相位性警觉） 固有警觉决定大脑的清醒程度，在早晨和夜晚具有较大差异。相位性警觉性反映了面对警示迅速提高注意力的能力。在关于昼夜节律的研究中，精神运动警戒测试（PVT）通常被用来反映注意力表现的时间变化。通过一天中的时间记录、恒定的例行程序和强制去同步协议，可以分析注意力的稳态和昼夜节律的变化。观察指标是反应时间（随清醒时间增长而增加）和反应时间的昼夜变化（白天的反应潜伏期较短，夜间的反应潜伏期较长）。失误次数（遗漏或反应时间延长）也会随着清醒时间的增加而增加，并表现出昼夜节律变化，白天的失误较少，夜间的失误频率较高。在恒定的常规方案中，通过连续的表现任务可以观测紧张性和阶段性警觉性的稳态和昼夜节律变化。在一个固定的常规方案中，在28小时内每小时记录一次任务执行情况，并评估执行任务准确性。在整个记录过程中，观察到任务准确性随着清醒时间延长而降低，此外，在夜间任务准确性降低。

注意需要处理一个或多个连续发生的刺激。处理新的传入信息意味着注意力应该从一种刺激转移到另一种刺激。这种转移过程可降低处理新事件的效率。当两个刺激之间的间隔为1 s或更长时，人们可以有效地处理这两个刺激。但是，当它们之间的间隔较短（小于500 ms）时，人们对第二个刺激的反应时间增加，正确反应减少，表明处理新刺激的能力降低。

通过对心理不应期（psychological refractory period，简称PRP）和注意瞬脱（attentional blink，AB）的测量可以反映新刺激处理过程中的这些变化。PRP是指人的感觉器官对某些刺激信号作出抑制反应的时间。例如，在第一次刺激后500 ms间隔内处理第二次刺激所需反应时间的增加。PRP受到昼夜节律影响，例如在如下实验中，按照恒定的常规方案，在28小时内每2小时记录一次PRP，并给予两种刺激：刺激1（S1）为300或900 Hz音调，刺激2（S2）为X或O字母。在S1和S2之间使用三个时间间隔：50、200或1000 ms。参与者必须对每个刺激做出特定的反应。结果表明，对第二种刺激的反应时间在夜间增加。这一发现表明，中枢处理时间存在昼夜节律振荡。

AB现象是一种注意盲现象，与PRP有着密切关系，可以用来解释当刺激呈现先后时间间隔短到一定的程度时，人们不能有效区分刺激的现象。AB实验表现为在第一个刺激发生200～500 ms后检测或识别第二个刺激的准确性降低。通过快速连续视觉呈现任务测量AB发现，将第一个目标（T1）和第二个目标（T2）设置不同的时间间隔（100～800 ms），通常在200～500 ms的时间间隔内，T2精度下降，较长的时间间隔（600～800 ms）时，T2精度与T1精度类似。

2. 选择性注意　　选择性注意是指在外界诸多刺激中仅仅注意到某些刺激或刺激的某些方面而忽略了其他刺激。选择性注意作为认知神经科学一个重要的研究方向，它旨在回答大脑是如何选择性地注意来自外界感知觉信息以及以何种机制对这些信息进行存储、加工的问题。选择性注意是连接人类感知觉和记忆两个认知过程的关键环节，个体的一系列认知活动首先起始于大脑选择性地对外界复杂刺激信息进行有限的加工。众多研究表明，个体不能对在同一段时间内所接触的所有信息进行加工，其中相当一部分信息会被忽略。我们按照感知觉通道的不同，可以将其分为听觉选择性注意、视觉选择性注意和跨通道选择性注意。

在与褪黑素昼夜节律相关的选择性注意研究中，根据恒定常规方案观察到选择性记忆的稳态和昼夜节律的变化。在处理第一次刺激（T1）后短时间间隔内发生的第二次刺激（T2），例如T1后2200 ms检测T2准确度和连续的独立刺激（800 ms后检测T2准确度）的过程中，也观察到了选择性记忆的稳态和昼夜节律的变化。这种信息处理能的变化，可能是由于基础注意力水平下降，或者处理干扰的能力降低。

3. 持续性注意　　分析持续注意力主要依赖于以下认知测量指标：注意力效率的总体稳定性、时间变化和短期稳定性。注意力效率的总体稳定性可以通过整个任务中正确响应的可变性（标准偏差）来衡量。低可变性意味着注意力效率的高水平稳定性和持续注意力的增加。注意力效率的总体稳定性具有昼夜变化，白天稳定性高，夜间和清晨稳定性低。注意力效率的时间变化可以通过整个任务中正确响应的线性回归系数来衡量。零线性系数值表示从头到尾保持相同的注意力水平，意味着注意力增强。这种持续注意力指数随着清醒时间和睡眠剥夺而降低。注意力效率的短期稳定性可以通过点击运行（正确响应序列）和错误运行（错误序列）来衡量。更长、更频繁的点击，或更少的错误提示持续注意力的增加。在一个固定常规方案中，通过使用连续的性能任务，观察到随着清醒时间延长，白天注意力效率的总体稳定性和短期稳定性均逐渐下降。

4. 注意力执行功能的昼夜调节　　除了上述几种注意力组分，注意力的执行功能也受到昼夜节律调控。执行功能指的是编程和调节人类行为的能力，因此它们对决策、自我控制和解决问题至关重要。执行功能包括以下组成部分：主动性、抑制性、灵活性、计划性、预见性、自我监控、验证和纠正。认知抑制在Go/no go任务、一天中的某个时间方案和一个固定的常规方案中显示出随时间的变化。通过两种类型的Stroop任务（一种是大声朗读测试项目，另一种是使用计算机化的Stroop任务）观察到抑制和认知灵活性的昼夜节律变化。认知抑制和灵活性具有稳态和昼夜节律变化，最低值出现在04:00到07:00之间。Go/no go任务中的表现随着清醒时间的延长而降低，没有时间变化，尽管当人在接近最低核心体温水平（亚低温阶段）的时间醒来时执行力偏低。另一方面，使用恒定的常规方案，在自我监测中观察到清醒时间和一天中时间的变化，自我监控水平在04:00至07:00最低；夜间注意力下降使人们容易犯错误，而夜间自我监控能力的同时下降，进一步干扰了错误的纠正（表3-1）。

表3-1　注意和执行功能的昼夜节律研究

基本认知过程	试验方案	任务	最好认知表现	最差认知表现	参考文献
注意力					
固有警觉	强迫去同步协议	精神运动警戒任务（简单反应时任务）	天（体温节律） 6次失误 300毫秒夜间反应时间（体温节律）	12次失误 450毫秒反应时间	Wright 等，2002
固有警觉	恒定常规方案	连续执行任务	20:00-23:00 90%的回答正确 400毫秒反应时间	04:00-07:00 70%的回答正确 450毫秒反应时间	Valdez 等，2005
固有警觉	恒定常规方案	心理不应期	23:00 250毫秒中央处理速度测量	07:00 370毫秒中央处理速度的测量	Bratzke 等，2007
固有警觉	持续常规方案	注意瞬脱（快速连续视觉呈现任务）	20:00-23:00 80%正确回答	05:00-08:00 65%的回答正确	Gallegos 等，2018
固有警觉	强迫去同步协议	精神运动警戒任务（简单反应时任务）	白天（褪黑素节律） 2次失误 250毫秒反应时间	夜间（褪黑素节律） 8次失误 400毫秒反应时间	McHill 等，2018
固有警觉	恒定常规方案	精神运动警戒任务（简单反应时任务）	17:00-21:00 0次失误 265毫秒反应时间	05:00-09:00 7次失误 295 ms反应时间	Zeeuw 等，2018
相位性警觉	恒定例行程序协议	连续性能任务	20:00-23:00 80%的回答正确 440毫秒反应时间	04:00-07:00 60%的回答正确 500毫秒反应时间	Valdez 等，2005
选择性注意	持续常规方案	空间构型搜索任务（图）	白天（褪黑素节律） 700毫秒反应时间	夜间（褪黑素节律） 850毫秒反应时间	Horowitz 等，2003
选择性注意	持续常规方案	空间构型搜索任务（数字）	白天（褪黑素节律） 1400毫秒反应时间	夜间（褪黑素节律） 1650 ms反应时间	Horowitz 等，2003
选择性注意	持续常规方案	持续执行任务	20:00-23:00 75%的回答正确 500毫秒反应时间	04:00-07:00 55%的回答正确 550毫秒反应时间	Valdez 等，2005

基本认知过程	试验方案	任务	最好认知表现	最差认知表现	参考文献
选择性注意	持续常规方案	注意眨眼（快速连续视觉呈现任务）	20:00-23:00 75%的正确回答	04:30-08:00 60%的正确回答	Gallegos等，2018
持续注意力	持续常规方案	持续执行任务	20:00-23:00 15次正确运行 3次错误运行	04:00-09:00 10次正确运行 10次错误运行	Valdez等，2010年
执行职能					
认知抑制	强制去同步协议	Go/no Go任务	白天（体温节律） 20%的错误率	夜间（体温节律） 30%的错误率	Harrison等，2007
认知抑制	常数常规方案	计算Stroop型任务，转换标准	18:00-23:00 85%的回答正确 500毫秒反应时间	03:00-06:00 70%的回答正确 570毫秒反应时间	Garcia等，2012
认知抑制	常值常规方案	Stroop任务及转移标准（48字）	18:00-23:00 43秒完成任务的时间	03:00-06:00 50秒完成任务的时间	Ramirez等，2012
认知抑制	恒定常规方案	Go/no Go任务	15:00-21:00 75%的错误率	05:00-09:00 93%的错误率	Zeeuw等，2018年
认知灵活性	恒定常规协议	计算Stroop型任务，转换标准	18:00-23:00 65%的正确回答	03:00-06:00 45%的回答正确	Garcia等，2012
认知灵活性	标准变化的常规Stroop任务	（48字）	18:00-23:00 完成任务时间50秒	03:00-06:00 完成任务时间57秒	Ramirez等，2012
自我监控	常规协议	跟踪任务	18:00-23:00 4个圆圈以适应路径	05:00-09:00 14圈以适应路径变化	Garcia等，2016

　　综上所述，注意力是一种认知过程，对人类所有活动，无论是学习、工作、从事体育、艺术、社会交往还是娱乐活动的表现都至关重要。注意的所有组成部分都存在昼夜节律，包括警觉性注意、选择性注意和持续注意力。我们的注意力在白天提高，而在夜间和清晨达到最低水平。注意力的昼夜节律调节着人类所有活动的表现，因此在夜间和清晨，工作表现和生产力都会下降，错误和事故的概率也会增加。工作和学校时间表的制定应该充分考虑人类生理、睡眠需求和昼夜节律。其他活动的日程安排，如学校测试、心理或神经心理学评估，也应该根据人的昼夜节律、年龄和时间类型进行规划。

第四节　生物节律与学习记忆功能

　　学习和记忆效率的昼夜节律调节是一种进化上保守的现象，从无脊椎动物到包括人类在内的高等哺乳动物均可以发生。尽管视交叉上方的视交叉上核（SCN）的主时钟是哺乳动物昼夜节律的主要起搏器，但最近的证据表明，包括海马在内的前脑区域具有振荡能力，能够独立于主时钟发挥作用。这一发现以及对构成学习和记忆基础的细胞信号事件的研究，为阐明生物钟影响神经可塑性和认知的精确细胞、分子和电生理机制开辟了新途径。

一、学习和记忆的概述

（一）学习和记忆的概念、分类和脑功能定位

学习是指获取新知识或新技能的过程。学习是通过神经系统不断接受环境变化而获得的新的行为习惯或经验，依赖经验来改变自身行为，以适应环境变化的神经过程。根据外界刺激与神经系统反应之间关联性的大小，学习分为非联合型学习和联合型学习两种形式。

非联合型学习主要指个体受到一次或多次重复刺激的反应，刺激与刺激或刺激与反应之间均不存在明确的联系或预示关系。主要包括习惯化、敏感化。习惯化是指人或动物受到反复出现的非伤害性刺激时，其行为反应逐渐减弱甚至消失，其生理意义是去除神经系统对于反复出现无意义的刺激的应答。而敏感化是指人或动物受到某种强烈或伤害性刺激后，对其他刺激的反应增强。其生理意义是增强机体对于伤害性刺激的防御反射。

联合型学习是指在时间上很接近、有一定规律的两个或两个以上事件重复发生时，个体能够在事件与事件之间建立起某种形式的联系或预示关系，称为联合型学习。主要包括经典条件反射和操作式条件反射两种方式。经典条件反射（又称为巴甫洛夫条件反射），是指一个刺激和另一个带有奖赏或惩罚的无条件刺激多次联结，可使个体学会在单独呈现该刺激时，也能引发类似无条件反应的条件反应。经典条件反射最著名的案例是巴甫洛夫发现的狗的唾液条件反射。通过经典条件反射，动物学会了用一种刺激预示另一种刺激的到来，是动物学习预测未来事件的一种方法；对动物生存具有重要意义，因此在长期进化过程中保留下来。操作式条件反射要求动物必须采取某种行动才能获得非条件刺激的强化，如食物的奖赏或逃避电击的惩罚。操作式条件反射是受意识控制的高级反射活动，动物通过操作条件反射，学会了以自己的一种行为预示另一强化刺激的到来。这是动物改善自身行为，适应环境变化的一种方法。

记忆是指将获得的新知识或新技能进行编码、储存以及随后读出的神经过程。一个由外界传来的信息，一直达到永久性记忆必须经过三个阶段：包括感觉性记忆，特点是记忆保持时间短（<1 s）；短时记忆，特点记忆存储容量有限，时程也较短（数秒）；和长时程记忆，特点是容量大、时间长（数分钟至若干年，甚至终生）。其中长时记忆又分为陈述性记忆和非陈述性记忆两大类。

陈述性记忆是有关事实、事件情景以及它们相互关系的记忆，这种记忆能够用语

言来描述，被称为陈述性记忆。这种记忆可以有意识地回忆，又叫外显性记忆。大脑处理陈述性记忆相关的重要脑区包括内侧颞叶（海马、内嗅皮质、嗅周皮质和旁海马皮质）和间脑（丘脑前核、背内侧核和下丘脑乳头体）。内侧颞叶，尤其是海马损伤，可以导致新形成的短时记忆无法转存为长时程记忆。

非陈述性记忆的内容是无法用语言来描述的，因此称为非陈述性记忆。它有些记忆的内容是在无意识参与的情况下建立的，又叫内隐性记忆。非陈述性记忆又可进一步分为四种类型。第一类被称为程序性记忆。日常生活中，我们不断学习一些技巧，形成一些固定的行为习惯。例如，我们学习弹钢琴、骑自行车和系鞋带等。这些关于技巧或习惯的记忆就是程序性记忆，储存在纹状体、运动皮质、小脑以及它们之间形成的神经网络中。第二类为启动效应或初始化效应（Priming）。如果你在某一场合无意识地看见或听见过某一刺激，当这一刺激再次出现的时候，你辨认出它的速度会显著地更快。③第三类为联合型学习（经典条件反射和操作式条件反射）所形成的记忆，储存于小脑、杏仁核和海马。④第四类是由非联合型学习（习惯化和敏感化）所形成的记忆，存储在反射回路。

工作记忆是一种短时记忆，指的是个体在执行认知任务中，对信息暂时储存与操作的能力。前额叶是工作记忆的关键脑区，海马也在工作记忆中起重要作用。此外，不同的大脑区域可以处理记忆不同的特征。例如，海马主要支持记忆的时空特征，而隔核、杏仁核和终纹床核等区域支持情感记忆。腹侧被盖区向伏隔核的投射与奖赏记忆的形成密切相关，边缘下前额叶皮质等新皮质区域是高级语义关联的基础（如支持抽象思维的区域）。

（二）记忆的机制

突触可塑性是指神经活动引起神经元之间信息传递增强或者减弱的现象。研究发现，学习导致突触强度持久性改变（即长时程突触可塑性），是记忆编码和存储的重要机制。1973年，挪威科学家蒂莫西·布利斯（Tim Bliss）和泰耶·洛莫（Terje Lømo）发现，对兔的海马区域进行高频电刺激，可以引起内嗅皮质-齿状回突触反应性增强，并维持数小时甚至几天。首次提出长时程突触增强（long term potentiation，LTP）可能是学习记忆的细胞学机制。此后，又发现了其他形式的突触可塑性（如长时程抑制等），揭示了学习可以导致突触前和突触后产生持久变化，并产生记忆。埃里克·坎德尔（Eric Kandel）教授等20世纪的科学家还通过对海兔的系列研究，揭示了习惯化、敏感化和经典条件反射等简单学习模型的细胞和分子机制，也依赖于突触传递的可塑性。因此，突触可塑性是学习导致记忆形成的关键。

下面主要围绕LTP形成的机制，探讨记忆形成的细胞、分子、电生理和神经解剖学机制。LTP的形成与谷氨酸及其离子通道型受体（APMA和NMDA受体）密切相关。其中，α-氨基-3-羟基-5-甲基-4-异恶唑丙酸（AMPA）受体是一种化学门控离子通道，与谷氨酸结合时通道开放，使钠离子进入突触后神经元，引起突触后电位。作为对突触活动的反应，含有GluA1亚单位的AMPA受体从突触外膜池扩散并暂时固定在突触后膜。GluA1亚单位同时磷酸化，增加了通道电导和开放概率。这些过程增加了突触后神经元膜的电兴奋性，增加了突触电位强度。

长期记忆过程包括四个关键的神经生物学事件：即编码（信息处理）、分子巩固（记忆形成）、突触维持（记忆保持）和寻回（回忆）。这些事件在时间和分子机制上有很大的重叠，但在AMPA受体的调节中起着不同的作用。

在信息编码处理的过程中，感觉体验导致代表体验及其语义特征的神经元网络中突触活动增加。谷氨酸能N-甲基-D-天冬氨酸（NMDA）受体通常与兴奋性突触中的AMPA受体共定位，通过谷氨酸结合与膜去极化共同激活。激活的NMDA受体允许钙扩散到突触后神经元，从而激活钙/钙调素激活激酶II（CaMKII）。CaMKII是启动支持长时程增强诱导的关键细胞内事件的充分必要条件。CaMKII磷酸化与AMPA受体相关的辅助亚单位，促进其与突触后支架蛋白的结合，如突触后密度蛋白95（PSD-95），后者反过来将AMPA受体固定在突触后膜上。CaMKII还启动树突棘内肌动蛋白细胞骨架的降解（为AMPA受体向突触后膜移动扫清道路），并促进其随后的重组（阻止AMPA受体离开突触后膜）。这些机制大约持续10～20分钟，使树突棘头部迅速增大，并出现长时程增强。然而，在缺乏强突触刺激的情况下，AMPA在突触后膜内的定位将被细胞内稳态机制迅速抵消。

强烈的突触刺激可以进一步维持AMPA受体在突触后膜内的定位，即分子巩固效应，这是记忆形成的分子基础。在这个过程中，神经营养素，如脑源性神经营养因子（brain-derived neurotrophic factor，BDNF）可以与突触前神经元末梢的谷氨酸共同释放。BDNF与其受体酪氨酸受体激酶B（TrkB）结合，激活突触后神经元内的丝裂原活化蛋白激酶（MAPK）级联。MAPK级联激活导致下游翻译阻遏物真核翻译起始因子4E结合蛋白（4EBP）的磷酸化，并启动树突局部mRNA（包括PSD-95、GluA1和CaMKII）的翻译。

蛋白激酶A（Protein Kinase A，PKA）级联同样参与了长时程增强的分子巩固过程。PKA由NMDA介导的钙内流激活，并与来自MAPK级联的核糖体s6激酶（RSK）协同，进入细胞核磷酸化环腺苷酸（cAMP）反应元件结合蛋白（CREB），并启动cAMP反应元件（CRE）介导的可塑性相关基因转录，包括BDNF和转录因子，如CCAAT增强子结合蛋白（C/EBP）。MAPK和PKA级联还可以调节表观基因组，组蛋白修饰被认为在记忆形成中起重要作用。这些分子巩固事件以波浪式进行，可以持续48小时，促进突触增强的长期维持。

如何进一步维持和巩固的突触仍然是一个有争议的话题，但可能涉及蛋白激酶Mζ（PKMζ）的局部翻译，PKMζ是一种促进AMPA插入突触后膜的组成性活性激酶。肌动蛋白可能也发挥关键作用。在记忆提取时，内部或外部经验引发突触重新激活，而AMPA受体是回忆所必需的。

二、记忆功能的昼夜节律调节

人类生理性衰老和神经精神疾病都可以导致记忆障碍。由衰老和阿尔茨海默病等神经退行性疾病所致记忆衰退的特征是空间记忆和陈述性记忆的退化。情绪记忆调节障碍通常伴随着情感和焦虑障碍。奖赏记忆处理失调是物质使用障碍的一个显著特征。记忆失调也可以导致某些精神疾病。记忆障碍往往与昼夜节律紊乱伴随发生，研究发现昼夜节律对于记忆的效率具有重要的调节作用。

（一）昼夜节律对记忆的调节作用

越来越多的证据表明，记忆障碍往往与昼夜节律紊乱伴随发生。在一些涉及记忆障碍的生理或病理情况下，如衰老、阿尔茨海默病、重度抑郁症、双相情感障碍、创伤后应激障碍、物质使用障碍和精神病等，睡眠时间和每日激素释放曲线都会发生变化。此外，在昼夜节律紊乱的人群，包括倒班工人和患有急性时差综合征的人群中，也观察到记忆缺陷。进一步支持二者相关性的证据是，痴呆症患者通常表现出一种与昼夜节律相关的症状，称为日落综合征，其认知障碍在黄昏时分恶化。而且，昼夜节律紊乱是老年人群痴呆症的预测因子。

长期记忆过程包括信息编码、分子巩固、突触维持和寻回四个神经生物学过程。在记忆范式训练期间或训练后立即进行记忆测试，可以检测记忆的编码过程；之后进行测试，则反映了所有四种神经生物学事件。通过这些测试发现，昼夜节律不仅可以调节信息编码过程（发生在训练期间），也可以调节分子巩固过程（发生在训练期间和训练后）。工作记忆是一种短期记忆，有四个组成部分：语音存储、视觉空间存储、情节缓冲和中央执行系统。在恒定的常规方案中，在语音存储和视觉空间存储工作记忆成分中都观察到了稳态和昼夜节律变化。这些工作记忆成分的振荡与核心体温的昼夜节律相关，相位延迟1～3小时。语音存储中的振荡可以解释白天在阅读理解和语言学习等任务中观察到的变化。而视觉空间存储中的振荡可以解释白天在包括空间感知任务中观察到的变化（如绘画、建筑和算术任务）。

记忆强度可能会随着训练后时间的推移而自然衰退，因此记忆训练和测试之间的时间间隔是影响记忆效率的重要因素。最佳回忆时间通常会在记忆训练后定期重复出现（通常为12或24小时），这种现象被称为时间戳。时间戳确切机制尚不清楚。提供每个训练后相对应的完整24小时测试时间分布，可以区分时间戳和记忆衰退。

（二）昼夜节律振荡器的分类

正常的昼夜节律功能依赖于脑和全身生物钟网络的协调工作。这些时钟无法同步工作是昼夜节律紊乱危害健康的重要机制。尽管目前发现大脑和机体中多个区域具有局部振荡器的特征，但人们对这些振荡器如何相互作用、与主时钟以及其他夹带刺激的相互影响知之甚少。

研究表明，大多数SCN之外的振荡器需要依赖SCN产生和（或）同步该区域的节律。尽管如此，在体外培养中仍有一些脑区细胞，可以不依赖于SCN独立震荡，但与SCN相比，它们的振荡持续时间较短。这些时钟被称为半自主振荡器，此外，记忆时钟在夹带范围上具有昼夜节律振荡器的经典特征。例如，内隐时间记忆不能在夹带频率范围（22～28小时）之外形成，特别是当每20个小时进行一次训练时，无法形成内隐记忆。当训练停止时，记忆时钟自由运行并恢复到内生节奏。

因此，昼夜节律振荡器应该主要包括以下特征：首先，无论是外部刺激还是生理刺激，都可以夹带到时间轴上；其次，振荡的周期必须接近24小时；第三，超出夹带范围（22～28小时）的频率必须是不可夹带的。此外，对昼夜节律振荡器的分类应考虑两个性质，即振荡器是否能产生自己的节律以及它对SCN输入的夹带性质。根据这两种性质，我们可以将SCN以外的振荡器分为两类，一种是时钟不能产生自己的节奏，因此被外部输入强迫振荡；另一种是时钟可以产生自己的节奏，因此振荡是自持续的。

通过这个分类系统，可以精确定义从属振荡器和局部振荡器的概念。从属振荡器依赖于SCN输入产生振荡并且无条件地被SCN夹带，而局部振荡器能够内生地产生振荡并且有条件性地被SCN夹带。这些有条件夹带的自持振荡器称为局部振荡器，因为它们必须具有一种局部属性，能够在夹带到SCN、夹带到其他输入和回复到内生节律之间进行灵活切换。这些振荡器虽然可以在没有SCN输入的情况下产生振荡，但仍然需要依赖SCN输入以实现细胞振荡和相位设置的同步。

（三）SCN主生物钟对学习记忆的调节作用

SCN接收来自光敏视网膜神经节细胞的直接投射，SCN细胞中的时钟基因表达与周期性视网膜光刺激（如清晨阳光刺激同步）。因此，SCN能够将光照提供的时间信息传输至身体。SCN是产生和同步昼夜节律所必需的。在啮齿动物中，SCN的损伤可以破坏昼夜活动节律，并会阻止光照对于SCN以外其他节律振荡器的昼夜夹带。SCN是一个自我维持的昼夜节律振荡器，因为即使在没有外部输入的情况下，SCN组织切片和细胞培养也能够维持时钟基因表达的内源性昼夜节律。SCN这些独特的属性，使其可以作为中央主时钟，协调内源性昼夜节律与环境光周期。

海马区依赖记忆任务部分依赖于SCN调控。例如，SCN损伤（导致昼夜节律丧失）会导致长期新物体识别、语境恐惧条件反射和莫里斯水迷宫操作的缺陷。然而，没有观察到SCN损伤对中期新物体识别成绩的影响。有趣的是，研究发现，虽然节律紊乱的西伯利亚仓鼠模型在工作记忆（自发交替）和长期记忆（新物体识别）方面都存在缺陷，但消融SCN挽救了这两种形式的记忆。这表明SCN在昼夜节律紊乱导致记忆能力损伤过程中发挥有害作用。综上所述，这些数据表明，SCN主时钟对工作和长时记忆过程都有复杂的影响作用。

（四）前脑和海马局部时钟对学习记忆的调节作用

除了SCN主时钟，局部组织内也存在可以维持昼夜节律的时钟振荡器，称之为局部时钟。研究发现，在记忆形成的关键脑区，包括海马和新皮质，时钟基因的mRNAs和蛋白质具有振荡表达模式，这些局部时钟对记忆功能有直接影响。例如，敲除小鼠海马中的周期基因（period1）可降低空间记忆能力，海马period1的过度表达可挽救与衰老相关的空间记忆缺陷。同样，小鼠海马中的芳香烃受体核转位蛋白样1（BMAL1）

基因突变会损害社会认知和恐惧记忆。在表达多巴胺 D1 受体的神经元中，敲减 *NPAS2* 足以损害小鼠的可卡因诱导的位置偏爱。同样，敲除大鼠前额叶皮质中的 *period1/2* 可以消除听觉条件性恐惧消除的夜间回忆。这些研究表明，局部生物钟也可以调节记忆功能。

局部时钟在组织切片和细胞培养时维持时钟基因昼夜节律的能力通常不如 SCN 主时钟，通常需要 SCN 信号输入才能长时间保持振荡能力。SCN 可以通过多种生物信号系统将阳光提供的计时信息传递给局部时钟，称之为次级夹带信号。次级夹带信号关键功能是协调全身的局部时钟与 SCN 的昼夜节律保持同步。例如，糖皮质激素就具有这些功能。研究发现，在 SCN 保持完整的前提下，哺乳动物糖皮质激素的基础水平在清醒时达到峰值，并通过结合位于 *period1* 基因启动子区域的糖皮质激素受体反应元件，诱导 *period1* 表达。除了糖皮质激素，SCN 神经元的节律放电也有助于夹带局部时钟基因表达。此外，SCN 协调的体温昼夜节律可能通过调节酪蛋白激酶和其他相关酶的活性来调节时钟基因的表达。通过次级夹带信号的作用，全身各处的局部时钟保持一致，并与 SCN 和外部环境同步。

全身的局部时钟可以通过非时钟基因（时钟控制基因）的转录调节部分影响细胞生理学。*BMAL1* 与时钟基因（circadian locomotor output cycles kaput，*CLOCK*）/*NPAS2* 异二聚体可以结合分布在整个基因组中的 E-box 序列，促进 *Bmal1*：*CLOCK/NPAS2* 每日活性高峰期间的转录。此外，一些时钟控制基因本身可能是转录因子，例如时钟控制基因 D-box 结合蛋白（DBP）和 E4 启动子结合蛋白 4（E4BP4），它们分别增加或减少 D-box 启动子序列的转录。在啮齿类动物中，估计有 43% 的基因组在至少一种细胞类型中处于昼夜节律调节之下，单个细胞中多达 20% 的蛋白质可能受到时钟控制。灵长类动物的估计值甚至更高，80% 以上的编码基因至少在一个组织中转录表达出现昼夜节律振荡。例如，在小鼠前脑，67% 的突触 mRNAs 表达出现昼夜节律振荡，从这些 mRNAs 翻译的蛋白质中 75% 的表达保持昼夜节律。

因此，身体时钟被认为是按层级排列的，局部时钟充当由 SCN 主时钟协调的分布式次级振荡器。通过这一层级结构，昼夜节律系统有助于根据外部世界的每日波动（例如，光照、食物供应、捕食者活动、社会机会）优化生物体的行为和生理，包括学习和记忆的能力。

（五）其他可能影响记忆和突触可塑性的昼夜节律

记忆功能的昼夜节律变化可能通过多种机制产生。首先，对于所有的昼夜节律效应，光是 SCN 的主要诱因信号。然后，SCN 协调次级夹带信号，包括扩散分子、体温和神经元放电，通过以下方式影响记忆：夹带局部时钟，然后直接调节突触可塑性；对突触可塑性施加直接影响；协调睡眠和进食等过程，然后直接调节突触可塑性。此外，当光、环境温度和食物供应等周期性环境信号直接通过自下而上的功能影响作用于突触可塑性时，记忆功能的每日节律也可能独立于 SCN 昼夜节律调控系统产生。

因此，突触可塑性和记忆功能的昼夜节律不仅来自主时钟和局部时钟，也可能来自细胞外部的周期性信号。例如，一些次级夹带信号可能直接调节突触可塑性，与它们对局部时钟的影响无关。糖皮质激素可以通过与膜结合盐皮质激素受体的相互作用，促进AMPA受体进入突触后神经元膜。糖皮质激素还可以通过细胞内糖皮质激素受体，调节可塑性相关转录物的表达。例如，运动技能学习后，糖皮质激素分泌的昼夜节律可能是运动皮质树突棘形成节律的直接基础。神经元放电和体温的昼夜节律也可能通过夹带和直接机制影响突触可塑性的昼夜节律。

由昼夜节律系统调节但不作为次级夹带信号的神经过程也可以直接影响突触可塑性。一个重要且特别复杂的案例是睡眠。一些证据表明，睡眠为大脑获取新记忆做好了准备。此外，最佳记忆保持似乎需要学习后睡眠，尤其是程序记忆。睡眠调节突触可塑性的机制尚不完全清楚。睡眠的时间安排部分是由昼夜节律系统组织的，这使得睡眠调节的记忆过程似乎具有昼夜节律性。虽然许多记忆过程可能确实受睡眠和昼夜节律系统的调节，但睡眠的时间可以通过实验从昼夜节律阶段取消同步，在某些情况下，睡眠对记忆的影响可能独立于昼夜节律阶段发生（可能在睡眠发生时发生）。例如，最近对小鼠的研究表明，昼夜节律系统可能控制突触mRNA丰度的振荡，而睡眠可能独立调节突触蛋白质的翻译。与睡眠一样，昼夜节律系统安排喂食和禁食的时间，这样生物体在活动期往往处于喂食状态，在非活动期往往处于禁食状态。喂食后分泌的代谢因子可直接影响突触活动。因此，睡眠和进食等过程也是昼夜节律对突触可塑性影响的直接中介。

一些周期性的环境信号可能会在调节记忆的过程中完全绕过昼夜节律系统。例如，光可能通过具有光敏性的视网膜神经节细胞直接影响记忆。具有光敏性的视网膜神经节细胞整合了视杆细胞和视锥细胞的输入，可以直接对蓝光作出反应。这些细胞不仅投射到SCN，还投射到一些非SCN大脑区域，表明有关光的信息可能绕过主时钟来调节某些大脑功能。例如，在小鼠中，SCN投射的视网膜神经节细胞是非24小时光周期所必需的，可产生海马依赖性记忆和长时程增强的损伤，但这种损伤可以在不干扰SCN时钟基因表达的情况下产生。这些发现表明光和记忆之间存在复杂的相互作用，表明光可能是另一个可以直接产生突触可塑性节律的因素。需要注意的是，直接由这些外部线索产生的昼夜节律不是生理节律，因为它们并不是通过内源性机制产生的。

最后，同样重要的是，在海马体依赖的记忆任务中，一天中不同时间的表现差异可能会被睡眠/清醒周期和生物钟的相互作用所混淆。睡眠本身是记忆的强大调节器，对夜间啮齿动物涉及一天时间点的研究肯定会有睡眠中断的风险。此外，小鼠夜间（活跃）阶段的光照和白天（睡眠）阶段的强迫任务实验都能够改变SCN的昼夜节律阶段。因此，在标准的明暗循环中，测试贯穿整个周期，不可能完全消除这些混淆。然而，光对昼夜节律的影响可以通过使用非常微弱的红光来消除，这是研究昼夜节律的一种常见的做法。此外，在记忆测试过程中分析时钟门控的运动节奏可以提供记忆测试造成的昼夜节律干扰的程度信息。

三、生物钟调节学习记忆的机制

（一）生物钟调节学习记忆的神经电生理机制

长时程增强（LTP）是突触可塑性的一种形式，是形成和维持广泛记忆过程的基本元素。LTP可分为两个阶段：早期LTP和晚期LTP。LTP的每个阶段都有助于不同的记忆过程。早期LTP在刺激的第1小时内发生，通过谷氨酸受体的神经可塑性运输到突触后膜来增强早期、中期和长期记忆中的突触强度。晚期LTP发生在刺激后数小时，对中长期记忆很重要，需要基因转录和翻译来维持。

在小鼠中，LTP的群体尖峰（PS）幅度、持续时间和衰减率都显示出随时间的变化而不同。研究发现，与白天相比，夜间小鼠海马脑片诱导的PS波幅和场兴奋性突触后电位（FEPSP）斜率均增加。此外，与白天相比，夜晚突触后反应增强的持续时间更长。有趣的是，夜晚增强的PS幅度和FEPSP斜率在保持12小时明/暗时间表的小鼠和处于恒定黑暗中的小鼠之间是一致的，这表明LTP的这个组成部分是由昼夜时钟门控机制驱动的。值得注意的是，叙利亚仓鼠白天LTP诱导更明显；因此，生物钟对LTP的调节作用可能存在物种特异性的机制。此外，生殖系BAML1基因敲除小鼠与野生型动物相比，白天LTP幅度降低，也说明LTP的形成与生物钟基因密切相关。

最近的工作还确定了几个可能有助于揭示LTP时间依赖性变化的激酶信号通路。糖原合成酶激酶3β（glycogen synthesis kinase，GSK-3β）就是这样一种每日调节激酶。Gsk3β活性的增加与夜间LTP相关，抑制Gsk3β仅在夜间降低LTP。虽然Gsk3β调节LTP的下游途径尚未被证实，但已知Gsk3β可磷酸化一系列涉及神经元功能和记忆的靶点，包括CREB、Tau、β-catenin、MAP1B和PS-1。

由于GSK3β敲入小鼠仍然观察到LTP的昼夜节律调节，表明GSK3β可能不是调节LTP的时间依赖性变化的唯一途径。研究发现，ERK（另一种海马相关的昼夜节律调节激酶）的激活也在诱导早期LTP和维持晚期LTP中发挥关键作用。对早期LTP的影响可能归因于ERK对Kv4.2通道的调节，导致其电导特性降低，进而增加海马细胞的兴奋性。MAPK信号对晚期LTP的影响则是ERK依赖CREB转录激活的结果。

尽管到目前为止的研究表明，激酶通路有助于中长期记忆的昼夜节律调节，但在分子水平上明显缺乏关于工作记忆如何被时钟调制的证据。在这里，笔者提供了几种可以实现这一过程的机制，一种可能的机制是时钟早期LTP感应，其反过来可能是工作记忆效率的时间差异的基础。在机制水平上，谷氨酸受体转运效率的时钟门控变化可能是这一过程的基础。正如所指出的，早期LTP的诱导依赖于含有GluA1亚单位的AMPA受体到突触后膜的快速运输，最近的工作表明谷氨酸受体的运输是由时钟门控信号通路调节的。值得注意的是，RAS-GTP（ERK途径中的一种激酶）已被证明诱导GluR1向突触运输，而GSK3β促进NMDA受体的膜定位。另一种机制可能与树突密度的时钟调制有关。据报道，海马CA1区神经元树突棘密度的振荡峰值出现在夜晚的早期，这也是在工作记忆任务中可观察到峰值表现的时间点。

（二）生物钟调控学习记忆的细胞和分子机制

在细胞水平上，哺乳动物的昼夜节律是由一个自我维持的转录/翻译反馈环产生的。这个环以BMAL1和CLOCK形成螺旋-环-螺旋转录因子二聚体为中心。该异源二聚体转录因子与period1/2和隐色素基因（Cryptochrome 1/2，CRY1/2）基因的5'调控区的E盒基序（CACGTG）结合，从而导致它们的转录。period和CRY转录并被翻译、二聚化并返回到细胞核，在那里它们抑制BMAL1/CLOCK二聚体的功能，从而抑制自己的转录。周期蛋白的精确定时降解解除了BMAL1对时钟复合体的抑制，从而允许新一轮的period和CRY转录发生。这个反馈循环以大约24小时为周期，并形成了SCN细胞内生振荡器周期。这种分子节律的阶段性、周期性和幅度可以受到广泛的细胞内效应器的影响，包括诱导激酶、组蛋白脱乙酰酶、磷酸酶和泛素连接酶；因此，这个时钟反馈环路可以受到细胞功能状态的一系列变化（如代谢活动、应激和神经元兴奋性的变化）的影响。

如同SCN损毁，核心时钟基因（如BMAL1、CRY1/2、CLOCK和period1/2）的靶向胚系缺失对记忆过程产生复杂影响。BMAL1是组成昼夜节律系统最重要的时钟基因，其水平通常会波动，在起床前的水平较低，入睡前水平较高。BMAL1基因敲除小鼠表现为完全性昼夜节律缺失。值得注意的是，BMAL1敲除鼠在适应新环境、情境恐惧条件反射和莫里斯水迷宫操作方面出现缺陷；但是在新物体识别实验表现增强。然而，由于BMAL1敲除小鼠的整体健康状况很差（包括过早衰老、死亡率加快、体重减轻、整体睡眠增加、生殖能力丧失、代谢紊乱、心肌病和骨骼肌功能下降等），BMAL1对学习和记忆的影响是与昼夜节律丧失有关，还是独立于昼夜节律系统的BMAL1的其他作用，尚未完全阐明。

与BMAL1胚系缺失的复杂表型效应相比，其他核心时钟基因的遗传干扰引起的表型效应没有那么严重。例如，period1敲除小鼠在莫里斯水迷宫和情境恐惧条件反射中显示出正常的长期记忆，而其他period1敲除小鼠品系在放射臂迷宫中显示出工作记忆缺陷。CLOCKΔ19/Δ19突变小鼠在莫里斯水迷宫中表现出长期记忆受损，但被动回避记忆与野生对照相似。节律紊乱的CRY1/2双敲小鼠不能完成时间-地点学习任务，而节律紊乱的period1/2双敲小鼠在时间-地点学习任务表现与野生鼠相似。总体而言，昼夜节律基因缺失对海马依赖记忆的复杂影响可能归因于每个基因产物在核心时钟计时环路中发挥的独特作用，由基因缺失触发的昼夜节律表型的程度或类型，以及可以在多大程度上招募补偿机制来抵消基因缺失的影响。

在前脑兴奋性神经元（包括额叶和海马）中敲除BMAL1，不会影响SCN主时钟的功能，可以用来研究非SCN细胞自主昼夜振荡的作用。在这些条件性敲除BMAL1的小鼠中，昼夜节律与野生小鼠没有显著差异，表明SCN的时钟功能没有受到影响。动物的身体健康，特别是海马体形态，没有受到条件性BMAL1敲除的影响。然而，条件性BMAL1敲除小鼠表现出新物体位置、新物体识别和Barnes迷宫任务的明显缺陷。由于该模型中的昼夜节律缺陷仅限于前脑兴奋性神经元，这些小鼠的认知缺陷支持海马细胞局部时钟在学习和记忆中的必要作用。

值得注意的是，海马体是一个复杂的细胞环境，有多种细胞类型，包括兴奋性锥体细胞、抑制性中间神经元、小胶质细胞、星形胶质细胞和少突胶质细胞。胶质细胞和中间神经元都有内在的昼夜节律，这两种细胞类型都会影响学习和记忆。最近的证据表明，星形胶质细胞对在SCN内设定昼夜节律至关重要。而小胶质细胞内核心时钟基因*BMAL1*特异性敲除可以改善高脂饮食小鼠的记忆能力。因此，兴奋性神经元对昼夜节律的调节可能只是一个更大的神经元和神经胶质细胞网络的一部分，时钟通过这个网络来调节记忆能力。

▌第五节　生物节律与其他神经认知功能

一、生物节律对感知觉的调控

（一）听觉功能的昼夜节律调节

昼夜节律系统和环境共同作用调节生理功能。位于下丘脑的SCN是同步中枢和外周器官时钟以协调生理功能的主时钟。最近，在耳蜗中发现了节律时钟机制，揭示了听觉功能潜在参与昼夜节律调节。了解昼夜节律调节听觉功能的机制将为认识听觉的脆弱性和恢复力的信号网络提供基础。

人类和多种动物的听觉系统都具有强大的节律调控功能。例如，家雀的行为节律可以被同种鸟类的歌声甚至白噪声所影响。听觉刺激对不同物种的作用效果不同。在人类中，夜间出现的听觉刺激可以相移褪黑激素和核心体温的昼夜节律以及同步活动节律。这些研究表明听觉系统参与了昼夜节律的调节。然而，人们对听觉系统的昼夜节律调节知之甚少。早期对大鼠的研究显示了声惊吓反应的昼夜节律调节和抗生素诱导的耳毒性的日敏感性。

研究证实了小鼠耳蜗和下丘（inferior colliculus，IC）存在自我维持的昼夜节律系统，并以昼夜节律的方式表达核心时钟基因*period1*、*period2*、*BMAL1*和*Rev-Erba*。RNA表达分析显示，耳蜗中*period2*和*BMAL1*的表达量非常丰富，与肝脏相似，而*period1*和*Rev-Erba*的表达量较小。耳蜗中*period2*的峰谷表达差异可达6倍，在IC中则接近2倍。

1. 循环糖皮质激素对耳蜗噪声敏感性的昼夜调节　耳蜗拥有强大的生物钟机制，可以调节听觉功能。耳蜗时钟受昼夜节律系统的影响目前尚不清楚。耳蜗节律是系统驱动的，需要局部BMAL1以及来自SCN的中枢输入。SCN保障了耳蜗核心时钟基因的昼夜节律表达。由于糖皮质激素的昼夜分泌受SCN控制，且已知糖皮质激素调节听觉功能，通过肾上腺切除术（adrenalectomy，ADX）去除循环的糖皮质激素对耳蜗中的核心时钟基因表达没有太大影响。相反，它阻止了参与炎症的时钟控制基因的转录。ADX消除了由昼夜噪声损伤造成的听觉敏感性差异，并阻止了GABA能受体和谷氨酸受体mRNA的转录。然而，这些改善与突触水平的变化无关，表明可能涉及耳蜗其他功能。糖皮质激素对噪声敏感性具有昼夜调节功能，可以探究一天中不同时间合成糖皮质激素地塞米松（dexamethasone，DEX）的作用。地塞米松仅在白天使用时，在循环糖皮质激素水平较低的情况下，才有效地防止急性噪声损伤，这表明时间药理学方法对于获得最佳听力损失治疗策略非常重要。糖皮质激素似乎是昼夜噪声损伤敏感性差异的主要调节器，这一机制可能涉及炎症反应的昼夜节律控制。

2. 噪声暴露对听觉系统生物钟的影响   昼夜节律控制着所有身体功能的时间，而节律失调会导致各种疾病。此外，昼夜节律是高度保守的，由昼夜节律基因的转录-翻译反馈环调节，周期约为24小时。耳蜗和IC具有自主和自我维持的昼夜节律系统。耳蜗和IC都表达核心时钟基因*period1*、*period2*、*BMAL1*和*Rev Erbα*，其中RNA丰度以24小时为周期有节奏地分布。噪声暴露改变了噪声刺激后耳蜗和IC中的时钟基因表达。这些发现表明了耳蜗和IC昼夜节律反应的重要性，并强调了昼夜节律机制对于理解中枢和外周听觉功能的差异以及白天或夜间噪声创伤后发生的分子变化的重要性。

相同的噪声损伤在白天或晚上可能产生不同的结果。耳蜗中的神经营养信号可能是导致噪声创伤的昼夜反应差异的原因。神经营养因子是耳蜗突触发生和突触可塑性的重要调节因子。神经营养因子-3（neurotrophin-3，NT-3）和脑源性神经营养因子（brain-derived neurotrophic factor，BDNF）是两种重要的营养因子，在耳蜗发育和成人听觉生理中发挥重要作用。噪声创伤后BDNF转录的诱导在白天和夜间暴露后有所不同。白天噪声暴露导致BDNF的mRNA转录水平增加30倍，而夜间噪声暴露后没有增加。耳蜗在夜间遭受噪声创伤后，无法触发BDNF依赖的保护反应，这可以解释其脆弱性增加。与耳蜗相比，白天和夜间噪声暴露后，IC内BDNF没有表现出任何差异。白天和夜间噪声暴露均导致BDNF增加15倍，这表明耳蜗和IC内的神经营养信号对噪声损伤的反应不同。BDNF的mRNA在IC中的表达增加有助于增强可塑性和神经保护，以防止噪声创伤后IC发生细胞死亡。

哺乳动物声惊反应（acoustic startle response，ASR）是一种由突然的、意想不到的高强度声刺激引起的快速运动反射，可以提供有关动物听觉灵敏度的信息。反射包括耳蜗根神经元的激活，随后是运动神经元和身体的骨骼肌。已在大鼠中发现ASR振幅的昼夜节律调节，并在恒定的黑暗条件下持续存在，表明这是一种内源性机制。在人类中，当皮质醇水平被抑制时，晚上的惊吓幅度会增加50%。在正常情况下，皮质醇水平表现出一种昼夜节律模式，早上达到峰值，晚上下降。在内源性皮质醇水平较低的晚上，用皮质醇进行药理治疗，可以减少人类的惊吓反应。

（二）视觉功能的昼夜节律调节

1. 视网膜的昼夜节律调节   哺乳动物的视网膜是昼夜节律/昼夜振荡的组织中最独特的组织。视网膜不仅是一个将光信息传递给大脑的感光组织，它还有自己的昼

夜 "系统"，不受其他昼夜节律振荡器的影响。虽然所有视网膜细胞和视网膜色素上皮（retinal pigment epithelium，RPE）都具有昼夜节律振荡器，但这些振荡器通过神经突触、电耦合（缝隙连接）和释放的神经化学物质（如多巴胺、褪黑素、腺苷和ATP）进行整合，因此，整个视网膜作为一个完整的昼夜节律系统发挥作用。视网膜生物钟的失调不仅导致视网膜或眼部疾病，还影响整个身体的昼夜节律，因为光信息会经视网膜传输进入控制身体昼夜节律的系统中。

昼夜节律由自动调节转录/翻译反馈循环产生，基因表达和蛋白质丰度变化的周期约24小时。在哺乳动物中，由许多个基因共同形成这一网络，核心功能元素基因直接参与时钟机制的负面反馈循环。这些基因包括 *period1* 和 *period2*、隐花色素基因 *CRY1* 和 *CRY2* 以及转录因子 *CLOCK* 和 *BMAL1*。*CLOCK* 和 *BMAL1* 是基本的转录因子，形成异二聚体转录复合体，周期性地驱动两个 *period* 基因和两个 *CRY* 基因的表达，并结合其启动子中的昼夜节律 E-box（CACGTG）增强元件。一次转录和翻译的蛋白质形成复合物，抑制本身的转录即抑制 *CLOCK* 和 *BMAL1* 的作用，形成了基本的负反馈循环的中心分子生物钟。时钟基因网络驱动广泛的、组织特异性的时钟控制基因转录网络（clock-controlled genes，CCGs），调节节律性生理和代谢。

时钟基因在视网膜中广泛表达，早期的研究主要集中在这些重要的昼夜节律振荡器分子在视网膜中的整体表达模式。这些研究表明，核心时钟基因在视网膜中表达，其表达谱与其他组织相似。然而，因为视网膜是一种高度异质性的组织，其昼夜节律时钟存在于几种类型的细胞中。原位杂交研究表明，时钟基因可能在不同的细胞类型和不同的时期表达。因此，从整个视网膜测量mRNA水平只能提供一个整体的平均图像，说明细胞网络中可能有多个昼夜节律振荡器的组织。关于细胞特异性表达模式，在大鼠视网膜中，*period1* 的 mRNA 水平在光感受器中较低，在视网膜内神经元中较丰富。在 *CLOCK* 和 *BMAL1* 的 mRNA 中也观察到了类似的模式。在小鼠视网膜中，使用单细胞RT-PCR检测了一小部分光感受器中昼夜节律时钟基因转录的表达；而在同一感光细胞内未检测到核心时钟基因（*period1*、*period2*、*CRY1*、*CRY2*、*CLOCK*、*BMAL1*）共表达。相反，视网膜内神经元，特别是多巴胺能神经元，共同表达所有这些时钟基因。在光感受器中未能检测到完整的时钟基因补体是否代表了检测的极限或缺乏表达，目前尚不清楚。在缺乏黑视素（视网膜神经元感光色素）的小鼠中，基因表达的昼夜节律消失了，外层视网膜中 *period1* 和 *period2* 的光诱导也消失了。因此，黑视素和它发出的信号在某种程度上参与了光感受器的生物钟功能。核心昼夜节律时钟蛋白在视网膜内外均有表达，但这些蛋白仅在锥状光感受器中表现出昼夜节律的变化。

2. 视网膜色素上皮功能的昼夜调节 RPE是位于脉络膜毛细血管和视网膜感光细胞之间的单层细胞，其功能是支持光感受器更新并维持视觉功能。PRE外侧连接布鲁赫膜和脉络膜，内侧连接光感受器细胞的外段。光感受器细胞外段的持续更新对感光细胞的健康至关重要，RPE的重要功能之一是吞噬脱落的光感受器外段。如果RPE失去吞噬作用，将导致光感受器外段在视网膜下空间积聚，并进一步导致光感受器退化。RPE的吞噬活性峰值通常出现在光开始后1～2小时。多项研究表明，RPE吞噬活性的增加受昼夜节律控制；在多种视网膜细胞和RPE细胞中存在功能性昼夜节律时钟。例如，视网膜特异性*BMAL1*基因敲除，吞噬活性的昼夜节律不受该基因移除的影响，相反，将*BMAL1*从RPE中去除会使昼夜节律消失。

RPE吞噬活动在维持人类视网膜健康中发挥重要作用（表3-2）。缺少参与吞噬过程的关键信号因子，包括黏着斑激酶（focal adhesion kinase，FAK）、MerTK和Rac1 GTPase，是RPE吞噬过程紊乱的根本原因。实验证据表明，生物钟、褪黑素、多巴胺和整合素信号在控制这种节律中起关键作用。多巴胺受体敲除小鼠的RPE吞噬活性失去每日高峰；褪黑激素受体敲除小鼠的吞噬活性在高峰时段发生中断。为了进一步了解在RPE中控制吞噬活性昼夜节律的分子机制和信号通路，一些研究对该组织在吞噬过程之前、期间和之后的不同时间点进行了转录组学分析。在小鼠RPE中，参与多磷酸肌醇信号转导的几个基因（*Dgki*、*Itpr1*、*Pik3r1*、*Lamp2*和*Pla2g2*）在光照开始1.5小时后上调。一项使用RNA测序和通路分析的研究报告称，大约20%的RPE转录组受昼夜节律调节。RPE转录组的昼夜节律调节还包括代谢途径的调节，因为参与ATP产生、脂肪代谢和其他代谢途径的几个基因的转录都受到昼夜节律的调控。在夜间，参与线粒体电子传递链、三羧酸循环、糖酵解和糖原代谢的转录增加，表明RPE夜间的能量需求较高

表3-2　与RPE吞噬活性的昼夜节律相关的分子及其与人类视网膜疾病的关系

	RPE的功能	动物模型	人类视网膜疾病
MerTK 受体	光感受器外段结合和内化	RCS 大鼠 Mer^{kd} 小	视网膜色素变性，视杆-锥体营养不良
Gas6、蛋白S	MerTK 配体	Gas6和ProS1 双KO	糖尿病视网膜病变和黄斑水肿
αvβ5 整合素	光感受器外段结合，控制吞噬高峰的昼夜节律	β5$^{-/-}$ 小鼠	未知
MFG-E8	αvβ5 整合素配体，控制吞噬高峰的昼夜节律	MFG-E8$^{-/-}$ 小鼠	未知
多巴胺受体2	控制RPE昼夜节律、光适应、光照后的吞噬高峰	D2R KO 小鼠	未知
褪黑素受体1和受体2	控制吞噬作用峰值的时间	MT$_1$ 和 MT$_2$ KO小鼠	未知
RPE特异性BMAL1-KO	控制吞噬高峰的昼夜节律	RPEcre Bmal1fl/fl	未知
period1/period2 全身敲除	控制period1吞噬峰值的幅度	per1$^{-/-}$ per2^{Brdm1}	未知

3. **哺乳动物视网膜的昼夜节律组织**　视网膜昼夜节律系统具有独特的结构，其中包含一个完整的昼夜节律系统，因此视网膜是一个理想的模型，可用于研究神经昼夜节律系统是如何组织的，以及使用什么样的信号通路来维持系统中不同结构的同步。此外，几项研究表明，视网膜内的多个部位能够产生昼夜节律振荡。昼夜节律基因表达的强度和节律表达的重点在脊椎动物的视网膜上各不相同，在两栖动物中，光感受器是节律产生的主要位点，而在哺乳动物中，内核层的时钟活动最为活跃。褪黑素和

多巴胺可作为信号分子参与视网膜和其他眼部结构的昼夜节律。最近的研究也表明，GABA是调节视网膜昼夜节律系统的重要组成部分。这些信号分子加强了时钟基因的自主转录-翻译循环。视网膜生物钟的分子结构与SCN相似，尽管构成昼夜节律网络的视网膜神经元之间的神经间通讯明显弱于SCN中的神经间通讯，并且它要比中枢生物钟对基因破坏更敏感。褪黑素-多巴胺通路允许视网膜生物钟重新配置视网膜回路，从而在白天增强光适应视锥细胞介导的视觉功能，在夜间增强暗适应视杆细胞介导的视觉信号。此外，昼夜节律时钟也与眼部疾病的发病机制有关，视网膜昼夜节律系统的功能障碍对视网膜、角膜和晶状体会产生不利影响。

（三）嗅觉功能的昼夜节律调节

1. **昆虫嗅觉的可塑性**　在昆虫中，嗅觉在许多适应环境的行为中起着至关重要的作用（如定位食物、性伴侣和产卵地点）。为了成功地适应环境，昆虫必须在适当的时候对化学刺激作出反应。昆虫在与环境相互作用时，可以根据其生理状态调节其嗅觉系统。昆虫嗅觉根据不同年龄、喂养状态、昼夜节律和交配状态，对不同气味类型的行为反应具有可塑性。

昆虫可以产生一种性信息素来吸引异性，例如，在一些夜蛾中，在羽化后的头几天，雄性的性腺也在成熟。在热蝇中，雌性被雄性释放的性信息素吸引时的行为反应取决于卵巢的发育。在雄蛾中，生物胺和激素参与了对性信息素的年龄依赖性行为敏感性。年龄也会影响昆虫对其他类型信息素的反应。蚂蚱对主要聚集信息素成分苯乙腈的反应具有年龄依赖性。在蜜蜂中，工蜂对蜂王下颚信息素的反应随年龄的增加而降低。

昆虫嗅觉可塑性作为一种生理状态的功能，是一种重要的进化策略，优化了生存和繁殖所需的重要资源。嗅觉可塑性与年龄、摄食状态、昼夜节律和交配状态相关的行为变化，具有良好嗅觉交流系统的昆虫，包括蟑螂、蜜蜂、蝗虫和飞蛾，以及吸血物种（如蚊子和锥蝽蝽）。这些生物能够帮助研究人员描述嗅觉通路上的敏感性变化。

2. **昆虫嗅觉学习的昼夜调节**　昆虫的嗅觉学习已被广泛用于学习和记忆的神经生物学、遗传学和分子生物学研究。夜蛾获取嗅觉记忆的能力受昼夜节律系统的调节。有研究结果表明，记忆的获得是由昼夜节律系统调节的，昼夜节律系统可以对昆虫的嗅觉学习产生深远的影响。

嗅觉学习是探索学习和记忆的神经基础的良好模型，因为在包括节肢动物和哺乳动物在内的生物系统多样性种群中，嗅觉系统的组织具有显著的相似性。昆虫的嗅觉学习尤其广泛，已被大量用作蜜蜂、果蝇和飞蛾学习和记忆行为研究的模型。因此，人们对昆虫嗅觉学习的解剖学基础和生理分子机制也有了更多的了解。

在昆虫中，嗅觉通路始于嗅觉受体，嗅觉受体投射到触角叶的神经纤维球，在那里它们与投射神经元和局部中间神经元形成突触连接。反过来，投射神经元将轴突发送到原脑的外侧叶和蘑菇体（mushroom bodies，MBs）。早期的研究表明，MBs在嗅觉记忆中起着至关重要的作用，并认为嗅觉记忆形成于MBs输出神经元的上游，决定行为表现，记忆痕迹可能存在于MBs中。此外，研究表明依赖学习的神经活动的变化也发生于触角叶。

迄今为止，对昼夜节律系统在昆虫嗅觉学习记忆中的作用的研究仅限于对果蝇的研究。在果蝇的研究中，生物钟基因之一的周期基因*period*在嗅觉长期记忆的形成中发挥作用，但是，其他生物钟基因的突变并不影响长期记忆。在果蝇的记忆形成过程中，生物钟分子并不是必需的。

蟑螂调节自发运动活动的生物钟位于视神经叶。有证据表明，视叶时钟也参与了复眼的视觉敏感度和触角的嗅觉敏感度的调节。因此，视叶是调节嗅觉学习的昼夜节律振荡器的主要部位。然而，来自其他昆虫和蟑螂的令人信服的证据表明，存在多个解剖学分布的振荡器，这些振荡器都可能会影响学习和记忆过程。

3. 生物钟输出信号色素分散因子（pigment-dispersing factor，PDF）对嗅觉联想记忆的调节   生物钟的输出与外部环境之间的分离是人类认知功能障碍的主要原因。虽然在许多系统中已经研究了生物钟对记忆的影响，但很少有人对特定生物钟网络输出信号的作用进行测试。食欲短期记忆（short-term memory，STM）在野生型（wildtype，WT）中是独立于时间（time-of-day，TOD）的，然而PDF或PDF受体（pigment-dispersing factor receptor，PDFR）的突变会导致STM的下降，但早上的下降幅度比晚上更大。突变体中TOD的差异意味着存在多个振荡器，其作用是使一天中的食欲过程的记忆形成正常化。有趣的是，厌恶性STM需要PDF，但不需要PDFR，这表明PDF下游存在调节记忆形成的其他特异性通路。这些数据表明，生物钟利用信号网络特异性和分子多样性的输出途径来增强对变化条件的反应能力。从人类到无脊椎动物，认知过程都受到生物体内部生物钟的影响，生物钟的节律与太阳周期有关。这种联系的中断越来越常见（例如时差、社交时差障碍），并导致认知障碍。详细了解生物钟如何调节认知对治疗方法的发展至关重要。果蝇的嗅觉联想记忆需要通过PDF发出信号，这是一种仅由昼夜节律时钟神经元产生的神经调节信号肽。

生物钟在认知和记忆中的作用已经在包括人类在内的许多生物体中得到了证实。这些现象涉及节律细胞内分子振荡器。然而，这种节律改变并不能完全代表人类昼夜节律紊乱的本质，因为细胞间信号的作用也已被证明。在果蝇实验中，研究人员有工具来详细研究分子过程，对信号肽PDF的操作使我们能够研究核心生物钟网络的关键神经调节输出在认知过程中的作用。在成年果蝇中，核心生物钟回路的神经元释放的PDF通过PDFR在神经回路本身和生物钟外部发挥作用，驱动关键的昼夜特征和运动活动的节律性，PDF和PDFR对于健全的食欲嗅觉记忆和平衡全天形成记忆的能力也是必需的。生物钟网络中的PDF信号足以满足正常的运动活动，其在PDF的记忆调节中没有作用，这表明PDF根据其目标受体的位置独立地指导多种行为。

（四）痛觉的昼夜节律调节

1. 昼夜节律与疼痛   疼痛神经环路将周围有害的感觉信息编码并传递到中枢神经系统，从而产生保护性的行为结果。有害信息通过外周痛觉感受器传递到脊髓、脑干、中脑和前脑，然后做出撤退或伤口保护行为，以防止或最小化伤害。传递给大脑的痛觉信息通过"疼痛矩阵"（包括初级运动皮质、初级感觉皮质、前扣带回皮质、小脑、脑岛、丘脑、导水管周围灰质、小脑、杏仁核和海马回等结构），被加工成疼痛的感觉。

疼痛神经系统在功能上表现出昼夜节律。临床和实验证据表明，人类和其他物种在一天中对疼痛的反应是不同的。在恒定条件下啮齿类动物的疼痛反应的日常变化反映了真实的昼夜节律。在一项关于健康人群每日疼痛敏感性节律的综合分析中，观察到疼痛敏感性在活动阶段结束时和夜间最高。然而，人类的疼痛阈值节律在对疾病的反应中有很大的差异，在不同的疾病状态下，敏感性的高峰和低谷变化不一致。对啮齿动物研究显示，活动阶段的疼痛反应最高，而其他研究则报道了在非活跃阶段的敏感性高峰。

昼夜节律中断可以直接改变疼痛阈值。昼夜节律紊乱与炎症和内分泌功能改变有关，这两者都与疼痛有直接关系。除了直接影响疼痛，昼夜节律紊乱的许多其他后果可能与疼痛改变有关，包括肥胖、癌症、心血管功能障碍、抑郁、免疫改变和内分泌功能。研究人员已经针对昼夜节律中断对人类疼痛的影响，在夜班工作和睡眠中断的背景下进行了研究。夜班工作与下背部疼痛发生率增加相关，也与降低疼痛阈值有关。夜班工人对电击痛和热痛更敏感，但对冷痛或压痛不敏感。夜班工人在结束 12 小时轮班后，与正常睡眠的人相比，其冷痛阈值较低。尽管在人类研究中并不一致，但选择性的和完全的睡眠剥夺也会增强疼痛敏感性。完全剥夺睡眠可以降低热痛阈值以及机械性疼痛阈值。这些研究证明了昼夜节律中断和疼痛系统功能改变之间的联系。

2. 疼痛和神经炎症的昼夜节律控制　神经炎症反应对炎症和神经病理性疼痛的发展和维持非常重要。参与这种反应的炎症细胞包括循环免疫细胞（如单核细胞、T 和 B 淋巴细胞、中性粒细胞以及中枢神经系统中的小胶质细胞）。疼痛信号通过周围神经系统中的感觉神经元传递，这些神经元表达各种受体和通道，对这些炎症细胞分泌的介质作出反应，包括 24 小时昼夜节律在内的时间生物学节律可以调节神经和免疫细胞的活动和功能。

免疫系统受昼夜节律的调节，其功能表现为昼夜节律变化。简而言之，转录-翻译反馈回路存在于免疫细胞和胶质细胞中，驱动节律性免疫活动并参与先天和适应性免疫功能的各种炎症介质的表达。例如，小胶质细胞可能参与疼痛的昼夜节律调节。通过组织蛋白酶 S 的昼夜表达，小胶质细胞驱动皮质突触活动和脊柱密度的日间变化。P2Y12 是调节脊髓内小胶质细胞激活和神经性疼痛传递的嘌呤能受体，受昼夜节律的调节。由于疼痛系统是由免疫系统的活动调节，有节律的免疫活动对疼痛节律有相当大的影响。

一天中阿片类物质水平和结合活性的昼夜变化表明，阿片类物质系统在疼痛的昼夜调节中可能是通过调节疼痛系统的活动发挥作用。褪黑素可诱导剂量依赖性的脑啡肽增加，但这种作用并不完全通过与褪黑素受体结合来介导。大鼠的下丘脑和脑垂体中，多巴胺的水平也在一天中波动。垂体切除术并没有消除这种日常变化，但确实降低了全脑脑啡肽的水平。吗啡和纳洛酮注射引起的疼痛反应在一天内都有变化，这表明阿片受体或其下游信号通路成分的表达存在内源性波动。绿光诱导的镇痛依赖于雄性大鼠脊髓中下降的延脑头端腹内侧信号和阿片信号。这些数据表明，光信号和潜在的昼夜节律夹带在内源性阿片系统具有调节疼痛的作用。最后，啮齿类动物中脑导水管周围灰质和额叶皮质中阿片受体的表达存在日变化，与热板戒断阈值的昼夜变化相关。究竟是内源性阿片系统的昼夜节律调节了疼痛系统，还是阿片系统的节律是疼痛系统节律的输出，还需要进一步的研究。

（五）味觉系统的昼夜节律调节

在果蝇中，味觉受体神经元对味觉的生理反应以昼夜节律的方式变化。味觉感受器的味觉受体神经元记录了单元反应，即以电压尖峰形式记录的细胞外动作电位。不同类型的味觉感受器的味觉受体神经元的多个功能类别在振幅、频率和持续时间上显示出昼夜节律的变化，这些味觉感受器表达不同的味觉受体神经元。对于相同剂量的味道溶液，味觉受体神经元峰值的振幅、频率和持续时间的影响在清晨前后最高，在午夜时最低。随着味觉浓度的增加，刺激频率、刺激幅度和刺激持续时间也增加，果蝇的味觉生理似乎被调节到白天的水平。恒定黑暗期间，脉冲频率、振幅和持续时间节律之间的相位关系表明，共同的分子因子和细胞过程参与了它们的调节。当苍蝇的味觉毛被含有吞噬刺激物的溶液刺激时，苍蝇会反射性地伸展它的鼻子试图进食。因此，这种鼻伸反射（proboscis extension reflex，PrER）被用来测量苍蝇进食的动机。PrER反应的概率随时间变化，与味觉受体神经元的神经生理节律，特别是味觉受体神经元脉冲的振幅和频率相平行。除了峰值的频率，振幅也可能编码信息转化为行为。

在味觉受体神经元中，昼夜节律振荡器和节律输出的共定位提示了许多潜在的时钟调节靶点。果蝇的味觉信号转导可能始于通过存在于感受器淋巴中的气味结合蛋白（odorant binding protein，OBP）和存在于感受器内腔的CheB家族蛋白捕获味觉物质。

G蛋白受体激酶2（G protein-coupled receptor kinase 2，GPRK2）是嗅觉感觉神经元（olfactory sensory neurons，OSNs）中已知的昼夜反应调节因子。GPRK2表达的时钟依赖性节律正向控制嗅觉受体树突定位的节律，而树突定位又反过来调节影响嗅觉反应的细胞膜的兴奋特性。与嗅觉系统相似，GPRK2蛋白在果蝇喙部味觉受体神经元（gustatory receptor neurons，GRNs）中有节律地表达，其周期与OSNs中观察到的周期相平行，存在白天低谷期和夜间高峰期。然而，与它在嗅觉反应中的作用相反，味觉受体神经元中GPRK2表达的振荡在味觉诱发的脉冲活动和食欲行为中几乎与日常节律相反，这表明GPRK2在味觉受体信号传递中发挥了抑制作用。GPRK2可能差异调节日常节律阶段对各种嗅觉和味觉刺激的敏感性。当果蝇的味觉受体神经元生物钟发生变化后，会在食物摄入、脂肪储存量以及运动活跃度等方面表现异常，说明味觉系统节律调节在果蝇生理活动中发挥重要作用。

二、生物节律对物体识别、运功控制、语言功能的调控

1. **物体识别**　睡眠有助于学习记忆的巩固，有学者认为海马区依赖的记忆类型跟睡眠密切相关。通过改变睡眠时间行为或睡眠相关机制可以对这种睡眠依赖的学习记忆巩固进行调节。有研究进行了学习后睡眠对面孔-姓名联想认知记忆的影响探讨。该研究发现，当睡眠发生在呈现和识别之间时，面孔-名字关联的识别记忆会增强。在睡眠后的清醒状态下，所有正确回答的数量均有所增加，被参与者认为是高度自信的部分正确回答的数量也有所增加。然而，睡眠对面孔-名字识别记忆的有益作用不太可能是由于昼夜节律的影响。在研究主观困倦在人脸-名字配对编码中的作用发现，虽然晚上进行编码比早上更易困倦，但主观困倦与编码成功没有关联。在睡眠和清醒状态下，反应时间和信心评级没有差异，这表明这些反应特征并没有影响在不同状态下正确反应的差异。

虽然研究发现，包括睡眠在内的一整夜的间隔与正确反应数量的增加有关，但这种依赖于睡眠的改善似乎与睡眠时间或任何睡眠阶段的时间没有关系。睡眠与认知记忆任务的改善有关，这些研究表明，睡眠在巩固记忆联系方面起着关键作用。另外，浅睡眠对巩固某些类型的记忆很重要，慢波睡眠或快速眼动睡眠并不是最重要的。面孔-姓名联想的编码能力与前额叶睡眠纺锤波有关，老年人在夜间显示出纺锤波活动减少，在第2天的面孔-姓名任务编码期间，相应的海马体激活减少。关于睡眠如何改善陈述性记忆有不同的假设，一种观点认为，睡眠可以消除通常在清醒时出现的新的感官信息和经历对记忆巩固的干扰，从而为记忆巩固提供理想的环境。另一种假设提出了睡眠更积极的作用，即睡眠中发生的一些独特的活动（如慢波）直接有助于记忆的巩固。

2. **运功控制**　身体活动调节骨骼肌中的生物钟，影响昼夜节律的幅度和相位。在啮齿类动物模型中对失神经骨骼肌的研究表明，去除运动神经元激活会中度失调昼夜转录活性。在人类中，单腿抵抗运动改变了昼夜节律基因的表达，并明显诱导了核心时钟基因的相移。在小鼠体内，缺氧诱导因子1α（hypoxia-inducible factor 1-alpha，HIF1α）基因对剧烈运动的生理周期也有短暂依赖性反应。此外，基因敲除 *CRY1* 和 *CRY2* 增强了小鼠的运动能力，并改变了运动诱导的基因特征。在人类研究中，耐力训练的运动员身上的原肌管保留了 *SIRT1* 和 *NAMPT* 的节律性基因表达，而从未训练的瘦人或肥胖者，或T2DM患者身上培养的肌管则没有保留。此外，*NR1D1* 基因的表达幅度与供体的胰岛素敏感性和运动训练状态相关。因此，骨骼肌中核心时钟基因对运动调节具有关键作用，特别是在基因表达方面。

另一个与新陈代谢和骨骼肌时钟有关的参数是线粒体功能。骨骼肌氧化能力降低与运动能力下降和T2DM相关。线粒体动力学（线粒体的融合和裂变）可以以昼夜节律的方式振荡。然而，通过线粒体DNA（mtDNA）、蛋白质水平、线粒体质量或PGC1α表达测定的线粒体含量在人骨骼肌中没有节律性表达；在其他细胞或组织类型

中，线粒体的功能变化可能是有节奏的。因此，骨骼肌线粒体功能的日变化可能是线粒体形态、线粒体动力学或线粒体自噬变化的结果，这可能是昼夜节律调节的潜在因素。骨骼肌的核心时钟可以响应线粒体动力学的改变，同时也驱动代谢结果。运动能强烈地和长期地重塑线粒体的形态和动力学。

就力量和耐力训练而言，下午和晚上的表现最佳。这是由核心体温（core body temperature，CBT）的昼夜节律引起的。节律性是由血液流动的变化控制的，因此，远端肢体的皮肤温度在晚间达到最高，在早晨达到最低。控制CBT的相同过程也负责运动中的体温调节。这可以通过比较一天中不同时间（5:00、11:00、17:00和23:00）温度对适度活动的初始反应来证明。在温度调节最有效的时候，可以观察到效果最好的有氧运动。无氧性能和肌肉力量测试的结果并不总是一致。然而，这一趋势也表明，下午的工作效率往往会提高。了解体温调节的一般昼夜节律性是制定运动计划的一个重要工具，尤其是在以最大负荷进行训练时，受伤风险可能最低。

除了CBT的正常昼夜变化对运动表现的影响外，肌肉时钟可能对每天的能量代谢有重要影响。代谢组学和转录组学研究的初步结果表明，活动期早期阶段比非活动期的早期阶段更容易影响代谢过程。ATP的产生和利用依赖于运动骨骼肌的HIF1α产生低氧条件。在HIF1α敲除小鼠中，可以观察到糖酵解代谢过程向氧化代谢过程的转变，导致同心运动时间增加，离心运动时间减少（同心运动的是指缩短肌肉收缩，而离心运动则是延长肌肉收缩）。在这方面，高HIF1α含量似乎在高糖酵解代谢过程中有益，而低水平似乎在有氧运动中有益。只有在活动时间的早期阶段，HIF1α水平较高，参与线粒体过程的转录本水平降低，而糖酵解相关转录本水平升高。骨骼肌细胞的能量消耗在活动时间的早期是最高的，因此会导致不同活动时间之间代谢过程的变化。

3. 语言功能　昼夜节律系统对认知功能的影响无处不在，有观点认为昼夜节律会对语言系统产生影响。例如，比较语言功能受损与语言功能健康的学龄儿童在语言加工过程中，词汇前接触音节和句子理解的昼夜节律，发现对健康的学生来说，音节重复的最佳表现是在19:30。短句理解在09:00最佳。在一天的不同时间进行了几次关于文本记忆和整合的实验，发现参与者早上记忆文本时，比晚上使用的措辞更加确切。语义处理能力在下午早些时候会下降，在早上会改善。在痴呆研究中，一些研究报告了词汇流畅度的日变化，表现峰值在17:00到18:00之间。此外，在根据浊音和浊音辅音组合进行的注意处理范式中，下午对浊音的检测优于上午组。受试者在清醒的28小时内完成一项句法理解任务，表现最好的时间是下午晚些时候，大约19:00。与上述语言表现的时间变化相比，时间对单词的听觉感知没有影响。

显然，这些研究不仅在语言领域（产生和理解）和使用的任务方面存在差异，而且，语言的不同模块（拼写、文本记忆、单词流畅性等）也存在差异。任何外部因素（如身体姿势、食物或光线）或任何内部因素（如压力水平或动机）都有可能掩盖潜在的昼夜节律振荡。

从实用的角度来看，目前的结果对轮班工作、痴呆和语言障碍的人群有一定意义。例如，轮班工人的沟通表现在非最佳时间受到严重影响。认识节律对语言功能的影响可能对评估痴呆患者或语言障碍儿童的认知能力具有重要意义。从昼夜节律的角度来看，解析语言的最佳时间大约是在一个人的习惯醒来后3小时，对大多数白天活动的人来说，这相当于10:00左右。

三、生物节律对社交行为的调控

睡眠内稳态和昼夜节律功能是保持最佳健康和幸福的重要因素。相反，睡眠和昼夜节律中断与包括药物使用障碍（substance use disorders，SUDs）在内的各种不良健康后果有关。这些风险在青春期尤为突出。青少年每晚需要8~10小时的睡眠，尽管很少有人能持续达到这个时间。自我平衡的睡眠驱动力需要更长的时间来建立，昼夜节律自然延迟，对光线的相位变化效应的敏感性增加，所有这些都导致了青少年时期的晚睡偏好。另一方面，学校上课时间通常更早，夜间使用电子设备的人数增加，导致睡眠中断和昼夜节律失调（即社交时差）。社会因素（如同伴影响）和学校需求进一步影响睡眠和昼夜节律。为了应对困倦，许多青少年经常摄入高咖啡因的能量饮料和其他兴奋剂，从而进一步扰乱了睡眠。长期睡眠不足和昼夜节律失调会增加冲动的发展趋势，增加从事危险行为的可能性。

青春期昼夜节律失调、睡眠障碍和睡眠不足与药物使用增加和相关问题有关。睡眠时间短的青少年更有可能使用包括咖啡因、尼古丁、酒精和非法药物，并从事其他危险行为。对青少年的前瞻性研究表明，短睡眠和周末睡过头增大未来酗酒和使用非法药物的风险。

一项关于日本青少年的调查研究表明，儿童发育时期的睡眠不足与高中旷课、辍学、过早辞职和自杀的行为相关，这一联系被认为是昼夜节律障碍引起的大脑功能障碍的表达。儿童时期在家的就寝纪律对青少年的睡眠类型有影响。睡觉时间晚、醒来时间晚、睡眠时间短、缺乏运动、不吃早餐、不规律的零食和3岁起经常食用方便面会增加初中阶段生活质量差的风险。在现代社会中，儿童时期的日常生活习惯可能会对大脑功能产生不利影响，导致其在青年时期出现问题。很难确定是否睡眠不足或昼夜节律失调导致了这一结果。发育时期的睡眠或者昼夜节律紊乱可能会影响大脑功能，进而影响行为表现。

第六节 节律紊乱导致认知障碍及其干预措施

一、昼夜节律紊乱对认知功能的影响

生物钟控制昼夜节律，其相关基因在神经退行性疾病中具有重要作用。此外，生物钟基因还影响代谢疾病和细胞损伤、细胞周期调节、癌症、能量代谢和衰老、线粒体能量维持、肾脏疾病和病毒性疾病。哺乳动物的生物钟位于SCN，从视网膜的光敏

神经节细胞接受光输入。SCN控制褪黑素和皮质醇的释放以及身体的温度，并能对氧化应激做出反应。基本螺旋-环-螺旋-PAS转录因子家族负责监督隐花色素（*CRY1*和*CRY2*）和周期（*period1*、*period2*和*period3*）基因。*CLOCK*和*BMAL1*是*CLOCK*基因家族的一部分，其PER和CRY蛋白形成的异源二聚体能够阻断由CLOCK和BMAL1形成的复合体控制的转录。CLOCK和BMAL1形成的复合体称为维甲酸相关孤核受体REV-ERBα，与RoRα和NR1D1（核受体亚家族1）的活性有关。REV-ERBα和RoRα受体与维甲酸相关的孤儿受体反应元件相连。复合体一旦存在于*BMAL1*启动子中，Rev-ERBα和RoR就可以激活和阻止*BMAL1*的有节奏的转录，从而导致昼夜节律振荡。

（一）节律紊乱对注意力的影响

急性睡眠剥夺（sleep deprivation，SD）和慢性部分睡眠限制的显著特征是对参与任务表现，尤其是注意功能，具有剂量依赖性影响。SD越严重或持续时间越长，累积的注意力缺陷越严重。因此，注意力障碍通常与觉醒时间的延长和睡眠压力增加密切相关。对睡眠缺失的生理反应可能取决于SD的形式。例如，嗜睡会伴随着急性SD的持续而增加，但并不总是伴随慢性睡眠限制的持续而增加。

睡眠压力相关分子（如腺苷）和控制睡眠和觉醒之间转换机制的下丘脑系统介导了这种睡眠剥夺导致的剂量依赖性注意障碍过程。在人类中，神经成像分析表明，联合皮质，尤其是额叶顶注意网络，对睡眠压力特别敏感，而皮质下丘脑和基底节脑区域似乎更容易受到昼夜节律过程的影响。

SD相关认知障碍具有较大的个体差异。大约1/3的受试者在SD条件下表现出较稳定的、轻微的持续注意力障碍，然而，有1/3的参与者表现出对SD的高敏感性，出现明显的注意障碍。额叶顶注意网络的功能完整性以及对睡眠和昼夜节律调节的遗传影响可能是导致这种差异的关键因素。

（二）节律紊乱对短期记忆的影响

人类的认知表现通常依赖于短期学习和记忆，而昼夜节律的调节与短期记忆密切相关。生物钟可以调节果蝇的短期嗅觉记忆，研究证实在果蝇中，从夜间到半夜观察到更高水平的记忆。此外，嗅觉记忆的节律依赖于学习的昼夜调节，而不是对感觉刺激的反应的调节。

蘑菇体（MB）是嗅觉学习所必需的关键部位。然而，固有的MB神经元不包含昼夜节律振荡器，并且在这些MB神经元的细胞体中不能检测到*period*的表达。有趣的是，典型的昼夜节律振荡细胞，即足以维持昼夜运动活动节律的小型腹侧神经元，以MB附近的终末发出投射。因此，小的腹侧神经元也可能直接或间接地作为一种输出行为来调节MB中的记忆形成。不同类型的中枢振荡神经元，包括小型腹侧神经元，在记忆形成的昼夜调节中的作用非常重要的。

昼夜节律调节最可能的机制包括：感觉神经元对刺激反应的昼夜节律调节；负责联想记忆形成的神经元刺激强度或知觉的调节；记忆形成的调节，虽然被认为是中长期记忆形成的关键，但也可能受到生物钟的影响。

（三）节律紊乱对长期记忆的影响

海马体中的cAMP或丝裂原活化蛋白激酶（mitogen-activated protein kinase，MAPK）活性随昼夜节律改变，在非活动期（小鼠的白天）达到峰值，并在活动期（小鼠的夜晚）持续存在。MAPK活性和cAMP反应原件结合蛋白（cyclic-AMP response binding protein，CREB）磷酸化具有相似的昼夜改变。海马区MAPK活性的振荡与海马区cAMP和RAS活性的变化一致，cAMP的变化可能在昼夜节律中调节MAPK活性。虽然cAMP可以通过RAS或RAP信号影响MAPK的磷酸化，但由RAS激活表明cAMP激活MAPK可能是通过RAS鸟嘌呤核苷酸交换因子介导的RAS激活。值得注意的是，在缺乏钙调素刺激的腺苷环化酶活性的小鼠中，MAPK活性和cAMP不会改变，这表明由这些酶产生的cAMP信号可能调节MAPK活性的昼夜变化。在昼夜节律周期中，MAPK磷酸化的最低点与背景恐惧记忆处理的严重缺陷相吻合。短期记忆测试表明，小鼠能够在海马区MAPK活动的高峰期和低谷期获得并表达情景恐惧条件反射，这表明在夜间或主观夜间训练的小鼠缺乏巩固过程。与长期记忆形成不同，短期记忆的形成不依赖于MAPK的活性。海马区MAPK活性的低水平可能会损害记忆的巩固和稳定。

有数据表明，通过敲除钙敏感的腺苷环化酶来消除海马（protein kinase R-like ER kinase，PERK）改变，暴露在持续的光或药物干扰下，都会导致背景记忆形成和持久性的缺陷。通过阻断MAPK的日间磷酸化，表明MAPK活性峰值的降低损害了记忆的持久性。相反，在内源性低谷期间，激活MAPK通路也会损害记忆的持久性。生物钟基因的表达是否有助于维持海马体的PERK节律变化还有待确定。

二、昼夜节律紊乱与认知障碍

SCN控制着生物的昼夜节律，并且节律周期稳定维持在24小时。与太阳时间同步，昼夜节律系统规定了静息活动行为、摄食、体温、激素水平和有机体许多其他生物过程的24小时节律性。因此，这一系统的任何破坏都可能对睡眠质量、警觉性、认知能力、运动控制、心理健康和新陈代谢产生负面影响。阿尔茨海默病（Alzheimer disease，AD）、帕金森病（Parkinson's disease，PD）和亨廷顿症（Huntington disease，HD）等神经退行性疾病中，许多功能会受到损害，其中几个大脑区域，包括参与昼夜节律和睡眠调节的核团会受到神经退化过程的影响。因此，这些疾病往往会导致不正常的休息、活动、睡眠和警觉；昼夜节律的破坏不仅会导致发病率上升和生活质量下降，而且可能与推动疾病过程本身有关。

过去30年的大量研究描述了在衰老和神经退行性疾病中发生的各种各样的昼夜节律和睡眠-觉醒周期异常。许多行为和生理过程以24小时为周期振荡，包括睡眠-觉醒、活动、体温、血压和激素分泌。神经退行性疾病患者的昼夜节律通常会变得紊乱。昼夜节律稳定是通过SCN来维持的，SCN接受来自视网膜的输入，并使外围器官的振荡与光和暗周期同步。在细胞水平上，昼夜节律是由bHLH/PAS转录因子 *BMAL1* 和 *CLOCK* 组成的转录-翻译反馈环产生的，*BMAL1* 和 *CLOCK* 转录因子使许多基因异源二聚体合成并驱动转录，包括它们自己的负反馈抑制物（如PER和CRY），以及抑制 *BMAL1/CLOCK* 介导转录的基因。这种转录机制可被称为核心生物钟，存在于身体的大多数细胞中，包括SCN和整个大脑中的神经元和星形胶质细胞。核心生物钟以组织特有的方式调节数千个基因的昼夜表达，是细胞新陈代谢、应激反应和许多其他功能的主要调节器。

（一）老年痴呆症

AD是目前常见的痴呆病因之一，在全世界各个国家都存在一定数量的患者，每年造成巨大的经济损失。临床上，阿尔茨海默病的典型特征是渐进性、潜伏性的记忆丧失，并扩展到多领域的认知障碍。病理上，这种疾病的特征是淀粉样斑块，主要由聚集的淀粉样β蛋白（Aβ）多肽组成的细胞外堆积，以及由错误折叠、过度磷酸化的tau蛋白聚集形成的神经原纤维缠结。AD通常发生在65岁以后，并在80岁以上的人群中非常普遍。虽然许多研究检查的是痴呆症而不是特定的阿尔茨海默病，但值得注意的是，尽管到目前为止，阿尔茨海默病是导致老年人痴呆的最常见原因，并不是所有的痴呆症都是由阿尔茨海默病引起的。睡眠和昼夜节律紊乱是阿尔茨海默病的常见症状，甚至可能是发病的主要原因。AD患者在晚上变得困惑或焦躁，可能将夜晚误认为白天而在凌晨去上班。

20世纪80年代末，对昼夜节律功能的研究表明痴呆患者存在睡眠障碍的问题，并且他们的昼夜活动在一定程度上会发生改变。人体的活动节律通常使用动作记录仪来监测，这种类似手表的设备可以记录一天中每分钟的运动量。在过去的25年里，许多研究描述了AD患者的昼夜节律功能异常，其中大多数使用了肌动描记。初步研究表明，患者活动节律碎片化，夜间活动增加，白天活动减少，节律幅度降低，相位延迟。这一时相延迟意味着AD患者的活动高峰比正常节律更晚，解释了痴呆症患者在傍晚容易困惑和激动的现象。

AD患者的体温也表现出昼夜节律异常。一些多模式研究已经在同一患者中将肌动描记与其他昼夜节律标记进行了比较。一项研究检测了中度AD居家患者褪黑素水平和生物钟基因mRNA水平。AD患者褪黑激素分泌的日常节律减弱，*BMAL1* 的mRNA节律轻微延迟。另一项研究检测了轻度或中度痴呆AD患者的肌动图和唾液皮质醇。他们观察到随着痴呆症的恶化，渐进性的行为昼夜节律碎片化和幅度丧失，尽管皮质醇节律受到的影响较小。痴呆症的严重程度和昼夜节律功能之间存在复杂的关系，尽管活动节律和认知能力的相关性较低。目前，达成广泛的共识是出现病症的AD患者存在昼夜节律异常、褪黑素分泌改变等现象。

正常的昼夜节律功能依赖于完整的SCN，一些研究表明SCN神经元在衰老和AD时会退化。神经元表达的精氨酸加压素（arginine vasopressin，AVP）和血管活性肠肽

（vasoactive intestinal peptide，VIP）在SCN同步化和昼夜节律输出中起关键作用。衰老和AD中VIP神经元的丢失与人类行为昼夜节律变化有关。AD患者死后SCN中AVP和VIP表达神经元的数量都减少了。松果体直接接受SCN的输出，以产生褪黑激素分泌的昼夜振荡，尸检研究表明AD患者松果体的生物钟基因振荡发生了变化。这与许多研究表明AD患者褪黑激素分泌的昼夜节律振荡是一致的。AD患者SCN神经元上褪黑素MT1受体丢失，这表明褪黑素可能不影响SCN的节律性输出。因此，SCN的退化和褪黑素分泌的失调说明生物钟基因的节律在整个大脑中发生改变。根据死亡的时间，可以从人类死后脑组织中量化生物钟基因mRNA的昼夜波动。AD患者不同脑区时钟基因（包括*period1*、*period2*和*BMAL1*）表达的节律同步发生了变化。大脑皮质中*BMAL1*的昼夜节律转录改变与AD患者死亡组织中BMAL1启动子异常甲基化有关。目前尚不清楚人体死亡后生物钟如何变化，因此，这些患者死后的基因表达研究在一定程度上存在局限性。

（二）帕金森病

PD是一种进行性神经退行性疾病，其主要特征是患者出现震颤、僵硬、行动迟缓以及出现平衡障碍。非运动症状（如抑郁、精神障碍、睡眠-觉醒周期障碍和自主神经功能障碍）是PD患者残疾的主要原因。PD的典型病理表现是黑质多巴胺能神经元变性，形成路易小体。据估计，一旦超过大约60%的黑质神经元丢失，纹状体多巴胺能含量减少80%，就会出现PD的运动性主要症状。在不同脑区，黑质纹状体多巴胺能神经元的死亡量不一样：吻侧的多巴胺损失比尾侧纹状体更大，壳核比尾状核更严重。多巴胺能受体分为D1族（D1型、D5型）和D2族（D2型、D3型、D4型），其中，D1型和D2型受体在PD的发病机制中起核心作用。除黑质外，PD还影响其他脑区，包括蓝斑、迷走神经背侧运动核和桥脚核。这些区域的神经元丢失可能在黑质退化之前就开始了，并解释了PD中的许多非运动性特征。

昼夜节律紊乱和睡眠障碍，警觉降低及认知障碍有关。昼夜节律系统中与年龄相关的变化与某些昼夜节律的幅度降低和节律的日间变异性（稳定性降低）有关（如休息-活动周期）。生理节律的改变可能会导致局部生物钟之间的联系发生变化，从而导致生物体节律不协调。这种节律协调的丧失可能会对休息-活动周期和其他生理和行为功能产生负面影响。尽管在PD患者中，睡眠和警觉性受到干扰的情况经常发生，但患者的昼夜节律还没有得到系统的研究。

帕金森病相关的症状和体征的日常临床波动很常见，包括日常运动的变化、自主神经功能、睡眠-觉醒周期、视觉表现以及对多巴胺能治疗的反应性。PD患者的肌动图研究显示，与健康的老年人相比其静息-活动周期的峰值活动水平和幅度更低；增加的体力活动水平和较短的夜间不动时间，导致PD患者的日常运动活动模式几乎持平。此外，PD患者的活动模式更加分散，从高活动期过渡到低活动期，导致其休息-活动节律更难预测。PD的运动症状在下午和晚上恶化，无论是稳定的患者还是有疲惫症状的患者。此外，PD运动症状对多巴胺能治疗的反应性全天下降，尽管左旋多巴的药代动力学没有显著变化。帕金森病患者自主神经系统昼夜节律的改变也有报道，患者的24小时动态血压监测显示血压昼夜节律逆转、昼夜血压变异性增加、餐后低血压和夜间血压升高。动态心电图监测显示，白天交感神经活动减少，昼夜心率变异性丧失，交感神经晨峰消失。视网膜多巴胺的损害最有可能是这些变化的基础。由于对比敏感度的昼夜变化可能独立于运动症状的昼夜振荡而发生，因此各种解剖网络（视网膜、纹状体、皮质）可能对多巴胺的昼夜信号具有区分阈值。

昼夜节律系统的生物标记物可以提供对PD昼夜节律功能变化的监测。只有几项研究描述了患者的昼夜节律标志物的特征。在26名PD患者的队列中，与初治患者相比，无论是否有运动并发症，接受治疗的患者褪黑素节律幅度降低且时相提前，该结果表明，PD发展的过程中患者存在褪黑素节律相位提前和幅度降低的趋势。在另一项单独的研究中，与健康对照组相比，9名轻度PD患者的褪黑激素节律得到了保留。在一项对12名PD患者的研究中，与对照组相比，PD组24小时平均皮质醇分泌量显著更高，平均分泌皮质醇曲线更平坦，导致日变化显著减少。虽然PD患者的核心体温24小时节律与健康对照组相似，但PD患者的基础体温明显较低。伴有抑郁症的PD患者改变了直肠温度的昼夜节律，核心体温变化幅度较低。

PD症状和体征昼夜波动的机制尚不清楚。多巴胺代谢的波动、隔夜的多巴胺积累或昼夜受体下调可能在一定程度上推动了这些波动。PD昼夜节律紊乱的神经解剖学位置可能是沿着SCN的传入通路至SCN本身或SCN下游的外周传出神经。例如，光暴露减少和/或光传输受损，部分是由于多巴胺能视网膜变性，可能会影响PD患者的昼夜节律。在最近对α-突触核蛋白过度表达小鼠的昼夜节律功能的研究中，没有发现光夹带缺陷的证据。虽然迄今尚未对PD患者SCN的结构和功能进行严格的研究，但这种中枢昼夜节律起搏器的退化可能是PD患者昼夜节律性受损的另一种机制。然而，下丘脑多巴胺能神经元似乎与这种疾病无关。SCN输出的改变可能是生物节律波动和PD症状的主要原因。

光是人类昼夜节律系统的主要同步器，越来越多地应用于各种睡眠和神经精神疾病，包括昼夜节律紊乱、季节性情感障碍（seasonal affective disorder，SAD）和痴呆症。多巴胺可能是光信号传递给视网膜生物钟的媒介，为SCN提供直接输入。光照慢性实验模型显示其可促进PD患者运动功能的恢复。

（三）亨廷顿病

HD是一种罕见的进行性神经退行性疾病，其病因是由编码亨廷顿蛋白的基因HTT中CAG重复序列的异常扩张。HD的经典描述是运动障碍，其特征是不自主地舞蹈性运动，随着疾病的进展，运动迟缓、僵硬、姿势不稳定和肌张力障碍的发生率增加。然而，非运动症状（如认知障碍、抑郁、易怒和其他精神症状）是HD患者残疾的主要原因。人们也越来越意识到，睡眠和昼夜节律紊乱可能是HD患者的重要症状。尽管神经疾病的非运动特征直到最近才被确认为治疗干预的目标，但治疗它们的重要性不应被低估。例如，当长期神经系统疾病的患者扰乱睡眠时，这不仅是患者的问题，也是他们的照顾者需要面对的问题。事实上，据报道，HD患者的睡眠障碍是他们不得不被收容的主要原因。此外，鉴于我们所知道的睡眠和昼夜节律紊乱对正常受试者的有害影响，即使是轻微的睡眠异常也可能加剧HD患者的神经缺陷。HD患者睡眠异常的连锁效应可能不仅对确定患者的护理计划至关重要，而且可能比运动症状对生活质量的影响更大。

昼夜节律紊乱是很常见的，其可能是由生活方式的改变（如时差或轮班），或者是疾病引起的。与AD和PD等神经退行性疾病相关的日常临床症状和体征的波动已得到有效识别，例如"日落综合征"（傍晚出现的一种神志不清状态）就在AD患者中十分常见。不仅在接受药物治疗的AD患者中，在那些有"衰弱"症状的患者中运动症状也在下午和晚上加重。目前，人们广泛认识到AD和PD患者存在的睡眠障碍，但对于HD患者出现的睡眠-觉醒周期的紊乱却少见报道。

研究表明，HD患者的休息-活动曲线与正常人相比发生很大变化，甚至HD患者表现出异常的休息-活动时间比例。研究对夹带该基因片段中HD突变的转基因小鼠（R6/2品系）的昼夜节律的直接测量显示，其夜间活动受到干扰，随着疾病的进展而恶化，并伴随着SCN和大脑中与认知功能相关的生物钟基因表达中断。有研究恢复了动物体内移除细胞单个细胞的正常节律，这表明行为异常可能是由于回路功能障碍，而不是整体细胞内功能障碍。

如果控制昼夜节律的细胞是正常的，并且这些通路被正确激活，那么由节律紊乱产生的负面影响是可以通过预防来消除的。一项研究证实了这种可能性，该研究表明，通过操纵睡眠-觉醒周期的药物治疗可以防止认知能力下降和分子失调。这一结果表明改善睡眠质量提升认知能力是可能的，从而使得药物治疗节律紊乱成为一个新的研究目标。与其特别相关的是，在R6/2小鼠中发现了认知功能的改善，因为在这一系列小鼠实验中，疾病的发病和恢复非常迅速。如果认知输出可以在R6/2小鼠身上得到有益的调节，那么这一策略也可能在HD患者中取得成功。

虽然关于HD患者昼夜节律紊乱的直接证据很少，但有关昼夜节律紊乱的间接证据正在增加。例如，HD患者存在睡眠相延迟和REM潜伏期延长，与相位延迟的昼夜节律一致。褪黑素的昼夜节律变化已经在HD中被报道。褪黑素的合成是由SCN直接调节的，在睡眠和其他昼夜节律的调节中起着重要作用。褪黑激素的失调被认为在其他神经退行性疾病和衰老中也很重要，如早期HD患者可能存在类似睡眠相延迟综合征的昼夜节律紊乱。

（四）注意力缺陷多动障碍

ADHD是以注意力不集中、多动和冲动行为为特征的心理行为性疾病，临床上多见于儿童和青少年。患儿往往存在包括警觉性、持续性、分配性等在内的多种注意力成分损伤。神经解剖及神经生化研究提示注意缺陷与大脑前额背外侧皮质功能障碍及多巴胺能、去甲肾上腺能和烟碱能神经递质系统功能失调有关。

兴奋剂（如哌醋甲酯和阿托莫西汀）是目前治疗ADHD最常用的药物。适当剂量的兴奋剂增加了多动症患者多巴胺的可用性，有效地提高了注意力，减少了多动症，增强了行为管理，改善了执行功能。尽管严重不良事件罕见，高达50%的兴奋剂使用者表现出一系列非严重不良症状，导致戒断率相对较高（6%～17%）。此外，一些患者对兴奋剂没有反应。最常见的非严重短期和长期不良反应包括失眠和其他睡眠问题、头痛、腹痛和食欲不振。公认的非兴奋剂药物（如阿托莫西汀）可能会影响心血管参数，但不会影响睡眠。

1. **注意缺陷多动障碍、睡眠和昼夜节律紊乱**　多动症患者偏好晚睡晚起，研究发现，青少年和成人多动症患者很多人的节律是夜晚时间类型（超过40%），而年龄匹配的健康同龄人只有约11%表现出这种偏好。一般来说，睡得越晚，睡眠时间相对越短，因此，睡眠不足可能是注意力不集中和冲动增加等核心症状的原因。多动症患者夜间运动能力增强，可能导致睡眠剥夺。此外，季节性情感障碍（SAD）是一种与昼夜节律紊乱直接相关的抑郁症，与ADHD有很高的共病率。ADHD的核心症状（如注意力不集中、冲动和急躁）是睡眠剥夺的典型结果。据报道，多达70%的多动症儿童和高达83%的成人有睡眠问题，其中最常见的问题是失眠。患有ADHD的成年人也主诉睡眠质量下降，入睡和醒来困难。超过60%的成年多动症患者报告白天嗜睡。有趣的是，在多动症儿童和成人中发现褪黑素分泌的神经生物学延迟。睡眠问题和多动症似乎以复杂的双向方式相互作用，睡眠障碍加剧了多动症症状，多动症症状加剧了睡眠障碍。在正常成年人中，练习新的运动技能后的睡眠支持记忆巩固过程，有助于形成稳定、增强和持久的程序性记忆，但当将为正常发育的对照组制定的方案应用于患有ADHD的成年人时，夜间运动会导致记忆整合受阻。

此外，ADHD还与觉醒期间觉醒调节的中断有关。多动症患者往往在学习时处于低于"正常"水平的觉醒状态，而最佳的觉醒水平被认为是成功认知功能的先决条件。不稳定和低觉醒导致患者难以在任何新奇感减弱的任务上保持注意力。最近，唤醒水平和唤醒稳定性的静息脑电图参数被建议作为成人和儿童ADHD的生物标志物。ADHD患者在觉醒期间的不安行为被解释为自我刺激，以提高其觉醒水平，从而提高表现。总之，昼夜节律功能的改变与ADHD相关，这表明内在的生物计时障碍可能是这种临床状况的一个重要因素。

2. **注意缺陷多动障碍患者的时间型**　时间型通常用于表征睡眠/觉醒行为的类型，并受机体内在因素、环境和遗传因素的影响。晚时型（或夜间型）的特点是，内源性昼夜节律系统对环境时间线索的夹带时间较晚，导致晚睡晚起，而早晨型则表现出较早的夹带时间和早睡早起。时间型也可能受个体间睡眠稳态差异的影响。晚时型与临床和非临床人群的许多心理病理特征相关。时间型也广泛影响认知功能，包括ADHD相关的注意领域（晚上更倾向于注意力不集中）以及冲动性和冒险性（晚上有更多冲动行为）。与其他昼夜节律参数相比，评估时间型的相对优势在于可以使用经验证的问卷进行可靠测量。如前所述，ADHD与晚时型有关，可能是因为时钟夹带较晚、睡眠稳态改变或两者之间的相互作用造成。时间型是可遗传的，家庭和双胞胎研究报告的遗传率在21%～50%。

最近，许多全基因组关联研究探讨了时间型的遗传学基础，发现了12个与时间型相关的重要基因座，其中包括已知的时钟基因（*period2*，*ASPS*，*APH1A*，*RGS16*和*FBXL13*）；进一步研究报告了16个与早晨型相关的重要位点，包括*period2*和*RGS16*附近的位点；还报告了15个与早睡相关的基因座，其中包括7个接近具有已知昼夜节律作用的基因座，如编码血管活性肠多肽（VIP）、*period3*、*FBXL3*和食欲素受体2的基因座。然而，GWAS分析显示，时间型与ADHD遗传风险没有显著的遗传关联，这表明，ADHD中报告的晚期时间型可能是由行为和环境决定的，而不是由基因决定的。因此，延迟的昼夜节律期可能为行为疗法提供一个目标，旨在抵消这些相移并最终缓解ADHD症状。

时钟基因多态性可能不会增加ADHD诊断的独立遗传风险，但可能会增加ADHD症状严重程度及其与环境因素相互作用的风险；最近一份利用随机森林回归的报告称，*period3*在预测ADHD严重程度及其与压力的相互作用中发挥了重要作用。

三、昼夜节律紊乱影响认知功能的干预措施

（一）老年痴呆患者节律紊乱的治疗

AD患者睡眠障碍的管理包括药理学与非药理学措施，旨在改善患者和护理者的生活质量。AD患者睡眠障碍的治疗主要是行为治疗。褪黑素和强光治疗结合使用似乎很有希望。

1. 褪黑素　松果腺分泌褪黑素与光周期密切相关。夜间褪黑激素的升高与睡眠倾向的增加和生物钟的同步有关。此外，褪黑素具有细胞保护、抗氧化甚至抗淀粉样蛋白的作用。AD患者褪黑素分泌的改变给外源性褪黑素治疗这些患者的失眠和日间嗜睡带来了巨大希望。然而，关于补充褪黑素对AD患者睡眠有效性的证据有限。一些研究显示了有益的效果，主要是改善白天/夜间睡眠比例，减少夜间活动。其他研究未能证明客观有效性。

2. 抗精神病药　抗精神病药物通常用于控制AD的行为和神经精神表现，可在所有其他措施失败后用于失眠治疗。

3. 安眠药　安眠药包括苯二氮䓬类和非苯二氮䓬类。该类疗法以改变睡眠结构为代价，通过促进镇静来减少睡眠潜伏期。关于非苯二氮䓬类安眠药在AD睡眠障碍治疗中的有效性，目前公布的数据有限。非苯二氮䓬类安眠药的副作用较少，然而，由于因为长期使用尚未评估，目前它们的使用仅限于急性失眠。新出现的药物（如食欲素受体拮抗剂Suvorexant）可能会在AD患者中很有前景。当抑郁症及其伴随的睡眠障碍与痴呆症共存时，可使用镇静抗抑郁药；尽管该类药物可以减少睡眠潜伏期，却会同时产生不良副作用，包括嗜睡、镇静和头晕，这可能是精神错乱人群非常担心的问题。

4. 抗组胺药 抗组胺药经常被错误地用作第一线的睡眠辅助剂。然而，它们可能引起多种副作用，包括镇静、认知障碍、白天嗜睡增加和抗胆碱能反应。

5. 乙酰胆碱酯酶抑制剂 加兰他敏等胆碱酯酶抑制剂可以提升注意力，患者应该于白天服用。

6. 认知行为和心理教育策略 结合白天体力活动、睡眠卫生和夜间环境制定睡眠认知行为改善计划：鼓励AD患者在白天定期锻炼（最好30分钟）；促使他们尽可能多地在自然光下行走；减少白天在床上的时间，避免白天午睡超过30分钟或在下午1点后，保持正常的睡觉和起床时间，卧室应留作睡觉之用；避免夜间服用胆碱酯酶抑制剂和刺激药物；减少睡眠中断和夜间噪声/光线暴露。无论是在养老院还是在社区居住的患者中，这些针对非痴呆老人和AD患者措施的效果都得到了很好的证实。

7. 强光疗法 光是褪黑激素昼夜节律系统的主要刺激。老年人和AD患者的光感可能会发生改变，光暴露可能会减少。强光疗法使用全光谱灯箱将AD患者暴露在强光下，每天至少半小时，通常是在早上。强光疗法对昼夜节律紊乱的有效性已在许多研究中得到验证。总的来说，这些研究的结果表明，通过显著减少夜间睡眠碎片和增加夜间睡眠持续时间，睡眠功能可得到改善。强光疗法可略微减少白天的嗜睡，并在较小程度上提高白天的警觉性。这种干预没有严重的副作用，可被视为AD患者睡眠障碍的一线治疗。药理和非药理措施的相关研究表明，强光疗法与认知行为措施和/或褪黑素的结合可能具有协同作用，应在开始任何其他药理措施之前进行。这种协同作用可以提高醒时警惕性及睡眠效率，增大日间活动量，减轻烦躁行为，减少抑郁症状甚至稍微减少认知缺陷，从而改善患者的生活质量。

（二）帕金森病患者节律紊乱的治疗

1. 非药物治疗 对于昼夜节律紊乱，认知行为治疗有一定疗效。光疗法在PD患者的睡眠和警觉性方面显示出良好的效果，对PD患者的睡眠、情绪和其他非运动症状具有有益影响。

2. 药物治疗 对于PD患者的失眠症治疗，可以使用苯二氮䓬类安眠药如艾司唑仑，使用安眠药时应注意日间嗜睡或睡眠相关呼吸障碍恶化等副作用。对于较严重失眠患者可使用喹硫平或氯氮平。褪黑素治疗通常用于REM睡眠行为障碍（rapid eye movement sleep behavior disorder，RBD）。非麦角类选择性多巴胺受体激动剂罗替戈汀可通过提高睡眠稳定性和快速眼动睡眠，改善帕金森病患者的睡眠质量和连续性。为治疗PD患者的白天嗜睡，还可以使用咖啡因和莫达非尼。

3. 疾病相关特殊睡眠问题的治疗 PD患者合并不宁腿综合征（restless leg syndrome，RLS）时，一般采用多巴胺激动剂、钙通道α-2-δ配体、氯硝西泮和阿片类药物。由于多巴胺激动剂和左旋多巴已经用于治疗PD的运动症状，根据RLS症状出现的时间调整摄入时间可能是有益的。如果铁蛋白水平较低，应考虑补充铁。如有可能，应停止使用已知会加重RLS的药物（如多巴胺阻滞剂、抗胆碱能药物和抗组胺药物）。RBD的治疗首先应确保安全措施能保障睡眠环境的安全。这些措施包括移除或覆盖床边可能在人做梦过程中对其造成伤害的任何物体；建议床伴分开睡觉；如有可能，应取消可能加重RBD的药物（如抗抑郁药）；初步研究表明，床上报警器对RBD有益。罗替戈汀也可以改善RBD。一项对12名患者进行的双盲、交叉试点试验显示，使用利瓦斯汀可减少RBD发作的频率。基于病例报告的有效治疗药物还包括氯硝西泮和褪黑素，但缺少双盲安慰剂对照试验的结果支持。

（三）亨廷顿病患者节律紊乱的治疗

对于HD患者睡眠障碍的治疗，尚未进行系统研究，因此HD药物治疗的证据基础不足。HD患者服用许多药物以缓解运动和精神症状，可能会改变睡眠结构，使治疗变得更加复杂。适当选择药物也很重要，因为减轻运动症状和抑郁的药物本身也可以改善HD患者的睡眠质量。HD治疗中使用的与睡眠障碍相关的药物有川芎嗪、氯硝西泮、地西泮、利鲁唑、喹硫平、多司列平、奥氮平和文拉法辛。可能增加患者活性的药物包括金刚烷胺、丙戊酸钠和左旋多巴。抗抑郁药（尤其是文拉法辛）不应用于RBD的HD患者，否则会加重症状。对于伴有RBD的HD患者，可以使用氯硝西泮，但在某些情况下，HD患者对氯硝西泮的耐受性较差，可能导致呼吸抑制。所有多巴胺能药物（包括左旋多巴）都有镇静作用，可能会导致过度嗜睡。这种不良副作用可以通过调整剂量或改变患者服用的药物来减轻。如果在夜间服用一些用于舞蹈病治疗的具有镇静副作用的非多巴胺药物（如奥氮平），可能会改善HD患者的失眠状况。

除了防止HD患者使用药物对睡眠的负面影响外，还可以使用一些药物来改善睡眠质量。应用短效苯二氮䓬类药物治疗HD患者的失眠可能会有所改善；然而，因其可能有副作用，这些药物需要谨慎使用。米氮平是一种去甲肾上腺素能和特异性5-羟色胺能抗抑郁药，推荐用于同时有抑郁症和睡眠障碍的HD患者。如果HD患者白天嗜睡，使用莫达非尼等兴奋剂治疗可能是有益的；一项评估莫达非尼对HD患者影响的研究显示，莫达非尼并没有改善认知功能或情绪，但提高了警觉性。

褪黑素可以促进睡眠并使昼夜节律正常化，因此可能也有益于节律紊乱治疗。研究表明，它能有效改善AD患者（98例）和PD患者（99100例）的睡眠质量。在HD中，褪黑素分泌节律延迟和褪黑素水平降低可能导致进行性神经退行性变。因此，使用褪黑素或其受体激动剂（拉美尔顿、阿戈美拉汀）不仅可以改善HD患者的睡眠质量，还可以增强神经保护作用。调节睡眠-觉醒节律可减缓HD动物模型中认知障碍的增加，因此也可能对抑制HD患者的疾病进展率和改善生活质量。

HD患者的睡眠质量也可以通过改变睡眠行为来改善。重要的是要确定睡觉时间和起床时间，避免白天小睡，做定期的体育锻炼，保持适当的饮食，限制咖啡因、烟草和酒精的摄入。对于HD患者，也可以采用放松训练方法和认知行为疗法。

（四）注意力缺陷多动障碍患者节律紊乱的治疗

由于延迟的时间型可能是多动症发生发展的重要原因，对于改善ADHD患者昼夜节律紊乱的治疗越来越受到重视。许多有希望的治疗方法已被用于有睡眠问题的

ADHD患者的治疗。

1. 褪黑素　褪黑素以其在昼夜节律中的中枢调节作用以及对能量消耗和代谢的协调作用而闻名。因此，褪黑素对睡眠-觉醒周期紊乱的疗效已经明确。此外，最近的研究揭示了褪黑素的抗氧化特性及其对动脉粥样硬化的保护作用。在动物模型中，已证明睡眠剥夺大鼠的认知障碍有所减轻，主张褪黑素对氧化应激的保护作用。褪黑素的睡眠促进作用已在斑马鱼模型中得到证实，其在人类和动物模型中展现出了明显的抗焦虑作用。

褪黑素可显著改善ADHD患者的失眠，但尚无确凿证据支持问题行为与认知之间的关联。同时有多动症和慢性睡眠型失眠的儿童患者通常对褪黑素有良好的耐受性，对患有慢性睡眠型失眠的多动症儿童进行的一项平均随访期为3.7年的长期随访研究显示，褪黑素没有显著的副作用。不过，为评估褪黑素的最佳剂量、安全性和长期效果而进行的大规模研究相对较少，目前需要更多的研究来进一步获得将褪黑素作为临床环境常规处方的科学证据。

2. 光疗法　光在昼夜节律调节中的关键作用已经得到了很好的证实。美国的一项流行病学研究报告称，在日照强度较高的地理区域，ADHD的患病率较低，这表明昼夜节律紊乱的改善归因于阳光照射。很少有研究测试强光疗法对有睡眠问题的ADHD患者的疗效。一项针对成人ADHD患者的开放性试验报告称，实施晨光疗法后，ADHD的核心症状以及情绪症状均得到改善。以唾液褪黑素水平作为衡量指标，也表明光疗作为附加治疗具有潜在价值，目前需要更多的大规模研究来测试光疗在改善ADHD患者睡眠问题方面的临床效果。

3. 肌功能疗法　越来越多的证据表明，腺扁桃体切除术后，ADHD患者的多导睡眠图结果有所改善，建议对ADHD儿童进行轻度SDB的早期手术干预，以停止不必要地长期使用哌醋甲酯。然而，有证据表明扁桃体切除术后的阻塞性睡眠呼吸暂停（obstructive apnea，OSA）可能因口面部生长而复发。肌功能疗法是一种涉及面部和口腔肌肉运动的促进儿童鼻呼吸练习，是治疗OSA和预防术后儿童OSA复发的一种方便而有效的干预方法。然而，由于在临床环境中应用肌功能治疗的证据有限，需要更多的研究来证实肌功能治疗在儿科人群中的有效性。

4. 神经反射　在神经影像学和脑电图研究中，觉醒不足和在执行任务过程中缺乏必要的皮质网络参与被认为与ADHD的发生有关。神经反馈基于涉及感觉运动节奏（SMR）训练的经典/操作性条件反射，有助于大脑功能调节。以前的许多文献报道了神经反馈在改善ADHD核心症状方面的功效，但关于ADHD患者睡眠问题与神经反馈之间关系的研究相对较少。研究发现，睡眠剥夺的受试者的睡眠纺锤波数量经常减少，运动节律训练显著增加了睡眠纺锤波的数量和总睡眠时间，表明其对失眠症患者可能有效。

参 考 文 献

[1]　刘功禄. 赵永波神经系统不同疾病注意力障碍的特点和药物治疗 [J]. 精神医学杂志, 2010, (4):

300-302.

［2］汪晓东, 张立春, 肖鑫雨. 大脑学习探秘——认知神经科学研究进展 [J]. 开放教育研究, 2011, 5: 40-51.

［3］王长青, 汪凯. 注意功能的认知心理学研究进展与临床应用 [J]. 中国神经精神疾病杂志, 2005, 4: 318-320.

［4］周晓林. 认知神经科学 [M]. 3 版. 北京: 中国轻工业出版社, 2011.

［5］Baba K, Goyal V, Tosini G. Circadian Regulation of Retinal Pigment Epithelium Function [J]. *Int J Mol Sci*, 2022, 23 (5): 2699-2704.

［6］Bacqué-Cazenave J, Bharatiya R, Barrière G, et al. Serotonin in Animal Cognition and Behavior [J]. *Int J Mol Sci*, 2020, 21 (5): 1649-1659.

［7］Basinou V, Park JS, Cederroth CR, Canlon B. Circadian regulation of auditory function [J]. *Hear Res*, 2017, 347: 47-55.

［8］Blatter K, Cajochen C. Circadian rhythms in cognitive performance: methodological constraints, protocols, theoretical underpinnings [J]. *Physiol Behav*, 2007, 90 (2-3): 196-208.

［9］Brown RE, Basheer R, McKenna JT, et al. Control of sleep and wakefulness [J]. *Physiol Rev*, 2012, 92 (3): 1087-1187.

［10］Bumgarner JR, Walker WH 2nd, Nelson RJ. Circadian rhythms and pain [J]. *Neurosci Biobehav Rev*, 2021, 129: 296-306.

［11］Chatterjee A, Hardin PE. Time to taste: circadian clock function in the Drosophila gustatory system [J]. *Fly (Austin)*, 2010, 4 (4): 283-287.

［12］Contributors W. Cognitive Psychology and Cognitive Neuroscience [J]. *Wikibooks*, 2014, 80: 125-130.

［13］Cooley CZ, McDaniel PC, Stockmann JP, et al. A portable scanner for magnetic resonance imaging of the brain [J]. *Nat Biomed Eng*, 2021, 5 (3): 229-239.

［14］Decker S, McConnaughey S, Page TL. Circadian regulation of insect olfactory learning [J]. *Proc Natl Acad Sci U S A*, 2007, 104 (40): 15905-15910.

［15］Dietrich O. Performing Diffusion Tensor and Functional MRI in Patients with Metallic Braces [J]. *Radiology*, 2020, 294 (1): 158-159.

［16］Eckel-Mahan KL, Phan T, Han S, et al. Circadian oscillation of hippocampal MAPK activity and cAmp: implications for memory persistence [J]. *Nat Neurosci*, 2008, 11 (9): 1074-1082.

［17］Fernandez F, Lu D, Ha P, et al. Circadian rhythm. Dysrhythmia in the suprachiasmatic nucleus inhibits memory processing [J]. *Science*, 2014, 346-359.

［18］Flyer-Adams JG, Rivera-Rodriguez EJ, Yu J, et al. Regulation of Olfactory Associative Memory by the Circadian CLOCK Output Signal Pigment-Dispersing Factor (PDF) [J]. *J Neurosci*, 2020, 40 (47): 9066-9077.

［19］Fontana JM, Tserga E, Sarlus H, Cederroth C. Impact of noise exposure on the circadian clock in the auditory system [J]. *J Acoust Soc Am*, 2019, 146 (5): 3960-3965.

［20］Frank, MJ, Badre, D. How cognitive theory guides neuroscience [J]. *Cognition*, 2015, 135, 14-20.

［21］Gadenne C, Barrozo RB, Anton S. Plasticity in Insect Olfaction: To Smell or Not to Smell? [J]. *Annu Rev Entomol*, 2016, 61: 317-333.

［22］Gerstner JR, Yin JC. Circadian rhythms and memory formation [J]. *Nat Rev Neurosci*, 2010, 11 (8):

577-588.

［23］ Gritton HJ, Kantorowski A, Sarter M, Lee TM. Bidirectional interactions between circadian entrainment and cognitive performance [J]. *Learn Mem*, 2012, 19 (3): 126-141.

［24］ Hartsock MJ, Spencer RL. Memory and the circadian system: Identifying candidate mechanisms by which local clocks in the brain may regulate synaptic plasticity [J]. *Neurosci Biobehav Rev*, 2020, 118: 134-162.

［25］ Hasson U, Nusbaum HC. Emerging Opportunities for Advancing Cognitive Neuroscience [J]. *Trends incognitive sciences*, 2019, 23, 363-365.

［26］ Hennawy M, Sabovich S, Liu CS, et al. Sleep and Attention in Alzheimer's Disease [J]. *Yale J Biol Med*, 2019, 92 (1): 53-61.

［27］ Herzog-Krzywoszanska R, Krzywoszanski L. Sleep Disorders in Huntington's Disease [J]. *Front Psychiatry*, 2019, 10: 221-225.

［28］ Hudson AN, Van Dongen HPA. Sleep deprivation, vigilant attention, and brain function: a review [J]. *Neuropsychopharmacology*, 2020, 45 (1): 21-30.

［29］ Hudson AN, Van Dongen HPA, et al. Sleep deprivation, vigilant attention, and brain function: a review [J]. *Neuropsychopharmacology*, 2020, 45 (1): 21-30.

［30］ Ko GY. Circadian regulation in the retina: From molecules to network [J]. *Eur J Neurosci*, 2020, 51 (1): 194-216.

［31］ Korman M, Palm D, Uzoni A, et al. ADHD 24/7: Circadian clock genes, chronotherapy and sleep/wake cycle insufficiencies in ADHD. *World J Biol Psychiatry*, 2020, 21 (3): 156-171.

［32］ Krause AJ, Simon EB, Mander BA, et al. The sleep-deprived human brain [J]. *Nat Rev Neurosci*, 2017, 18 (7): 404-418.

［33］ Lehr AB, McDonald RJ, Thorpe CM, Deibel SH. A local circadian clock for memory? [J]. *Neurosci Biobehav Rev*, 2021, 127: 946-957.

［34］ Lehr AB, McDonald RJ, Thorpe CM, Deibel SH. A local circadian clock for memory? [J]. *Neurosci Biobehav Rev*, 2021, 127: 946-957.

［35］ Leshinskaya A, Caramazza A. For a cognitive neuroscience of concepts: Moving beyond the grounding issue [J]. *Psychonomic bulletin & review*, 2016, 23, 991-1001.

［36］ Liu A, Vöröslakos M, Kronberg G, et al. Immediate neurophysiological effects of transcranial electrical stimulation [J]. *Nat Commun*, 2018, 9 (1): 5092-5098.

［37］ Lou, HC, Changeux, JP, Rosenstand, A. Towards a cognitive neuroscience of self-awareness [J]. *Neuroscience and biobehavioral reviews*, 2017, 83, 765-773.

［38］ Ma R, Yu T, Zhong X, et al. Capsule Network for ERP Detection in Brain-Computer Interface [J]. *IEEE Trans Neural Syst Rehabil Eng*, 2021, 29: 718-730.

［39］ Maiese K. Cognitive Impairment and Dementia: Gaining Insight through Circadian CLOCK Gene Pathways [J]. *Biomolecules*, 2021, 11 (7): 1002-1010.

［40］ Mattavelli G, Pisoni A, Romero Lauro LJ, et al. TMS-EEG approach unveils brain mechanisms underlying conscious and unconscious face perception [J]. *Brain Stimul*, 2019, 12 (4): 1010-1019.

［41］ McCauley JP, Petroccione MA, D'Brant LY, et al. Circadian Modulation of Neurons and Astrocytes Controls Synaptic Plasticity in Hippocampal Area CA1 [J]. *Cell Rep*, 2020, 33 (2): 108-155.

［42］ McMahon DG, Iuvone PM, Tosini G. Circadian organization of the mammalian retina: from gene regulation to physiology and diseases [J]. *Prog Retin Eye Res*, 2014, 39: 58-76.

［43］ Meyer JH, Cervenka S, Kim MJ, et al. Neuroinflammation in psychiatric disorders: PET imaging and promising new targets [J]. *Lancet Psychiatry*, 2020, 7 (12): 1064-1074.

［44］ Musiek ES. Circadian clock disruption in neurodegenerative diseases: cause and effect? [J]. *Front Pharmacol*, 2015, 6: 29-36.

［45］ Nakatsuka H, Natsume K. Circadian rhythm modulates long-term potentiation induced at CA1 in rat hippocampal slices [J]. *Neurosci Res*, 2014, 80: 1-9.

［46］ Ono D, Mukai Y, Hung CJ, et al. The mammalian circadian pacemaker regulates wakefulness via CRF neurons in the paraventricular nucleus of the hypothalamus [J]. *Sci Adv*, 2020, 6: 384-398.

［47］ Pablo Valdez. Circadian Rhythms in Attention [J]. *Yale J Biol Med*, 2019, 92 (1): 81-92.

［48］ Page TL. Circadian regulation of learning and memory [J]. *Curr Opin Insect Sci*, 2015, 7: 87-91.

［49］ Peter-Derex L, Yammine P, Bastuji H et al. Sleep and Alzheimer's disease [J]. *Sleep Med Rev*, 2015, 19: 29-38.

［50］ Posner, MI, Di Girolamo, GJ. Cognitive neuroscience: origins and promise [J]. Psychological bulletin, 2000, 126, 873-889.

［51］ Snider KH, Sullivan KA, Obrietan K. Circadian Regulation of Hippocampal-Dependent Memory: Circuits, Synapses, and Molecular Mechanisms [J]. *Neural Plast*, 2018, 7292540.

［52］ Snider KH, Dziema H, Aten S, et al. Modulation of learning and memory by the targeted deletion of the circadian clock gene Bmal1 in forebrain circuits [J]. *Behav Brain Res*, 2016, 308: 222-235.

［53］ Snider KH, Sullivan KA, Obrietan K. Circadian Regulation of Hippocampal-Dependent Memory: Circuits, Synapses, and Molecular Mechanisms [J]. *Neural Plast*, 2018, 7292540.

［54］ Stefani A, Högl B. Sleep in Parkinson's disease [J]. *Neuropsychopharmacology*, 2020, 45 (1): 121-128.

［55］ Tsanas A, Woodward E, Ehlers A. Objective Characterization of Activity, Sleep, and Circadian Rhythm Patterns Using a Wrist-Worn Actigraphy Sensor: Insights Into Posttraumatic Stress Disorder [J]. *JMIR Mhealth Uhealth*, 2020, 8 (4): e14306.

［56］ Videnovic A, Lazar AS, Barker RA, Overeem S. "The clocks that time us" —circadian rhythms in neurodegenerative disorders [J]. *Nat Rev Neurol*, 2014, 10 (12): 683-693.

［57］ Wang XL, Kooijman S, Gao Y, et al. Microglia-specific knock-down of Bmal1 improves memory and protects mice from high fat diet-induced obesity [J]. *Mol Psychiatry*, 2021, 26 (11): 6336-6349.

［58］ Zhong X. Measures of resting state EEG rhythms for clinical trials in Alzheimer's disease: Recommendations of an expert panel [J]. *Alzheimers Dement*, 2021, 17 (9): 1528-1553.

第四章

生物节律紊乱与心理状态

树有花开花落，海有潮起潮落，日有东升西落。世间万物都有其内在的变化规律，这是其自身能够相对稳定和持续发展的基础条件。人类更是如此，约有超过1/3的基因受到节律的调控，而这正是我们适应环境和创造生活的重要前提。无数研究表明，生物节律无时无刻不对身心健康产生深刻的影响，生物节律紊乱会导致人体不稳定现象产生，使人的感知、协调、记忆、思维、情绪及行为意志等功能和能力受到损害。机体内生物节律的客观存在与正常运行，为人类认识把握和有效调控自身心理状态提供了生理基础和实现途径。

▌第一节　心理状态概述

心理状态是个体心理活动在某一时间段内的完整表现形式，如认知上的注意和记忆、身心上的疲惫、情绪上的喜怒哀乐和紧张松弛等。其具有暂时性、稳定性等特点，是个体心理过程和个性心理特征联结的中介环节，构成一切心理活动展开的背景。

一、研究历史

在心理学史上，和个体心理过程、个性心理特征这两个表述心理现象的重要心理学基础概念一样，心理状态在其中作为承前启后式的心理概念，始终随着心理学的不断发展而备受学界关注和重视。

心理状态的应用研究与心理过程、个性心理特征的相关应用研究紧密关联。自心理状态概念从国外引进以来，国内相关研究主要集中在运动心理学、教育心理学和医学心理学等领域，包括运动员运动心理状态的调适、学生学习心理状态的训练策略和外部调节及自律训练、恶性疾病患者心理状态的护理对策研究分析等。至今，该类研究已在上述领域和预防犯罪等其他领域展现出重大的理论和实践价值。

关于心理状态的相关论述研究由来已久，其科学的定义自诞生之初经过几十年的发展，随着所处语言环境不同、学界研究重点变化而不断更新完善。

从历史研究谱系来看，心理状态研究可追溯至我国先秦时期，但对其进行系统、科学的定义和研究则起源于前苏联时期。因此，在20世纪80年代之前，我国关于心理状态的研究理论主要沿用前苏联的相关理论，对心理状态的理解认识也主要借用列维托夫等人的基本观点。此后，我国心理学界开始突破苏联相关理论框架，着手建立本土新的理论体系，对心理状态的研究也逐步展开和深入。

先秦时期诸子百家对心理状态的论述较多，如《荀子》有言"心容，其择也无禁，必自己，其物也杂博，其情之禁也不贰"，其中"心容"即指心理状态；《管子》有云"其所知彼也；其所以知此也修之此焉能知彼？"，指出认识事物的前提是"修心"，即调整心理状态；孔子《论语·述而》言道"不愤不启，不悱不发"，指出调试学生心理状态的重要性；《孟子·告子章句上》中"鸿鹄将至思援弓激而射之"对于不恰当的心理状态提出了批评；南宋朱熹在《朱子语录》卷八中认为"今学者只是悠悠地无所用心，所以两年、三年、五年、七年及在相间，只是如此"，指出不恰当的学习状态将会影响学习效率。由此可见，我国古人很早就意识到心理状态对于人们的学习、生活和工作具有重要的支撑和推动作用，但囿于时代发展局限，并没有对心理状态进行更为系统、深刻的研究和论述。

1959年，苏联心理学家列维托夫在其编著的《性格心理学问题》一书中，第一次提出了"心理状态"的概念，指出"为了完善地、全面地了解作为大脑反映客观世界的对象和现象的心理活动，不仅应该把心理活动看作不断变化的心理过程以及比较完善的心理特征，而且还应该把它看作心理状态"，同时强调"所谓心理状态，应该理解为心理活动在一定期间内能够表明各种心理过程的独特性的一般特征，这种特征既决定于所反映的现实的对象和现象，也决定于个性的过去状态和个别的心理特征"。其于1964年编著的《论人的心理状态》一书，明确提出人的心理活动可分为心理过程、心理状态和个性心理特征三种形态，并将心理状态定义为"心理状态是心理活动在某一时间内的完整的特征"，认为"心理状态是把心理过程和个性心理特征连接起来的过渡阶段"，并把心理状态划分为"认识的心理状态""情感的心理状态"和"意志的心理状态"。

此后，米亚西谢夫、彼得罗夫斯等人均将心理状态、心理过程与个性心理特征看作人们心理活动中密不可分的三个基本范畴。克鲁捷茨基则在前人研究基础上，重点研究了心理状态对学生学习活动的影响，这引起了教育从业人员的关注，同时也为心理状态的研究与应用奠定了良好的理论基础。

改革开放以后，我国对于心理状态的理论研究得到较大发展。1985年，王启康在其《心理学探新》一书中沿用列维托夫的观点，认为心理活动可分为心理过程、心理状态和个性心理三部分，并指出"心理状态有三个突出的特征：第一，具有综合的、复合的性质；第二，具有其动力的性质；第三，具有直接的现实性"。同时强调，"由于心理状态这些特征，研究并把心理状态引入心理学中作为其基本范畴，就可以加深人对心理活动结构和规律的理解，克服过去对心理过程理解中的抽象和割裂性，和对个性心理特征理解上的凝固和刻板性"，并提出"心理状态是从心理过程向个性心理特征转化的中间过渡环节；这一根据就是前述的心理状态的整体综合的性质和直接现实的性质。事实上，心理过程本身是一种抽象物，没有自己实际的独立存在，从这种抽象物中不可能转化为另一种抽象物——个性的心理特征，因此必须将其综合为各种不同的心理状态，然后经概括和抽象转化为个性的心理特征"。这些实际上都在继承和发展列维托夫的基本理论观点。1989年，朱志贤主编的《心理学大辞典》收录了"心理状态"一词，继续沿用列维托夫的概念。1992年，方海韵在《论心理状态》一文中认为"心理状态乃是指建立在脑物质活动基础上的人的具体心理活动的无限多样的实际存在或存在形式，在其持续的一定时间段内，具有一些相对稳定的特征，是特定主体在该时间段内具有一定结构和功能的心理活动全部要素的总和"，该定义较之列维托夫的观点更加深入，但在本质看法上基本一致。

2001年，苏富忠等在《心理学的沉思》中对心理状态进行了定义和分类，认为"人的心理状态是在人整体状态统一下的包括心理结构状态和心理功能状态的相对稳定的质的规定性的第一层次要素的状态"，具体可解释为六个方面内容，"第一，心理状态这一概念所属概念系列的极概念是状态；第二，心理状态是人第一层次要素的状态；第三，人的心理状态包括心理结构状态与心理功能状态；第四，心理状态有某种综合的共同的表现形态；第五，心理状态有其特定的规定性；第六，心理状态统一在人体状态之中。"同时还认为，"心理状态有两个显著的特点：第一，在心理状态存在的时间维度上，心理状态具有稳定性与变异性相辅相成的规律；第二，在变化方向的维度上，心理状态有两极互逆的规律。"其观点是从结构与功能的角度来看待个体心理状态，区别于列维托夫以及之后几名中国学者从心理过程与个性心理特征的角度，深化了对心理状态的认识。

与此同时，国内相关应用研究也取得较大进步。体育运动方面，汪敏于1995年著有《运动训练过程中运动员的心理状态浅析》、冯天恩于1998年著有《浅析运动员如何保持最佳心理状态》，两文均探究了心理状态与运动效果的关系，并对训练提出参考；王天生于1999年主编《体育心理学》，该书对心理状态在体育中的地位作用进行了深入阐述；张力为于2001年在《运动员赛前心理状态的自我表述：10项陈述测验的研究》一文中论述探讨了127名运动员的心理状态和焦虑源。学习教育方面，董奇于1989年提出了学生学习效果与心理状态的关系；赵恩秀等于1994年进行了《大学生违纪违法的心理状态分析及对策》研究；刘毅玮于2003年在《学生学习心理状态研究》一文中探索了学习者心理状态的调节方法。医疗护理方面，顾静敏于1994年做了《100例恶性肿瘤患者的心理状态的调查及其护理对策》研究；刘春仙等于1995年研究了《临床观察老年人心理状态及护理》。可见，心理状态能够不同程度地影响人们的日常学习、生活和工作，今后仍需要继续作为一个重要主题被关注研究、开拓探索。

二、心理状态的性质

心理状态既有综合、复合的性质，也有其不断发展的动力性质。前者表现为心理状态包含的内容并非只有单个心理过程，也可能有多种心理过程，且这些心理过程不是简单地拼合，而是组成具有新的特性的复合物；后者表现为心理状态的某一部分受内外现实环境影响而不断变化，且这些变化又会联动影响心理状态的整体或其他部分，最终推动心理状态不断发展变化。所以，心理状态具有综合性、相对的持续性、情境性和动力性，与心理过程和个性心理特征之间的关系表现为：

首先，心理状态是心理过程与个性心理特征的外在表现形式。其具有直接现实性，即心理生活中各种现象的表现和存在方式均为心理状态，因此当人类对某一个体的心理现象进行观察时，能够觉察的并非心理过程或个性心理特征，而是心理状态。

其次，心理状态是心理过程与个性心理特征的中间过渡环节。其主要体现在时间上的变化性与稳定性，即心理状态处于动态的稳定之中，这是心理过程流动与个性心理特征较为稳固的相互融合。

三、分类标准

自1879年冯特建立了第一个心理学实验室以来，在临床上对个体心理状态进行评估虽然发展历史较为短暂，但期间存在过很多学派，自然也产生过很多分歧、暴露过不少问题。不过，随着人类历史长河奔腾向前，逐渐证实了部分学派在此方面的理论阐释存在一定程度上的合理性，只是仍需不断发展和完善。对个体心理状态进行科学客观的评估，是人类认识和影响其心理状态的重要基础，否则便很难能够有针对性地结合个体的人格特质和环境背景对其行为反应做出恰当的调控，也无法在个体与环境的互动中总结出心理状态发展的一般规律。譬如，在心理学史上，曾经有将普通的战斗应激称作"精神病"、"思乡症"；也曾通过对猴大脑进行解剖研究，发明出类似前额叶切除术来治疗多动症以及相关精神疾病；曾有研究人员在实验中让一些假装案例混进精神病医院而未被发现，进而冲击了整个美国的精神病诊断机制。直至本世纪初，心理学上对于心理状态的划分始终呈现着不同程度的分化与统一相结合的态势。

按照不同的角度和应用场景，心理状态主要有以下6种分类：根据心理过程与个性心理特征在心理状态上的表现和动力来源不同，分为认知的心理状态、情感的心理状态、意志的心理状态和行动的心理状态；根据心理状态对活动的影响不同，分为最佳心理状态、一般心理状态、不良心理状态；根据心理状态的稳定性及持续时间长短不同，分为相对稳定持续时间较长的心理状态（如态度、兴趣和心境等）、情境性的持续时间较短的心理状态；根据心理状态的周期性不同，分为周期性心理状态、非周期性心理状态；根据心理状态的整合阶段和层次不同，分为待整合无序状态、整合过渡状态和整合有序状态；根据咨询心理学标准，分为心理正常状态、心理异常状态，其中心理正常状态又可分为心理健康状态、心理亚健康状态，而心理亚健康状态又可进一步细分为一般心理问题、严重心理问题和神经症性心理问题（表4-1），该分类方法在当前较为流行。

针对异常心理，世界卫生组织（World Health Organization，WHO）目前主要采用2019年5月通过的国际疾病分类标准（第11次修订）（ICD-11），这在国际上较为通用。美国精神医学会（APA）则于2022年3月发布了《精神疾病诊断与统计手册》（第5版）（DSM-V），受到心理学家与精神病学家的广泛接受。我国中华医学会精神科分会于2001年发布《中国精神障碍分类与诊断标准》（第3版）（CCMD-Ⅲ），将精神疾病分为10个类型，包括器质性精神障碍；精神活性物质与非成瘾物质所致精神障碍；精神分裂症和其他精神病性障碍；心境障碍；癔症、应激相关障碍、神经症；心理因素相关的生理障碍；人格障碍、习惯和冲动控制障碍、性心理障碍；精神发育迟滞、童年和少年期心理发育障碍；童年和少年期的多动障碍、品行障碍、情绪障碍；其他精神障碍和心理卫生情况。

表4-1   心理状态分类标准及区分特征

分类	心理正常 （不包含有精神障碍症状的心理活动）					心理异常 （有典型精神障碍症状的心理活动）					
	心理健康	心理亚健康 （处于动态失衡的状态和过程）			神经症	精神分裂症及其他妄想障碍	心境障碍	应激相关障碍	生理心理障碍	癔症
		一般心理问题	严重心理问题	神经症性心理问题						
区分特征	三个维度十个标准	常形冲突			变形冲突					

四、判断标准

（一）心理正常与否

我国心理咨询师在从业中主要是综合李心天教授对于心理正常与心理异常的判断标准进行扩展，从统计学、文化人类学、社会适应、精神医学和内省经验等方面对个体心理状态进行综合评判。

1. 统计学标准   统计学早期应用于心理学是在人的智商测量上，通过对人群中智力水平进行观测与制定相关量表进行量化评定，得出一个类似于正态分布的曲线区间，并采用取关键点的方式划分确定个体相应的智商水平。与智商水平分布类似，人的心理状态分布水平在群体中也大致呈正态分布，故可在人群中根据每个人的心理状态（从优到劣），依照从普遍性到一般性的规律，根据其区分度来为个体的心理状态水平做画像，便能得出一个统计学方面的心理状态区分标准，这便是统计学标准。

2. 文化人类学标准   广义的"文化"是指人类在社会实践过程中所获得的物质、精神的生产能力和创造的物质、精神财富的总和。人类创造的文化中必然包括在精神上对于人类行为准则和规范的相关期望和要求以及在漫长的历史长河中形成的种种文化传统和倾向，当个体对这些文化传统有所偏离的时候，便会被评定为该文化系统语境下的心理异常。需要注意的是，在不同的文化形态中，对于正常与异常的观念标准是有其独特性的，以此为基准就得出了人类文化学的心理状态评价标准。如文身、祭祀、身体穿刺等风俗在部分文化背景下是一种流行和必需的成人仪式，而在部分东亚、东南亚国家中这种现象是一种社会边缘的、不被主流文化观点认同的现象，于是在不同文化语境下，当一个人出现这些行为的时候，其心理状态便可能会有不同的标签和评价。

3. 社会适应标准 人是社会关系的总和，作为社会化的动物，个体在成长过程中都不可避免地加入一个又一个的团体，并与团体中的成员进行生活上的联系交往与工作上的沟通互动，这就需要个体的人格特质和心理过程能够正常运行和协调发展。因此，个体对于社会的适应程度将显著影响其身心及行为状况。据此，可对个体心理状态做出不同程度的评估，这便是社会适应标准。社会适应标准和人类文化学标准两种心理状态区分方式包含的范畴，既有交叉的部分，也有相互独立的部分。总体来看，人类文化学标准更加注重精神层面和历史传统上对个体心理状态评价和期望的发展倾向；而社会适应标准更倾向于个体在社会交往中与团体、个体之间的良性互动以及在互动中心理状态的健康状况，更强调社会活动的正常开展。

4. 精神医学标准 精神医学标准基于唯物主义的世界观，强调心理过程、个性心理特征的物质基础，强调从解剖学上以及生物分子层面的总体或个体运行情况来判断人的心理状态，强调需在人的大脑以及相关神经系统中发现相关变化来确定人的心理状态是否异常及其程度。

5. 内省经验标准 内省经验标准与精神医学标准相对应，可从个体内省和第三方共情的角度分为两个方面：一方面是个体对于自身心理状态的总体评价标准，包括对个体身心是否和谐、情绪情感状态愉悦与否、内心在不同心理过程中的情绪发展变化，属于个体主观的、不可见的内部视觉和体验；另一方面，是观察者对被观察者心理状态的感知和觉察，通过被观察者的表情、态度、行为和学习生活工作状态等，以及对其短期、长期活动各个方面的观察，并结合观察者自身经历和经验来感受、观察和评价被观察者心理状态的水平和发展变化倾向。

此外，郭念锋也提出区分心理正常与异常的"三原则"，即主观世界与客观世界的统一性原则（即有无自知力），心理活动的内在协调性原则与人格的相对稳定性原则。

（二）心理健康与否

关于心理健康方面，目前对其定义有多种解释。如《简明不列颠百科全书》提出，"心理健康是指个体心理在本身及环境条件许可范围内所能达到的最佳功能状态，但不是十全十美的绝对状态"；精神病学家门宁格（Menninger）认为"心理健康是指人对于环境及相互间具有最高效率及快乐的适应情况，不仅要有效率，也不只是要有满足感，或是愉快地接受生活的规范，而是需要二者兼备，心理健康的人应能保持正常的情绪、敏锐的智能、适于社会的行为和愉快的气质"；当前较为广泛使用的是1946年第3届国际心理卫生大会上的定义，即"在身体智能及情感上与他人的心理健康不相矛盾的范围内，将个人的先进发展成最佳的状态"。

　　至于心理健康的判断标准，目前也有多种观点。如：

　　（1）美国学者库姆斯（Combs）认为，"一个心理健康、人格健全的人应有4种特质：积极的自我观念；恰当地认同他人；面对和接受现实；主观经验丰富，可供取用。"

　　（2）美国心理学家马洛斯提出判断心理健康者的10条标准：充分的安全感；充分了解自己，并对自己的能力作适当的估价；生活的目标切合实际；与现实环境保持接触；能保持人格的完整与和谐；具有从经验中学习的能力；能保持良好的人际关系；适度的情绪表达与控制；在不违背社会规范的前提下，能适当地满足个人的基本需求；在不违背团体的要求下，能作有限度的个性发挥。

　　（3）我国黄希庭教授主导提出5条标准：个人的心理特点是否符合相应的心理发展的年龄特征；能否坚持正常的学习和工作；有无和谐的人际关系；个人能否与社会协调一致；有没有完整的人格。

　　（4）北京大学学者提出8条标准：了解自我、悦纳自我；接受他人、善与人处；正视现实，接受现实；热爱生活，乐于工作；能协调与控制情绪，心境良好；人格完整和谐；智力正常，智商在80以上；心理行为符合年龄特征。

　　（5）许又新提出3个维度、10个标准：前者包括体验、操作和发展维度；后者包括心理活动强度、心理活动耐受力、周期节律性、意识水平、暗示性、康复能力、心理自控力、自信心、社会交往和环境适应能力。

　　目前最为广泛流传和使用的则是WHO的7条标准：智力正常；善于协调和控制情绪；具有较强的意志和品质；人际关系和谐；能动地适应并改善现实环境；保持人格的完整和健康；心理行为符合年龄特征。

（三）问题严重程度

1. 一般心理问题

　　（1）由于现实生活、工作压力、处事失误等因素而产生内心冲突，并因此而体验到不良情绪。

　　（2）不良情绪不间断地持续满1个月，或间断地持续2个月仍不能自行化解。

　　（3）不良情绪反应仍在相当程度的理智控制下，始终能保持行为不失常态，基本维持正常生活、学习和社会交往，但效率有所下降。

　　（4）自始至终，不良情绪的激发因素仅仅局限于最初事件，即便是与最初事件有联系的其他事件，也不引起此类不良情绪（即情绪尚未泛化）。

2. 严重心理问题

　　（1）引起严重心理问题的原因，是较为强烈的、对个体威胁较大的现实刺激。

　　（2）从产生痛苦情绪开始，时间持续约2～6个月。

　　（3）多数情况下，会短暂地失去理性控制。

　　（4）痛苦情绪不但能被最初的刺激引起，而且与最初刺激相类似、相关联的刺激，也可以引起此类痛苦（即反应对象被泛化）。

3. 神经症性心理问题（即可疑神经症）

（1）时间上：小于3个月，记1分；3个月～1年，记2分；1年以上，记3分。

（2）精神痛苦程度上：患者可以自己主动设法摆脱，记1分；中度患者自己摆脱不了，须靠别人帮助或处境的改变才能摆脱，记2分；重度患者几乎完全无法摆脱，记3分。

（3）社会功能上：能正常工作学习或工作学习及人际交往只有轻微妨碍者，记1分；工作学习或人际交往效率显著下降，不得不减轻工作、改变工作或只能部分工作，或不得不尽量避免某些社交场合，记2分；重度社会功能受损害者完全不能工作学习，不得不休病假或推卸，或完全回避某些必要的社会交往，记3分。

综合以上3点，如果总分为3分，可以认为不够诊断为神经症；如果总分不小于6分，神经症的诊断是可以成立的；4～5分为可疑病例。

■第二节 心理状态评估的方法

一、心理评估简介

对个体心理状态的评估，即心理评估，是指熟练的专业人员尝试使用心理学的技术和工具来了解关于另一个人的一般或具体心理状态与功能的过程。心理评估力求客观准确地描述个体的认知、情感、行为及其心理优势、弱点和资源，是对个体内部运作的动态洞察，可以为心理诊断、潜在干预和预后提供非常宝贵的信息。

心理评估并不等同于心理测验，虽然评估有时会采用心理测验的方法，但不仅仅是进行心理测验。一般而言，心理评估需要对信息进行整合，除了心理测验结果，还包括从临床访谈、行为观察、问卷调查和生理检查等方法途径中收集的信息。因此，心理评估是一个综合评价的过程，为了实现不同的评估目的，也会采用不同的方法和程序。

当前，心理评估的应用范围越来越广，涉及心理健康、工程组织、司法惩教、医疗保健和学校教育等多个领域，可以说在各行各业都发挥了重要的作用。在最常见的临床心理学领域，不同人群如儿童、成年人和老年人的心理评估也各不相同。比如儿童的心理评估更侧重于识别和量化症状维度和问题行为，表面上出现的注意力不集中等问题，背后可能存在注意力缺陷/多动障碍（ADHD）、抑郁、焦虑、学习障碍或获得性认知缺陷；对成年人通常是评估其认知、情感、行为、人格特征、优势和劣势，以及确定哪些人际和环境因素导致了问题的发生，以便做出判断、诊断、预测和治疗建议；而对老年人来说，评估适应性功能比临床症状更有意义，评估社会支持（包括真实的、感知到的）和日常生活活动（如穿衣、洗澡和做饭等）的工具和程序显得更为重要。

在工程和组织环境中，心理评估主要用于人力资源、组织管理和工效学三个方面。

这一领域的评估初见于一战、二战期间美国军事人员的选拔，后被逐渐推广到经济商业范畴。在人力资源方面，可通过评估员工的心理状态、人格特征和能力水平，为人才选拔、晋升和职业规划提供依据，以便找到更合适特定岗位的员工；组织管理层面，需要评估领导力、团队合作和人际交往能力，理顺内部管理关系，促进沟通顺畅；在工效学方面，则是结合生理、心理和环境因素进行评估，促进员工身心健康，以达到提高工作绩效和减少事故的目的，比如睡眠不足、夜间工作导致的生物节律紊乱对员工心理状态的影响，就需要进行专业的评估。

在司法惩教环境中，专业人员可能需要评估个人符合各种法律标准的程度，例如有无受审的能力、是否符合精神错乱标准等，在有些婚姻家庭案件中也可能会评估离婚人员是否有监护儿童的权利，儿童是否受到虐待或其他不易被察觉的心理伤害。此外，在监狱、拘留所等惩教机构，心理评估（如暴力风险评估）对于服刑劳改人员的改造也具有积极意义。

在医疗保健环境中，现代生物心理社会医学模式也已经将心理作为健康的重要因素，在这一模式下的心理评估可以针对情绪因素以及涉及个人整体功能的身体问题，目的是更全面广泛地了解患者的一切信息，促使医患之间关系融洽，也能通过心理干预的方式护理身心疾病。

在学校教育环境中，心理评估针对的主要问题是学习和学校适应问题，比如对学生的认知能力和智力水平进行评估，可以筛查出需要特殊教育的儿童，或者对学生的学业成就进行预测。

在心理学研究领域，心理评估的方法如心理测验、访谈等也发挥着重要作用。

在不同环境中，根据不同的评估目的，往往会组合采用各种不同的心理评估方法，而相应的评估程序也有一定差异，大致上可以划分为以下3个阶段：

（1）收集评估信息：在这一阶段，首先需要了解被评估者的问题、为什么要评估，然后根据评估的目的来确定用什么样的方法步骤、收集哪些方面的数据和信息。这期间可能用到的方法有很多，如临床访谈、行为观察、心理测试和查看历史记录等，应尽可能收集适当种类和足够数量的评估数据，便于更好地解决问题或进行转介。收集信息时，若是与人格功能相关的问题，如要探寻可能对个体有帮助的心理治疗方法，就需要进行人格测试；与教育相关的问题，如探究学生有无学习障碍，就需要对智力、学术能力和成就进行衡量；与神经心理功能相关的问题，如考察是否有记忆丧失的迹象，就需要测量认知功能，特别是学习和回忆能力。

（2）解读评估信息：在收集到足够的相关数据之后，需要对这些信息数据进行分析、判断和解释，对被评估者的心理特征和行为倾向作出推论、形成印象。解读评估信息，一方面要通过临床判断来定性分析，另一方面也要依据标准化测试的统计规则来定量判断。在这一阶段，想要获得准确客观的解释是存在挑战的，很可能存在因心理防御和印象管理而假装"好"的情况，比如在临床环境中有些希望出院的患者可能会隐瞒自己的病情，离婚案件中希望获得孩子抚养权的父母也会尽可能表现得很好；也有因为各种原因而假装"坏"的情况，比如在人身伤害案件中寻求损害赔偿的原告可能会伪装其神经心理或社会心理障碍的程度，以期增加他们获得的和解金额，犯罪行为中的被告人可能会假装心理障碍，希望能够最大限度地减轻处罚等。

（3）运用评估信息：前两阶段工作结束之后，还需要得出结论并提出相关建议。这一阶段形成的结论常常会对决策产生影响，如被评估人的分类、选择、安置、诊断和治疗等方面的决策。在这一过程中，要注意文化、社会背景的影响。只有对被评估者的文化和背景足够敏感，评估人员才可能准确估计他们的心理特征在特定生活环境中的影响。例如，同样是拥有适度的智力水平，对那些只期望自己高中毕业的人来说，这可能是他们舒适和成功的来源，而对于那些期望从名牌大学毕业的人可能就成了失败和沮丧的来源。同样，一个拥有良好应对技巧和丰富适应能力的人，如果肩负沉重的责任、面临许多困难，那么他可能会焦虑、易怒或压力过大，而一个应对能力有限、适应能力有限的人，过着狭隘的生活，面临的需求很少，可能会保持一种舒适的心理平衡，很少经历主观上的痛苦。

由此可以看出，心理评估是一个复杂的过程，需要灵活运用不同的方法和工具。常用的评估方法主要有访谈评估、行为评估、测验评估、生理评估等。

二、访谈评估

访谈法，顾名思义，是指通过面对面交谈来直接获取信息的方式。但访谈不是普通的交谈，不仅需要关注来访者的言语信息，还需要关注非言语信息（如眼神、表情、手势和衣着等）。广义的访谈不一定采用面对面的形式，也可通过电话、网络甚至人机对话辅助访谈等形式。访谈法是应用最古老、最广泛的评估方法，可以说，在心理评估的实践领域中，大约95%的评估活动都会用到访谈法。

根据标准化程度不同，访谈分为3类：非结构化访谈，是没有固定格式标准的自由交谈，形式灵活、气氛轻松，通常使用开放式问题，便于来访者进行更多解释和阐述，但因为没有提纲也容易偏离主题，比较适用于一般信息的收集；半结构化访谈，会提前涉及一个问题提纲，但过程中也不一定遵循严格的顺序，可以在主题框架内灵活把握访谈的节奏，是非结构化访谈和结构化访谈的结合；结构化访谈，会严格按照一定的方法、要求和顺序拟制好提纲或者问卷，并采用标准化的形式进行访谈，更多使用封闭式问题，适用于特定信息的收集或者用于研究，即使是不同的访谈者进行访谈，也能最大程度保证访谈的一致性，因此也可用计算机辅助访谈。

根据预期目的不同，访谈可分为：

（1）个人史访谈：为深入了解来访者的背景和情况，需要进行个人史访谈，尽可能全面地收集与临床评估相关的信息，通常包括身份资料信息（如人口学信息、爱好、习惯、宗教信仰和婚姻情况等）、困扰自身问题的描述（如持续时间、频率和影响等）、个人成长发展史（如童年经历、重大生活事件、家庭关系和人际关系等）、医学/精神/心理治疗史（包括家族史）等。其可以直接与来访者进行，必要时也可以与来访者的家人、朋友或其他人进行。侧重于发展性的观点，即通过梳理来访者的生活经历，可以了解事件的关键时期、行为的最初原因和诱发因素。有时采用电脑进行十分方便，可采取高度结构化的方式快速收集有效信息，同时也可减少来访者的心理防御和紧张感，但也存在容易遗漏关键非语言信息的缺点。

（2）诊断访谈：诊断访谈通常是标准化、结构化的，伴随着精神疾病诊断水平的发展而发展。临床上依据ICD-11和DSM-V两种诊断标准，发展出了很多相应的标准化诊断评估提纲，如诊断用临床结构检查（SCID）、精神现状检查（PSE）、神经精神病学临床评定表（SCAN）、诊断访谈提纲（DIS）、复合性国际诊断用检查提纲（CIDI）和国际人格障碍检查提纲（IPDE）。此类访谈提纲通常方案十分具体，规定清晰明确，可对照患者症状和行为通过严格详细的计分做出诊断，适用于诊断评估各类精神障碍、人格障碍等精神疾病和问题。因其结构化的特点，临床诊断访谈有很多成熟的计算机辅助访谈诊断程序。

（3）心理状态检查：心理状态检查是一种特殊类型的访谈，需要结合访谈和观察，对来访者心理状态和功能的不同方面进行检查，以便确定心理问题的种类和程度以及是否需要转介或进一步检查治疗。其内容并不固定，通常会探索诸如外表、态度、情绪、注意力、判断力、记忆、推理、言语、听力、定向力、认知和感觉等内容领域（表4-2），在评估主要精神疾病、神经系统受损和物质滥用引起的疾病时尤为重要。此类访谈可以是正式的，具体涵盖到每项内容，也可以是非正式的，在谈论其他问题时顺便收集这些信息。

表4-2   心理状态检查中的常见内容领域

内容领域	举例
外表	整体形象、面部表情、眼神接触、身体位置、姿势动作
态度	是否合作
情绪	主导情绪、情绪合理性、情绪波动程度
言语	表达流畅性、语速
定向力	对时间、地点、人、空间位置的认识
注意力	能否保持注意、时间长短、关注访谈问题
判断力	能否分析并做合理决定
思维	思维清晰程度，有无幻想、强迫、妄想、恐惧、暴力、自杀意念
记忆	即时记忆、近期和遥远的记忆清晰度
运动	运动自主性、有无强迫动作、抽动

（4）职业访谈：职业访谈是指在工商等职业领域为了评估员工状态而设计的结构化访谈，有助于做出员工雇佣、晋职或离职等决策。

与职业访谈类似，在心理评估的不同领域，为了不同的评估目的，还存在着很多灵活的访谈方式。为了保证访谈的效果，访谈者对访谈技巧的把握是非常关键的。访谈者的态度应做到真诚、温和、理解、接纳和积极关注，避免出现评判、讽刺或敌意性质的陈述，以降低来访者的心理防御，营造开放、平等和融洽的访谈氛围。

三、行为评估

行为评估是以行为心理学为基础的评估方法，与心理动力学关注问题行为的内部心理过程不同，行为评估更关注行为和情境之间的相互影响和因果关系。行为治疗师需要为患有各种心理生理障碍和健康问题的个体设计治疗方法，就需要用行为评估的方法系统收集、整合与患者问题相关的信息。尤其对于因障碍或损伤无法用言语表达的成人或儿童来说，访谈法并不适用，此时运用行为评估法更为合适。

在行为评估中，需要对患者相关的目标行为和情境因素进行功能分析以构建评估模型（表4-3），明确操作性定义，明确好频率、持续时间和强度等需要测量的参数，而后对这些维度进行测量评估。功能分析模型构建共有7个关键步骤：确定目标行为；指定目标行为的反应模式（如认知语言、情感生理和外显运动等）和维度（如频率、持续时间和强度等）；估计每个目标行为的相对重要性（依据来访者自我报告、严重程度或其他指标，将重要性等级分为低、中、高）；估计或计算目标行为之间的关系强度（低、中、高）；识别与每个目标行为相关的情境因果变量（行为的前提和后果）；估计或计算因果变量和目标行为之间关系的方向和强度；构建因果模型。

表4-3　功能分析的相关内容

名称	分类	内容
目标行为	认知语言行为	认知体验（如自我陈述、非理性信念和态度）
	生理情感行为	生理反应和感受到的情绪状态
	外显运动行为	可观察到的动作
情境因素	环境背景因素	社会背景（如与他人的互动）
	个人背景因素	物理背景（如建筑环境、温度、噪声水平、照明水平）
		可能对目标行为产生显著因果影响的其他行为

对行为治疗师的调查显示，最常用的行为评估方法有行为访谈、行为观察、自我监控和行为问卷：

（1）行为访谈：行为访谈与其他形式的访谈略有不同，访谈时构建的一系列问题主要集中于将问题行为与因果因素联系起来，比如访谈时会问到这个问题行为出现之前发生了什么、出现之后又有什么后果、该行为可能是如何被各类因果因素所影响的。访谈者通过让来访者（或其他知情者）详细描述问题行为以及各个有可能的前提和后果，从而获得目标行为的相关信息。识别这些因果关系对后续的干预设计至关重要，因为大多数干预都是通过修改因果关系来发挥作用的，例如考虑抑郁情绪时，如果抑郁情绪的变化主要是由婚姻困扰引起的，那么对抑郁情绪的有效干预将侧重于减少婚姻困扰。

访谈时，要注意描述的信息需要包含客观的情境事件，而不是解释和推论。比如家长说"小明如果不让他玩游戏他就会发脾气"就是一种客观描述，包含了具体情境，而"小明如果不做自己喜欢的事情就发脾气"就是一种解释，缺失了必要的客观信息。

由于行为访谈经常要与知情第三方（如亲人、家长等）交谈来获得信息，而他们并没有受过行为观察专业训练，提供的目标行为信息很可能不完整，容易导致结果不准确。

（2）行为观察：行为观察是对目标行为的直接观察，是行为评估的典型方法。行为观察可以由非参与观察者和参与观察者进行。非参与者观察者是指经过专门培训的人员（如咨询师、专业观察员等），通过记录行为，可以有效收集复杂目标行为的数据；参与观察者通常指被观察者的家庭成员、同事、朋友和照顾者等，他们能够不受限制地在许多环境中进行观察，但因为身负多重职责，观察到的数据信息也难免遗漏、不准确。

对于评估者而言，行为观察得到的信息比行为访谈更加直接，也更为准确可靠。比如，有时通过现场直接观察，治疗师可能会发现孩子的问题行为比家长口中描述更加严重，因此如果仅靠访谈而缺少观察，给出的诊断和建议就会完全不同。

因为行为会随着时间和环境不断变化，不可能在所有时间和情境下观察所有行为，因此就需要采取抽样策略。一种是自然抽样评估，即在自然环境下选择某个事件或者某段时间进行观察，适合观察一些常见的高频行为，比如到学校的课堂中观察孩子大喊大叫的问题行为；另一种是模拟抽样评估，是指专门设置出某个场景进行观察，如角色扮演、婚姻互动评估、功能分析实验等，适合评估仅在特定的环境中发生的低频行为（如儿童身体攻击行为），因其发生率低，通过自然评估就很难捕捉到关键特征。通常模拟评估是在高度控制下展现的行为，所以无法确定其能在多大程度上代表自然背景下的行为。

（3）自我监控：自我监控是一种让来访者系统地采样和记录他们自身问题行为的评估方法。由于当事人可以在多种情境中记录目标行为的各种反应模式（认知、情感、运动），自我监控已经成为一种流行的行为评估方法。这一方法在评估前，必须要明确定义目标行为，这样当事人在记录目标行为和情境变量时就能最大限度地提高准确性。

自我监控作为一种评估方法具有许多优点：一是可以系统观察自身包括认知情绪行为在内的所有行为模式；二是更容易测量隐藏的行为（如酗酒、吸毒或性行为等）；自我监控还具有反应性效果，通常会促进减少不良目标行为的发生，增加所需目标行为的发生，因此也可以作为一种治疗方法。

由于只靠自我观察记录、自我监控也容易出现记录不准确的情况，可能会记录更少的低期望行为。

（4）行为问卷：行为问卷与一般的心理评估问卷量表不同，不涉及人格、兴趣和能力等方面的测量，主要是用关键参数来测量特定行为。问卷内一般涉及目标行为的反应模式（可能包括认知、情绪和行为等不同侧面），以及测量需要的频率、持续时间和强度等维度指标，通过对照问卷中对问题行为的描述，结合实际情况对问卷中的程度变量结果进行记录（如二分变量"是""否"，三分变量"有""无""不确定"等），可以用于自评，也可用于他评。因其非常简便、经济，标准化的行为评估问卷在临床上经常使用。

值得注意的是，行为问卷对变化的敏感性要求较高，相比于测量行为特征（即非情境的过去行为），此类问卷更希望测量的是行为状态（即特定情境中的当前行为），因此行为问卷的时间框架通常很短，且与特定情境相关。

四、测验评估

测验评估是使用非常广泛的评估方法，主要包括心理测验和评定量表，通常是在标准情境下通过标准化测验的方法获得数据，进而对人们的心理活动做出推论和定量分析。标准化心理测验会制定标准分数和常模，用以对比被试者的心理活动水平在人群中的相对位置，这样测试分数才有实际意义。有些评定量表标准化程度较高、信效度高，与心理测验相当，也有些标准化程度不高（如行为评定量表）。测验评估因其高度结构化和标准化的特性，特别适合用计算机进行评分和分析。

目前常见的测验评估工具主要有：

1. **智力测验**　智力测验是评估认知和智力功能的测验，主要用于促进诊断认知和智力障碍、估计能力和潜力、确定特殊教育资格等，当代的认知智力测验主要包括认知评估系统（CAS）、差异能力量表（DAS）、考夫曼儿童评估系统（KABC）、雷诺智力评估量表（RIAS）、斯坦福-比内智力量表（SBS）、伍德科克-约翰逊认知能力测验（WJACH）和韦克斯勒智力量表等。

其中，韦克斯勒智力量表使用最为广泛，分为儿童和成人不同版本（表4-4），涵盖年龄范围广，有针对3~7岁幼儿的韦氏学龄前及幼儿智力量表修订本（WPPSI-R）、针对6~16岁儿童的韦氏儿童智力量表第4版（WISC-IV）和针对16岁以上成年人的韦氏成人智力量表中国修订本（WAIS-RC）。这三种韦氏量表测验题目有所区别，但都有包括言语测验V（VIQ）和操作测验P（PIQ）的11~12项分测验，VIQ与PIQ相加可得出总智商（IQ）。此外，这三种韦氏智力量表计分系统相同，都是平均智商100、标准差15，有助于相互之间进行比较。

表4-4　韦氏智力量表分测验

	WAIS-RC（11项）	WISC-IV（10项）	WPPSI-R（10项）
言语测验V	知识I 领悟C 算术A 相似性S 数字广度D 词汇V	常识I 类同S 算术A 词汇V 理解G ［背数D］	常识I 词汇V 算术A 类同S 理解C ［填句Se］

续表

	WAIS-RC （11项）	WISC-IV （10项）	WPPSI-R （10项）
操作测验P	数字符号DS 填图PC 木块图BD 图片排列PA 图形拼凑OA	填图PC 排列PA 积木BD 拼图OA 译码CO ［迷津Ma］	物体拼凑OA 图画补缺PC 迷津Ma 几何图形GD 积木图案BD ［动物房子AH］

注：［　］内为备用分测验。

2. 人格测验　人格测验是心理评估中非常重要的一类，主要涉及性格、气质等方面特征，常见的人格评估方式有两类，分别是自陈量表和投射测验。

自陈量表即自陈式人格测验，临床上应用最广的是明尼苏达多项人格测验（MMPI），16岁以上适用，侧重于评估病理性人格，完整版共566道题目（简版少于399道），包含10个临床分量表、4个效度分量表（表4-5）。MMPI可以用于心理评估的各种领域（如医学、司法、职业和教育等），使用价值较高。此外，常用的人格测验还有艾森克人格问卷（EPQ）、卡特尔16种人格因素测验（16PF）、大五人格量表（BFI）等。

表4-5　MMPI分量表名称

临床量表	效度量表
Hs：疑病（hypochondriasis）	Q：疑问量表（question）
D：抑郁（depression）	L：说谎量表（lie）
Hy：癔病（hysteria）	F：诈病量表（frequency）
Pd：精神病态（psychopathic deviate）	K：校正量表（Correction Scale）
Mf：男性化 - 女性化（masculinity femininity）	
Pa：妄想狂（paranoia）	
Pt：精神衰弱（psychasthenia）	
Sc：精神分裂（schizophrenia）	
Ma：轻躁狂（hypomania）	
Si：社会内向（social introversion）	

投射测验以精神分析人格理论为基础，是非结构化的测验方法，任务刺激通常都是不完整的、矛盾的、模棱两可的、暗示性的，通过评估被试者外在的表现，进而推断其潜意识流露出的内在心理过程。最著名的投射测验是罗夏墨迹测验和主题统觉测验（TAT）。罗夏墨迹测验共有10张没有任何意义的墨迹图片（图4-1），通过让被试者描述图片进行分析。TAT则更像是看图编故事（图4-2），共30张包含人物或景物的模棱两可的图片和1张空白图片，让被试者通过编故事的方法，将潜意识中压抑的欲望、动机等通过故事投射出来。此外，常见的投射测验还有句子完成法（SCT）、绘画测验（如房树人测验、树木人格测试等）、音乐统觉测试等。

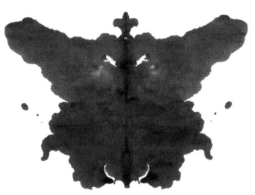

图 4-1 罗夏墨迹测验图示例   图 4-2 主题统觉测验图示例

3. 神经心理学测验 神经心理学测验主要是对涉及感觉、知觉、注意、运动、记忆、言语和思维等脑功能的评估，评估范围很广，临床上使用的既有单项认知功能测验，也有成套测验。临床上常用的神经心理成套测验主要有Halstead-Retain神经心理成套测验（包含10个分测验）和Luria-Nebraska神经心理成套测验（包含11个分测验）等（表4-6）。

表 4-6 常见神经心理学测验

测验领域	测验名称
注意功能	划消测验 倒行掩蔽测验 连续作业测验
信息处理速度	数字符号测验 符号搜寻测验 连线测验 定步调听觉连续加法测验
运动技能	沟槽钉板测验 手指敲击测验 运动功能量表
词语流畅	词语发音流畅测验 范畴流利测验
工作记忆	数字广度测验 空间广度测验
执行功能	威斯康星卡片分类测验 范畴测验 斯特鲁色词测验
学习和延迟回忆	加利福尼亚词语学习测验 霍普金斯词语学习测验 Rey复杂图形测验 简易视觉空间记忆测验
视知觉障碍	Kohs立方体测验 Goldstein木块图案测验

4. 健康心理学评定量表   在生物心理社会医学模式影响之下，健康心理学的发展对人们的身心健康和社会适应起到了促进作用。在这一领域中，常常需要对人们进行心理健康状况的评定，数量众多的评定量表就是最常见的评估工具。

对心理健康状况进行综合评定，最常用的是症状自评量表（SCL-90），适用于16岁以上人群，包含90项精神症状的清单列表，按照5级评分，结果可区分为9个因子进行分析（表4-7）。SCL-90使用广泛，在不少群体中都建立了参考常模，方便对量表得分情况进行分析。

表4-7   SCL-90因子与测验题目的对应关系

因子	测验题目
躯体化（Somatization）	1、4、12、27、40、42、48、49、52、53、56、58
强迫症状（Obsessive-Compulsive）	3、9、10、28、38、45、46、51、55、65
人际关系敏感（Interpersonal sensitivity）	6、21、34、36、37、41、61、69、73
抑郁（Depression）	5、14、15、20、22、26、29、30、31、32、54、71、79
焦虑（Anxiety）	2、17、23、33、39、57、72、78、80、86
敌对（Hostility）	11、24、63、67、74、81
恐怖（Photic anxiety）	13、25、47、50、70、75、82
偏执（Paranoid ideation）	8、13、43、68、76、83
精神病性（Psychoticism）	7、16、35、62、77、84、85、87、88、90
附加项目	19、44、59、60、64、66、89

对心理状态的不同方面进行测验评估，需要使用不同类型的量表：在抑郁评定方面，主要有抑郁自评量表（SDS）、贝克抑郁问卷（BDI）、汉密顿抑郁量表（HRSD）等；在焦虑评定方面，主要有焦虑自评量表（SAS）、交往焦虑量表（IAS）、状态-特质焦虑问卷（STAI）、社交回避及苦恼量表（SADS）、汉密顿焦虑量表（HAMA）等；在精神障碍评定方面，包括简明精神病量表（BPRS）、贝克—拉范森躁狂量表（BRMS）等；在孤独评定方面，包括UCLA孤独量表、状态与特质性孤独量表（SVTL）、儿童孤独量表（CLS）等；在物质依赖评定方面，包括酒精依赖性疾患识别测验（AUDIT）、拉塞尔吸烟原因问卷（RRSQ）等；在生活质量评定方面，包括生活质量综合评定问卷（GQOLI-74）、总体幸福感量表（GWB）、生活满意度量表（LSR）、幸福感指数量表（WBIS）、纽芬兰纪念大学幸福度量表（MUNSH）、生活质量指数（QLI）等；在应激相关评定方面，包括生活事件量表（LES）、青少年生活事件量表（ASLEC）、中学生生活应激评定量表、军人心理应激自评问卷（PSET）、创伤后应激障碍自评量表（PTSD-SS）、应对方式问卷（CSQ）、医学应对问卷（MCMQ）、防御方式问卷（DSQ）、社会支持评定量表（SSRS）等；在家庭相关评定方面，包括中国修订版家庭环境量表（FES-CV）、家庭亲密度和适应性量表（FACES）、家庭功能评定量表（FAD）、奥尔松婚姻质量问卷（ENRICH）、中国人婚姻质量问卷、Locke-Wallace婚姻

调适问卷、父母养育方式评价量表（EMBU）等；在人际相关评定方面，包括人际关系量表、人性哲学量表、人际信任量表、特定人际信任量表、信赖他人量表、容纳他人量表等；在自我意识评定方面，包括Piers-Harris儿童自我意识量表（PHCSS）、学生自我意识量表、成年人自我概念问卷、自我描述问卷（SDQ）、自我和谐量表（SCCS）、自尊量表（SES）、缺陷感量表（FIS）等；在心理控制源评定方面，包括内在—外在心理控制源量表（I-ELCS）、控制圈量表（SOC）、工作心理控制源量表（WLCS）、儿童控制知觉多维度测查表（MMCPC）、婚姻心理控制源量表（MLOC）、子女教育心理控制源量表（PLOC）、多维度健康状况心理控制源量表（MHLC）、精神卫生心理控制源量表（MHLCS）、双方性调节量表（DSR）等。

　　除以上举例之外，还有很多心理健康相关评定量表。每种量表都有相应的适用范围，适用于不同年龄或者具有不同特点的人群；不同量表的标准化程度和信效度指标不同，测量的敏感性也有所不同，同样的量表在不同人群中的常模也会有不同；有的量表题目较少，使用起来方便简洁，而有的项目较多，但是功能比较全面。在使用量表进行心理评估时，应根据实际需要进行合理选择。

五、生理评估

　　人的生理反应与心理状态息息相关、相互影响，生理评估便是通过对生理反应数据（如体温、血压、心率、呼吸、肌张力、心电图和脑电图等）进行检测从而评估情绪压力等心理情况以及精神心理障碍和异常行为。

　　生理指标的记录方式有很多，如多导生理记录仪可以通过在身体上连接多种传感器，对生理指标变化信号进行监测和实时记录。人在情绪激动时，心跳会明显加快、血压会明显升高；焦虑时，因为会导致出汗更多，造成皮肤的导电能力增强，显示在测量结果上就是皮肤肌电反应（GSR）增强，同时肌张力也会增大，这一反应也会体现在肌电图（EMG）上。脑电图（EEG）测量脑电波形成的图像，也具有同样的记录功能，对于一些由脑损伤引起的心理障碍，脑电活动的异常是一项重要的评估指标。

　　近年来，神经影像学发展十分迅速，除CT、MRI等脑结构成像技术外，一些功能性神经影像技术层出不穷，如SPECT、PET、fMRI、磁共振波谱（MRS）和MEG，极大地提高了人类对大脑与行为关系的理解水平。PET和SPECT可以评估大脑中的葡萄糖代谢，以能量代谢水平判断大脑特定区域的活动水平，可用于检查脑部创伤，以及各类心理障碍的代谢模式。fMRI是一种专门的MRI扫描，可以测量与大脑中的神经活动相关的血流变化，生成的三维图像能够反映在执行不同任务期间哪些大脑结构被激活，以及如何激活；其侵入性相对较低，无辐射暴露，用途十分广泛。

　　目前，神经影像学技术在探索语言、执行控制和记忆等认知领域与精神分裂症、情感障碍和痴呆等临床领域上应用十分广泛。有研究发现，精神分裂症患者额叶的各个区域都能观察到葡萄糖代谢的减少。而对于抑郁症，左（下）前额叶区域和前扣带回低代谢是一个标志性反应。在广泛性焦虑症（GAD）的研究中，额叶、颞叶和顶叶皮质出现高代谢变化，基底神经节的代谢状态下降。强迫症（OCD）患者则通常会表现出尾状核头部和眶回的代谢增加。如在心理障碍患者治疗干预前后进行神经影像学的生理评估，通过脑成像情况就可以直观看到治疗效果，这也使生理评估方法在临床上发挥着越来越明显的作用。

第三节　生物节律与心理功能

一、生物节律影响心理功能的主要表现

人体的生物节律，若按功能可分为体力节律、情绪节律和智力节律（表4-8），其节律周期分别是23、28和33天，并分为高潮期、临界期和低潮期，自我们出生之日起便发挥着机体调节作用，特别是影响着我们的认知、情感和行为功能。高潮期内人体逐步释放能量，此时体力最为充沛、情绪尤为高涨、思维较为敏捷，而低潮期内人体蓄积补充能量，此时意志消沉、反应迟钝、情绪低落。但最为关键的是临界期内机体处于转换调节之中，能量的释放和蓄积过程相互干扰，容易导致不稳定现象产生，使人的感知、协调、记忆和思维能力受到较大影响。尤其是当三大节律的临界期恰巧重合或接近时，其影响更甚，极易造成个体言行不当、决策失误等不利后果。

表4-8　人体三大生物节律的周期变化

类型	高潮期	临界期	低潮期
体力节律	2～10	0、1、11、12、22、23	13～21
情绪节律	2～12	0、1、13～15、27、28	16～26
智力节律	2～15	0、1、16、17、32、33	18～31

当然，若按时间亦可分为亚日节律、昼夜（或近日）节律和超日节律，其节律周期分别长于、接近和短于24小时。其中，最为常见且研究最多的便是昼夜节律，因为其调控着机体的睡眠、体温和代谢等关键功能与学习、记忆和思维等高级行为。

（一）体力节律的影响表现

体力是人体肌肉活动时能够释放的力量，具体是指一个人以最大力量可以连续对外做功的总和。有研究表明，当个体的体力节律处于高潮期时，由于器官组织运输和利用氧的能力相对提高，血红蛋白和肌红蛋白含量增加，使个体的心肺耐力水平增高，行为能力得到增强。而处于临界期或低潮期时，个体容易出现身心疲惫、协调性降低和注意力不集中等现象，难以承受较高难度或较大强度的运动负荷。

此外，当机体处于体力节律的高潮期时，将分泌更多的儿茶酚胺类激素，使心脏跳动的频率加快、幅度增大，促进正性心律、正性肌力和正性传导，使得人体充满活力。但该激素存在着明显的昼夜节律特征，人体内该激素浓度在白天逐渐增多，并于

中午11:30左右达到高峰，而在夜晚会逐渐减少，并于凌晨2:30左右触及谷底。

人的体力除了受以上近月节律和昼夜节律的调控外，还存在着近周节律、季节节律现象。就运动员的日常训练来说，一方面存在着"礼拜一现象"，即其每周一的训练效果往往较差，难以达到训练目的，这与运动员的一周生活作息有很大关联，周一正好处于休息日和工作日的时间转换节点，人体机能尚未完全从休息状态快速调整为工作状态，甚至有时会出现紊乱情况；另一方面运动员在春夏两季训练状态相对较好，到了秋季便进入身心俱疲状态，而冬季往往是其能量储备期，因此做好冬训工作对运动员来说极其重要，关乎来年的训练成绩提升。

（二）情绪节律的影响表现

情绪是人对客观事物是否符合个人需要而产生的态度体验，会引起表情和生理变化。其主要有以下3种分类：根据进化过程不同，分为基本情绪（如喜、怒、哀、乐、惊和恐等）及其派生出来的复合情绪；根据利害不同，分为积极情绪（positive affect，PA）、消极情绪（negative affect，NA）；根据状态程度不同，分为应激、激情和心境。具有利于个体生存和发展的适应功能、激励和提高个体活动能力的动机功能、协调或破坏其他心理过程的组织功能以及传递和沟通信息思想的社会功能等。因此，研究和掌握情绪变化的规律，能够帮助我们更好地学习和生活。

人在情绪的高潮期时，整体处于兴奋状态，此时精神饱满、思维敏捷、心情舒畅、敢于冒险，能够克服困难并提高工作效率；在情绪的低潮期时，整体处于抑制状态，此时精神不振、思维僵化、性情抑郁，难以安心和高效工作且容易出现差错甚至过失，并较易畏惧生活和工作中出现的困难；而在临界期时，人的生理机能和心理状态均处于不稳定当中，情绪阴晴不定、思维飘忽不定，且注意力难以集中、自我控制能力较差。

2011年，戈尔德（Golder）等选取了84个不同国家和地区的人，研究他们不同时间阶段使用Twitter的情绪变化。研究发现，人的PA在7:00～9:00和24:00左右这两个时间段达到高峰，而NA则在21:00～（次日）6:00这一时间段达到高峰，且情绪起伏变化明显；人在休息日的情绪比工作日的更为积极；冬季期间人的PA较其他季节显著降低，而NA无明显变化；PA和NA虽为独立变量，但二者之间存在负相关关系。

而2016年汪静莹等利用"中文心理分析系统"对我国195万微博活跃用户的账户信息进行数理分析，得出：人在12:00～13:00和19:00～20:00这两个时间段PA最高，且峰值之间无明显起伏，而在0:00～6:00这个时间段NA最高，相较Twitter用户缩短约3小时；人在休息日与工作日的PA之间无明显差异，但NA会在周末稍微减少；与Twitter用户明显不同，微博用户的PA、NA均在夏季达到最高水平、在秋季达到最低水平；虽然同样认为PA和NA均为独立变量，且二者之间存在相关关系，但微博用户的PA与NA在一定程度上呈正相关。

以上两种研究选取的对象存在人文地理和生活习惯上的差异，从而导致二者在具体结论上存在较大差异，但并无对错之分，皆与各国人群的实际情况基本相符。如我国古代文人墨客面对秋日萧瑟景象无不发出"自古逢秋悲寂寥""万里悲秋常作客"的哀叹，但同时面对秋日丰收之景也会赞叹"喜看稻菽千重浪""我言秋日胜春朝"。这种自古以来既悲秋、又咏秋的复杂情结在很大程度上能够解释微博用户秋季 PA 与 NA 均为最低的结果。

（三）智力节律的影响表现

智力是人认识、理解客观事物并运用知识和经验等解决实际问题的能力，是从事任何活动的基本条件。智力包括观察力、注意力、记忆力、思维力和想象力，其中思维力是智力的支柱和核心，代表其发展水平。智力可分为液体（或流体）智力、晶体智力；前者指知觉、记忆、运算速度和推理能力等与基本心理过程有关的能力，取决于个人禀性，并会随年龄老化而减退，在20岁达到顶峰，30岁以后逐渐降低；后者主要指学会的技能、语言文字能力、判断力和联想力等，取决于后天学习，一直在发展，只是在25岁以后发展速度趋于平缓。

青少年阶段是人智力发展的重要时期，此时短时记忆的广度达到一生中的巅峰，抽象逻辑推理能力也得到显著发展。这一时期，青少年的主要任务是学习科学文化知识，大部分时间都在学校度过。而人体的生物钟调控着包括记忆强度、思维水平和学习能力等在内的高级神经行为，因此根据学生的生物钟尤其是智力节律来科学设置课时频次和授课内容显得尤为重要。

马红梅等研究发现周均教学时间的回报率遵循边际收益递减规律，二者相关关系呈倒"U"形曲线，并非完全能够通过延长教学时间提高教学质量。因为认知心理学认为人存在着注意起伏现象，即在注意稳定的条件下，感觉性会产生周期性的加强和减弱现象，但这是正常的注意现象，具有防止疲劳、提高注意稳定性的作用。与此同时，人的注意稳定性也会随着年龄的增长而提高，这便是中学每节课时稍长于小学的科学缘由所在。而黎文妍等更是认为课时频次与教学效果呈负相关，合理设置一个基于生物钟的学校作息时间表，不仅要考虑到学生注意集中的时间长短，而且要考虑到季节的光照和温度变化对其学习行为的重要影响，实际学习中可参照国外将一个学年细分为春、夏、秋、冬四个学期这种缩短教育周期的做法。

毛六平认为人在智力节律的高潮期，记忆力强、思维敏捷，适合学习较难的知识，而在低潮期则表现为理解力差、反应迟缓；人每天在8:00左右具有严谨周密的思考能力、在14:00左右具有敏捷高效的思辨能力、在20:00左右具有快速准确的记忆能力，而推理能力则在一天当中是逐渐减弱的。此外，殷暮烟认为人在6:00、8:00和21:00这三个时间点前后记忆力最佳。因此，根据智力节律来科学安排授课内容，将更利于学生理解、掌握和运用知识。

（四）昼夜节律的影响表现

昼夜节律是人体中非常重要的一种生物节律，与饮食、睡眠、代谢、认知、情绪和行为等均有关联，有利于机体保持自身持久稳态和进行正常生理活动。其形成原因主要是人体预测和适应所处环境（如光照、温度和湿度等）受地球自转与绕日公转影响产生的周期性改变，生成机制主要依赖于体内转录——翻译正负反馈回路的周期约为24小时。

人体的昼夜节律与运动之间具有非常复杂的相互影响，其能够影响个体运动能力的提高和运动水平的发挥，而运动作为人体生物钟的重要输入信号则可以造成昼夜节律相位移动，从而导致睡眠-觉醒周期紊乱。人体的核心体温（core body temperature，CBT）、骨骼肌功能、有/无氧运动能力、柔韧性、细胞损伤和氧化应激水平及激素分泌均存在昼夜节律，且前四种生理机能的峰值一般出现在17:00以后一段时间，此时人体神经传导速度明显提高、酶的催化活性迅速增高、肌肉力量相对增大，使得运动能力及其训练效果显著提高，且较好的柔韧性可以避免运动损伤的发生。

最为关键的是，昼夜节律还与人体的睡眠/觉醒密切相关。睡眠既可以帮助人体消除疲劳、稳定情绪、增强免疫，还可以让脑脊液有充足的时间在神经元通道流过来对大脑进行自我清理、修复，从而使人的体力、脑力均能得到恢复和提升，促进人的认知、情感和行为功能的高效发挥。一旦昼夜节律紊乱，极易引发人体睡眠障碍，会对人的认知行为和社会生活造成极大破坏。

二、生物节律影响心理功能的重要因素

生物节律普遍存在于人体各组织器官并发挥不同效用，但其产生与调控机理存在差异。一般可分为内源性节律、外源性节律；前者指生物节律存在内源性起源点，如心脏搏动信号起源于心脏起搏点等；后者指生物节律受环境因素变化而产生波动，如直肠温度受外界环境影响较大等。但二者均受到光照、睡眠、进食和温度等因素的实时调控，以保持节律相位稳定、维护机体正常功能。

（一）光照

由于调控昼夜节律周期的主生物钟视交叉上核（SCN）自身活动周期稍长于24小时，为确保机体内在环境与外界环境保持同步适应，SCN需要外界刺激信号（即授时因子）的不断调控。其中，遵循24小时自然界昼夜节律的光照是最强大的授时因子，其可使体内生物钟产生相位上的移动变化，从而达到调节目的。

太阳光穿过大气层照射到地球表面后，光线波长主要集中在200～4000 nm范围内。其中，为人类肉眼可见的光线波长一般在380～780 nm，波长小于380 nm的为紫外光（UV），波长在780～1000 nm的为红外光（IR）。根据IEC/EN 62471标准，（尤其是波长在430～440 nm的）蓝光相对来说对人眼伤害最大，其次是紫外光容易使人患上光性角膜炎甚至白内障，而红外光、近红外光则有利于人体加速机能恢复和增强细胞再生，但红外光也会带来热损伤，即视网膜色素上皮质吸光升温会使该处蛋白结构发生变性，从而导致相应视界出现盲点或暗点。

人体内不仅存在视锥细胞、视杆细胞这两类感光细胞，还有内在光敏感视网膜神经节细胞（ipRGCs）。前两者主要形成成像视觉，后者则形成光的非视觉效应，参与机体的昼夜节律、睡眠和情绪等的调控。如乔岑（Cajochen）等通过设计模拟日光光谱的LED与传统常规LED对比实验，发现日光照明对人体的视觉舒适度、睡眠、警觉性和情绪等方面均有较好效果。

在调节睡眠方面，白天ipRGCs接收外界光线后，将光信号通过下丘脑传达至SCN，再经复杂神经节向松果体发出信号，来抑制褪黑素的分泌，使机体产生警觉信号，以维持清醒状态；夜晚ipRGCs一般不接收光线，褪黑素便大量分泌，并在凌晨2:00～3:00达到峰值，促进人体进入深度睡眠状态。约亨（Jochen）等研究发现波长在420～520 nm范围内的光能够显著抑制褪黑素的分泌，尤其是蓝光和绿光。因此，对于倒班、跨时区出行的人员来说，可以通过调整接收光照时间来控制褪黑素的分泌，从而调控机体的睡眠-觉醒状态，减少对工作和生活的不利影响。需要注意的是，在使用人造光源时，尽量避免偏蓝的高色温光源。

此外，特定波长的光能够增加皮质醇激素的分泌。在正常光照条件下，皮质醇分泌量一般在早晨最高、在夜晚最低。其大量分泌可以快速提高人体内血糖浓度，供应机体所需能量，并提高人的警觉度，同时降低睡眠惯性，但人体内皮质醇含量长时间维持在较高水平则会让人感到疲劳。一般情况下，光照在促进皮质醇分泌的同时，也会抑制褪黑素的分泌，而红光是特例。因此个体在睡眠过程中，若能接受适量红光照射，则可在不影响睡眠质量的同时减轻觉醒时的睡眠惯性。

在影响认知方面，苏曼（Souman）等分析了68项光照研究，发现大多数研究者认为增加多色白光的强度可以提高个体警觉性。当然，色光除作为光学物理信号外，通常还被赋予一定的文化心理意义，如红光可视作危险告警信号，进而诱发个体生理唤醒并产生回避动机。除提高个体警觉度外，也有研究表明高照度的光源还可显著促进其持续性注意、执行控制和工作记忆任务的表现。若采用动态模式的光照（如人造动态光、间歇性光照和黎明模拟光等），则可对个体心理认知功能产生更大影响。此外，国内外学者均有研究发现蓝光对个体认知能力同样影响很大，主要表现为蓝光条件下个体大脑内信息处理速度加快，行为有效性更高，工作状态最舒服。

在调控情绪方面，不同色调和照度的光源影响差异明显。如红、橙、黄及淡紫色等暖色调的光源，在低照度时可使人感到轻松愉快，在高照度时则让人觉得闷热烦躁；而绿、蓝及蓝紫色等冷色调的光源，在低照度时会让人感到阴沉清冷，在高照度时则使人冷静镇定。库勒（Kuller）等也研究发现，个体处于色彩多样的工作或生活环境里，情绪相较单一颜色的普遍会更好。此外，个体如若暴露在不适当的光照周期下，便会昼夜节律紊乱，从而产生睡眠障碍，并进一步引发季节性情感障碍（SAD）。

尤其需要注意的是，青少年的昼夜节律受光照的影响较其他年龄段的要大。主要是由于个体在青春早期性腺激素分泌开始旺盛，使其对光线暴露的移位节奏能力更为敏感，体内褪黑素分泌的节律相位开始延迟，从而导致其生物钟极易出现紊乱，并进一步诱发睡眠、学习和行为等方面的问题。而且，昼夜节律紊乱在一定程度上甚至可以作为预测青少年在1年之后的心理障碍或精神病症严重程度的潜在脆弱性标志。

（二）睡眠

保持昼夜节律稳定对个体的生存和发展十分重要，其中最重要的昼夜节律便是睡眠-觉醒周期。该周期除受到机体生物钟的昼夜调控外，还受制于体内睡眠稳态调节机制。后者可使个体在适当的时间进入睡眠/觉醒状态，从而使机体能量得到周期性地储存和释放，以确保个体进行正常的学习、生活和工作。可见，个体要想很好地适应社会和环境，不仅要维持稳定的睡眠-觉醒周期，还要拥有良好的睡眠质量。

健康的睡眠既可以使个体重新恢复精力，也可以使其心理功能保持正常。布伊塞（Buysse）认为，睡眠健康的主要特点包括高主观满意度、适当起始时间、充足持续时间、高睡眠效率和醒时持续警觉性。若个体存在睡眠时间不足、睡眠呼吸暂停、睡眠片段化、难以入睡或难以进入深度睡眠等睡眠障碍，心理功能（特别是记忆等认知功能）便会受损。玻恩（Born）等研究发现，人体的慢波睡眠（SWS）过程有利于长时记忆的巩固，而快速动眼睡眠（REMS）阶段则有助于程序性学习记忆的加深。

大多数人的睡眠-觉醒周期都是相对稳定的，但相互之间也存在相位差异。例如，有的个体倾向于早睡早起，可称为百灵鸟型或清晨型睡眠者（MS）；而有的个体则倾向于晚睡晚起，可称为猫头鹰型或夜晚型睡眠者（ES）。国内外学者均研究认为MS个体在人格特征上相对ES个体更具外向性，但对其是否存在更多NA（如焦虑、抑郁等）较有争议，需进一步研究探讨。

当然，也有少数人在睡眠节律方面存在紊乱的状况。如有的个体有时会因为需要临时完成紧急任务，不得不通宵达旦连续工作，从而导致其急性睡眠节律发生紊乱；而有的个体（特别是部分大学生群体）的生活作息毫无规律可言，睡眠的时间点和时长几乎每天都不一样，极易造成自身慢性睡眠节律紊乱。有实验研究表明，这两种紊乱的睡眠节律都会使个体的情绪状态和认知功能发生明显改变，尤其是NA显著增加。但急性睡眠节律紊乱同时也会造成个体感觉门控功能，即对重复刺激反应幅度的认知神经机制显著降低，从而导致个体心理资源的浪费。

毋庸置疑的是，睡眠质量差的个体不仅罹患认知障碍的风险更高，而且发生焦虑、愤怒等NA的概率更大，保持心理健康相对稳定或积极适应生活逆境的心理弹性也会更差，从而使个体在认知、情感和行为等功能方面的问题更趋严重和复杂。

（三）进食

进食对于人类的身心健康非常重要，不仅是个体每天获取能量的主要方式，也是机体生物钟的关键授时因子，其可以重设外周生物时钟，从而影响个体生物节律的正常运行。早期的精神动力学观点还认为，进食可以有效缓解个体焦虑等不良情绪。如莱萨尼（Lesani）等对大学生群体调查发现，那些每天吃早餐、每天吃3顿饭外加1~2份零食、每天吃8份以上水果和蔬菜的学生幸福感得分最高。可是随着社会经济发展、文化观念改变以及生活方式更新，人类的进食方式发生了重大问题，出现了情绪性进食、限制性进食和外因性进食等不健康的进食行为。

其中，情绪性进食是目前国内外学者研究最多的一种进食障碍，主要指个体通过进食来应对情绪问题、减轻内心痛苦，并非缘于生理上的饥饿感。其生成机理主要有两种理论解释：一是情绪调节理论，认为饮食的即时效应基于快乐原则，当个体无法有效应对外界困难时，其可通过进食来使不良情感得到宣泄、NA得以缓解；二是逃避理论，认为当个体具有NA且难以消解时，其会将自身注意力转移并集中到即时刺激（如身旁的零食等）上来，以此逃避厌恶反感的自我意识。总之，当个体反复无常的情绪与各类食物发生紧密联系，极易触发其进食冲动，并引发各种心理功能问题，如更多的NA体验、进食障碍风险和消极生活态度等，而这些问题反过来又会促进情绪性进食行为的频发，就此形成恶性循环。特别是青少年时期，既是个体生长发育的关键阶段，同时也是情绪和行为问题高发的重要阶段。有研究表明，青少年时期的情绪性进食发生率高达43%，且随年龄增长不断增高，并多见于女性群体。

至于限制性进食和外因性进食等不良行为，同样在女性群体中相对多发。究其原因，一方面是由于女性对自身外貌和身材普遍较为关注甚至因此产生不满，从而引发限制性进食行为，相伴而生的NA体验也可能同时诱发情绪性进食行为；另一方面是由于女性更偏感性，容易受到食物的色、香、味和形等外在因素影响，从而产生外因性进食行为。

目前，对于不良进食行为的矫正手段主要包括限时进食（TRF）、认知行为疗法、心理教育和家庭治疗等。其中，TRF对个体饮食状况的干预效果较好，其属于间歇性禁食（IF），只规定每天进食的时间"窗口"为8～12小时，但不限制食物热量的摄入数量。

（四）温度

温度可分为环境（或周围）温度、体感（或有效）温度，前者是个体所处环境的客观温度，后者是个体自身感知的主观温度。长期的温度适应是生物进化的驱动力之一，形成昼夜节律，参与调节机体的生理和心理功能。

首先，睡眠的发生和持续依赖于体感温度（简称体温）的节律相位。研究发现人体的体温日波动呈现出晨低晚高的现象，最大体温与最小体温值相差大约1 ℃。环境温度的变化会引起CBT的波动，从而影响睡眠调节相关神经递质的分泌，最终改变个体睡眠周期，导致其睡眠相位移动。一般来说，热刺激主要影响以SWS为主的睡眠前半程，而冷刺激则对以REM为主的睡眠后半程有更大影响，但二者均可缩短个体睡眠时长，从而增加其觉醒时长，导致机体睡眠-觉醒周期发生紊乱。同时，光照时点与最低核心体温（CBT_{min}）的前后关系也决定着体内节律相位的移动方向，一般CBT_{min}出现在清晨4:00～5:00；若在CBT_{min}之前进行光照，会引起体内节律相位向后移动；而在其之后进行光照，会使体内节律相位向前移动。在四季分明的地区，个体的冬季睡眠时间明显长于夏季，主要原因是两个季节的光照时间和环境温度差异过大。

其次，温度也在影响着人类的认知功能。具身认知理论主张，认知的生成有身体的参与，高级心理现象的变化又能反过来影响感知觉。在具身认知视角下的概念隐喻理论（或温度-社会情感隐喻理论），认为个体对于社会情感或者人际关系这类抽象概念的理解部分是通过物理温度表征的，如"暖男""心寒""温情""冷遇"等词语的使用。韦伯纳（webner）等通过实验发现，个体生理上感知到的温暖能激发心理上的温暖，从而缩短人对于距离的感知，并产生积极的反应，如更加地友好对待他人、遵守群体规范、能够信任他人以及愿意与人分享等。巴奇（Bargh）等也认为，人的感知和人际关系在信任决策中起着本质作用，物理上的温暖能够影响个体的信任决策，对个体的社会推论和社会行为产生影响，并且物理温暖与更高的亲近感知有关。但需注意的是，在高温情况下，机体大部分能量会被用来调节体温，此时将缺乏足够的资源来维持大脑正常工作，信息处理尤其是工作记忆速度明显降低；反而在稍微偏离人体最舒适环境的低温天气里，个体的工作记忆和认知水平表现最佳。此外，个体的体温对其时间知觉影响较大，当温度越不适宜时，其对时间的感受性越大，如燥热烦闷的时候便会觉得时间过得很漫长。

温度还与我们的情绪、情感功能密切相关。Kang 等的研究可以证实这一点，他们发现物理温度和心理温度有着共同的生理基础：脑岛，即个体对物理温度与社会情感信息的加工激活着相同的脑区。泽曼（Ij zerman）等研究认为，体感温暖可以有效地补偿心理温暖，并可以抵消由社会排斥（或社会拒绝）所引起的消极、寒冷的情绪。渴望温暖毕竟是人类的天性，母亲温暖的怀抱会让幼儿感到舒适，同样外界温暖的刺激也会带给人类安全感和信任感，使人类以更积极向上的态度去面对工作和生活。科斯（Kööts）等研究发现，PA 与温度、亮度之间呈正相关，而与湿度呈负相关。但也有研究表明，过高的温度反而会使个体情绪烦躁，人际吸引明显降低，甚至进一步诱发暴力或嗜睡行为。因此，汉纳克（Hannak）等的观点相对较为合理，认为 PA 与体温相关，如在气温较低的秋冬季节，较高的气温会使人心情愉悦、不易疲劳，但在炎热的夏季却有着相反的效果。

最后，体温的变化对个体的体力活动也影响较大。在体温偏高的情况下与运动相关的酶和激素会处在一个较为活跃的水平，而在体温偏低时相关的酶和激素并不会处于高效率的状态，从而使个体的运动能力处于低谷。但体力活动反过来对体温的影响较小，甚至可以忽略。

总之，温度与湿度、风速等其他参数共同影响着个体生理、心理的舒适度。当超出人体接受或调节范围时，个体的学习、生活和工作就会受到明显影响。曾有一项研究对近 200 万美国人心理健康状况与 2002 到 2012 年每日天气情况进行比较，发现每 5 年内平均温度升高超过 1℃，就会增加群体的心理问题发生率，尤其是精神状况异常、收入较低和女性等群体。因此，创造适宜的环境温度，调节个体体温至最佳状态，可使个体心理功能朝着积极的方向发展。

第四节　节律紊乱导致心理疾病及干预措施

一、节律紊乱导致心理疾病

今天的人类已经进入信息化时代，网络给人们带来极大的使用方便，同时图片查看、影音播放、游戏、聊天等功能容易使人痴迷上网，滋生上瘾的"现代病"。生物钟控制着睡眠、清醒、体温、心率和血压等生理活动，当这些周期性规律出现紊乱后，会对人体生理和心理健康产生非常重要的影响。节律紊乱导致的心理功能失调，轻则产生心理问题，重则产生心理疾病甚至精神疾病。

（一）身心疾病

一般情况下，人体很多生理功能的正常运行都依赖于遵循约24小时的生物钟，如体温、心率、脉搏及血压等都会呈现出周期性变化。然而，如今随着人类进入压力时代，生活节奏越来越快，日常作息被加班、夜班和通宵娱乐以及频繁出差扰乱甚至严重破坏，个体生物节律经常发生紊乱，从而增加了各种疾病风险，尤其是身心疾病发病率越来越高。

研究表明，昼夜节律紊乱与心血管生理、代谢、交感/副交感自主神经调节、血管舒缩功能、动脉血压、血小板聚集以及纤溶酶原激活物抑制剂等相关。具体表现在身心疾病上有：心血管疾病，如冠心病、原发性高血压等；呼吸系统疾病，如支气管哮喘、过度换气综合征等；消化系统疾病，如消化性溃疡、过敏性结肠炎、神经性厌食和神经性呕吐等；内分泌系统疾病，如肥胖症、糖尿病、内分泌紊乱、代谢紊乱、心因性多饮心血管疾病、代谢性疾病以及神经系统疾病（如阿尔茨海默病）等。此外，还有淋巴瘤、白血病、乳腺癌、卵巢癌、癫痫、哮喘、抑郁症、认知功能障碍和睡眠障碍等。

（二）心理疾病

一般来说，心理疾病都有易感发病基础，生物节律紊乱会大大增加其发病率，需要多加关注和及时预防。

1. 抑郁症　抑郁症是一种发病率（特别是复发率）、自杀率均高的心理疾病，且容易导致个体认知功能损伤等问题，现在已成为"世界第一心理杀手"。据《世界抑郁症2017年报告》显示，全球抑郁症患者已累计超过3.5亿人，其中中国人群高达5400万人，特别是在新型冠状病毒肺炎（COVID-19）流行期间其发病率同焦虑症一样急剧上升。有研究显示生物节律与抑郁症患者的自杀意念密切相关，晨间型抑郁症患者产生自杀念头明显少于夜间型患者。

抑郁症的症状可以分为：核心症状群：包括情绪低落、情趣减退或快感消失；心理症状群：主要表现为焦虑、思维迟缓、认知能力下降、自责自罪感、精神运动性迟滞或激越；躯体症状群：其特异性症状表现为睡眠障碍、食欲下降或体重减轻、抑郁情绪昼重夜轻以及功能障碍等，非特异性症状包括头痛、颈痛、心慌、手抖、胸闷、恶心、呕吐、咽干、出汗、胃痛和尿频等。

重度抑郁症的典型症状是情绪低落、思维迟缓、意志活动减退，严重的还有幻觉或妄想等精神病性症状，自知力不完整或缺乏，有自杀观念和自杀行为。

2. 疑病症　疑病症是一种神经症，又被称为疾病焦虑障碍，其主要表现为患者怀疑自己身体或心理上存有或者即将存有某种严重的、未被确诊的疾病，所以反复就医或者出现适应不良的回避。一般而言，疑病症的患者都存在一些比较普遍的人格，或性格倾向，包括对自身身体状况、某方面疾病或者医学上的一些解释和相关学科知识等过分关注，并常根据自己的卫生常识和医疗信息，对自身出现的状况和具体的感觉进行相互验证，从而对自身患有严重躯体或精神疾病产生怀疑。疑病症症状可以是全身不舒服，或者某一处部位有疼痛或功能障碍，也可以是丰富多变的症状，有时表现为体验不清、定位模糊，有的则定位清晰，能准确描述，体验感很强，有明显的头颈部、咽喉部等的疼痛，或者恶心、胸闷、呼吸困难、胃肠道不适等体验。患者进行在医学上各种检测并未查出相关病变，但是这样的结果却通常无法消除患者的怀疑。通常，疑病症的患者还会伴随有焦虑情绪和抑郁情绪等相关情况。

疑病症的主要致病因素为其性格缺陷，通常包括：对自身身体健康和安全极度关切；对自己身体的感觉过分关注，并且与自身的知识经常相互验证和检查，并放大自身的躯体感觉，比如把胃痛和心悸夸大为胃癌和心脏病等。

3. 焦虑症　焦虑症又称为焦虑性神经症，主要表现为对于普通、一般的威胁或者不存在的威胁，表现出极度的超乎寻常的焦虑和惊恐，并且时常伴有广泛的躯体症状，如心悸、口干、呼吸困难、尿频、出汗、头晕和胸闷等。该病患者的核心症状是有过度担心的心理体验和感受。患者持续性地出现，或者突然发作出现不知所名的恐惧、焦虑和紧张等情绪，导致心烦意乱，内心高度警觉和担心。该病可分为广泛性焦虑症和发作性惊恐状态，也就是俗称的慢性焦虑症和急性焦虑症。慢性焦虑主要有情绪症状、植物神经症状和运动性不安；急性焦虑有濒死感或失控感、同时伴有自主神经失调症状，发作很突然，一般持续几分钟或者几小时。

与正常焦虑情绪相比，焦虑症有以下特点：无法找到客观可信和切实的焦虑源头；一般焦虑的对象为未来可能发生的事情或趋势，但具体的事患者无法说明；可持续数周至几年；经常伴有生理上的多种躯体症状。

4. 癔症　癔症又称歇斯底里症、分离转换障碍，其主要症状表现因人而异，且差异巨大，包括：分离障碍，即患者在人格上、身份特征上、意识上、感觉运动机制上受到相应刺激后转换成其他形式或状态，通常与其个体的人格特征有关，展现出表演性和浮夸性，具体症状包括遗忘、漫游、多重或双重人格、情感爆发和木僵等，在感知觉、记忆、注意、情感、行为和自我意识方面无法统一，呈现分离状态；转换障碍，即个体在不同的问题和心理刺激的作用下，先引起情绪反应，然后将身心上的不满和压抑情绪转化到躯体方面，一旦躯体呈现症状后，情绪反应便消失或减退。具体症状包括运动障碍、痉挛、抽搐大发作、听力障碍、视觉障碍和感觉障碍等。

癔症一般是由生活事件或内心冲突，结合自我暗示和情绪情感等人格特点导致的。对过刺激性事件和创伤的反应是诱发癔症的最重要因素，其他引发因素还有性格和躯体的易感性，这就决定了癔症的治疗以心理治疗为主，尤其是暗示治疗的效果最佳。

5. 双相障碍　双向障碍既有（轻）躁狂发作，又有抑郁发作。此病主要发生于成年早期，女性发病率更高，因为反复发作逐渐成为慢性疾病。躁狂发作时，患者主要是情感高涨、思维奔逸、意志增强，所以言语活动增多、表现出精力充沛；抑郁发作时，患者常表现为情绪低落、思维迟缓、意志减退，所以快感消失、疲劳迟钝、言语活动减少；有时还表现为混合发作。目前认为，遗传因素是该病发病的首要因素，其他生物学因素和心理社会因素都有明显影响。急性期，以药物治疗为主，稳定期做好心理治疗有助于减少复发。

（三）精神疾病

因为生物节律紊乱因素导致的精神病种类有很多，常见的主要有：

1. 精神分裂症　精神分裂症表现为精神过程和状态的"分裂"，即患者的认知、情感、意志和行为的整个过程前后不协调、不一致，致使其出现难以理解和不可预测的行为和状态表现。精神分裂症在青壮年身上最易发病，且是发病率最高的一种，在具体症状上可表现为妄想、幻觉、幻听或言行怪异，认知、思维、情感上的散漫、破裂或淡漠等。一般而言精神分裂症患者在智商智能上是完好的，但缺少相应的自知力，一般以药物治疗为主要治疗手段，心理治疗为辅助手段。

2. 情感性精神病　情感性精神病是一种以情感障碍为主的精神疾病，主要症状包括躁狂症、抑郁症和躁郁症等。情感性精神病的患者通常有包括激烈的兴奋、过度的忧伤抑郁等情绪反应，并且情绪较为极端，其发病诱因一般是强烈的外部环境的精神刺激，如失恋、惊吓和重大家庭变故，以及高级神经系统内部不稳定因素联合造成。

3. 反应性精神病　反应性精神病一般是由可理解的外界意外事故或者是长期的相关压抑环境和精神痛苦造成，病程往往较短。作为一种心因性精神疾病，其症状与造成其精神压力和刺激的外部因素密切相关，并存在相应的情感反应。

二、节律紊乱导致心理疾病的干预措施

人体生物节律是生命活动的本质特性之一，参与调节多种生理、心理和行为变化。因此，可以通过促使紊乱的生物节律恢复正常来疗愈多种心理疾病。

1. 暗示疗法　节律紊乱后最常出现的便是失眠现象，从生理上来说是大脑的思维细胞过于兴奋而不受控制，从心理上来说是有刺激性的事，像猫一样在"挠"导致静不下来，总之都是因心里有担心害怕、焦虑紧张、惶恐不安或者高兴过头、激动兴奋的事情造成过度用脑所致。对这种短期或者偶尔失眠情况，找到失眠原因并积极消除，

就能防止急性失眠向慢性失眠转化。一般性的节律紊乱导致的失眠问题，主要是通过自我心理暗示的方法来调适。

（1）进入安神状态：该睡觉的时候不要再做其他与睡眠无关的事情；如果没有睡意就先不要上床，有睡意后再上床就能较快安静下来，营造良好的睡眠环境；切忌上床后看书、刷手机或者看电脑，以及想白天发生的各种事情。

（2）科学调整睡姿：部分人喜欢的睡姿可能恰恰会影响睡眠质量，比如趴着睡觉，或者蒙着头睡觉、露着脚睡觉等；平躺是最佳睡姿，如果侧卧的话也尽量不要长时间压迫心脏或者影响肺部呼吸。

（3）减少刺激大脑：不要胡思乱想，睡前不要喝茶水、咖啡和可乐等，晚饭不能吃得太饱或者空腹；睡眠环境不要太冷或者太热；睡前1小时不要与人聊兴奋的话题或者进行玩游戏、打牌等竞技性的娱乐活动。

（4）学习放松技巧：睡前热水泡脚，喝杯热牛奶，做腹式呼吸，房间做香薰，枕边放置新鲜水果，使用安神精油或听舒缓的音乐（注意要把音量调得很低很轻）等；还可以主动反复打哈欠，通过心理暗示给自己制造困意。

如果长期失眠而且严重到影响工作、生活和人际交往，发展成"失眠症"等睡眠疾病，则需要专门的药物治疗或者心理治疗。药物治疗主要包括苯二氮受体激动剂、褪黑素受体激动剂、食欲素受体拮抗剂和具有催眠效应的抗抑郁药物等。需要注意的是，药物治疗应在医师指导下进行。心理治疗上强调综合治疗，主要通过睡眠的卫生教育、失眠的认知行为治疗、辩证论治的中医治疗、必要的针灸疗法以及诸如经颅磁刺激、经颅电刺激、静电刺激等各种物理治疗。

2. 择时运动方法　择时运动方法在运动学、医学领域均有应用，分别为择时运动训练方法、择时体育疗法（简称择时体疗）。前者主要指个体根据机体内生物节律特点，制定和实施不同时刻的运动训练计划；后者主要指个体利用自身生物节律，有目的地选择适宜时间对机体进行运动刺激，从而使这些刺激达到最佳治疗效果，让机体在特定的时间内形成节律高峰或者低谷，最终达到改善机体功能、促进机体康复的目的。在具体应用时，二者均需注意结合生物节律的时间特征。

首先，季节节律启示我们，人体各项生理和心理机能在一年四季之中会表现出与自然节律大致同步的变化规律，因此在安排健身锻炼时应当选择适当的时机和内容：在春季，个体正处于一年活动的准备状态之中，建议选择内容简单、负荷偏小的运动，如散步、钓鱼、慢跑和舞蹈等，主要在室外进行；在夏季，个体的运动欲望和身体机能较差，建议减少运动时间和强度，可多开展一些水上项目、高山旅游等，也可在室内参加乒乓球、羽毛球等球类项目；在秋季，个体正处于提高体能的黄金时期，建议选择与力量素质相关的健身、健美项目（如田径、球类等），当然长跑项目在此季节也较为适宜；在冬季，个体的体能虽然处于低潮期，但这也正是一年之中储备能量的重要时期，建议选择进行一些耐寒训练、有氧运动等（如慢跑、太极拳和八段锦等），尽量避免剧烈运动，同时要注意保暖，若有少量出汗，应及时更换衣物。

其次，近月节律提示当个体处于每月体力节律的低潮期时，应适当减少运动量和运动强度，以轻微体育活动为主，但也不要因噎废食而完全停止活动，毕竟这对人类锻炼自己坚强的意志力和高度的自控力仍具重要意义；当处于高潮期时，运动负荷大小相反；若情绪节律、智力节律的高潮期恰巧与体力节律的重合或接近，此时可安排一些高难复杂活动项目，运动训练效果相对较好。目前，国内外专业运动员的日常训练和竞技比赛都更加注重结合人体生物节律，进而科学安排训练内容和参赛阵容，以期充分挖掘运动员自身潜力并创造优异成绩。有人曾对东京和墨西哥的200名运动员的节律周期进行统计分析，发现约有87%的运动员是在其节律高潮期取得优异成绩的，但生物节律对运动的影响并非是唯一、绝对的，还与场地器材、社会影响等其他因素有关。此外，有研究发现力量训练后获得的运动能力可保持至停训后4周，到6周时便会逐渐消退，因此专业运动员在各赛季结束后最多只能休息4周，否则其竞技状态和水平将会下滑，前期训练效果也会大打折扣。

最后，昼夜节律也启发人们，一天之中最佳的运动时间大概在17:00左右，此时机体的CBT也恰好达到峰值，可以帮助提高肌肉收缩力。伯格（Bergh）等实验发现，肌肉的温度每下降1℃，其输出功率会下降5%。此外，如果在一天中的适当时间进行锻炼，则可能会改变体内昼夜节律的相位，使体内主要的节律启动器产生变化，达到重塑生物节律的作用。如巴克斯顿（Buxton）研究发现，夜间运动能使个体的生物节律发生延迟，且延迟程度取决于运动持续的时间和强度。但香农（Shannon）等研究认为，夜晚训练或长时间、高强度的体育活动会导致个体暴露在光线下的时间延长，从而抑制褪黑素的正常分泌，扰乱机体睡眠-觉醒周期的正常运行，必然使个体睡眠时间不足或睡眠质量较差，生理和心理都会处于疲惫状态，精力不够、注意分散，最终势必影响运动员的成绩表现。与此同时，娄道舰等研究发现，如果平时能够根据正式比赛时间人为地改变运动员接受日照的时间，便有可能使其昼夜节律相位发生移动，避免时差反应（或时差综合征）带来的机体反应迟钝、动作僵硬、精力分散和体能不足等不利影响，使其各项生理和心理机能在赛场上都尽可能处于最佳状态，以充分发挥潜能、取得优异成绩。

以上讨论的是择时运动训练方法对于三种不同时间跨度生物节律的科学运用，而择时疗法也有着类似的运用。其一般可分为正性、负性和综合性择时体疗：正性择时体疗主要利用机体处于节律高潮期时更能承受高强度或高负荷的运动刺激，从而使个体体力活动控制在较高水平，以取得较好的康复效果，一般安排在下午；负性择时体疗则是利用机体处于节律低潮期时对运动刺激的主观感受更强，从而使个体在同等刺激水平下得到更高效的恢复，一般安排在上午，但该疗法也极易造成机体过度疲劳甚至损伤，应用时需多加注意；而综合性择时体疗则是将前两种疗法根据需要适时运用，从而缩短个体治疗时间、共同促进运动康复。

尚存争议的是，以往大多数学者都认为个体生物节律的周期是固定的，但近年来也有部分学者质疑，认为个体的生物节律具有幅度、相位和周期等变化特征。该"非固定周期"理论采用一种新型的时序分析法（TSA）对个体的体力、情绪和智力等数据进行周期分析，并结合观察个体在一段时间内特有的活动变化规律，从而确定个体的生物节律周期。赖特（Wright）等实验证实，相对传统方法于，该方法计算（即由出生日期计算）得出的生物节律与运动能力更加密切相关，且误差仅为 1/437 000。因此，未来应在运动训练和医学治疗方面不断检验和完善个体生物节律的科学运用。

（三）光照疗法

光照疗法（LT，简称光疗）是指利用自然或人工光源来防治疾病的方法，既可单独使用，也可与其他疗法（如认知行为疗法、外源性补充褪黑素疗法等）结合使用。其优点是无创、有效、便利和安全，可作为药物治疗的辅助手段。

在防治过程中，光线的照度、时间点、时长和光谱等因子均会影响其治疗效果。因此，实际应用中，LT 可按影响因子进行多种分类：根据光源照度不同，分为强光治疗（BLT；照度大于 1000 lux）和弱光治疗（DLT；照度小于 300 lux）；根据光疗时间点不同，分为黎明模拟（DS）光疗、清晨治疗（MT）、傍晚治疗（ET）和清晨与傍晚结合治疗（MET）；根据治疗时长不同，分为短时治疗（单次短于 60 分钟）和长时治疗（单次超过 60 分钟，但最多不超过 3 小时）；根据光谱不同，既可分为单色光疗、白光治疗（较多采用），也可分为紫外线疗法、可见光疗法、红外线疗法和激光疗法。其中，紫外线常用以治疗皮肤化脓性炎症和其他皮炎、疼痛、佝偻症或软骨病等；红外线常用以治疗软组织损伤、劳损或关节炎等；可见光中，红光常用于治疗中枢神经兴奋，蓝、绿光常用于镇静，蓝紫光则对新生儿胆红素性脑病较有疗效。

目前，临床应用最多的 BLT 和蓝光治疗对多种情感障碍和睡眠障碍均有较好疗效。LT 最初被用于治疗季节性抑郁症（SDD），随后又发现其对双相情感障碍（BD）和围产期抑郁症（PPD）等非季节性抑郁症也有一定疗效。

SDD 又称季节情绪失调症，是一种因光照时间短而引起的周期性情感障碍，常出现在秋冬季节，而在春夏季节得到缓解，症状主要包括注意分散、情绪低落和社交困难等，持续时间在 2 年以上，在美国普通人群中发病率高达 5%～10%。目前有研究发现每日各进行持续约 2 小时的 MT 和 ET 可高效缓解 SDD。其作用机理主要是通过光敏神经环路来缓解抑郁，并通过调节 5-HT 改善抑郁，而对皮质醇等激素的分泌影响也可能是其改善抑郁机制之一。威廉维莱特（Willeit）等已研究证实，BLT 可以通过提高 5-HT 转运体的转运效能来增加突触间 5-HT 含量，从而发挥抗抑郁作用，大概可使 67% 的轻度患者和 40% 的重度患者明显缓解症状。此外，采用低照度的蓝光（波长为 470 nm，照度为 100 lux）也具有相当疗效。

BD 是一种由家族病史、药物、不良生活事件或外界环境刺激等因素诱发的慢性精神疾病，兼具抑郁症和躁狂症双重特征且交替发作，一般难以根治。目前，APA 已批准 LT 用于治疗 BD，并已证实其中 BLT 的疗效最为显著。此外，对于老年痴呆患者，白天在其室内采用强光进行照明，也可有效改善其睡眠、情绪和认知功能。

昼夜节律睡眠-觉醒障碍（CRSWD）是由于人体内源性昼夜节律系统与外界 24 小时昼夜周期失调所致，包括睡眠相位前/后移综合征、非 24 小时睡眠-觉醒节律障碍、倒班综合征、时差综合征和不规律睡眠节律障碍等，主要表现为失眠、日间嗜睡等，且认知功能受到一定损害，并有增加抑郁症、焦虑症等精神疾病的发病风险。目前已有研究证实对此类患者进行LT，能够有效调节人体睡眠-觉醒周期，提高患者睡眠效率和质量，这也在睡眠障碍国际分类第3版中被列为首选治疗方式。其中，对于有时差综合征的患者，如有向东跨时区出行需求，美国医学学会（AMA）建议可在出行前3天，让自己每天早晨刻意暴露在明亮的光线下约1小时，这样可使其睡眠时间提前约1小时，从而减少或防止后续发生时差反应。但自然光线的暴露往往适用于向西跨越小于8个时区的旅行者，因为人往西飞行时太阳降落较晚，与人体内源性节律较为吻合，人更容易适应，而目前关于LT的光照时间及强度标准依然存在争议。

至于蓝光疗法，需要注意其采用的蓝色光源是一把双刃剑。波长在455～500 nm的蓝光基本无害，并能明显调控个体生物节律，降低机体呼吸速率、神经兴奋程度，使人保持镇定平静状态。金忠尚等研究发现，其中468 nm的蓝光使人体感觉最为舒适、大脑工作速率最快。Chang等也通过实验发现，淡蓝光对治疗老年人非季节性抑郁症效果较好。但波长在415～455 nm（尤其是430～440 nm）的蓝光，较为有害，其能够穿透人体的晶状体直达视网膜并产生自由基，从而造成视网膜色素上皮细胞衰亡，使光敏感区缺少养分、光敏细胞死亡，最终导致眼底病变、视力下降或暂时性失明等。

不仅蓝光疗法存在上述问题，其他种类的LT也均存在一定副作用，一般常使人感到眼睛疲劳、头痛、失眠或紧张感等，这可能与光线刺激体内相关激素分泌有关。因此，患者在治疗过程中如感不适，或在治疗结束后出现失眠等症状，应立即停止治疗或减少、分散LT时长。但LT相对传统药物治疗的副作用明显较小。

当然，LT还存在其他问题值得未来进一步研究解决，如：其时间、强度和频率等参数尚未标准化，实际治疗过程中对机体的副作用目前仍无法避免；其对年龄、性别和病况等不同的患者尚无规范化的治疗方案，有无普适性也存在争议；其作用机制尚未完全弄清，未来需要针对视网膜神经环路进行深入系统的研究分析。

（四）睡眠剥夺疗法

睡眠剥夺（SD）是指机体的睡眠-觉醒周期被扰乱导致的睡眠缺失状态，其可引起机体认知、情绪和行为等一系列变化，如机体大脑额叶、顶叶和颞叶受损导致其视觉、听觉记忆功能受到影响，机体情绪管理功能失调导致其情绪不稳定，并倾向于将注意力优先分配给负性刺激、对情绪色彩不明确的刺激作负性评价等。SD还会影响个体警觉度等其他认知功能，其作用机制可能是通过增加氧自由基的产生，或改变神经递质动态分布，或损伤海马结构，或诱导异常基因表达以及抑制长时程增强效应，从而引起脑内神经结构状态紊乱，导致认知功能障碍；当然，这也可能与体内血清中的脑源性神经营养因子（BDNF）含量变化有关。

可见，SD对个体的生理和心理均能造成不同程度的影响甚至损害。但与此同时，发现其在临床医学上也能有所作为，特别是针对抑郁症的防治。SD疗法一般可有以下3种分类：根据睡眠时长不同，分为完全睡眠剥夺（TSD）和部分睡眠剥夺（PSD）疗法，前者指使个体至少持续36小时完全没有睡眠，后者则指让个体每天睡眠量不足正常睡眠量的50%（一般少于6～8小时），后者相对前者在临床应用中更为常见；根据发生缓急不同，分为急性睡眠剥夺疗法和慢性睡眠剥夺疗法，前者指让个体在短期内（一般为24～72小时）始终保持不眠状态，后者则指让个体每天睡眠时长少于5小时并持续3天左右；根据脑波阶段不同，分为慢波睡眠剥夺疗法和快波睡眠剥夺疗法，两者均为选择性睡眠剥夺（SSD）疗法，但前者是让个体在深度睡眠阶段被强制唤醒，后者则让个体在REMS阶段被强制唤醒，后者相对前者实际疗效较好，但起效缓慢、操作繁琐。

SD疗法适用于快速缓解重度抑郁症状，可在数小时内急剧减少患者50%～60%的症状，主要是在不破坏个体完整睡眠周期的情况下，有选择地减少其短波睡眠，这在兰尼斯（Landsness）等的研究中已经得到证实。其发挥作用的生理机制可能是杏仁核与前扣带皮质静息态功能连接的增强所引起的大脑皮质对边缘区域的调控增强。虽然其实施过程较为困难且难以维持疗效（通常在次日恢复睡眠后复发），目前在临床应用上尚未被广泛推广，但由于其起效快，未来仍是一种颇具前景的治疗方法。

其中，最早应用于抗抑郁治疗方案的是TSD疗法，一般当患者暴露在光照下进行治疗时效果相对明显，而在夜间清醒时进行治疗通常无效。为避免患者在恢复睡眠后复发，通常建议其在治疗过程中尽量不要打盹。而PSD疗法目前一般在后半夜进行，要求患者每晚只睡4～5小时，相对TSD疗法来说，其使患者有更多的睡眠时间，因此显著提高了SD疗法的耐受性。

为打破治疗效果无法持续的局限性，许多医学和心理学专家学者集智攻关，发现单独间歇性、短时间地应用SD疗法，或将其与抗抑郁药物或心境稳定剂联合应用，或将其与LT、睡眠相位前移（SPA）疗法联合应用，可成功维持甚至延长其功效。其中，SPA疗法是指让患者在SD治疗完成当天17:00开始入睡，而后每天入睡时间均较前一天推迟1小时，直至1周后从23:00开始入睡，每天睡眠时长均为7小时。沃德霍尔泽（Voderholzer）等已研究证实，SD联合SPA疗法持续3天便可有效防止患者的抑郁快速复发。此外，SD与重复经颅磁刺激（rTMS）联合疗法为抑郁症的治疗也提供了新的途径，其在增强抗抑郁作用的同时，也可防止个体认知记忆等功能受损。

需要注意的是，并非所有抑郁症患者都适用于SD疗法。多项研究表明，一般当患者具有晨重夜轻的典型情绪变化、入睡困难且易早醒的典型睡眠障碍等特征时更为适合。但有癫痫病史的患者严禁采用此疗法，因为减少其睡眠时间极易诱发癫痫发作。此外，SD疗法还具有其他副作用，如白天嗜睡、头痛，诱发躁狂发作及躯体疾病等。相信随着科学技术尤其在医学和心理学领域的不断发展和进步，这些局限问题都将得到逐步解决。

（五）电磁辐射疗法

当前，还有许多利用生物共振效应的理疗设备，可以用来修复体内生物节律并确保自身舒适感。其工作原理是产生低频且波幅可忽略的电波、电磁波、光波和声波作用于人脑，由于其几乎接近大脑自身的生物节律，能够加强人脑的生物钟节奏，也就是协调其进入共振状态，这样便可在机体大脑上施加不同意识状态的节奏特征，进而影响大脑思维，从而改变心理功能。例如，α节律（频率为8～12 Hz，波幅为30～70 μV），是典型的安静觉醒状态；β节律（频率为13～35 Hz，波幅为5～30 μV），对应于活跃行为状态、压力状态和焦虑状态；θ节律（频率为4～7 Hz，波幅10～150 μV），对应深层放松、沉思、催眠恍惚和注意力集中等状态；φ节律（频率1～3 Hz，波幅10～300 μV），在深度睡眠期间以及昏迷时出现；r节律（频率35～120 Hz，波幅25 μV），在人的情绪和创造力提升时可观察到。

（六）药物调节方法

在一些特殊情况下（如战争、执行紧急特殊任务等），生物节律严重紊乱后，有些干预措施效果会明显不佳，此时便需要使用一些药物手段进行调节。目前，临床应用较多的主要有以下4类药物：

1. 促睡眠类药物   昼夜节律失调带来最明显的影响就是CRSWD，目前促睡眠类药物主要有3种：①褪黑素由松果体在黑暗环境分泌，因此被定义为"黑暗激素"。夜晚的长短可以通过褪黑素分泌高峰持续的时间来反映，故其也被认为是调节昼夜节律的关键因子之一。患者在夜晚睡觉前服用褪黑素（0.5～3 mg），早上起床后再接受适当光照，便能重新建立正常的昼夜节律，该方法也对促进睡眠具有良好效果。一项研究表明，飞行员在白天难以入睡的情况下服用褪黑素（3 mg）后，相比服用安慰剂，更能快速进入睡眠，且睡眠效果明显较好。②替马西泮：可能是维持人体8小时睡眠的最好选择之一。研究表明20～30 mg的替马西泮就能促进倒班工作者白天的睡眠，并能提高夜间的工作效率。③扎来普隆：对需要小睡（1～2小时）或者进入睡眠比较困难的人来说是最好的选择。如飞行员夜航训练导致的疲劳经常需要小睡才能得到缓解，在这种情况下就可以选择扎来普隆进行药物干预；由于扎来普隆只有1小时的半衰期，不用担心其残留药物产生的副作用。

2. 提高中枢神经兴奋类药物   在军事或特殊环境下，飞行员需要保持较长时间觉醒并且能随时战斗的状态，此时就需要使用一些能够增强中枢神经兴奋性的药物。这类药物由于简单易用、不受环境改变和人体内源性节律改变的影响，在短期应用中有很好的效果。此类药物常见的有促醒药（如咖啡因、茶碱等）、苯丙胺、哌醋甲酯、匹莫林、多沙普仑、可拉明、贝美格、戊四氮和洛贝林等。

3. 分子靶向药物   近些年，时间生物学的研究逐渐成为领域热点，很多研究者都在关注研究如何干扰体内时钟基因的表达，从而探寻促进昼夜节律失调后恢复的方法。如KL001是一种能够抑制CRY降解的药物，有研究表明它可以使昼夜节律的周期延长、振幅减小；REV-ERB的核受体能够通过节律启动子RORE原件抑制*BMAL1*的转录，因此人工合成REV-ERB的激动剂SR9009和SR9011也可以减小昼夜节律的振幅，但并不影响昼夜节律的周期。

4. 抗抑郁、焦虑和精神病类药物   当人体生物节律严重紊乱诱发心理疾病和精神类疾病时，通常使用3种药物：抗抑郁类药物，常见的有帕罗西汀、氟西汀、舍曲林、文拉法辛、西酞普兰和米氮平等；抗焦虑类药物，常见的有丁螺环酮、坦度螺酮、艾司唑仑和佳静安定等；抗精神病类药物，常见的有氯丙嗪、利培酮、喹硫平、氯氮平、奥氮平和阿立哌唑等。需要注意的是，这三类药物均属于处方药，必须在专业医师的指导下使用，剂量和服药方式也都必须合乎用药规范。

参 考 文 献

［1］ 艾尚冉. 大学男生力量、灵敏、柔韧素质的日节律研究 [D]. 宁波大学, 2019.

［2］ 庄金迅. 光源的色温及其在照明设计中的应用 [J]. 灯与照明, 2007, 31 (3): 36-38.

［3］ 柴娅. 睡眠剥夺对负性心境的影响及其神经机制研究 [D]. 中山大学, 2020.

［4］ 陈凤, 樊梅, 向婷, 等. 光疗在昼夜节律睡眠 - 觉醒障碍中的应用进展 [J]. 中国全科医学, 2022, 25 (2): 248-253.

［5］ 陈洪丽, 高静静, 杨佳佳, 等. 光疗及光照剂量对抑郁症的作用研究进展 [J]. 生物化学与生物物理进展, 2021, 48 (12): 1422-1428.

［6］ 陈简. 温度对大学生社会态度的影响 [D]. 广州大学, 2020.

［7］ 陈思禹, 钱近春. 代谢生物钟研究进展 [J]. 生命科学, 2015, 27 (11): 1409-1417.

［8］ 陈应骏. 焦虑缓冲视野下温度的变化对死亡凸显的影响 [D]. 上海师范大学, 2016.

［9］ 程明, 张宏耕. 光疗对抑郁症的治疗进展 [J]. 国际精神病学杂志, 2010, 37 (3): 191-192.

［10］ 程郁缀. 咏秋诗漫谈 [J]. 北京大学学报：哲学社会科学版, 2007, 44 (5): 160-165.

［11］ 崔可可, 金磊, 金彬杰, 等. 光疗抗抑郁及其作用机制的研究进展 [J]. 生物化学与生物物理进展, 2021, 48 (12): 1438-1447.

［12］ 戴望. 诸子集成 [M]. 北京：中华书局, 1954.

［13］ 董仁卫, 程厚文, 董军. 大学生心肺耐力与生物节律相关性的研究 [J]. 泰山医学院学报, 2012, 33 (12): 849-851.

［14］ 董毅. 生物节律与运动 [J]. 中国体育科技, 2019, 55 (4): 22-30.

［15］ 范晓静, 陈德福, 曾晶, 等. 光影响生物节律的研究进展 [J]. 中国激光医学杂志, 2021, 30 (1): 1-7.

［16］ 方海韵. 论心理状态 [J]. 陕西师范大学学报：哲学社会科学版, 1992, 3: 6-11.

［17］ 冯天恩, 叶国鸿. 析运动员如何保持最佳心理状态 [J]. 上海体育学院学报, 1998, 22: 2-12.

［18］ 龚浩然. 苏联心理学界对人的心理活动结构的新看法 [J]. 应用心理学, 1982, 1: 25-27.

［19］ 顾静敏. 100 例恶性肿瘤患者的心理状态调查及其护理对策 [J]. 中华护理杂志, 1994, 29 (10): 2.

［20］ 洪炜. 心理评估 [M]. 天津：南开大学出版社, 2006.

［21］ 侯万丽, 陆青云, 许韶君, 等. 抑郁症状和情绪性进食行为对青少年膳食模式的影响 [J]. 中国学校卫生, 2015, 36 (9): 1289-1293.

［22］ 黄悦. 睡眠节律扰乱对大学生情绪状态和认知功能的影响及心理弹性的保护作用研究 [D]. 中国人民解放军陆军军医大学, 2019.

［23］ 姬祥, 薛景仰, 杨文明. 基于人体生物节律的人员警示研究 [J]. 价值工程, 2018, 37 (8): 228-230.

［24］ 贾福军. 简介清晨型和夜晚型睡眠者的特征 [J]. 广东医学, 2007, 28 (1): 4-5.

［25］ 孔嘉莉, 邹声华, 李永存, 等. 生物节律对矿井生产的影响及安全策略研究 [J]. 中国安全生产科学技术, 2013, 9 (9): 85-89.

［26］ 兰号, 王松涛. 限时饮食与择时运动通过昼夜节律对代谢综合征的影响 [C]// 第十二届全国体育科学大会论文摘要汇编——专题报告 (运动医学分会), 2022, 160-161.

［27］ 黎文妍, 王任翔, 陈国娟, 等. 基于生物钟的学校作息时间表的合理设置 [J]. 大众科技, 2018, 20 (7): 136-137.

［28］ 黎文妍, 王任翔, 陈国娟, 等. 基于生物钟的学校作息时间表的合理设置 [J]. 大众科技, 2018, 20 (7): 136-137, 157.

［29］ 李端. 气候变暖导致心理问题增加 [J]. 中老年保健, 2019, 1: 4.

［30］ 李功迎, 王善梅, 于名超, 等. 国际疾病分类第十一次修订本精神行为与神经发育障碍与第十次修订本的比较 [J]. 中华诊断学电子杂志, 2021, 4: 217-220.

［31］ 李慧, 许崇涛. 睡眠剥夺在抑郁症治疗中的研究进展 [J]. 中国行为医学与脑科学杂志, 2004, 13 (1): 109-110.

［32］ 李自强. 睡眠剥夺对个体情绪刺激注意分配以及评估的影响研究 [D]. 第二军医大学, 2017.

［33］ 林文瑞. 论心理状态 [M]. 福州 : 福建教育出版社, 2004.

［34］ 林岳, 陈华山, 陈灿和, 等. 深紫外发光二极管研究进展及其在杀菌消毒中的应用 [J]. 厦门大学学报 (自然科学版), 2020, 59, (3): 360-372.

［35］ 刘春仙, 韩莹. 临床观察老年人心理状态及护理 [J]. 黑河科技, 1995, 2: 45-47.

［36］ 刘锡禹. 睡眠剥夺对短时记忆的影响研究 [D]. 天津大学, 2007.

［37］ 刘毅玮. 学生学习心理状态研究 [J]. 河北师范大学学报 : 教育科学版, 2003, 5 (4): 5-15.

［38］ 龙天渝, 刘腊美, 徐华建, 等. 空调室内温度对生物体血液流变特性的影响 [J]. 重庆大学学报 (自然科学版), 2007, 30 (4): 39-43.

［39］ 娄道舰, 蒋先军. 浅谈人体生物节律与运动训练 [J]. 安徽师范大学学报 (自然科学版), 2000, 23 (2): 169-171.

［40］ 鲁玉红, 王毓蓉, 金尚忠, 等. 不同波长蓝光 LED 对人体光生物节律效应的影响 [J]. 发光学报, 2013, 34 (8): 1061-1065.

［41］ 马红梅, 郑盼. 教学时间与学业成绩 : 来自上海的经验证据 [J]. 教育经济评论, 2016, 1 (2): 82-98.

［42］ 马毅, 王志苹, 陈维东. 生物节律 (PSI) 周期理论在运动训练、比赛中的应用 [J]. 沈阳体育学院学报, 2005, 24 (2): 5-7.

［43］ 毛六平. 体育锻炼与脑的智力节律 [J]. 当代商报 - 中外教研周刊, 2011, 00 (1): 封 3.

［44］ 尼·德·列维托夫. 性格心理学问题 [M]. 余增寿, 译. 北京 : 人民教育出版社, 1959.

［45］ 汝涛涛, 李芸, 钱柳, 等. 环境光照的认知功效及其调节因素与作用机理 [J]. 心理科学进展, 2019, 27 (10): 1687-1702.

［46］ 邵永聪, 王路斌, 雷煜, 等. 睡眠剥夺对大脑静息态功能网络的影响研究 [C]// 第十七届全国心理学学术会议论文摘要集, 2014, 1685-1687.

［47］ 石海燕. 生物节律与立定跳远成绩的关系 [D]. 苏州大学, 2001.

［48］ 苏富忠, 董操. 心理学的沉思 [M]. 济南 : 济南出版社, 2001.

［49］ 陶会荣, 靳瑾. 蓝光与眼健康 [J]. 中国眼镜科技杂志, 2019, 1: 114-116.

［50］ 田娇娇. 温度适宜性的体验认知对时间知觉影响的实验研究 [D]. 郑州大学, 2016.

［51］ 汪静莹, 甘硕秋, 赵楠, 等. 基于微博用户的情绪变化分析 [J]. 中国科学院大学学报, 2016, 33 (6): 815-824.

［52］ 汪敏. 运动训练过程中运动员的心理状态浅析 [J]. 浙江师大学报 (自然科学版), 1995, 4: 31-34.

［53］ 王晨宇. 择时力量训练与停训对青年男子篮球运动员运动能力的影响 [J]. 体育学刊, 2016, 23 (5): 140-144.

［54］ 王东梅. 身体上的温度决定心理上的温度 [J]. 文苑, 2018, 9: 44-49.

［55］ 王磊, 陈进法, 王硕硕, 等. 子午流注与生物节律的相关性 [J]. 中华中医药杂志, 2011, 26 (11): 2485-2487.

［56］ 王启康. 格心致本: 理论心理学研究及其发展道路 [M]. 武汉: 华中师范大学出版社, 1999.

［57］ 王天生. 体育心理学 [M]. 北京: 人民体育出版社, 1999.

［58］ 王伟. 32 小时睡眠剥夺对心理旋转能力影响的实验研究 [D]. 第四军医大学, 2004.

［59］ Wolf E, Kuhn M, Normann C, et al. Synaptic plasticity model of therapeutic sleep deprivation in major depression [J]. *Sleep Med Rev*, 2016, 30: 53-62.

［60］ 王琰, 陈浩. 人以天地之气生: 气象对人类心理与行为的影响 [J]. 心理科学进展, 2017, 25 (6): 1077-1092.

［61］ Youngstedt S D, Kline C E, Elliott J A, et al. Circadian phase-shifting effects of bright light, exercise, and bright light＋ exercise [J]. *J Circadian Rhythms*, 2016, 14: 2-9.

［62］ 王忠. 睡眠剥夺对睡眠结构、认知功能及其相关血清标志物的影响 [D]. 安徽医科大学, 2018.

［63］ 韦芳. 哺乳动物近日节律相关基因的研究进展 [J]. 癌症, 2003, (4): 445-448.

［64］ 肖平, 徐本力. "择时健身" 的提出与 "同步生物节奏健身锻炼法" 的确立——兼论时间生物学在健身锻炼中的应用 [J]. 体育学刊, 2006, 13 (4): 131-134.

［65］ 荀况. 荀子白话今译 [M]. 北京: 中国书店, 1992.

［66］ 杨遥, 刘静, 徐江涛. 睡眠剥夺对认知功能的影响研究进展 [J]. 现代生物医学进展, 2013, 13 (4): 791-794.

［67］ 殷暮烟. 找到最合理的生物钟 [J]. 光彩, 2013 (10): 66-67.

［68］ 张慧, 宋明明, 张雯翔, 等. 限时进食与代谢综合征的研究进展 [J]. 生命科学, 2022, 34 (4): 376-384.

［69］ 张力为. 运动员赛前心理状态的自我表述: 10项陈述测验的研究 [J]. 中国体育科技, 2001, 37 (8): 3.

［70］ 张敏杰. 心理状态研究现状述评 [J]. 内蒙古师范大学学报: 哲学社会科学版, 2016, 35 (1): 67-71.

［71］ 张西超, 肖松. 办公环境与心理健康 [J]. 生态经济, 2006, 2: 90-92.

［72］ 张晓东, 张立伟. 简析 "生物节律性" 在运动训练中的应用 [J]. 运动, 2014, 1: 28-29.

［73］ 中国心理卫生协会, 中国就业培训技术指导中心. 心理咨询师 (基础知识) [M]. 北京: 民族出版社, 2015.

［74］ 钟洁, 谭璐璐, 黄河, 等. 光疗对昼夜节律性睡眠障碍患者治疗效果分析 [J]. 世界睡眠医学杂志, 2021, 8 (9): 1520-1521.

［75］ 周思聪, 周莉, 林燕丹. 光疗对控制双相障碍类疾病的疗效研究 [J]. 照明工程学报, 2020, 31 (6): 41-47, 55.

［76］ Zwebner Y, Lee L, Goldenberg J. The temperature premium: Warm temperatures increase product valuation [J]. *J Consum Psychol*, 2014, 24 (2), 251-259.

［77］ Adan A. Chronotype and personality factors in the daily consumption of alcohol and psychostimulants [J]. *Addict*, 1994, 89 (4): 455-462.

［78］ Yan Y H, Lee T G, Guan Y, et al. Evaluation Index Study of Students' Physiological Rhythm Effects under Fluorescent Lamp and LED [J]. *Adv Mat Res*, 2012, 66: 4757-4764.

［79］ Bargh-John A, Shalev I. The substitutability of physical and social warmth in daily life [J]. *Emotion*

(*Washington, D. C.*), 2008, 12 (1), 154-162.

[80] Bcheraoui C E, Mimche H, Miangotar Y, et al. Burden of disease in francophone Africa, 1990-2017: A systematic analysis for the Global Burden of Disease Study 2017 [J]. *Lancet Glob Health*, 2020, 8 (3): 341-351.

[81] Benedetti F, Colombo C. Sleep deprivation in mood disorders [J]. *Neuropsychobiology*, 2011, 64 (3): 141-151.

[82] Bergh U, Ekblom B. Influence of muscle temperature on maximal muscle strength and power output in human skeletal muscles [J]. *Acta Physiol Scand*, 1979, 107 (1): 33-37.

[83] Borbely A A, Achermann P. Sleep homeostasis and models of sleep regulation [J]. *J Biol Rhythms*, 1999, 14 (6): 557-568.

[84] Born J, Wilhelm I. System consolidation of memory during sleep [J]. *Psychol Res*, 2012, 76 (10): 192-203.

[85] Buxton O M. Roles of intensity and duration of nocturnal exercise in causing phase delays of human circadian rhythms [J]. *Endocrinol Metab*, 1997, 273 (3): 536-542.

[86] Buysse D J. Sleep health: Can we define it? Does it matter? [J]. *Sleep*, 2014, 37 (1): 9-17.

[87] Cajochen C, Freyburger M, Basishvili T, et al. Effect of daylight LED on visual comfort, melatonin, mood, waking performance and sleep [J]. *Lighting Res Technol*, 2019, 51 (7): 1044-1062.

[88] Chang C H, Liu C Y, Chen S J, et al. Efficacy of light therapy on nonseasonal depression among elderly adults: A systematic review and meta-analysis [J]. *Neuropsychiatr Dis Treat*, 2019, 15: 1427-1428.

[89] Chen Y, Hong W, Fang Y. Role of biological rhythm dysfunction in the development and management of bipolar disorders: A review [J]. *Gen Psychiatr*, 2020, 33 (1): 12-15.

[90] Correa Á, Barba A, Padilla F. Light effects on behavioural performance depend on the individual state of vigilance [J]. *Plo S One*, 2016, 11 (11), e164945.

[91] Duffy J F, Dijk D J, Klerman E B, et al. Later endogenous circadian temperature nadir relative to an earlier wake time in older people [J]. *Am J Physiol*, 1998, 275 (5 Pt 2): 1478-1487.

[92] Field A E, Haines J, Rosner B, et al. Weight-control behaviors and subsequent weight change among adolescents and young adult females [J]. *Am J Clin Nutr*, 2010, 91 (1): 147-153.

[93] Fifel K, Videnovic A. Chronotherapies for Parkinson's disease [J]. *Prog Neurobiol*, 2019, 174: 16-27.

[94] Figueiro M G, Sahin L, Roohan C, et al. Effects of red light on sleep inertia [J]. *Nat Sci Sleep*, 2019, 11: 45-57.

[95] Giorgio A D, Hudson M, Jerjes W, et al. 24-hour pituitary and adrenal hormone profiles in chronic fatigue syndrome [J]. *Psychosom med*, 2005, 67 (3): 433-440.

[96] Golder S A, Macy M W. Diurnal and seasonal mood vary with work, sleep, and daylength across diverse cultures [J]. *Science*, 2011, 333 (6051): 1878-1881.

[97] Gomes P R L, Motta-Teixeira L C, Gallo C C, et al. Maternal pineal melatonin in gestation and lactation physiology, and in fetal development and programming [J]. *Gen Comp Endocr*, 2021, 300: 113633.

[98] Gupta A. Sleep deprivation therapy enhanced via repetitive transcranial magnetic stimulation in major depression [J]. *Cureus*, 2018, 10 (2): 2174-2179.

［99］　Hagenauer M H, Lee T M. The neuroendocrine control of the circadian system: Adolescent chronotype [J]. *Front Neuroendocrinol*, 2012, 33 (3): 211-229.

［100］　Hannak A, Anderson E, Feldman L, et al. *Tweetin' in the Rain*: *Exploring Societal-scale Effects of Weather on Mood* [C]//International Conference on Weblogs and Social Media. AAAI Press, 2012.

［101］　Hemmeter U M, Hemmeter-Spernal J, et al. Sleep deprivation in depression [J]. *Expert Rev Neurother*, 2010, 10 (7): 1101-1115.

［102］　Huiberts L M, Smolders K C H J, De-Kort Y A W. Non-image forming effects of illuminance level: Exploring parallel effects on physiological arousal and task performance [J]. *Physiol Behav*, 2016, 164 (Pt A): 129-139.

［103］　Ijzerman H, Karremans J C, Thomsen L, et al. Caring for sharing: How attachment styles modulate communal cues of physical warmth [J]. *Soc Psychol*, 2013, 44 (2), 160-166.

［104］　Jansen A, Havermans R C, Nederkoorn C, et al. *Cued Overeating* [M]. Springer New York, 2011.

［105］　Jochen C C, Jud C, Munch M, et al. Evening exposure to blue light stimulates the expression of the clock gene PER2 in humans [J]. *Eur J Neurosci*, 2010, 23 (4): 1082-1086.

［106］　Kang Y, Williams L E, Clark M S, et al. Physical temperature effects on trust behavior: The role of insula [J]. *Soc Cogn Affect Neur*, 2011, 6 (4): 507-515.

［107］　Kaplan H I, Kaplan H S. The psychosomatic concept of obesity [J]. *J Nerv Ment Dis*, 1957, 125 (2): 181-201.

［108］　Keage H A, Banks S, Yang K L, et al. What sleep characteristics predict cognitive decline in the elderly? [J]. *Sleep Med*, 2012, 13 (7): 886-892.

［109］　Khalsa S B S, Jewett M E, Cajocen C, et al. A phase response curve to single bright light pulses in human subjects [J]. *J Physiol*, 2003, 549 (3): 945-952.

［110］　Kööts L, Realo A, Allik J. The influence of the weather on affective experience: An experience sampling study [J]. *J Individ Differ*, 2011, 32 (2), 74-84.

［111］　Kuller R, Ballal S, Laike T, et al. The impact of light and colour on psychological mood: A crosscultural study of indoor work environments [J]. *Ergonomics*, 2006, 49 (14): 1496-1507.

［112］　Kume Y, Makabe S, Singha-Dong N, et al. Seasonal effects on the sleep-wake cycle, the rest-activity rhythm and quality of life for Japanese and Thai older people [J]. *Chronobiol Int*, 2017, 34 (10): 1377-1387.

［113］　Landsness E C, Goldstein M R, Peterson M J, et al. Antidepressant effects of selective slow wave sleep deprivation in major depression: A high-density EEG investigation [J]. *J Psychiatr Res*, 2011, 45 (8): 1019-1026.

［114］　Legates T A, Fernandez D C, Hattar S. Light as a central modulator of circadian rhythms, sleep and affect [J]. *Nat Rev Neurosci*, 2014, 15 (7): 443-454.

［115］　Legates T A, Fernandez D C, Hattar S. Light as a central modulator of circadian rhythms, sleep and affect [J]. *Nat Rev Neurosci*, 2014, 15 (7): 443-454.

［116］　Leproult R, Colecchia E F, L' hermite-Baleriaux M, et al. Transition from dim to bright light in the morning induces an immediate elevation of cortisol levels [J]. *J Clin Endocr Metab*, 2001, 86 (1): 151-157.

［117］　Lesani A, Mohammadpoorasl A, Javadi M, et al. Eating breakfast, fruit and vegetable intake and their relation with happiness in college students [J]. *Eat Weight Disord-St*, 2016, 21 (4): 645-651.

[118] Willeit M, Sitte H H, Thierry N, et al. Enhanced serotonin transporter function during depression in seasonal affective disorder [J]. *Eur Neuropsychopharm*, 2008, 33 (7): 1503-1513.

[119] Lunsford-Avery J R, Goncalves B, Brietzke E, et al. Adolescents at clinical-high risk for psychosis: Circadian rhythm disturbances predict worsened prognosis at 1-year follow-up [J]. *Schizophr Res*, 2017, 189: 37-42.

[120] Macht M, Haupt C, Ellgring H. The perceived function of eating is changed during examination stress: A field study [J]. *Eat Behav*, 2005, 6 (2): 109-112.

[121] Mailloux A, Benstaali C, Bogdan A, et al. Body temperature and locomotor activity as marker rhythms of aging of the circadian system in rodents [J]. *Exp Gerontol*, 1999, 34 (6): 733-740.

[122] Maruani J, Geoffroy P A. Bright light as a personalized precision treatment of mood disorders [J]. *Front Psychiatry*, 2019, 10: 85.

[123] Masip A F, Amador-Campos J A, Juana Gómez-Benito, et al. Psychometric properties of the children's depression inventory in community and clinical sample [J]. *Span J Psychol*, 2010, 13 (2): 990-999.

[124] Mcglinchey E L, Talbot L S, Chang K H, et al. The effect of sleep deprivation on vocal expression of emotion in adolescents and adults [J]. Sleep, 2011, 34 (9): 1233-1241.

[125] Morgenthaler T I, Lee-Chiong T, Alessi C, et al. Practice parameters for the clinical evaluation and treatment of circadian rhythm sleep disorders. An American Academy of Sleep Medicine report [J]. *Sleep*, 2007, 30 (11): 1445-1459.

[126] Nederkoorn C, Braet C, Van-Eijs Y. Why obese children cannot resist food: The role of impulsivity [J]. *Eat Behav*, 2006, 7 (4): 315-322.

[127] Nguyen-Rodriguez S T, Unger J B, Spruijt-Metz D. Psychological determinants of emotional eating in adolescence [J]. *Eat Disord*, 2009, 17 (3): 211-224.

[128] Nussbaumer-Streit B, Thaler K, Chapman A, et al. Second-generation antidepressants for treatment of seasonal affective disorder [J]. *Cochrane Db Syst Rev*, 2021, 3 (3): CD008591.

[129] Oxuno T, Nakanishi-Ueda T, Ueda T, et al. Ultravioletaction spectrum for cell killing of primary porcine lens epithelial cells [J]. *J Occup Health*, 2012, 54 (3): 181-186.

[130] Perani D, Colombo C, Bressi S, et al. [18F] FDG PET study in obsessive-compulsive disorder: A clinical/metabolic correlation study after treatment [J]. *Br J Psychiatry*, 1995, 20: 145-155.

[131] Rajpal A, Ismail-Beigi F. Intermittent fasting and 'metabolic switch': Effects on metabolic syndrome, prediabetes and type 2 diabetes [J]. *Diabetes Obes Metab*, 2020, 22 (9): 1496-1510.

[132] Shannon O, Christopher B, Matthew D. From pillow to podium: A review on understanding sleep for elite athletes [J]. *Nat Sci Sleep*, 2018, 10: 243-253.

[133] Souman J L, Tinga A M, Te-Pas S F, et al. Acute alerting effects of light: A systematic literature review [J]. *Behav Brain Res*, 2018, 337: 228-239.

[134] Szymusiak R. Body temperature and sleep [J]. *Handb Clin Neurol*, 2018, 156: 341-351.

[135] Tahara Y, Aoyama S, Shibata S. The mammalian circadian clock and its entrainment by stress and exercise [J]. *J Physiol Sci*, 2017, 67: 1-10.

[136] TankovaI, Adan A, Buela-Casal G. Circadian typology and individual differences. A review [J]. *Pers*

Individ Dif, 1994, 16 (5): 671-684.

[137] Terman M. Evolving applications of light therapy [J]. *Sleep Med Rev*, 2007, 11 (6): 497-507.

[138] Touitou Y, Touitou D, Reinberg A. Disruption of adolescents' circadian clock: The vicious circle of media use, exposure to light at night, sleep loss and risk behaviors [J]. *J Physiol Paris*, 2016, 110 (4 Pt B): 467-479.

[139] Troynikov O, Watson C G, Nawaz N. Sleep environments and sleep physiology: A review [J]. *J Therm Biol*, 2018, 78: 192-203.

[140] Van-Strien T, Rookus M A, Bergers G P, et al. Life events, emotional eating and change in body mass index [J]. *Int J Obesity*, 1986, 10 (1): 29-37.

[141] Voderholzer U, Valerius G, Schaerer L, et al. Is the antidepressive effect of sleep deprivation stabilized by a three-day phase advance of the sleep period? A pilot study [J]. *Eur Arch Psychiatry Clin Neurosci*, 2003, 253 (2): 68-72.

[142] Weinberger D R, Aloia M S, Goldberg T E, et al. The frontal lobes and schizophrenia [J]. *J Neuropsychiatry Clin Neurosci*, 1994, 6 (4): 419-427.

[143] Wenze S J, Miller I W. Use of ecological momentary assessment in mood disorders research [J]. *Clin Psychol Rev*, 2010, 30 (6): 794-804.

第五章

生物节律紊乱与神经内分泌

第一节　神经内分泌系统的组成及调控

一、下丘脑

下丘脑位于丘脑下方，第Ⅲ脑室两侧，属于间脑的基底部分。下丘脑由大脑内侧和腹侧表面上的独特标志所界定，包括视交叉、结节隆起及其相关的垂体柄和乳头体等。下丘脑灰质核可分为纵行的三条带，即外侧区、内侧区及靠近脑室的室周区，其中室周区的神经元与神经内分泌调节直接相关，其他区则有间接关系。下丘脑的不同分区具有不同的功能，其中外侧区和外侧视前区分别控制动机行为和愤怒情绪，外侧核负责调节摄食及进水，视交叉上核、视上核负责调节昼夜节律；内侧区负责调节体温，胚胎发育中内侧视前核决定性别分化，背内侧核控制性行为，下丘脑后区负责心血管系统的调节，后核调节呼吸频率以及深度，乳头体及其上核调节体温；对于腺垂体及后叶的功能调节则是由室周区、室周核、弓状核协同完成。

下丘脑主要通过突触连接和激素调节两种方式影响生理和行为。介导这些功能的神经突触连接非常复杂，其中一部分尚未被完全定义，其中通过诸如脑干等结构进行中继是下丘脑投射系统的一个重要特征，其目的是协调对稳态和行为的综合控制。下丘脑分泌的激素，除了其中一种是肽，其他通常被称为释放或抑制激素（或因子），并且对每种腺垂体激素都具有相对特异性。通过对数十万只羊或猪下丘脑提取物进行定量纯化，沙利（Schally）和吉列明（Guillemin）及其合作者阐明了促甲状腺素释放激素（thyrotropin-releasing hormone，TRH）、促性腺激素释放激素（gonadotropinreleasinghormone，GnRH）和生长抑素（somatostatin）的结构，并因此获得了1971年诺贝尔奖。此外，促肾上腺皮质激素释放激素（corticotropin releasing hormone，CRH）最早是从大鼠下丘脑中分离出来的，而生长激素释放激素（growth hormone releasinghormone，GHRH）最早是从胰腺肿瘤中分离出来的。

哺乳动物的下丘脑是生存调节系统的必需组成部分，下丘脑部分可通过垂体在外周器官系统上发挥调节作用。这种"神经内分泌调节"是通过垂体门脉系统实现的，即垂体门脉系统具备的"神经-血液接触"可将下丘脑神经元释放的神经激素和递质输送到垂体，垂体受到刺激后再将垂体激素释放到血液循环控制周围器官系统。该系统同时还允许循环分子反过来影响下丘脑的活动，这种"反馈调节"的能力对于下丘脑的功能调节也是不可或缺的。因此，下丘脑可对中枢和外周神经系统施加调节影响，并反过来受这些系统的输出调节。

（一）下丘脑对行为时间组织的影响

下丘脑与控制行为和激素分泌的节律有关。SCN神经元在产生日常活动和休息的交替模式中发挥着重要作用。每个SCN神经元都是一个昼夜节律振荡器，通过神经元之间的局部环路连接实现群体的同步放电和活动。在SCN损伤后，活动和睡眠在24小时内分布不均匀，但这些活动和休息的总和在24小时内与在SCN未受损的动物中观察到的相近。

下丘脑损伤会产生昏迷或失眠，具体取决于损伤的位置。下丘脑包含负责控制睡眠觉醒周期的"睡眠中心"。如腹外侧视前区（ventrolateral preoptic nucleus，VLPO）中的神经元在睡眠开始时变得活跃，而清醒时则相反。这些下丘脑细胞群与控制行为的中枢神经系统（central nervous system，CNS）其他神经元相互协作，对控制行为状态十分重要。

（二）下丘脑对生殖功能的调节

下丘脑对生殖功能具有重要的调控作用，包括配子的产生（卵子和精子的产生）和与成功交配相关的性别特异性动机行为等。不同的下丘脑神经元群共同整合与繁殖功能相关的感觉信息，从而协调生殖相关活动，最终成功实现受精。

负责控制排卵和精子发生的下丘脑细胞群主要通过控制腺垂体的分泌活动，从而利用垂体激素控制卵巢和睾丸等靶器官。如在配子发生过程中，下丘脑的促黄体素释放素（luteinizing hormone releasing hormone，LHRH）被释放到门脉血管中，引起黄体生成素（luteinizing hormone，LH）和卵泡刺激素（follicle stimulating hormone，FSH）的释放，LH和FSH进而可刺激性激素的产生。性激素对LH和FSH从垂体的释放具有负反馈调节作用。女性的FSH在排卵早期刺激卵泡的生长，也是雌二醇产生不可或缺的上游信号。雌二醇可促进LH刺激后的卵巢分泌睾酮，睾酮再进一步转化为雌二醇。循环中雌二醇水平升高会增加垂体对LHRH的敏感性（正反馈），导致垂体释放LH激增，最终刺激排卵。

（三）下丘脑对摄食的调节

摄食行为同样受到下丘脑的严格控制。下丘脑内侧部病变后人的食物摄入量明显增加并呈肥胖表现，而下丘脑外侧部病变后食物摄入量减少并伴随体重减轻。下丘脑关于摄食行为的调节是一个复杂的体系，涉及与营养状况相关的循环分子的识别以及食物摄入后的信号改变，并依赖于传递环境信息的感觉反馈。胃肠功能、循环营养物和营养物储存中的胃肠道感觉决定了该系统的激活状态。营养状态的信息通过内脏的感觉神经以及血液信号到达下丘脑。下丘脑至少包含四个不同的神经元群，它们通过刺激或抑制食物和液体摄入发挥对营养摄入的调节控制，其中下丘脑和脑干中的脑室周围器官是重要调节部分。该系统如何以合作方式发挥作用的细节以及参与该调节的下丘脑的具体作用机制尚未完全明确。

（四）总结

下丘脑对维持体内平衡和控制行为状态至关重要。这种控制依赖于下丘脑对垂体分泌进行的神经内分泌控制以及循环分子能够影响下丘脑神经元活动。使用中继核团传递来自下丘脑的信息是下丘脑神经元进行控制的一个基本特征。下丘脑神经元的信号输出通常与其他系统的输出相结合，共同协调生理功能和行为活动。

二、下丘脑-腺垂体-外周靶腺轴

下丘脑合成激素并将它们通过轴突运输到正中隆起的毛细血管附近，从那里自由扩散到血管中并被运送到腺垂体。腺垂体在胚胎学上起源于Rathke囊（原始肠道的外囊）与神经脊腹侧基板连接的一部分。腺垂体分泌多种激素：ACTH刺激肾上腺皮质激素分泌；促甲状腺素（thyroid stimulating hormone，TSH）激活甲状腺分泌；LH和FSH作用于卵巢和睾丸；催乳素（prolactin，PRL）刺激乳房的泌乳；生长激素（growth hormone，GH）发挥代谢调节作用，对于体细胞生长和维持正常代谢稳态至关重要；黑素细胞刺激素（melanocyte stimulating hormone，MSH）控制黑素细胞，促进黑色素合成。下面将以垂体激素为中心对几个经典的下丘脑-腺垂体-外周靶腺轴功能分别进行介绍。

1. 促肾上腺皮质激素　下丘脑-垂体-肾上腺（hypothalamus-pituitary-adrenal gland，HPA）轴是一个对生命活动至关重要的神经激素系统。HPA轴是一个多系统轴，利用前馈和反馈回路调节糖皮质激素水平，在生理范围内保持动态平衡。该系统作用广泛，不仅参与调节代谢、认知、心血管和免疫功能，对于应对内外应激源也至关重要。为了履行这些职责，HPA轴具有几个特殊功能，包括活动前的预激活（人类在白天，夜间活动动物则在夜间），能够敏感地对大小环境刺激做出不同的反应等。HPA轴在下丘脑内的控制核团主要是脑室旁核（paraventricular nucleus，PVN），是一组密集的小细胞神经元，对外部刺激（如光-暗周期，真实存在或人感知到的压力）高度敏感。这些细胞投射到正中隆起的毛细血管，可在那里直接向门脉系统分泌CRH，继而调节腺垂体ACTH的分泌。ACTH通过体循环到达肾上腺皮质束状带，刺激糖皮质激素的合成和随后的释放。

2. 促甲状腺素　TSH是一种由α和β亚基非共价连接组成的异二聚体糖蛋白，能够刺激甲状腺产生四碘甲腺原氨酸（tetraiodothyronine，T4）和三碘甲腺原氨酸（triiodothyronine，T3）。TSH的释放受三肽激素TRH控制。TRH来源于下丘脑室旁核中的一个神经元群，通过下丘脑-垂体门静脉系统从下丘脑正中隆起分泌到腺垂体。

TRH与腺垂体远侧部促甲状腺素合成神经元上的膜受体结合，诱导TSHA和TSHB的表达，TSHA和TSHB分别编码TSHα和β亚单位。TSH与甲状腺滤泡细胞膜上的TSH受体（G-蛋白偶联受体）结合后，促进第二信使cAMP和肌醇磷酸酯的生成，进而刺激甲状腺产生甲状腺激素。甲状腺球蛋白是由甲状腺上皮细胞产生的一种蛋白质，分泌并储存在滤泡腔中，甲状腺球蛋白的酪氨酸残基随后被碘化。碘甲状腺球蛋白从滤泡腔内化到滤泡细胞后，通过溶酶体途径降解，主要变为T4和T3释放到血液中。在脊椎动物，甲状腺激素是唯一含有碘的激素。碘甲状腺激素在循环中与甲状腺激素结合蛋白可逆结合，这些结合蛋白包括甲状腺素结合球蛋白、转甲状腺素蛋白和白蛋白。未结合的甲状腺激素被称为"游离甲状腺素"，通过膜转运蛋白进入到靶组织，大脑中最重要的膜转运蛋白是单羧酸转运蛋白8（monocarboxylic acid transporter 8，MCT8），其他组织中重要的转运蛋白有MCT8和有机阴离子转运蛋白多肽OATP1C1等。

哺乳动物甲状腺主要负责产生T4，也能生成少量活性更高的T3。甲状腺激素进入靶细胞后，由脱碘酶代谢。1型碘甲状腺原氨酸脱碘酶（type 1 iodothyronine deiodinase，DIO1）和2型碘甲状腺原氨酸脱碘酶（DIO2）主要作为甲状腺激素激活剂发挥作用，通过从T4的5′位去除一个碘生成T3。T4在靶组织的局部激活是甲状腺激素作用的重要机制。部分局部生成的T3还可以从组织释放随着循环作用于全身。DIO3通过从T4和T3去除碘使甲状腺激素失活，分别产生非活性的反三碘甲状腺原氨酸（rT3）和T2。脱碘酶在不同组织和不同物种中的表达水平各不相同：DIO1常见于肝脏和肾脏，DIO3通常在中枢神经系统和胎盘中表达；DIO2在人类中表达广泛，但在啮齿类动物的心肌细胞中很少或根本不表达。

甲状腺激素受体包括异构体TRα和TRβ，这两种受体可以与DNA上的一些甲状腺激素反应元件结合。在甲状腺激素存在和不存在的情况下，甲状腺激素受体复合物分别通过与其激活因子或辅助抑制因子相互作用来正向或负向调节靶基因表达。当甲状腺激素作用于核激素受体以调节靶基因表达时，T3和T4同时作为负反馈回路的一部分，抑制下丘脑来源的TRH和远侧部来源的TSH的产生。

3. LH/FSH　下丘脑-垂体-性腺轴这一神经回路在人类生殖活动中具有重要调节作用。通过此回路与SCN协同作用，多种环境信号协调时间因素对整个生殖过程进行调节。位于下丘脑的GnRH神经元提供从大脑到垂体的输出，以脉冲性方式将GnRH释放到垂体，刺激垂体FSH和LH分泌进入血液。FSH和LH共同控制着卵巢卵泡发育、排卵和卵巢类固醇激素（如雌激素、孕酮和雄激素前体）合成等过程，其中FSH主要促进卵泡生长和性激素的合成，而LH促进卵子成熟及排卵。在男性中，这两种促性腺激素促进精子发生。女性的排卵过程与高水平的循环雌二醇对下丘脑垂体的正反馈作用诱导LH激增相关。性腺类固醇激素通过反馈作用作用于类固醇敏感的下丘脑回路，调节GnRH神经元活动和GnRH分泌。总而言之，促性腺激素一方面作用于性腺的下游，以协调两性的性腺发育和类固醇激素的产生，以及女性的排卵等生理过程，另一方面LH/FSH和性腺类固醇激素对GnRH神经元活动和GnRH分泌也具有负反馈调节作用，对于维持正常生殖功能同样非常重要。

4. 催乳素 在经典的下丘脑-腺垂体-外周靶腺轴中，腺垂体分泌的催乳素以其对乳腺的作用而广为人知。此外，其对哺乳动物黄体的维持和分泌同样很重要，它还影响与生殖有关的其他行为（如交配和母性行为）。同时，催乳素也参与调节内环境的稳态。

在哺乳动物中，催乳素影响乳腺的生长和发育（乳房发生）、乳汁的合成（乳汁发生）和乳汁分泌的维持（乳汁分泌）。靶向敲除催乳素基因或敲除催乳素受体基因会导致乳房发育异常。由于乳房发育受损，催乳素基因敲除和催乳素受体基因敲除纯合小鼠均不能泌乳。

催乳素可影响母性行为以及生殖行为。最具特征的催乳素驱动行为便是母性行为。对母性行为的研究在哺乳动物中最为深入，包括母性的筑巢、收集、分组、清洁、蹲伏和照顾幼崽行为等。需要指出的是，催乳素本身并不能启动母性行为，只是降低母性行为开始的潜伏期，如侧脑室内灌注催乳素可降低类固醇诱导大鼠母性行为开始的潜伏期。溴隐亭抑制内源性催乳素释放可阻止母性行为的发生，而催乳素的补充可促进其发生。有证据提示，催乳素可能通过作用于下丘脑内侧视前区发挥这种作用。对于生殖行为，下丘脑腹内侧核中有催乳素受体，而这是一个控制女性性行为的区域。在该区域导入催乳素会增加局部神经元的电活动。在不同的条件下催乳素对生殖行为的调节并不一致：当在雌激素和孕激素诱导的去卵巢大鼠的第三脑室中给予催乳素时，催乳素会减少前凸频率这一性接受性指标；而在给予雌二醇治疗的去卵巢大鼠中脑催乳素后，其性接受能力会增强。

催乳素在调节生理和病理状态下的体液和细胞免疫反应中同样起着重要作用，是免疫神经内分泌网络的一种常见介质。切除垂体或用溴隐亭抑制催乳素分泌会导致体液或细胞介导的免疫反应减弱，可通过外源性补充催乳素逆转。许多免疫反应过程被发现与催乳素有关，例如，将分泌催乳素的垂体移植于肾包膜下或给予催乳素可恢复因垂体切除术减轻的二硝基氯苯诱发的接触性皮炎症状。此外，异体皮肤移植可提高血清催乳素水平。在移植物排斥期间，淋巴细胞催乳素基因表达也会上调。由同种异体皮肤移植引起的血清催乳素水平升高可被溴隐亭或抗淋巴细胞血清抑制。催乳素还参与了细胞膜渗透性调节以及血管的生成和发育。因此，催乳素通过调节免疫系统、渗透平衡和血管生成等多种方式参与维持内环境的稳定。

5. 生长激素 生长激素的主要功能是刺激组织生长。多条神经环路途径和多种外周反馈信号通过直接作用于腺垂体或通过调节下丘脑GHRH或生长抑素的释放来调节GH的分泌。垂体分泌的生长激素作用于外周器官，刺激胰岛素样生长因子-1（insulin-like growth factors-1，IGF-1）的产生。生长激素和IGF-1在体内发挥着多种调节作用，主要功能之一是促进线性生长。GH和IGF-1对糖脂代谢有不同的影响，GH拮抗胰岛素的促进脂肪生成及抑制脂肪分解作用，而IGF-1与之相反。在喂食状态下，GH分泌减少，胰岛素分泌增加，骨骼肌葡萄糖摄取和脂肪积累增加。在禁食状态下，生长激素增加脂肪分解和肝脏葡萄糖输出，而胰岛素浓度降低。有人提出了胰岛素-生长激素平衡的概念，即两种激素的比例与肥胖患者的糖脂代谢和能量代谢密切相关。成年后人的GH和IGF-1分泌逐渐减少，超过60岁则分泌显著减少。GH/IGF-1轴与衰老、肥胖、心血管疾病和肿瘤的发病密切相关。GH受体是I类细胞因子受体家族的一员，几乎存在于人体所有类型的细胞中。GH受体与GH结合后，激活JAK2/STAT和Src/MAPK通路，前者主要调节新陈代谢，后者则调节有丝分裂功能。JAK2通过激活STAT1、STAT3和STAT5影响代谢反应，其中以STAT5最为显著。它还可能促进IGF-1的产生，以加速线性生长。此外，研究表明，JAK2还可能激活PI3K/AKT途径，同时磷酸化胰岛素受体底物1/2（insulin receptor substrate1/2，IRS1/2）。另一项研究表明，生长激素可以激活MEK/ERK、抑制PPARγ和脂肪特异性蛋白27（fat-specific protein，FSP27），从而提升脂肪分解的效率。生长激素还通过增加肌肉脂蛋白脂酶（lipoprteinlipase，LPL）活性的方式来刺激肌肉对脂质的摄取。研究还发现，GHR-JAK2-STAT5信号通过抑制肝脏摄取脂质和产生新脂肪的方式干预脂肪代谢。这些结果表明，生长激素对脂质代谢有直接影响。

三、下丘脑-神经垂体与外周靶组织

神经垂体来源于原始下丘脑组织。当它从大脑底部外翻时，形成第三脑室的漏斗部、丘脑下部的正中隆起和垂体柄。升压素（vasopressin，VP）和催产素（oxytocin，OT）在下丘脑视上核（supraoptic nucleus，SON）和室旁核的神经元中合成，通过垂体柄运输到神经垂体，并通过轴突去极化释放。这种能够合成、运输、储存和去极化诱导激素释放的神经元被称为神经内分泌神经元。

1. **神经垂体激素的合成**　人们早在19世纪末就已知道神经垂体提取物有促进子宫收缩和升高血压两项活性，此后发现VP同时具有抗利尿活性，故又称为抗利尿激素（antidiuretic hormone，ADH）。VP和OT均是由九个氨基酸组成的短肽，它们之间仅相差两个氨基酸。每个都在半胱氨酸残基之间形成二硫键。它们是较大的激素原分子的一部分。激素原分子翻译后在内质网中发生初始糖基化，并被包装成高尔基复合体中的大分泌颗粒（150～200 nm）。在将这些分泌颗粒运输到神经垂体的轴突末端的过程中，激素原分子被酶切割成肽，VP是C末端糖肽分子。激素的分泌通过轴突末端去极化诱导的钙依赖性胞吐作用发生。在胞吐作用期间，分泌颗粒的内容物被排放到神经末梢周围的细胞外液中，并扩散到周围的毛细血管中，通过血流运输到靶器官。在血液中可检测到除了VP和OT的神经素和糖肽，但尚未确定这些分子的作用。

VP和OT仅由哺乳动物产生，但它们与在非哺乳类脊椎动物中产生的类似肽和血管收缩素仅有一个氨基酸的区别（猪除外）。在目前所研究的所有物种中，这两个基因以相反的转录方向连接在同一条染色体上。基因间序列对于基因表达的调节很重要，每个基因由3个外显子组成。外显子1编码前激素原分子的N端部分，包括将分子从核糖体引导至内质网的信号肽、VP或T肽，以及神经素分子的N端部分。外显子2编码蛋白的中心成分，并显示P和OT之间的高度同源性。外显子3编码C末端部分或者VP的糖肽部分。VP基因突变导致VP缺乏会导致神经源性尿崩症（diabetes insipidus，DI）。1962年在佛蒙特州的布拉特尔伯勒发现了一只破坏了VPmRNA翻译终止密码子的单碱基缺失的大鼠，表现为烦渴和多尿，这是VP缺乏的标志性症状，该单碱基缺失动物后来成为研究VP的分泌和功能的经典模型。人类基因的多个突变也已在具有遗传性的家族中发现，这些基因突变通常会导致激素原的折叠或包装异常。

2. 神经垂体系统的结构　VP和OT由位于下丘脑的SON和PVN以及几小组附属大细胞神经元合成。这些神经元的轴突形成下丘脑神经垂体束并终止于神经垂体。由于血液中的激素在输送到目标组织之前会被稀释，分泌VP和OT的神经元都尺寸较大（直径25～30 μm）以便于激素的大量合成和释放。激素在这些"大细胞"神经元的胞体中合成，然后通过快速轴突运输到达神经垂体的神经末梢。在神经末梢可以看到大簇的分泌囊泡，显示具有大量的激素储备。在大鼠神经垂体分泌VP功能正常的情况下，可以在5～7天的缺水情况下维持正常释放。

尽管包括人类在内的所有哺乳动物在PVN和SON中都有VP和OT神经元混合存在，但在每个细胞核团内VP和OT神经元聚集在特定区域，如在大鼠SON中，OT神经元在细胞核的背侧、侧向和头侧区域中占主导地位。尽管在大多数情况下VP和OT是在不同的神经元中产生的，但许多神经元可以同时合成这两种肽，并且在激素释放增强的条件下，肽的共定位增加。VP和OT也在位于PVN的小细胞神经元中合成，这些小细胞神经元投射到除神经垂体以外的大脑区域，参与了昼夜节律的产生。

四、松果体、视交叉上核

1. 松果体的内分泌昼夜节律　松果体位于间脑前丘和丘脑之间，与缰核、后联合一起构成上丘脑。松果体的表面由软脑膜延续而来的结缔组织被膜所包裹，被膜及其伴行血管伸入实质，将其分为诸多不规则的小叶。由于松果体位于第三脑室顶，故又称为脑上腺（epiphysis）。松果体分泌的主要激素即褪黑素（melatonin），褪黑素的分泌呈现典型的白昼-黑夜节律性，松果体细胞在黑暗时分泌褪黑素增多，而在光照下减少并主要分泌5-HT。支配松果体的主要神经源于交感神经节节后纤维，其末梢终止点大部分位于血管周围间隙。光照通过视网膜通路影响松果体的内分泌功能，其主要过程为：视网膜传入的光信号经过SCN传出并投射至下丘脑控制垂体的脑区（室周区、结节区和前区），随后下丘脑的下行纤维投射至脊髓侧柱的交感节前神经元，最终松果体细胞被颈交感神经节节后纤维支配并调控。切断支配松果体的交感神经或药物阻断β受体后，恢复光照不会引起褪黑素分泌高峰的下降。

2. 视交叉上核的神经节律性　SCN位于下丘脑底部视交叉的顶部，紧挨第三脑室。SCN在哺乳动物中充当主要的光感受振荡器，其主要通过视网膜下丘脑束接收光刺激信号，从而调节SCN的内源性起搏活性，并进一步驱动HPA轴和PVN自主神经元。电刺激SCN可引起生理性昼夜节律的改变。SCN通过大量投射到室旁区间接影响PVN的促皮质素释放因子（corticosteroid releasing factor，CRF）神经元，该投射以

γ-氨基丁酸（γ-aminobutyric acid，GABA）能为主。SCN主要投射到下丘脑背内侧核（dorsomedial nucleus of hypothalamus，DMH），同时投射到神经内分泌神经元。向大脑注入精氨酸升压素（arginine vasopressin，AVP）会导致GC水平快速下降，AVP拮抗剂对HPA轴活性的去抑制仅发生在SCN完整的动物中。在下丘脑之外，SCN还投射到室旁丘脑（paraventricular thalamic，PVT），这是一个涉及急性和慢性压力网络的PVN靶点。注入肾上腺的伪狂犬病病毒通过中间外侧柱逆行传播到SCN中的PVN前自主神经，该通路控制肾上腺皮质对ACTH的敏感性。

五、脑脊髓与其他神经内分泌有关区域

1. 脑室周围器　在脑室壁周围的某些部位有一部分特化的室管膜上皮及功能迥异的室管膜下层构成的器官，分别称为室管膜器官及室管膜下器官。在20世纪50年代中期，这些缺乏血脑屏障的区域被集中命名为脑室周围器官（periventricular organs，CVO）。哺乳动物有7~9个CVO，分别称为穹窿下器官（subfornix organ，SFO）、终板血管器（organum vasculosum of lamina terminalis，OVLT）、正中隆突（median carina，ME）、神经叶（nerve lob，NL）、松果体（pineal gland，PG）和极后区（area postrema，AP）。也有学者将中间叶（intermediate lobe，IL）、脉络丛（choroid plexus，CP）、下连合器官（subcommissural organ，SCO）也囊括其中。

CVO在许多稳态和非稳态功能调节中发挥作用，包括维持体液平衡、血压、温度、呼吸、能量平衡，调节免疫和宿主防御反应，调节疼痛，抵御有毒物质（如呕吐和条件性味觉），调节生物节律、生殖、母性行为、成长、睡眠、觉醒和注意力等。一些研究者主张，几个或所有CVO之间在特定功能上存在全局协调性，但其他研究者认为每个CVO更有可能具有独特的作用，并且最多只有一小部分器官在功能上是相关的。

作为连接脑脊液、血液和大脑的战略点，CVO的最主要功能是其在神经内分泌中的作用。早期对NL、ME、Pl和垂体IL内分泌功能的发现已经牢固地确立了这些CVO的地位，后来发现CP和SCO还具有神经内分泌功能。其中，CP是CSF的主要来源，SCO则通过Reissner纤维分泌到中脑导水管中，但Reissner纤维的功能意义目前未知。

对于其余三个CVO（SFO、OVLT和AP），目前只有少量证据表明它们也可能分泌物质至血液或CSF中。然而，最近的研究发现这些特定的脑室周围器官是血源性因子（如激素或体液剂，即特异性或非特异性渗透压）的靶标。本质上，SFO、OVLT和AP构成了一组感官CVO，与体液和心血管稳态的控制密切相关。研究表明血管紧张素Ⅱ（angiotensin Ⅱ，ANG Ⅱ）可通过作用于AP减少压力感受器介导的心血管反射增益。此外，研究表明SFO可以控制血管紧张素诱导的水摄入（口渴）、加压素释放、氯化钠摄入（盐食欲）和心血管反应。OVLT同样包含一组关键的渗透受体，这些受体影响口渴、加压素释放、盐食欲和动脉血压。

2. 自主神经系统　交感神经和副交感神经系统是两个在解剖和功能上截然不同的自主神经系统（autonomic nervous system，ANS）的分支，它们可以对抗、协同或独

立地发挥作用，以控制众多自主效应器官。一些自主效应器官（如心脏、支气管、胃和膀胱）由交感神经和副交感神经系统共同支配，这两个分支大多起着生理拮抗作用，对于其他器官（如眼睛的虹膜和性器官中肌肉），ANS的两个分支则协同作用实现控制功能。其他部分器官则仅由交感神经系统（如血管、棕色脂肪组织和松果体）或副交感神经系统（如睫状肌和鼻咽腺）支配。

ANS为平滑肌（如血管、毛囊、胃肠道、膀胱、胃肠道和泌尿道的括约肌）、心肌和起搏细胞提供神经支配，几乎影响人体内所有组织的功能。通过交感/副交感神经系统的节前及节后神经元，ANS可影响的组织类型包括但不限于外分泌腺（如汗腺、唾液、呼吸道、消化道和胰腺）和内分泌腺（如松果体、胰腺的胰岛细胞）、白色和棕色脂肪组织、肝细胞和淋巴组织。交感神经或副交感神经释放的神经递质经内分泌/旁分泌直接作用于靶器官或组织上的受体。通过这种方式，ANS可调节的生理过程包括：气道阻力、血流、血压、体温、消化、能量平衡、废物排泄、外液平衡、葡萄糖稳态、心率、免疫、炎症过程、腺体分泌、水钠平衡以及性功能等。

六、神经类固醇激素

1. 神经类固醇的概念 类固醇是广泛分布于生物界的一大类环戊稠全氢化菲衍生物的总称。类固醇的合成及分泌过程不仅存在于外周内分泌腺，神经系统自身也可以实现这一过程。由中枢合成的类固醇和经血脑屏障进入神经系统发挥作用的外周类固醇及其代谢衍生物统称为神经类固醇，其主要在海马、下丘脑和小脑内合成。"神经类固醇"不是指特定类别的类固醇，而是指它们的合成部位是神经系统。类固醇必须满足两个条件才能成为神经类固醇：在去除类固醇内分泌腺后，在神经组织中仍持续存在；参与其合成的酶在神经系统内有表达和活性。神经类固醇包括孕烯醇酮、脱氢表雄酮（dehydroepiandrosterone，DHEA）及其硫酸酯衍生物等。

几乎所有存在于大脑和周围神经中的胆固醇都是由神经胶质细胞局部合成的，而只有少量由神经元合成。此外，胆固醇不仅是细胞膜和髓鞘的结构成分，也是一个重要的信号分子。其中的一种氧甾醇，24S-羟基胆甾醇几乎完全在大脑中形成，因此被命名为脑甾醇。脑甾醇是典型的神经甾醇。

2. 神经类固醇的生物学意义 类固醇在神经系统中具有多种功能，例如，曾经被认为仅是前体分子的孕烯醇酮和脱氢表雄酮目前已被证明通过直接作用于微管或神经元细胞膜分别发挥神经营养和神经保护作用。孕酮和雌二醇是男性和女性神经系统中神经元和神经胶质细胞功能的重要调节剂。孕酮已被证明在神经元的活力和可塑性以及轴突髓鞘的形成中发挥重要作用。另外，孕酮代谢物别孕烯醇酮是GABAA受体的强效刺激剂，这一刺激活性解释了其某些精神药理的作用，特别是麻醉、镇痛和抗焦虑作用，以及其在压力、抑郁、记忆、癫痫易感性和酒精依赖中的作用。值得注意的是，别孕烯醇酮对GABAA受体的调节在神经保护和髓鞘形成中起重要作用，尽管别孕烯醇酮的神经保护作用也可能涉及其与孕烷X受体的结合。

存在于神经组织中的类固醇要么是局部产生的，要么来自内分泌腺。事实上，除了结合类的类固醇，大多数类固醇都很容易穿过血脑屏障。研究局部合成的神经类固醇的特定功能的一种方法是通过去势和肾上腺切除术来切断类固醇激素的外周来源，这种方法已被用于证明神经孕酮对 σ1 受体功能和体内记忆过程的抑制作用。但去除内分泌腺，特别是肾上腺，会对生命活动产生严重干扰，因此许多研究仅限于在具有完整性腺和肾上腺的动物中局部施用类固醇受体拮抗剂或酶抑制剂。例如，将 3β-HSD 抑制剂曲洛司坦局部应用于受损的小鼠坐骨神经中，为局部合成的黄体酮在周围神经再生和髓鞘形成中的作用提供了证据。另外，一项研究表明，将神经类固醇立体定向注入特定大脑区域可观察到它们参与了记忆过程。

类固醇水平变化与特定功能或表型特征之间存在相关性。例如，已经发现 3β-HSD 的表达和黄体酮水平在髓鞘发育不良小鼠的大脑和经链脲佐菌素治疗的糖尿病大鼠的脊髓中出现显著上调。神经性疼痛也被证明会增加大鼠脊髓中孕烯醇酮和别孕烯醇酮的合成。损伤后去势和肾上腺切除大鼠脊髓内的孕烯醇酮和孕酮水平也会显著增加。所有这些结果都提示，神经类固醇合成的增加与神经细胞应对神经退行性病变有关。

七、周围器官内分泌激素对中枢神经系统结构和机能的影响

1. **胸腺**　胸腺是 T 淋巴细胞分化、发育、增殖及成熟的场所，同时胸腺还具有神经内分泌功能。1978 年，在鸡胸腺上皮中发现了免疫反应性神经降压素（neurotensin，NT）和生长抑素。1986 年，研究人员在人类胸腺提取物中发现了具有生物活性和免疫反应性的催产素（OT）。后续研究表明，在胸腺微环境中，OT 由胸腺上皮细胞（thymus epithelial cell，TEC）而不是由胸腺细胞合成。催产素基因在胸腺内的转录与其在下丘脑中一致。此外，功能性神经垂体受体（OTR 和 V1b）由不同的胸腺 T 细胞亚群表达。在与这些受体结合后，OT 比血管升压素更能促进与黏附密切相关的 T 细胞酪氨酸激酶的磷酸化。神经肽 Y（neuropeptide Y，NPY）、神经激肽 A（neurokinin A，NKA）和胰岛素样生长因子-2（insulin-like growth factors-2，IGF-2）也在胸腺上皮中合成。神经内分泌相关前体基因的每一个家族都至少有一个主要成员在 TEC 表达，包括神经垂体家族的 OT、神经介质家族的 NT、速激肽家族的 NKA、胰岛素家族的 IGF-2 等。

2. **心脏**　心脏内分泌功能的发现已有 30 年的历史。大量的实验和临床研究支持以下假设：人类心脏的内分泌功能是包括内分泌、神经和免疫系统在内的复杂网络的组成部分。利钠肽（natriuretic peptide，NP）家族包括心房钠尿肽（atrial natriuretic peptide，ANP）、脑或 B 型 NP（BNP）和 C 型 NP（CNP）。心肌细胞中存在多种调节 ANP 和 BNP 产生和分泌的生物因子。研究表明，相同的转录因子和神经内分泌效应因子参与调节多个组织中 CNP 的产生。ANP、BNP 和 CNP 激活鸟苷环化酶受体家族的三种特定成分（即 NP 特异性受体），它们催化鸟苷三磷酸转化为环鸟苷酸（cyclic guanosine monophosphate，cGMP）和焦磷酸。细胞内 cGMP 是鸟苷酸环化酶受体家族的第二信使，调节哺乳动物的多个重要功能，包括血小板聚集、神经传递、性唤

起、肠蠕动、血压、长骨生长、肠液分泌、脂解、光转导、心肌肥大和卵母细胞成熟。ANP、BNP和CNP可以结合并激活所有三种鸟苷酸环化酶受体。可以说，NP激素在一定程度上佐证了心脏在神经内分泌及免疫过程中的作用。

3. **肾脏**　外周内分泌器官中，肾脏不仅是多种激素的靶器官，还可以分泌肾素、促红细胞生成素、1,25-二羟胆钙化醇、前列腺素和激肽、肾素血管紧张素与醛固酮等激素，对骨骼系统、心血管系统、造血系统功能有重要影响。比如，肾素除可以作用于血管紧张素原使其生成血管紧张素，进而调节血压外，亦可以作用于肾上腺皮质，使类固醇激素（皮质醇、醛固酮）的分泌量增加。在某些病理条件下可以根据神经内分泌分化的特点表现出特殊的表型。以肾脏原发性神经内分泌癌（neuroendocrine carcinoma，NEC）为例，一项对NEC的临床及病理研究表明，对病理确诊的8例标本进行HE染色，发现神经内分泌标志物CD56、嗜铬粒素A（chromogranin A，CgA）、突触素的阳性表达比例分别为6/8、4/8和8/8。因此进一步结合NEC病理形态学特点有助于对该类肿瘤的诊断及鉴别诊断。

4. **胎盘**　胎盘可以分泌多种内分泌、旁分泌和自分泌神经活性信号分子，调节其他内分泌腺体的功能，从而影响母体对妊娠的适应。几种神经活性激素，如催产素、褪黑素、5-HT和促甲状腺素释放激素（TRH）均可由胎盘分泌并以母体大脑为靶点。催产素刺激母亲的母性行为。5-HT和褪黑素在决定孕期和产后母亲情绪和行为方面发挥着重要作用。TRH刺激腺垂体释放促甲状腺素。妊娠期间过量的促甲状腺素对于刺激催乳素的分泌至关重要。胎盘分泌物质众多，包括蛋白质激素（人绒毛膜促性腺激素、胎盘催乳素）、生长因子（IGF-1、TGFB、EGF、VEGF）、类固醇（雌激素、孕酮）、肽激素（CRH、GnRH、NPY、Kisspeptin、催产素、肾上腺髓质素）和脂肪因子（瘦素、脂联素、抵抗素、促生长素）等。不同的配体-受体对的存在对于怀孕小鼠的胎盘和母体大脑之间协调十分重要，如脑源性神经营养因子（brain-derived neurotrophic factor，BDNF）及其相应的受体（TrkB）。BDNF刺激胎盘中滋养外胚层细胞的生长和存活，并在胎盘对不良母体效应（如肥胖和细颗粒空气污染）的反应中发挥生物学作用。此外，*Efna1*配体基因在胎盘中表达，*Eph*受体基因如*Epha3*、*Epha4*、*Epha5*、*Epha6*、*Epha7*、*Epha8*、*Ephb1*和*Ephb6*在母体大脑中表达；而*Efna3*和*Efna5*配体基因在母体大脑中表达，其相应受体（*Eph1*）在胎盘中表达。胎盘和大脑之间配体和受体基因的协同是胎盘与母亲和胎儿的沟通的重要生物学基础。

5. **脑肠轴**　作为神经系统内以及神经元和其他类型细胞之间的重要介质，神经肽在肠-脑双向沟通中发挥独特作用。目前阐明脑-肠轴的含义涉及从肠道到大脑的4个信息载体（迷走神经和脊髓传入神经元，细胞因子等免疫介质，肠道激素和肠道微生物群衍生的信号分子）以及从大脑到肠道的4个信息载体（交感传出神经元，副交感传出神经元，涉及肾上腺髓质的神经内分泌因子和涉及肾上腺皮质的神经内分泌因子）。除了作为神经递质发挥作用外，许多生物活性肽还可以作为肠道激素发挥作用。鉴于神经肽和肠道激素以相同的细胞膜受体（通常为G蛋白偶联受体）为靶点，这两种信使在生物学意义上大致趋同，PP折叠肽家族的两个成员NPY和肽YY（peptide YY，

PYY）就是例证。PYY几乎完全由肠内分泌细胞表达，而NPY存在于肠-脑和脑-肠轴的所有水平。释放PYY的肠内分泌细胞的功能直接受到肠道微生物群从不可消化纤维中产生的短链脂肪酸的影响，而NPY可能控制肠道微生物群对炎症过程、疼痛、大脑功能和行为的影响。生物活性肽作为神经和内分泌信使协调无论是健康或疾病状态下的脑-肠轴。

■ 第二节　内分泌与神经认知

一、下丘脑-垂体-性腺轴激素与认知功能

（一）雌激素与认知功能

有研究表明，雌激素与中枢/外周神经系统的稳定及分化有着密切的关系；另外，适当给予绝经期妇女补充雌激素可能有效逆转衰老引起的认知损害。常见的雌激素有三种，与生理功能最相关的是雌二醇（estradiol，E2），其余两种雌激素可以由雌二醇合成，特别是雌激素（estrogen，E1）和雌三醇（estriol，E3）。E2与膜相关G蛋白偶联受体GPR30/GPER1高度亲和。该受体在纹状体、下丘脑、垂体、海马、黑质和脑干区域广泛表达。切除卵巢的年轻啮齿类动物在空间学习任务（八臂迷宫、莫里斯水迷宫）中的表现降低，相反地，给切除卵巢的实验小鼠补充E2可以使空间参考记忆得到明显改善。还有研究表明，乙酰胆碱酯酶抑制剂可以恢复老年啮齿类动物中E2的认知增强效应。绝经后和卵巢切除的非人类灵长类老年雌性动物在延迟反应任务或非匹配样本任务，甚至临床前记忆任务中均表现出缺陷。通过对这些动物进行E2治疗，可以部分扭转这些缺陷。

大脑的老化与内分泌老化之间的相互作用与认知能力下降有关。与雌激素水平变化有关的认知和大脑衰老有3个主要假说，包括胆碱能假说、多巴胺能假说、线粒体衰老假说。此外，炎症也参与了对衰老导致认知功能下降的影响。

1. **雌激素与胆碱能系统**　认知老化的胆碱能假说由巴普蒂斯特（Bartus）于1982年最早提出，该假说将阿尔茨海默病和正常衰老引起的认知功能障碍归因于大脑胆碱能系统异常。这一假说得到了一系列临床和临床前研究的支持，如AD患者皮质烟碱胆碱能结合位点减少、胆碱能乙酰转移酶活性降低。支持认知老化和阿尔茨海默病胆碱能假说有关的进一步证据源于阿尔茨海默病的治疗方法，特别是美国FDA批准的乙酰胆碱酯酶抑制剂，其作用是增强乙酰胆碱的突触水平和整体胆碱能信号。

从细胞学角度看，已经证明G蛋白偶联雌激素受体GPR30/GPER1与表达胆碱乙酰转移酶（choline acetyltransferase，ChAT）的神经元共定位，尤其是在基底前脑。CHAT是胆碱能神经元的标志物，因此，胆碱能神经元上GPR30/GPER1的表达为雌激素和胆

碱能系统的相互作用提供了证据。此外，ERα已被证明与基底前脑中表达CHAT的神经元共定位。吉布斯（Gibbs）的研究证明，当E2与多奈哌齐（一种乙酰胆碱酯酶抑制剂）联合使用时，其治疗效果类似于单纯用E2治疗的中年去卵巢大鼠组。使用另一种乙酰胆碱酯酶抑制剂加兰他敏的老年大鼠组也观察到了类似的结果。在同一项研究中，研究者发现E2治疗可以增加海马体中胆碱能信号的释放。E2与胆碱能系统相互作用的进一步证据来自于另外一些研究，这些研究探索了E2治疗对调节非选择性毒蕈碱胆碱能拮抗剂东莨菪碱作用的影响。一项研究表明，对切除卵巢后的小鼠进行东莨菪碱治疗后给予E2可改善小鼠的短期空间工作记忆，但长期性的参考记忆并未观察到改善。

已经证明在人类中绝经发生年龄与囊泡乙酰胆碱转运体（vesicular acetylcholine transporter，VAChT）含量呈负相关。通过PET技术测量海马和后扣带回皮质的乙酰胆碱酯酶活性，发现上述过程在额叶和颞叶，以及前扣带回尤为明显，绝经过渡期早期开始的E2/孕酮激素治疗与更强的胆碱能活动相关，但单独使用E2治疗并没有产生这些效果。临床MRI成像研究表明，抗毒蕈碱和抗烟碱诱导的大脑活动可以经E2治疗得以调节，从而使空间记忆任务中的抗烟碱和抗毒蕈碱认知效应得以改善。E2替代治疗的时间安排也很重要，因为在绝经过渡期/绝经后出现的激素变化可以导致基底前脑胆碱能神经元的时间依赖性下降。有临床数据显示，E2治疗后胆碱能结合和活性增加，以及E2治疗或选择性雌激素受体调节剂（selective estrogen receptor modulator，SERM）三苯氧胺减弱抗胆碱药作用，这些数据为胆碱能系统完整性依赖于E2水平提供了有力的证据。

2. **雌激素与多巴胺能系统**　在整个衰老过程中，多巴胺能受体、多巴胺转运体与多巴胺的结合都会减少。患有多巴胺能系统失调的疾病（如亨廷顿病和帕金森病）的患者会出现认知异常。PET成像研究表明，在患有亨廷顿氏病突变的个体中，认知任务的表现取决于患者纹状体多巴胺受体结合的数量，结合的减少对应着较差的认知任务表现。利用多巴胺能拮抗剂的相关研究表明，认知能力的强弱与多巴胺能信号是否被人为阻断显著相关。体外研究表明，E2可以保护多巴胺神经元免受6-羟基多巴胺的毒性。在卵巢切除和4-乙烯基环己烯二环氧化物诱导的两种不同啮齿类动物模型中，使用代谢组学方法证明，在卵巢切除后6周，额叶皮质中的多巴胺水平增加，去甲肾上腺素没有变化，而在4-乙烯基环己烯二环氧化物模型中，在诱导开始后1周，多巴胺水平增加。相比之下，海马和纹状体的多巴胺水平在两个模型中都没有变化；然而，在实验启动后1周后，两个模型海马中的去甲肾上腺素水平均下降，但在启动后6周恢复正常。在纹状体中，去甲肾上腺素在卵巢切除1周后增加，但会在6周后恢复正常，在4-乙烯基环己烯二环氧化物模型中则未发现任何变化。已有研究在去卵巢大鼠模型上证实了E2和孕酮与多巴胺神经元摄取多巴胺的相关性。而同样的非人灵长类模型证实了E2治疗与多巴胺能酪氨酸羟化酶阳性神经元在黑质纹状体上的相关性。临床MRI成像研究表明，多巴胺激动剂可以增强绝经女性的工作记忆。因此，相对于绝经前，多巴胺能系统对相应药物的反应性并未像预期一样出现减弱。

E2对多巴胺能神经元具有神经保护作用，有研究指出该作用的机制可能是通过局部肾素血管紧张素系统实现。研究发现，许多组织中都存在肾素血管紧张素系统，在大脑中同样发现中枢肾素-血管紧张素系统，在黑质内的多巴胺能系统中高水平的中枢肾素-血管紧张素系统激活会对多巴胺能神经元产生毒性，而该系统的抑制剂可以逆转这种毒性。一项研究证实，对绝经大鼠的局部肾素-血管紧张素进行激活后再给予E2补充，可以观察到这种神经保护作用。因此，E2可能在保护多巴胺能神经元和调节肾素-血管紧张素系统的神经毒性作用中发挥重要作用。

3. **雌激素与线粒体功能障碍**　认知方面的线粒体衰老假说主要聚焦于阿尔茨海默病的病理过程。在阿尔茨海默病中，葡萄糖利用率变化早于临床症状，且随着病程进展，大脑对葡萄糖的摄取持续减少，无氧代谢逐渐取代有氧代谢。在临床前研究中，线粒体功能障碍早于年龄相关的认知缺陷。一项利用FDG-PET的小型纵向研究显示，与接受E2或雌激素和黄体酮联合补充的妇女相比，未服用E2补充剂的绝经后妇女在初始基线检查2年后，前额叶、顶叶、扣带回和颞叶在葡萄糖摄取上都存在一定程度的减少。另外一项研究表明，在绝经前至绝经后的这段时间里，颞叶皮质、楔前叶和额叶皮质的葡萄糖摄取量持续下降直至最低点。这与ATP合成的一个关键酶，血小板线粒体环色素氧化酶的活性有关。上述发现表明，ATP以及与之伴随的有氧呼吸也随着绝经期葡萄糖摄取的减少而一并减少。

综上所述，理解雌激素在细胞水平上的多种信号机制对外周雌激素如何影响认知功能神经过程，以及雌激素对情绪、运动协调性、疼痛敏感性、认知的神经保护机制的理解具有重要意义。

（二）雄激素与认知功能

雄激素主要包括睾丸间质细胞产生的睾酮、睾酮代谢物双氢睾酮（dihydrotest-osterone，DHT）、肾上腺衍生脱氢表雄酮（DHEA）、雄烯二酮、雄烯二醇和雄烯酮。大脑可以利用外周性激素合成神经甾体，也可以利用大脑中的胆固醇从头合成神经甾体。大脑中合成的神经甾体包括雄激素，如睾酮、3a-雄甾二醇、DHEA和别孕烯酮，它们在维持大脑功能中起着重要作用。雄激素可以通过增加线粒体中ATP的生成来改善细胞的生物活性，还可以通过增加机体抗氧化活性以调节氧化还原稳态，从而发挥神经保护作用。雄激素可以增加脑血管张力，增强脑血管生成和重塑，通过减轻氧化应激减少血管损伤，并维持血脑屏障的完整性。在大脑的海马体中，睾酮可以改善突触可塑性和防止神经细胞死亡。DHT通过旁分泌方式改变兴奋性突触的数量，进而影响大脑的认知功能，从而诱导回路改变。虽然雄激素不是女性主要的性激素，但已经证明雄激素缺乏与女性的认知障碍同样密切相关。

男性的性激素通过下丘脑-垂体-睾丸轴调节性腺功能。任何影响性腺轴的因素，包括衰老和性腺相关疾病，都可能导致性激素水平失衡，如睾酮、DHEA、LH和FSH。性腺机能减退症是一种由睾丸功能衰竭导致的雄激素缺乏引起的临床综合征（总睾酮水平<300 ng/mL），在45岁以上的男性中其发病率为38.7%。临床上，由于衰老引起的性腺机能减退症又被称为迟发性性腺机能减退症。据报道，60岁男性睾酮缺乏症的发

病率约为20%，80岁男性睾酮缺乏症的发病率增加到50%。因此，由于老年男性的高发病率，衰老引起的雄激素缺乏症不容忽视。虽然衰老会直接导致认知能力下降，但雄激素缺乏被认为是老年男性认知能力下降的另一个重要原因。

各种类型的雄激素被发现与认知功能有关。对七项前瞻性队列研究的荟萃分析表明，血浆睾酮水平低与老年男性AD风险增加显著相关（RR＝1.48，95%可信区间1.12～1.96，P＝0.006）。根据MMSE评分，除了总睾酮（total testosterone，TT），老年男性的血浆DHT和FT也与认知能力下降显著相关。研究表明，血浆TT和FT水平的降低与老年男性痴呆症风险增加有关，而TT和FT与痴呆症的风险比分别为1.14和1.18，这与其他的临床和生化因素无关。此外，尽管缺乏对内源性DHT（可由睾酮转化）和认知功能障碍的直接证据，5α还原酶抑制剂诱导的DHT缺乏已被证明会增加老年男性痴呆的风险，这提示睾酮缺乏导致的DHT缺乏与认知功能障碍密切相关。DHEA及其硫酸化形式（DHEA-S）是调节大脑发育和功能的重要神经甾体。男性血清DHEA-S水平与工作记忆高度相关，雄激素水平低是老年男性认知障碍的重要成因。性激素结合球蛋白（sex hormone binding globulin，SHBG）是睾酮的主要转运蛋白，调节总睾酮的生物活性。在老年男性中，随着年龄的增长，SHBG水平增加。此外，与健康老年男性相比，老年AD患者的SHBG水平显著升高。然而，根据阿尔茨海默病评估量表认知部分的评估结果，SHBG水平与认知障碍患者的认知下降无关。有趣的是，痴呆症诊断标准化智力测验发现，在老年男性中，非SHBG结合型睾酮的生物可利用睾酮（bioavailable testosterone，BT）降低与认知功能密切相关。低BT与更高的痴呆风险相关（HR＝1.29，95%可信区间1.03～1.62，P＜0.01），80岁以上男性的上述关系更强。因此，随着年龄的增长，SHBG水平增加，BT下降可能是老年男性认知障碍的一个重要原因。

1. 雄激素水平与认知障碍的关系　临床研究发现，雄激素水平低的人群有更高的认知损害风险，如空间记忆和注意力缺陷。作为老年患者的一种常见疾病，2型糖尿病会导致雄激素降低以及认知障碍并增加AD的发病率。前列腺增生是老年男性的常见疾病，常引起下尿路症状。作为治疗男性前列腺增生的一类药物，5a还原酶抑制剂可以降低DHT的水平。服用5α-还原酶抑制剂的患者患痴呆症的风险分别是第一年和第二年对照组患者的2.18倍和1.52倍，这表明5a还原酶抑制剂可能通过降低DHT水平增加痴呆症的风险。前列腺癌（prostatic cancer，PCa）是老年男性常见的癌症，雄激素剥夺治疗（androgen-depri-vation therapy，ADT）是一种通过降低睾酮水平来抑制PCa生长的重要治疗方法，但接受ADT后患者会出现严重的神经生理学和心理问题。研究表明，与非ADT患者相比，接受ADT患者的认知功能，包括语言能力、短期记忆、前瞻性记忆、心理灵活性、抑制控制和情绪心理明显受损。ADT治疗后，认知障碍发生在6个月和12个月内，当ADT超过12个月时，患痴呆症的风险最大。在5年和8.3年的随访期内，ADT患者患痴呆症的风险分别增加4.4%和5.8%。此外，一般来说，患者接受的ADT剂量越高，患AD的风险越高，ADT组的AD风险比非ADT组高1.14～1.84倍。与70岁以下的患者相比，70岁以上的患者在ADT后患AD的风险更大。最近一项具有高证据等级的荟萃分析证实，ADT增加了PCa患者患痴呆症的风险，提示ADT导致的低雄激素是认知功能障碍的一个重要原因。此外，ADT后大脑组织结构的变化与认知功能障碍的发生相符，如研究发现ADT治疗可导致多个区域（包括额极皮质、背外侧前额叶皮质和初级运动皮质）的灰质体积显著减少，白质损伤增加。综上，低雄激素水平与男性患者的认知障碍密切相关。

2. 女性睾酮水平与认知功能　　睾酮同样是女性的一种必需激素，其生理作用可直接或通过形成雌二醇来发挥。尽管睾酮在女性体内起着至关重要的作用，而且与雌二醇相比，睾酮在女性体内的循环浓度同样很高，但对其作用以及睾酮缺乏对女性的研究却很少。女性服用睾酮的主要适应证是性欲丧失。临床试验表明，外源性睾酮可以提高绝经后妇女的认知能力，改善肌肉骨骼健康。目前仍缺乏为女性提供睾酮补充的公认方案，以及阐明睾酮对女性心血管、认知和肌肉骨骼健康以及癌症风险影响的研究。

研究表明，性类固醇会影响女性认知能力和痴呆症的进展。研究表明，雌二醇和睾酮具有神经保护作用，并在大脑内具有抗感染作用。女性生殖期大脑中睾酮的浓度是雌二醇浓度的数倍。大脑内的睾酮对氧化应激、血清剥夺诱导的细胞凋亡和可溶性淀粉样蛋白β（amyloid protein β，Aβ）毒性具有保护作用。睾酮对Aβ毒性的保护涉及雄激素受体依赖性机制，导致Aβ分解代谢酶的上调。关于女性睾酮的研究根据所研究女性的年龄、使用的睾酮剂量和研究持续时间得出了不同的结果。在一项对26名健康绝经前女性的研究中，睾酮浓度的急性提升（在一剂睾酮导致血清中睾酮浓度增加10倍后）增强了视觉空间能力，但该研究没有涉及对语言学习和记忆的影响。在包含39名老年女性（65～90岁）的一项小型研究中，较高浓度的内源性睾酮（而非雌二醇）与较高的语言能力相关，但与语言记忆无关，而在另外38名女性（平均年龄68岁）中，较高浓度的这两种激素与较好的语言记忆表现相关。两项研究调查了绝经后妇女口服40 mg/d十一酸睾酮的效果，该剂量的十一酸睾酮导致睾酮的超生理浓度，中值约为7 nmol/L，这是年轻女性正常上限的三倍多，在给药后的前4小时DHT是正常浓度的十倍多。一项针对50～65岁绝经后妇女的为期4周的研究表明，十一酸睾酮治疗对语言能力、语言记忆或空间能力没有影响。在另一项对50名女性进行的小型随机安慰剂对照研究中，在口服雌二醇的基础上，在24周内添加相同剂量的口服十一酸睾酮与即时记忆降低有关，但对认知能力没有其他影响。这些研究表明，补充睾酮对女性的语言学习和记忆的影响主要是有利的。在一项功能成像研究中，对47～60岁使用雌激素的自然绝经和手术绝经后妇女的大脑进行研究，在语言表达任务中，通过降低顶叶血氧水平依赖性MRI信号强度进行评估，使用睾酮透皮喷雾剂治疗6个月与神经元募集减少相关，但在表现、准确性或速度方面没有变化。在同一环境下的平行研究中，在随机分配口服雌激素-孕激素治疗或安慰剂的女性中未观察到这些效应。在一项先导性研究中，9名使用经皮雌二醇的自然绝经和手术绝经后妇女在经皮接受睾酮26周后，在语言学习和记忆方面出现了显著改善（包括延迟回忆方面），而对照组30名妇女的得分没有变化。一项双盲、随机、安慰剂对照试验研究了每日使用睾酮凝胶对55～65岁未同时服用雌激素的自然绝经后妇女的影响，调整年龄和基线得分后，与对照组相比，实验组6个月内的语言学习和记忆功能在统计学上发生了显著改善。Cherrier等报道了一项针对男性的小型研究，该研究表明睾酮需要转化为雌二醇，才能对语言记忆产生影响。在这项研究中，每周肌肉注射睾酮的性腺功能减退男性被随机分配到每日芳香化酶抑制剂治疗组或安慰剂组，安慰剂组的平均雌二醇浓度显著增加，而芳香化酶抑制剂组仍处于雌激素消耗状态。沙阿（Shah）等研究了芳香化酶抑制是否会阻碍绝经后妇女体内睾酮对认知的影响。76名绝经后妇女在使用透皮雌二醇至少8周后开始服用透皮睾酮，剂量使其游离睾酮浓度达到正常上限，并随机分配给芳香化酶抑制剂或相同剂量的安慰剂。芳香化酶抑制剂的使用并没有改变任何认知测量的结果，包括语言记忆和视觉再现。

总之，这些观察性和干预性研究表明，学习和记忆与绝经后女性外源性睾酮生理浓度之间存在关联。在绝经前女性中模拟男性睾酮浓度可提高视觉空间表现，但在绝经前女性中尚未研究男性睾酮浓度对语言学习和记忆的影响。睾酮对绝经后女性语言学习和记忆的影响似乎并不依赖于雌二醇的芳香化。在绝经后妇女的研究中，睾酮疗法在语言记忆方面在统计学上有显著改善。有必要进一步研究睾酮在提高认知能力或延缓认知能力下降中的作用。

二、下丘脑-垂体-肾上腺轴激素与认知功能

1. 皮质醇 皮质醇（cortisol）是下丘脑-垂体-肾上腺（HPA）轴内的一种应激激素，属于糖皮质激素的一种。HPA遵循日间模式，即皮质醇的产生在下半夜开始升高，在醒来后30分钟内达到峰值，在一天的其余时间内持续下降。在应激状态下，皮质醇介导多种代谢过程，如能量利用、心血管输出、脑灌注和免疫系统调节。脑细胞表达两种类型的皮质类固醇受体，即盐皮质激素受体和糖皮质激素受体，其分布和亲和力不同。这些受体可以介导快速的非基因组机制和缓慢的基因组机制介导的神经元功能调节。皮质类固醇水平的自然变化（如应激）与神经元活动的时间和区域依赖性变化的复杂性呈显著相关。在人类和啮齿类动物上进行的一系列实验表明，这些依赖时间和区域的细胞特征也反映在应激后不同的认知模式中。在类固醇皮质激素浓度升高后，人的注意力和警惕性提升，涉及情绪反应和简单行为策略的区域表现出更强的活性。在压力过后，涉及更高认知功能的区域被激活，允许个体将压力事件与特定环境联系起来，并存储信息以备将来使用。大脑对压力反应的两个阶段对于面对不断变化的环境都很重要，都能促进环境适应。这种平衡可能会在反复的压力暴露后受损，尤其是在脆弱的个体中，并可能加剧既有疾病表现。这不仅适用于精神疾病，也适用于癫痫等神经疾病。

皮质醇慢性升高的长期应激反应与各种慢性疾病和身体代谢变化有关。痴呆症和认知障碍中均存在皮质醇释放障碍。一方面，较高水平的皮质醇与海马萎缩有关，海马萎缩会影响记忆能力并导致痴呆。另一方面，海马体受损可能导致HPA抑制减弱，

从而导致血清皮质醇水平升高。研究表明，皮质醇水平较高与认知功能较差有关。相比之下，最近的一项研究发现，健康老年人早晨较高的皮质醇水平与更好的记忆表现有关，轻度认知损害（mild cognitive impairment，MCI）患者的记忆表现较差，而AD患者的记忆表现与此无关。一项基于人群队列的研究报告发现，早晨血清游离皮质醇水平高与语言学习成绩较差有关，信息处理速度也较慢。由此可以看出，清晨较低的皮质醇水平以及夜晚较高的皮质醇水平呈现出的节律性与认知功能之间呈现出一定的相关性。其他纵向研究报告了AD患者皮质醇水平升高与认知能力下降有关；另外，一项以人群为基础的研究显示，在平均随访4.2年期间，85岁人群的血浆皮质醇水平升高与认知能力下降之间存在关联。种种证据表明，皮质醇的水平可以从一定程度上影响认知功能。

2. 多巴胺　多项研究表明，多巴胺与认知调控有关。主要的神经和精神疾病都是认知相关的，帕金森病、阿尔茨海默病、亨廷顿病、额颞叶痴呆、卒中、创伤性脑损伤、冷漠、抑郁、注意力缺陷多动障碍（attention deficit hyperactivity disorder，ADHD）、强迫症（obsessive-compulsive disorder，OCD）和成瘾性障碍的症状都有重要的认知功能改变。与多巴胺有关的疾病导致的认知功能缺陷通常归因于前额叶皮质的调节异常。然而，许多伴有认知功能缺陷的疾病也与纹状体中的多巴胺传递异常有关，纹状体与基于价值的学习、选择和动机关联性更强。

认知控制（cognitive control）可以广义地定义为追求（长期）目标所需的一系列机制，尤其是当必须克服分心、反应冲突或优势习惯性反应时。这种能力是许多认知功能的关键，比如推理、语言理解、计划和空间处理。多巴胺长期以来一直与认知控制有关。在健康状态下，注意力不集中也是极为常见的。事实上，即使是健康警觉的人，在认知要求很高的控制任务上平均表现也不佳。考虑到认知控制是人类大脑的一个标志，而通常与认知控制相关的区域即是前额叶皮质，其中包含大量多巴胺受体，且前额叶皮质对多巴胺能环境高度敏感，因此要首先考虑多巴胺对认知控制的作用。众所周知，多巴胺不仅与执行认知控制的能力有关，还与基于价值的学习、决策和动机有关。认知控制的失败可能反映了一种多巴胺依赖性不进行控制的决定，这一点比迄今为止所认识到的更为普遍：即有时人体只是不愿意（而不是不能）进行认知控制。多巴胺在进行认知控制意愿中的作用在体现认知动机的失败比通常认为的要常见得多，在许多神经和精神疾病中都可发生，如帕金森病、创伤性脑损伤、卒中、阿尔茨海默病、ADHD、精神分裂症和成瘾性疾病。人们越来越多地认识到，这些疾病伴随的冷漠会导致严重的额外临床和社会功能损害，与临床结果和生活质量不良有关。越来越多的证据表明，多巴胺能药物是治疗冷漠症的一条有前途的途径，多巴胺与认知控制能力直接相关。

在经典的多巴胺耗竭测试中，多巴胺耗竭的猴的认知控制动机和工作记忆延迟反应存在严重缺陷，这种工作记忆损伤与前额叶皮质完全切除的猴结果一致，这种结果在其他神经递质（如血清素）耗尽的猴中没有观察到。此外，给这些猴服用多巴胺受体激动剂可以逆转它们的工作记忆损伤。随后对动物和人类的研究进一步支持了多巴胺对工作记忆的必要性，这与多巴胺能药物可以促进认知功能的结果一致。例如，一项研究表明，健康年轻志愿者服用溴隐亭和培高利特等多巴胺受体激动剂可以改善工作记忆任务的表现。与此一致的是，服用D2受体拮抗剂舒必利（可阻断多巴胺受体刺激）会损害对前额叶皮质功能敏感的多项任务的表现。可见，多巴胺可能会引起认知控制的改变。

三、下丘脑-垂体-甲状腺激素与认知功能

甲状腺激素是正常神经形成所必需的，妊娠期甲状腺激素水平低可能导致认知功能受损。此外，成年期甲状腺功能障碍与认知过程改变和精神障碍（如重度抑郁症）有关。甲状腺功能通常与发育性疾病有关，如克汀病和代谢性疾病。除了甲状腺功能对发育至关重要外，甲状腺激素受体（thyroid hormone receptor，TRs）具有一系列可能有助于成人神经功能、突触可塑性和认知的作用。

甲状腺激素的激活和灭活方式是脱碘酶去除碘分子，从而改变其代谢活动。脱碘酶1和2通过将T4转化为T3来激活甲状腺激素，而脱碘酶3通过将T3转化为T2来灭活甲状腺激素。甲状腺分泌T4的大约一半通过肾脏和肝脏中的脱碘酶1转变为T3。T4转化为T3的其余部分通过脱碘酶2完成，脱碘酶2具有非常特异的组织和亚细胞定位。在大多数组织中，脱碘酶2位于内质网中，在细胞核内提供长期的T3存在。然而，神经元缺乏脱碘酶2活性，但含有甲状腺激素受体（TRs），可以调节神经元基因转录。另外，胶质细胞含有脱碘酶2，因此为甲状腺调节神经元功能提供必要的T3。传统观点认为，神经胶质细胞在神经功能中起着支持作用，但最近的证据表明，神经胶质细胞在认知过程中也起着至关重要的作用。胶质细胞含有受体并能释放化学信号或"胶质传递素"，这一点已被广泛接受。胶质源性T3可能是神经功能的另一个重要贡献者。而T3介导神经元水平的改变可能通过影响基因转录从而影响学习和记忆。

甲状腺激素的基因调节效应是通过表观遗传学机制实现的，包括招募作为组蛋白乙酰转移酶和组蛋白去乙酰化酶的辅激活因子和辅抑制因子。这些组蛋白修饰改变了DNA的物理结构，或多或少地会影响转录。甲状腺相关的表观遗传学机制调节N-甲基-D-天冬氨酸（N-methyl-D-aspartate，NMDA）受体信号。甲状腺状态的变化会影响海马NR1和NR2b的表达，由于NMDA受体是参与突触可塑性和其他学习记忆过程的突触的关键组成部分，因此甲状腺与NMDA受体的关系再次体现了甲状腺功能对完整神经元功能以及学习记忆行为的重要性。

甲状腺激素长期以来一直与学习和记忆过程有关。甲状腺激素信号在发育和成年期间的变化都会扰乱学习和记忆。此外，在某些情况下，补充甲状腺激素可以改善认知。在啮齿类动物模型中的研究表明，发育过程中缺乏甲状腺激素会扰乱学习和记忆过程。对甲状腺功能减退的基因小鼠（hyt/hyt）模型的研究表明，先天性甲状腺功能减退导致空间和非空间导航功能缺陷。即使在发育过程中短暂减少甲状腺激素的摄入，

也会对认知产生长期影响。

除了甲状腺激素在发育过程中很重要外，成年期甲状腺切除术引起的甲状腺功能减退也会导致学习和记忆障碍。简言之，在这种甲状腺功能减退症的"成人发病"模型中，短期和长期空间工作记忆都受到了破坏。另外，甲状腺破裂，无论是在成年期还是在发育过程中发生，都会在后续产生严重的神经认知缺陷。但补充甲状腺激素可以消除甲状腺功能减退引起的缺陷。

对啮齿类动物补充甲状腺激素的研究进一步支持了甲状腺信号在学习和记忆过程中的作用。史密斯（Smith）等发现服用左旋甲状腺素的大鼠的在莫里斯水迷宫中的表现增强。类似地，利奇（Leach）等证明在情境和延迟线索恐惧条件反射之前给小鼠服用左旋甲状腺素可以提高两种学习范式的表现。此外，将T3直接注入海马也可增强情境和线索提示的恐惧条件反射。综上所述，这些研究表明甲状腺激素可以直接提高各种海马依赖性（以及一些非海马依赖性）任务的学习认知能力。

四、其他与认知功能相关的激素

GH由腺垂体分泌，调节全身的各种代谢过程。老年人的GH和IGF-1水平显著降低，一些人推测补充GH可能是一种可行的"抗衰老"疗法。虽然一项关于服用生长激素的早期研究报告了肥胖和血脂水平的降低以及骨密度的增加，但随后的研究没有显示出明显作用。相反，其他研究发现生长激素缺乏症的积极影响，包括延长寿命、改善认知功能、抵抗癌症和糖尿病等疾病，以及改善胰岛素敏感性。因此，生长激素在衰老和认知中的作用尚不清楚，目前没有足够的证据支持将生长激素用作抗衰老或认知障碍治疗。为了确定调节GH水平是否是治疗衰老和年龄相关疾病的一种有效策略，还需要对GH给药的有效性和安全性进行更多的持续时间更长的研究。

生长激素受体（growth hormone receptor，GHRs）在中枢神经系统中广泛表达，表明GHRs在脑组织功能调节中可能发挥重要作用。已经在海马、壳核和丘脑中发现了GHRs，并研究确定了一些GH在中枢神经系统和周围神经系统（peripheral nervous system，PNS）中的影响。GH和IGF-1轴以及IGF-2在大脑的早期发育、成熟和功能发挥中承担重要作用，但这些生长因子在衰老期间维持认知健康方面的作用仍有争议。生长激素缺乏症（growth hormone deficiency，GHD）患者表现为小头畸形，常染色体隐性生长激素缺乏症患者表现为轻度至重度认知障碍。据推测，GH和IGF-1可能有助于损伤后的大脑修复，因为GHR在胚胎发育期间在神经发生的大脑区域表达。鉴于GHR在大脑中的位置，GH可能在学习、记忆、认知和情绪中发挥作用。多纳休（Donahue）等的一项研究发现，生长激素也可能调节急性应激反应后的认知反应。

应激暴露的大鼠表现出海马GH和IGF-1水平的改变。与此一致的是，一些GHD成年患者的心理健康、情绪、记忆、情绪和认知能力存在一定程度的损害。在神经心理学评估中，患有GHD的成年人在与语言记忆、行为规划和注意力相关的测试中表现不佳。此外，磁共振波谱（magnetic resonance spectroscopy，MRS）研究发现，与健康对照组相比，GHD患者的胆碱增加，表明神经元膜的合成或分解增加，N-乙酰天冬氨酸（NAA）和NAA/胆碱比率降低。

重要的是，生长激素和IGF-1循环水平和年龄相关的变化与中枢神经系统的衰老有关。对大鼠的研究表明，与年龄相关的GHRH分泌神经元功能下降是GH循环水平在衰老过程中逐渐降低的一个关键原因。IGF-1受GH调节，对神经元结构和功能至关重要，因而具有神经刺激和神经保护作用，循环中IGF-1水平的降低可能是与年龄相关的认知功能下降的一个解释。IGF-1缺乏动物模型的海马表现出显著的缺陷，包括结构复杂性、兴奋性、学习和记忆能力的降低。另一方面，IGF-1促进神经元细胞存活和修复、神经发生、突触形成、脑血管完整性，以及皮质神经元的自噬功能，所有这些都可能对年龄相关认知能力下降的潜在因素产生影响。

生长激素治疗已被证明可以减少成年及老年雄性大鼠中离子型谷氨酸能NMDA受体亚单位（NR1和NR2）年龄相关性下降。空间记忆测试是生长激素治疗研究中常用的检测手段，旨在研究生长激素与年龄相关缺陷的缓解之间的相关性。有研究使用水迷宫和位置辨别测试来评估6个月大和28个月大的大鼠的空间学习能力，实验组注射GHRH，对照组则为生理盐水。虽然感觉运动表现没有差异，但与对照组相比，GHRH改善了MWM的表现。研究还发现，生长激素释放激素可以减弱老年动物体内IGF-1浓度的下降。由此可见，生长激素与认知能力存在明显的相关性，对生长激素水平的干预可能是抗衰老或认知障碍治疗的重要研究方向。

第三节　神经内分泌和睡眠障碍

一、睡眠与内分泌

人的睡眠与内分泌系统的功能密切相关。传统观点认为，自主交感-肾上腺系统和HPA是参与应激反应的主要神经内分泌系统。这两个系统与其他神经内分泌系统通过复杂的相互作用，共同协调动物和人类面临挑战的反应。血浆中许多激素的浓度显示出与睡眠有关的变化。事实上，在许多情况下，昼夜节律与激素浓度变化相关。与睡眠相关的内分泌激素包括促肾上腺皮质激素、促甲状腺素、生长素、促性腺激素、催乳素和褪黑素等。新的研究表明，睡眠时间本身即可能对内分泌功能有影响，例如较短的睡眠时间会导致瘦素水平下降（抑制食物摄入）和胃饥饿素水平增加（刺激食欲）。这些发现表明不正常的睡眠时间（特别是睡眠不足）和肥胖之间可能存在联系。

睡眠对神经内分泌功能和血糖浓度有重要的调节作用。睡眠期间生长激素和催乳素的分泌显著增加，而皮质醇和促甲状腺素的释放则受到抑制。相反，扰乱睡眠会抑制夜间生长激素和催乳素的分泌，并与皮质醇和促甲状腺素浓度升高有关。睡眠对内分泌释放的调节作用并不局限于下丘脑-垂体轴的激素。事实上，与正常睡眠相比，睡眠剥夺时对参与碳水化合物代谢和电解质平衡相关激素的控制也不同。慢性睡眠不足与有害的激素和代谢变化有关，从而与肥胖和糖尿病风险的增加一致。也就是说，睡眠剥夺会通过影响内分泌提高糖尿病和肥胖的风险。

二、睡眠周期与内分泌

睡眠中的激素分泌取决于睡眠质量。睡眠涉及两种不同的神经元活动状态，每种状态都是在特定的大脑区域产生的。在正常的夜间睡眠过程中，大脑活动在非快速眼动（NREM）阶段和快速眼动（REM）阶段之间振荡，这种振荡的周期大约为90分钟，通常每晚重复四到六次。在REM睡眠期间，脑电图（EEG）类似于主动觉醒，具有混合的高频、低幅度波形，肌肉张力受到抑制。NREM睡眠被细分为：Ⅰ、Ⅱ、Ⅲ和Ⅳ阶段，较高的阶段对应于需要更强刺激才能唤醒的更深睡眠。在深度NREM睡眠期间（阶段Ⅲ和Ⅳ），EEG展现为被称为慢波的低频（0.5～4 Hz）、高幅度的同步波形。因此，第三阶段和第四阶段也被称为"慢波睡眠"（slow wave sleep，SWS）。健康年轻人的睡眠中，SWS大约占20%，REM占25%，Ⅰ和Ⅱ阶段NREM则占50%。在60岁以上的成年人中，SWS一般减少到5%～10%，REM睡眠通常减少到10%～15%，而夜晚清醒的时间比例可能高达30%。

睡眠的几种重要的效应主要发生在SWS期间，并取决于SWS的强度，特别是生长激素的释放。除了刺激生长激素释放外，睡眠尤其是SWS还与多种外周和中枢效应有关，包括刺激催乳素释放，抑制促肾上腺皮质激素和甲状腺功能，减慢心率，降低血压，降低交感神经活性，增加迷走神经张力和降低大脑葡萄糖利用率等。睡眠不足可能会损害健康，但在短暂完全睡眠剥夺期间出现的改变在睡眠恢复后很容易得到纠正，因此短暂睡眠不足导致长期不良影响的可能性似乎不大。在成人和儿童中越来越普遍的一种情况是慢性睡眠减少，其影响值得重视。

三、睡眠障碍对神经内分泌的影响

目前关于睡眠不足的研究大多是进行一到两天的完全睡眠剥夺，对长期睡眠限制和睡眠中断的结果研究较少，但它们经常发生在现实生活中。针对人类受试者的实验研究表明，连续睡眠不足会导致认知功能下降，激素系统的调节也出现紊乱。动物研究表明，部分睡眠剥夺对神经内分泌应激反应的影响可能会随着时间而积累。当动物在一天的睡眠剥夺后暴露于应激源时，它们表现出的HPA反应与正常睡眠的对照动物没有什么不同。然而，在部分限制睡眠一周后，HPA反应则发生了显著变化。与对照组相比，睡眠受限的大鼠促肾上腺皮质激素（ACTH）反应显著减弱，而皮质酮反应不受影响。在直接注射促肾上腺皮质激素释放激素（CRH）和/或5-羟色胺-1A受体激动剂刺激HPA轴时，睡眠受限大鼠的应激反应也发生了类似的变化。这些发现表明，睡眠限制会逐渐降低CRH和5-羟色胺受体的敏感性，而这两种受体在调节应激反应中都发挥着重要作用。

值得注意的是，抑郁症患者对CRH的反应也表现出ACTH反应降低，而肾上腺对ACTH的敏感性增加，皮质醇反应过度。这些发现综合起来表明，睡眠不足与神经内分泌功能的变化之间存在的联系可能是导致抑郁症等疾病的原因。

关于睡眠剥夺对神经内分泌应激系统的影响可能涉及哪些大脑系统的问题，必须区分两类影响：第一类是在睡眠剥夺期间可能发生的急性和一般轻微的交感神经和HPA轴激活；第二类影响包括神经内分泌应激系统对新挑战的反应能力的变化。这些变化可能不会立即显现，但可能会在长期睡眠受限或睡眠中断的情况下逐渐发展。这些变化在严格控制和缺乏刺激的条件下也并不明显，但当受试者在睡眠受限的基础上面临新的挑战和压力时便会出现。

（一）睡眠障碍对交感神经系统的影响

交感神经系统的激活导致全身交感神经末梢释放去甲肾上腺素，并从肾上腺髓质分泌肾上腺素。这些儿茶酚胺在调节能量平衡和心血管功能中发挥重要作用。

在人类和啮齿类动物中，基本的血浆肾上腺素和去甲肾上腺素水平都随着一天中的不同时间而变化。在像人类这样的昼间物种和像小鼠这样的夜间物种中，在昼夜清醒阶段，血浆中儿茶酚胺的水平都较高。肾上腺素水平表现出明显的节律性变化，一部分是睡眠和清醒的节律性变化的结果，另一部分是与睡眠-唤醒行为无关的内源性生物钟的结果。去甲肾上腺素水平的节律性变化较弱，主要是睡眠和清醒的节律行为的直接结果。因此，在正常情况下，入睡与循环中儿茶酚胺的迅速下降有关，睡眠期间的肾上腺素和去甲肾上腺素水平较低。

心脏是交感神经系统和交感肾上腺系统控制的器官之一，交感神经活动受睡眠影响的观点得到了心率变异性研究的支持。对心跳间期变化的分析提供了心脏自主神经输入的详细信息，各种研究表明，夜间睡眠期间交感神经系统输入减少，副交感神经系统活动增加。换言之，在从清醒到睡眠的转变中，调节心血管的自主神经平衡支配地位转移到更强大的副交感神经。鉴于睡眠与交感神经活动和儿茶酚胺水平下降有关，人们认为睡眠不足会导致相关变量水平上升，与交感神经活动增加直接相关的心率和血压也都会升高。事实上，即使只从睡眠中短暂唤醒几秒钟，也会导致心率和血压暂时上升至正常清醒时的水平。但在某些情况下，睡眠剥夺后的交感活动水平并不比睡眠期间高出多少，甚至低于正常清醒时的水平。

相反，根据睡眠剥夺的性质，睡眠剥夺期间的交感神经激活也可能超过放松清醒时的水平。交感神经激活以及心率和血压增加的一个重要决定因素是体力活动量。此外，还取决于情绪唤醒和认知需求。自主交感神经激活的增加不仅发生在长时间和持续睡眠剥夺的情况下，也发生在零碎和中断的睡眠情况下。许多研究表明，交感神经兴奋增加的程度更多地与睡眠的中断有关，而不是与睡眠剥夺的持续时间或失去的睡眠量有关。

在一段时间的睡眠剥夺或睡眠中断后，人们可能会认为儿茶酚胺水平和心血管活动在随后的恢复睡眠期间迅速恢复到基线水平。然而，许多研究表明，当恢复不足时，心率和血压仍然很高。如果健康、正常血压的受试者在一个晚上睡眠时间减少到5小时，早上醒来后血压高于对照水平。在睡眠不足的状态下，启动和保持清醒需要相对更高的交感神经激活水平。

（二）睡眠障碍对下丘脑-垂体-肾上腺轴的影响

参与应激源反应的第二个主要神经内分泌系统是HPA轴。应激刺激由感官感知并在大脑中评估，最终诱导下丘脑释放CRH。CRH刺激脑垂体释放ACTH，ACTH随后刺激肾上腺皮质释放糖皮质激素。糖皮质激素具有许多与应对应激有关的功能，它同时也提供一个重要的负反馈信号，以抑制初级应激系统，并帮助在成功处理应激源后恢复休息状态。

HPA轴的基础活动显示出明确的昼夜节律，这在很大程度上受下丘脑视交叉上核（SCN）生物钟的直接控制。糖皮质激素释放的规律是在夜间早期呈现静止，并在睡眠阶段结束前达到高峰。事实上，对早醒的预期与HPA轴活动的上升和峰值前移有关。而在大鼠这样的夜间啮齿类动物中，HPA轴活动有与人类相反的昼夜节律，即在每日休息期（光期）的大部分时间内水平较低和稳定，而在昼夜活动期（暗期）开始之前增加。除了昼夜光暗调节之外，有证据表明睡眠本身也对HPA轴活动有直接影响。对人类的研究表明，夜间皮质醇的分泌受到睡眠的轻微抑制，而白天的皮质醇分泌不受睡眠的影响。

睡眠剥夺会导致HPA轴的轻微激活和血浆糖皮质激素水平的升高，但急性睡眠剥夺对糖皮质激素水平的影响很小或没有影响。疲劳和嗜睡以及体力和精神活动可能会导致皮质醇分泌下降到低于正常水平。许多研究发现，睡眠剥夺期间HPA轴活动的增加与其他压力后的激活和糖皮质激素释放水平相比相当温和。然而，睡眠剥夺导致的HPA轴活动增加在不同的研究报道中差别很大。类似于交感神经激活，HPA轴激活的一部分可能与睡眠不足本身无关。更强的刺激和更高的身体或认知需求可能会导致更多的HPA轴活动。研究表明，睡眠不足的影响可能不仅是睡眠不足本身的结果，还部分是睡眠剥夺程序的结果，即通过强迫运动或一些其他刺激手段保持清醒所产生的影响。例如，通过最小刺激和声音保持清醒的小鼠的糖皮质激素水平较低，而通过参与社会活动而保持清醒的动物的皮质酮水平显著升高。睡眠剥夺期间HPA轴的激活可能取决于受试者如何保持清醒以及他们从事的活动。例如，即使没有体育活动，皮质醇水平也可能在睡眠不足期间升高，而这与持续的脑力劳动有关。

研究表明，HPA轴的激活和由于睡眠剥夺导致的应激激素水平的增加在随后的恢复睡眠中迅速消失。睡眠中断和睡眠不足导致的主要应激系统的激活似乎并不反映睡眠剥夺，因为后者可能需要更长的时间才能恢复。与此相一致的是，对人类的研究表明，皮质醇水平的升高不仅与持续睡眠剥夺相关，而且可能是睡眠唤醒和睡眠碎片的结果。尽管HPA轴的活动可能在恢复睡眠期间迅速恢复正常，但一项针对健康受试者的研究报告称，在完全或部分睡眠剥夺后的晚上，皮质醇水平升高。此外，当连续6个晚上的睡眠时间减少到每晚4小时时，健康受试者晚上的皮质醇水平也会升高。因此，糖皮质激素水平的升高不仅出现在睡眠剥夺当时，而且可能会在以后的阶段延迟增加。

（三）睡眠障碍对其他激素的影响

总之，睡眠（特别是慢波睡眠）对HPA轴活动和皮质醇分泌具有强大的抑制作用。皮质醇在睡眠的后期和REM睡眠期间会升高。作为一种重要的免疫和炎症抑制因子，皮质醇的节律影响下游的免疫系统，其昼夜节律的破坏增加了炎症细胞因子水平和包括肿瘤等炎症相关疾病的发生。胰岛素是另一种表达有节律性的激素。胰岛素由胰岛产生，其主要功能是促进血液中葡萄糖的吸收。在抑制葡萄糖浓度的实验中，胰岛素在睡眠周期的后期上升，有可能抑制肝脏葡萄糖的产生，以降低血糖峰值。这种节律似乎是基于SCN。然而，也有证据表明，负责胰岛素分泌的胰岛β细胞有自己的一组时钟转录因子，可能独立发挥作用。胰岛素反应也受到昼夜节律的调节，脂肪组织中的胰岛素敏感性在白天明显更高。睡眠不足已被证明通过多个途径诱导胰岛素抵抗。另一种新陈代谢的关键激素，促进脂肪分解和肌肉生长的生长激素，也显示出与睡眠活动有关的周期性。生长激素在睡眠的早期阶段（特别是在慢波睡眠中）升高，在睡眠后期下降。生长激素的释放特别依赖于睡眠的发生和质量。20世纪60年代末，人们认识到最具重复性的生长激素脉冲发生在睡眠开始后不久。在男性中，开始入睡的生长激素脉冲通常是24小时内观察到的最大的，也是唯一的分泌脉冲。女性白天的生长激素脉冲更频繁，尽管与睡眠相关的脉冲仍然存在，仅占24小时内分泌输出量的小部分。儿童睡眠时生长激素释放与睡眠的关系也很明显。无论睡眠是提前、延迟还是中断和重新启动，在睡眠开始时生长激素的分泌都会增加。生长激素释放激素的刺激和生长抑素的降低在控制睡眠期间生长激素分泌方面可能存在协同作用。夜间生长激素促分泌剂Ghrelin的水平在睡眠中也高于清醒时，但尚不清楚夜间Ghrelin水平的升高是否在控制与睡眠相关的GH释放中发挥作用。

昼夜节律因素对生殖激素也有影响。然而，由于啮齿类动物的这种联系似乎比人类强得多，这使得对昼夜节律和生殖相关激素的研究变得复杂。例如，在啮齿类动物中，黄体生成素的激增发生在暗期开始之前，这种激增是由SCN介导的。因此，昼夜节律在啮齿类动物交配行为中是非常典型的。人类在交配活动中并没有表现出同样的昼夜节律，但有临床证据表明，睡眠觉醒和昼夜节律紊乱可能与部分人类的生殖障碍有关。

睡眠对性激素也有影响，尤其是睾酮。睾酮分泌与睡眠周期有关，峰值出现在睡眠周期的中期，通常接近快速眼动睡眠开始的时间。睡眠不足或碎片化会减少快速眼动的数量，从而阻止夜间睾酮的增加。因此，睡眠障碍可能是睾丸激素水平低下的一个风险因素。

（四）睡眠障碍通过神经内分泌影响大脑功能的机制

与更严重的压力情况相比，睡眠不足对糖皮质激素水平的影响似乎很小。当睡眠受限或睡眠中断时，自主神经功能紊乱是慢性的、轻微的，但糖皮质激素水平的反复升高可能会显著增加糖皮质激素负荷。长期升高的糖皮质激素水平与神经元可塑性和神经发生的减少有关，这被认为是情绪障碍的潜在病理生理机制。值得注意的是，睡眠中断和高皮质醇血症都是抑郁症的特征。此外，皮质醇水平升高经常出现在慢性失眠患者中，睡眠限制或睡眠障碍可能会直接或间接地通过增加HPA轴活动和皮质醇释放改变大脑的可塑性，从而增加对情绪障碍的敏感性。

动物研究表明，长期限制睡眠会导致大脑逐渐发生变化，影响神经内分泌反应和压力敏感性。与应激反应变化的机制相关发生明显改变的是CRH和去甲肾上腺素能系统。在大鼠中，持续2～3周的完全睡眠剥夺会导致血浆肾上腺素和去甲肾上腺素水平的进行性升高，这表明交感神经活动的调节逐渐改变。

动物研究表明，睡眠剥夺构成了一种与CRH神经元活性升高相关的状况，即慢性过度刺激可能导致纹状体和垂体中CRH结合位点的减少。垂体CRH结合位点的减少可以解释慢性睡眠剥夺后观察到的对应激刺激减弱的ACTH反应。直接刺激HPA轴并注射CRH受体激动剂，睡眠受限的大鼠的ACTH反应也出现了类似的下降。长期睡眠受限或睡眠中断是否也会导致大脑其他区域CRH敏感性的变化仍有待确定。CRH不仅在调节神经内分泌应激反应中发挥关键作用，而且在认知、情感和行为唤醒方面也发挥着关键作用，使之成为一个值得探索的重要问题。

调节神经内分泌应激反应性和对慢性睡眠受限的应激相关疾病敏感性的另一个重要潜在因素是5-羟色胺能系统。5-羟色胺能系统是大脑中主要的神经调节系统之一，人们在很久以前就发现其参与睡眠调节。脑内5-HT主要来自中缝核团的5-羟色胺能神经元，传统上被认为是脑干睡眠诱发系统的组成部分。尽管5-HT可能不是维持睡眠所必需的，但它抑制负责皮质激活和行为唤醒的大脑系统活动来使机体做好睡眠的准备。然而，5-HT在大脑中的作用是复杂和多样的。来自中缝核的5-羟色胺能神经元在大脑各处有广泛的投射，包括投射到参与情绪和压力调节的区域。对大鼠的研究表明，慢性部分睡眠剥夺导致突触后5-羟色胺-1A受体的敏感性逐渐降低，这种影响会持续多日，即使在无限制的恢复睡眠中也是如此。重要的是，这种受限睡眠的影响不是由强迫活动或肾上腺应激激素调节的。手术摘除肾上腺的大鼠仍然由于限制睡眠而出现5-羟色胺-1A受体敏感性减弱的结果。突触后5-羟色胺-1A受体敏感性的变化可能是与慢性睡眠限制引起的应激反应改变有关的因素之一。

四、神经内分泌对睡眠的调节

尽管关于睡眠的神经化学基础及其功能仍有许多未解决的问题，但研究已证实睡眠与内分泌系统之间存在广泛的相互作用。

睡眠与神经内分泌功能之间相互协调。SCN是控制昼夜节律系统的关键中心，通过多种方式（包括神经和激素方面）对昼夜节律进行控制。SCN可以控制释放不同类型的神经递质（如谷氨酸、GABA和加压素）。SCN主要投射到下丘脑内侧，但主要通过作用于上丘脑的松果体实现激素控制。松果体释放的褪黑素可能是最著名的昼夜节律调节激素。褪黑素的释放依赖于环境，在环境因素当中，作用最明显的是光周期。褪黑激素在光周期的黑暗阶段开始几个小时后增加，并保持在较高水平直到第二天光阶段。褪黑素虽然不是启动或维持整体昼夜节律所必需的，但它是将生物昼夜节律过程与光线联系起来的关键环节，并可能通过腺苷信号刺激人类和一些动物的睡眠。人类的褪黑素作用始于进入昼夜周期的黑暗阶段几小时后促进正常睡眠。褪黑素受体已被证明存在于许多的人体组织中，这很有可能提供一种广泛的昼夜同步机制，促使人们在每天的特定时间中迫切需要睡眠。

昼夜节律系统在很大程度上依赖于通过专门的视网膜神经节细胞进行的环境输入，而动态平衡系统似乎有多个输入。一类被称为睡眠激素的分子被发现似乎会增加稳态睡眠，在这些分子中最重要的是腺苷。腺苷在大脑中产生，既可作为神经递质，也作为ATP代谢的产物。事实上，非特异性腺苷受体拮抗剂咖啡因已被广泛使用以抵抗睡眠。伴随觉醒时间的增加和睡眠时间的减少，腺苷会在大脑中积累，特别是在基底前脑。低浓度（纳摩尔级别）的腺苷即可通过激活视前下丘脑中的抑制性A1受体而促进觉醒，而高浓度的（微摩尔级别）腺苷则通过激活同一核团中的刺激性A2A受体而抑制觉醒。其他（如前列腺素D2、IL-1和肿瘤坏死因子-α）都被认为可以诱发睡眠。此外，动态平衡睡眠压力系统机制的一个新兴研究领域是蛋白质磷酸化的过程。睡眠需要的指数磷酸化蛋白（sleep need index phosphorylation proteins，SNIPPs）是一类蛋白质家族，被发现在清醒时稳定地磷酸化，在睡眠中则去磷酸化。激酶Sik3已被证明有助于这种磷酸化过程。这种激酶的一个结构性活性突变体已被证明可以人为地诱导睡眠压力，导致小鼠在非REM睡眠期间有更长的睡眠时间和质量。

在这些睡眠激素启动剂的下游，睡眠稳态压力系统包含多种神经递质，包括增食欲素、乙酰胆碱、单胺和谷氨酸。从神经解剖学的角度来看，影响睡眠的回路是一个复杂的、多方面的系统，有独立的促进觉醒和促进睡眠的网络。已有的对觉醒促进系统的研究主要集中在上脑干的单胺能和胆碱能神经元，包括来自蓝斑的去甲肾上腺素、来自中缝的5-HT和来自被盖的乙酰胆碱等。这些系统通过丘脑、下丘脑腹侧部分和基底前脑广泛投射到皮质。下丘脑的肽能食欲素神经元输入也增强了这一系统。矛盾的是，这些通路的损伤对总睡眠和醒来时间几乎没有影响。近年来，谷氨酸和GABA能网络在觉醒促进通路中的重要性有所增加。来自基底前脑、下丘脑外侧和乳突上核的GABA能输入被发现可以促进觉醒，来自乳突上核、臂旁核和桥小脚核的谷氨酸能输入也是如此。

在睡眠稳态压力系统中，有几个核团被认为可以诱发睡眠，其中下丘脑视前区的两个核团腹外侧视前区（ventrolateral preoptic area，VLPO）和正中视前核（median preoptic nucleus，MnPN）起着关键作用。这些核团向觉醒状态的关键媒介发送GABA

能投射，特别是控制食欲素能觉醒系统的下丘脑外侧核。已经确定的一个前馈回路中，MnPN既可以抑制食欲素能觉醒系统，又可刺激VLPO，而VLPO本身就可以抑制下丘脑外侧区食欲素能觉醒核。食欲素能尾核广泛投射到皮质和脑干，并在觉醒阶段主要活跃。这些核的损伤已被证明可诱发发作性睡病样表型。从内分泌的角度来看，食欲素系统很重要，因为其对睡眠-觉醒回路和进食行为均十分重要。食欲素神经元从下丘脑外侧广泛投射到对进食很重要的区域（如室旁核），以及对维持觉醒很重要的蓝斑等脑区。然而，目前对这些通路的确切结构和功能关系以及在进食和睡眠行为之间可能存在的神经通路尚不完全清楚。在食欲素能系统之外，MnPN和VLPO向与觉醒系统有关的许多核团发出广泛的GABA能抑制性投射，包括乳突上核、结节乳头核和臂旁核，以及单胺能核团（如中缝和蓝斑）。此外，来自MnPN和VLPO的投射通过其他脑干核团诱发睡眠（如腹侧中脑导水管周围灰质）。已证明MnPN和VLPO通过下丘脑背侧内侧或室上带间接从SCN接受昼夜节律输入，这提示昼夜节律系统和内稳态系统存在潜在的整合。

■ 第四节　生物节律与神经内分泌

一、神经内分泌的生物节律

几乎所有生物体都存在内源性生物钟，包括蓝藻、植物、啮齿类动物和人类。这种机制使生物体能够预测日常环境变化，使内部生物过程与外部世界同步，这对于繁殖和生存以及维持与环境相适应的内稳态至关重要。这种同步性的案例在行为、生理和分子水平的分析中都很明显。例如，在夜间被视觉捕猎者捕食的风险会降低，啮齿类动物将其觅食和繁殖活动限制在夜间，从而提高了生存概率。在大多数哺乳动物中，血压根据一天中的时间波动，最低点出现在睡眠期间。在分子水平上，DNA修复在白天最活跃，此时紫外线引起的基因毒性应激最高。

内分泌节律是生理计时的重要组成部分，它们的干扰会导致健康损害和疾病发生。扰乱内分泌组织中正常振荡节律以及这些组织调节的激素周期会对生理和行为产生连锁影响。越来越多的证据表明，内分泌功能昼夜节律的慢性破坏可能导致代谢、生殖、睡眠和情绪障碍。

SCN是主要的生物钟，但在全身细胞和组织中也观察到了由相同保守分子机制组成的其他内源性振荡器。这些外围时钟是以分层的方式组织的，接收、整合来自整个昼夜节律系统的包括SCN的神经和体液输入。除了SCN输入，特定组织对某些局部输入也很敏感。例如，肝脏时钟除了接收来自SCN的交感神经输入，同时也对相位重置敏感，以响应喂食提示。在小鼠中，如将食物摄入限制在白天，在不影响中央SCN时钟的情况下会改变肝脏时钟，出现了振荡器的解耦。由此可见，昼夜节律失调可以造成中枢及外周的内分泌腺出现紊乱。

二、不同内分泌激素的昼夜节律调节

（一）中枢内分泌激素

中枢神经系统通过松果体、下丘脑和垂体产生多种激素。来自SCN的神经解剖学连接介导了许多激素的昼夜节律振荡。

1. 褪黑素　松果体是一个独立的神经内分泌器官，负责将褪黑素分泌到全身循环中。褪黑素的节律性分泌通过SCN受到昼夜节律控制，可在持续的黑暗条件下持续存在，但光也是褪黑素节律的有效抑制剂。松果体活动强烈地受通过视网膜下丘脑束和交感神经系统传递的光信息驱动。简言之，光使自感光视网膜神经节细胞（intrinsically photosensitive retinal ganglion cells，ipRGC）去极化，刺激SCN向室旁核（PVN）投射抑制信号，从而维持系统的静止状态。在黑暗中，这种抑制性压力被解除，PVN激活颈上神经节，进而激活松果体细胞中的肾上腺素能受体。芳烷基胺N-乙酰转移酶（aralkyl amine N-acetyl transferase，AANAT）活性在黑暗中增加，并将5-HT转化为N-乙酰5-羟色胺，此时羟吲哚-O-甲基转移酶将其转化为褪黑素。AANAT有助于控制褪黑素的合成，其活性与光密切相关。AANAT的表达控制因物种而异，在小鼠中AANAT mRNA在黑暗中增加了100倍，而在人类中，AANAT转录相当程度上是组成性的，通过替代机制适应昼夜节律变化。尽管物种间的调节途径不同，结果仍是一致的，即褪黑素的节律性分泌在黑暗期达到峰值。释放到循环中的褪黑素在全身有众多靶点，褪黑素受体广泛分布于大脑和周围器官，包括心脏、肝脏、肾上腺、睾丸和卵巢。褪黑素具有多种功能，如影响免疫系统、睡眠-觉醒周期、情绪和外周生物钟的调节。许多导致昼夜节律紊乱的环境因素往往会干扰松果体褪黑素的正常分泌。在人类中，100～350 lux的光足以抑制褪黑素水平，而在夜间早期阶段仅暴露在100 lux的光下即会延迟褪黑素正常分泌节律。也就是说，睡前使用平板电脑或电子阅读器就足以抑制褪黑素水平，从而延迟褪黑素节律。

2. 促肾上腺皮质（激）素　ACTH分泌的一般规律为：下丘脑肽促肾上腺皮质激素释放激素（CRH）被释放到腺垂体的血液供应中，并刺激促肾上腺皮质激素（ACTH）的释放。释放到体循环中的ACTH作用于肾上腺皮质，刺激糖皮质激素（GC）（即皮质醇和皮质酮）的释放。从生物节律的角度看，ACTH以如下方式在下丘脑-垂体-肾上腺（HPA）轴中发挥作用：PVN中促肾上腺皮质激素释放激素的释放直接或间接受到SCN输入控制。即使在没有循环激素反馈的情况下，PVN中的CRH mRNA水平也会随着昼夜节律波动。在其峰值水平，CRH刺激腺垂体释放ACTH，ACTH再控制肾上腺皮质醇的释放。与卵巢一样，肾上腺也表现出时钟基因表达的节律，这可能会造成对ACTH刺激和压力的反应性的周期性变化。

既往研究表明，每隔5～30分钟采集样本时，人体内ACTH和皮质醇的分泌是呈间歇性的，ACTH和皮质醇分泌之间明显存在短暂延迟，即每个皮质醇脉冲紧随每个

ACTH脉冲。虽然ACTH和皮质醇的血浆水平之间不存在定量关系，但垂体和肾上腺活动的峰值出现在早晨，两者之间存在定性关系。松山（Matsuyama）等发现，雄性大鼠的血浆ACTH水平在18:00和03:00之间高于08:00和12:00之间。白金汉（Buckingham）等报道了雌性大鼠血浆ACTH的有限昼夜节律，该节律与血浆皮质酮的昼夜节律相关，即节律性垂体ACTH分泌是节律性肾上腺皮质酮分泌的主要控制机制。

通过静脉输注合成的混合糖皮质激素激动剂泼尼松龙，ACTH和皮质醇的脉动都会迅速受到抑制。快速抑制ACTH分泌的部位似乎是腺垂体，因为泼尼松龙也抑制外源性CRH诱导ACTH和皮质醇分泌增加的能力。用糖皮质激素受体（GR）拮抗剂米非司酮预处理可减少泼尼松龙的快速抑制性反应，但用盐皮质激素受体拮抗剂安体舒通预处理则不能。促肾上腺皮质激素分泌的快速负反馈动力学与大量其他证据表明腺垂体存在配体依赖性GR非基因组机制介导的负反馈。

据报道，在啮齿类动物试验研究和人类临床研究中发现的HPA动态调节有很高的相似性。与在人类中观察到的垂体-肾上腺系统动力学一致，在大鼠中，ACTH的每一个脉冲后都是皮质酮的脉冲。与人类研究结果类似，外源性糖皮质激素可快速抑制基础和CRH诱导的ACTH和皮质酮分泌，表明腺垂体就是GR介导的快速负反馈的主要部位。可以说，在HPA轴当中存在的与ACTH相关的正反馈及负反馈调节均体现出了一定的节律性。

（二）外周内分泌激素

许多激素是由外周内分泌腺体产生的，它们的合成及分泌同样受不同程度的昼夜节律控制。这些腺体中，肾上腺、代谢和生殖系统尤其表现出强烈的昼夜节律性。

1. 肾上腺皮质激素　肾上腺位于肾脏上方，由分泌皮质类固醇的外皮质和产生儿茶酚胺肾上腺素和去甲肾上腺素的内髓质组成。除了来自垂体的激素输入外，肾上腺还通过来自PVN和脊髓中间外侧柱的投射接收来自SCN的神经输入。糖皮质激素在反映昼夜节律紊乱时尤为重要，因为它们既是昼夜节律系统的主要输出，也是昼夜节律系统的反馈信号。糖皮质激素主要是人的皮质醇和大多数啮齿类动物的皮质酮，可在无压力条件下以有节奏的方式从肾上腺皮质束状带释放。这种激素强大的节律依赖于SCN，即糖皮质激素水平的节律性仅在SCN完整时，在恒定条件下持续存在。糖皮质激素受体在整个大脑中都有表达，通过结合糖皮质激素在啮齿类动物和人类的外周组织中引起局部功能振荡。

肾上腺髓质表达一些生物钟基因，但只有肾上腺皮质表现出典型生物钟基因的强节律性表达，这与肾上腺皮质糖皮质激素在24小时内有节律分泌的观察结果一致。肾上腺皮质似乎拥有一个独立的功能时钟，因为在没有SCN输入的情况下，肾上腺切片培养继续有节奏地产生皮质激素。此外，移植到*period2/CRY1*突变小鼠体内的野生型肾上腺，尽管缺乏功能正常的SCN，仍能有节律地分泌糖皮质激素。这种效果需要一个明-暗循环，一旦宿主被置于持续的黑暗中，节律性分泌就会消失，这表明光输入对肾上腺夹带功能的节律性至关重要。皮质类固醇分泌模式遵循明-暗循环。在人类中，血浆皮质醇水平在清晨开始升高，在上升后30分钟内达到峰值，并在午夜附近达到最低点。皮质醇在身体活跃期之前或开始时达到峰值的模式被认为是身体在做好清醒和活动的准备。重要的是，不仅是糖皮质激素在一天中波动，其所作用的组织和细胞的反应性也因糖皮质激素受体的节律性激活而波动。糖皮质激素和盐皮质激素受体分布在全身，它们通过HPA轴影响免疫系统、新陈代谢、生殖、大脑，甚至自身的生产。昼夜节律系统的破坏以多种方式影响糖皮质激素。例如，夜间暴露在光线下对不同物种造成不同的效果。白天活动的尼罗河大鼠在夜间长期暴露于昏暗光线下后会增加血清皮质酮浓度，而夜间活动的仓鼠和小鼠在夜间暴露于昏暗光线下，皮质醇和皮质酮浓度则没有变化。啮齿类动物在夜间光照后的不同糖皮质激素反应可能与白天和夜间活动模式有关。如暴露在恒定的光线下，通常会消除运动活动的昼夜节律，可以降低甚至反而增加小鼠体内的皮质酮浓度。这种差异可能与在恒定光照条件下导致的节律性丧失有关。对人类来说，光脉冲既能引起相移，也能改变皮质醇节律的振幅。工作场所白天的光照水平与皮质醇浓度呈负相关，在没有窗户的办公室里暴露在较低光线下的工人夜间皮质醇浓度升高。皮质醇节律紊乱也与轮班工作有关。医师在工作时会经历昼夜节律紊乱，与不工作的时候相比，他们在夜间工作时会显著抑制晨起唾液中的皮质醇浓度。此外，与白班工人的皮质醇浓度相比，夜班工人的皮质醇浓度白天较高，夜间较低。暴露于非24小时光照周期也会抑制皮质醇浓度，进一步支持轮班工作可能会抑制皮质醇分泌节律的观点。然而，据报道，与年龄匹配的同种人群相比，年轻轮班工人的皮质醇水平较高，这表明轮班工作与皮质醇反应的相互作用可能与年龄相关。与轮班工作相比，睡眠剥夺通常会提高人体的皮质醇水平。社交时差也与较高的皮质醇浓度有关。以上证据表明，肾上腺皮质激素，尤其是皮质醇水平变化表现出了明显的昼夜节律性。

2. 促性腺激素　在啮齿类动物中，昼夜节律系统与生殖过程密切相关，而在人类中，这种联系不是那么明显。人类的月经周期和啮齿类动物的发情周期都由不同的节律性激素事件组成。随着卵泡在卵巢中成熟，雌二醇浓度增加，引发下丘脑中的促性腺激素释放激素（GnRH）激增。这种激增会触发腺垂体分泌促黄体生成素（LH），最终导致卵巢排卵。排卵后，孕酮水平升高，卵泡黄体化。在啮齿类动物中，这些事件与SCN输入的明暗循环有关。GnRH神经元在夜间变得活跃，LH激增，与啮齿类动物交配行为发生在黑暗阶段一致。损伤SCN可消除生殖激素和行为节律。在人类中，排卵前LH激增发生在活动开始之前，即午夜至上午8:00。但人类在交配行为中并没有表现出昼夜节律，生殖过程的昼夜节律控制程度可能需要进一步研究。轮班工人往往会出现生殖功能障碍，这一现象表明人类的昼夜节律与生殖存在联系。在季节性繁殖的哺乳动物中，通常依赖日长来确定一年中的最佳繁殖时间，昼夜节律失调或环境中的异常光信号可能会对后代的生存产生毁灭性的影响。

通过干扰典型的生殖相关激素，昼夜节律破坏同样影响非季节性生殖物种的生殖成功率。首先，改变环境光周期会导致鸟类、人类和其他哺乳动物的生殖中断。例如，暴露在恒定强光环境中的大鼠会出现无排卵持续发情。暴露于光污染环境的野生鸟类比暴露于自然黑夜的鸟类的生殖系统发育早1个月，这对生殖健康有潜在的危害。类似的情况也出现在轮班工作的女性身上，她们在夜间工作时长期暴露在光线下，往往会出现月经周期不规律的症状。

3. 甲状腺激素　在人类中，循环中的TSH水平表现出明显的昼夜节律。TSH血浆浓度在睡眠开始前的下午晚些时候或晚上早些时候开始升高，并在夜间早期达到最高水平。在夜间TSH水平达到峰值后，血浆TSH浓度在睡眠期的剩余时间内下降，直到达到日间较低水平。TSH水平昼夜节律控制的夜间上升与睡眠抑制效应之间存在相互作用，一项研究显示了53小时内每隔20分钟取样的健康年轻男性血浆TSH水平的平均分布，包括8小时的"正常"平均夜间睡眠，一晚的完全睡眠剥夺和8小时的日间恢复睡眠。TSH的释放通常在睡眠期间受到抑制，但在夜间睡眠剥夺期间仍会发生。因此，失眠的人早晨血浆TSH水平大约是正常睡眠的人的两倍。研究表明，人体内存在TSH的低振幅超昼夜节律，反映了促甲状腺素激素的脉动释放。这种超昼夜节律似乎受睡眠阶段的影响。甲状腺激素和糖皮质激素也可以调节健康男性TSH的脉动分泌。研究表明，男性和女性在昼夜节律和超昼夜TSH释放模式方面没有差异。值得注意的是，夜间活动的啮齿类动物可能不是探索人类TSH和甲状腺激素释放机制的理想模型。实验室啮齿类动物之所以不是理想的模型，这是因为它们在光照阶段经历多阶段睡眠，而人类则有一个巩固的夜间睡眠期。室旁核内从SCN到TRH神经元的神经投射构成了TRH合成和分泌的每日节律的解剖学基础，负责远端有节律的TSH分泌。事实上，在大鼠中，SCN损伤消除了循环TSH和甲状腺激素水平的节律性，反映了SCN会参与HPT轴的调节。然而人类的外周生物钟也可以调节激素分泌相关基因的节律性转录。在小鼠TαT1促甲状腺素细胞系中，Tshb表达的循环节律受与核受体辅加压素1（nuclear receptor covasopressin 1，NCOR1）相互作用的局部昼夜节律调节。然而，值得注意的是，垂体切除会抑制大鼠循环甲状腺激素水平的节律性，但不会抑制昼夜节律基因（period1和BMAL1）的节律性。这些数据表明，甲状腺释放甲状腺激素的每日节律由SCN中的中央昼夜节律起搏器通过节律性TSH分泌调节，而不是由甲状腺中的局部昼夜节律时钟调节。

三、生物钟调节神经内分泌昼夜节律的机制

昼夜节律是由昼夜节律基因和蛋白质组成的转录-翻译反馈环控制的。基本螺旋-环-螺旋蛋白质昼夜运动输出周期蛋白kaput（clock）和大脑和肌肉ARNT样蛋白1（BMAL1）形成异源二聚体转录激活复合物，并通过E-box（CACGTG）增强子激活周期（period）和隐色素（CRY）阻遏基因转录，其蛋白产物反过来抑制自身的转录。CLOCK-BMAL1异二聚体还诱导ERBα（REV-ERBα）、REV-ERBβ和维甲酸受体相关孤儿受体α（RORα）、RORβ和RORγ的表达，它们通过ROR元件调节CLOCK和BMAL1基因，对基因转录产生相反的影响，从而构成第二个重要的连锁反馈环。生物钟基因的转录-翻译反馈回路驱动许多生物钟控制基因的节律性表达。这些时钟控制的

基因在特定组织中占转录组的3%～16%。由于生物钟控制的基因包括调节转录、信号转导、蛋白质周转和代谢等，生物钟以一种时间依赖性方式影响各种细胞、器官和生理功能。

（一）探讨昼夜节律的基因机制

BMAL1与CLOCK形成异二聚体，此异二聚体和一系列其他转录因子负责基因表达的昼夜节律振荡，此振荡的分子机制由转录/翻译反馈环介导。CLOCK/BMAL1异二聚体与Ebox反应元件在启动子区域结合，以促进其他时钟靶基因的转录表达，例如 *period*基因（*period1*、*period2*和*period3*）和*cryptochrome*基因（*CRY1*和*CRY2*）。激活的*period*和*CRY*刺激酪蛋白激酶1ε/δ的活性，并通过抑制与Ebox反应元件的结合抑制CLOCK/BMAL1异二聚体的转录活性。如此一个负反馈转录环路形成，基因表达的节律振荡得以维持。除了主要的转录环外，CLOCK/BMAL1还刺激其他与时钟相关的转录表达，如视黄酸携带的孤儿结合物a（RORα）、DEC1、DEC2和白蛋白D结合（DBP）等，它们形成一个辅助环，进一步稳定主调控环。除了神经连接，中枢时钟系统还通过某些激素或因子来同步外周时钟系统的昼夜节律。生物钟系统主要通过控制核受体来调节新陈代谢。大约10%的能量控制基因（包括编码核激素受体和糖脂代谢酶）的表达受昼夜节律的组织特异性调节。核受体构成包括调节生长、发育、激素信号、生殖和能量代谢在内的关键生理过程的配体激活转录因子的超家族。激素、维生素和脂质等代谢物的传感器就是特殊的核受体。某些核受体的表达受CLOCK/BMAL1调节，如PPARα、REV-ERBα等。CLOCK$^{-/-}$和BMAL1$^{-/-}$小鼠表现出葡萄糖代谢紊乱以及葡萄糖和甘油三酯的昼夜循环节律失常，从而引发高脂血症和糖尿病等代谢性疾病。这些小鼠的纤溶酶原激活物抑制剂-1（plasminogen activator inhibitor 1，PAI-1）表达增加，而PAI-1是肥胖、糖尿病和心血管疾病的已知危险因素。另一种生物钟蛋白PER2以生物钟依赖的方式抑制PAI1的表达，其功能异常是生物钟系统失调后发展出代谢疾病的一个重要因素。

（二）探讨代谢过程中的昼夜节律机制

昼夜节律时钟系统控制烟酰胺磷酸肉瘤转移酶（nicotin amide phosphosarcoma transferase，NAMPT）的表达。NAMPT作为NAD$^+$生物合成补救途径中的关键限速酶，其表达的节律驱动NAD$^+$水平的振荡，而后者参与了衰老及脂代谢过程。此外，胆固醇生物合成中限速酶HMG-CoA还原酶（HMG CoA reductase，HMGCR）的活性显示出昼夜节律，在夜间的活性最高，可能是控制代谢过程的节律的机制。NAD$^+$可以调节SIRT1。SIRT1是一种组蛋白去乙酰化酶，可调节CLOCK/BMAL1的转录活性，NAD$^+$通过SIRT1在昼夜节律时钟系统和代谢之间再次形成代谢反馈环。此外，生物钟系统通过调节营养传感器SIRT1和AMPK来控制细胞代谢。SIRT1通过组蛋白去乙酰化调节基因表达。AMPK的活性在小鼠肝脏、下丘脑和成纤维细胞中呈节律性。AMPK可能通过磷酸化CRY1和酪蛋白激酶1（CK1ε）来调节昼夜节律。CK1ε通过对蛋白质进行磷酸化从而控制蛋白质的降解来实现对昼夜节律的调节。AMPK的激活也导致NAD^+水平升高，总之，AMPK以通过激活SIRT1等多种方式对昼夜节律基因的表达实现间接性的调节。昼夜节律系统、时钟基因机制和代谢途径由相关回路交织在一起，通过激素、趋化因子和神经肽将环境信号传递给外周器官。

第五节　节律紊乱导致神经内分泌疾病及其干预措施

几乎所有生物体都存在内源性生物钟，包括蓝藻、植物、啮齿类动物和人类。这种机制使生物体能够预测这些日常环境变化，使内部生物过程与外部世界同步，对于繁殖和生存以及维持与环境的时间内稳态至关重要。由夜间人工照明、不规律的睡眠-觉醒时间和跨洲航空旅行引起的昼夜节律紊乱在现代社会越来越普遍。环境光周期与生物节律的不同步对人类健康有着巨大的影响。内分泌节律是生理计时的重要组成部分，节律遭到干扰会导致疾病。越来越多的证据表明，内分泌功能昼夜节律性的慢性破坏可能导致代谢、生殖、睡眠和情绪障碍。

一、内分泌轴的节律紊乱

如前所述，许多激素分泌受昼夜节律调节。内分泌因素对维持哺乳动物体内平衡非常重要，内分泌因素的24小时波动很可能已经成为生物体的日常事件。三个主要的内分泌轴分别是下丘脑-垂体-肾上腺轴、下丘脑-垂体-甲状腺轴（HPT）和下丘脑-垂体-性腺轴（HPG），如昼夜节律紊乱会导致一系列的负面健康后果。例如，HPA节律的失调与肥胖和代谢性疾病有关，HPT轴的紊乱与心脏代谢基因节律的失调有关，HPG轴节律紊乱则会导致生殖方面的负面影响（如月经周期不规律、精子密度低、流产和不孕率增加）。

（一）下丘脑-垂体-肾上腺轴紊乱

HPA轴在典型情况下用于调节觉醒和能量动员，以促进战斗或逃跑反应。CRH被释放到腺垂体的血液供应中，并刺激ACTH的释放。释放到体循环中的ACTH作用于肾上腺皮质，刺激GC（即皮质醇和皮质酮）的释放。GC广泛作用于大脑和身体内部，通过负反馈抑制自身的产生。人类、非人灵长类动物和啮齿类动物表现出明显的GC节律，GC浓度在醒来前升高，在白天中降低，并在预期睡眠时间进一步下降。肾上腺表现出钟基因表达的节律，可能会推动对ACTH刺激和压力的反应每天发生变化。肾上腺GC分泌和肾上腺钟基因表达的节律会随着SCN损伤而破坏，表明肾上腺单个细胞的昼夜节律在没有SCN输入的情况下会变得不耦合。SCN通过多种途径驱动GC的节律性分泌。首先是通过SCN精氨酸加压素能神经元投射到下丘脑室旁核（paraventricular hypothalamic nucleus，PVN）和下丘脑背内侧核（dorsomedial nucleus of hypothalamus，

DMH）正下方的区域，直接或间接靶向PVN中的CRH神经元。其次，SCN通过PVN途径，通过多突触投射到肾上腺皮质。研究发现切除垂体（并导致ACTH分泌消失）不会改变肾上腺皮质的钟基因节律，提示SCN对肾上腺自主神经输入的控制很可能是协调和维持肾上腺细胞节律的原因。最后，摄食也会影响GC节律，表明昼夜节律控制行为在维持典型内分泌节律中的重要性。GC可以在整个外围系统中起作用，以设置各个外围系统中振荡器的相位。因此，GC节律的紊乱对正常生理，尤其是新陈代谢有着长期的负面影响。人类旅行导致的时差会增加GC。此外，将人类的睡眠-觉醒和明暗周期提前8小时会导致夜间皮质醇浓度升高，这可能导致在新的昼夜节律阶段难以入睡。患有抑郁症的个体皮质醇和ACTH节律异常，两种激素的波谷提前3小时。皮质醇节律的紊乱是否是抑郁症的原因或后果仍有待确定。鉴于GC在能量动员和利用中的作用，HPA轴节律的破坏与肥胖和代谢疾病有关。例如，慢性应激会导致GC浓度升高和GC节律异常，并与肥胖、胰岛素抵抗、血脂异常、高血压和高血糖有关。肥胖小鼠和人类表现出平坦的GC节律，进一步表明肥胖患者HPA轴失调。具有某些钟基因多态性的人患肥胖症和代谢性疾病的风险更大。此外，HPA轴功能异常并接受高浓度皮质醇替代治疗（而不是模仿内源性节律）的患者患心血管和代谢性骨病的风险更大。此外，*CRY*缺陷小鼠表现出HPA轴缺陷，并且在喂食高脂饮食时脂肪沉积增加。缺乏*CLOCK*或*BMAL1*的小鼠则表现出异常的葡萄糖和甘油三酯节律，并发展为肥胖、高脂血症和糖尿病。尽管这些疾病风险与这些基因敲除小鼠HPA轴节律性的紊乱没有直接联系，但相关研究中糖皮质激素过量导致了同样的负面结果。虽然HPA轴节律改变与代谢结果之间一直未能建立直接联系，上述证据的汇集以及GC的既定功能表明HPA轴节律的紊乱导致了代谢失调。

（二）下丘脑-垂体-甲状腺轴紊乱

HPT轴主要负责调节新陈代谢。下丘脑向腺垂体释放促甲状腺素释放激素（thyrotropin releasing hormone，TRH）刺激垂体促甲状腺素的产生和释放。TSH刺激甲状腺产生甲状腺激素。甲状腺激素最初以甲状腺球蛋白的形式产生，甲状腺球蛋白主要转化为甲状腺素（thyroxin，T4）。T4是非活性的，在靶组织中进一步转化为具有活性的甲状腺激素三碘甲状腺原氨酸（triiodothyronine，T3）。人类的HPT轴处于昼夜节律控制之下，游离T3和TSH白天较低，晚上较高。在大鼠体内，TSH呈与人类相反的节律（夜间较低，白天较高），且节律性分泌会被SCN损伤所破坏。与肾上腺一样，钟基因在大鼠甲状腺中有节奏地表达。虽然垂体切除术消除了甲状腺激素的日常节律，但钟基因表达的节律不受影响，这表明甲状腺时钟的维持是通过甲状腺的SCN-自主神经支配完成的。事实上，来自甲状腺的逆行跨神经元示踪揭示了来自SCN的多突触投射。同一项研究发现，SCN直接投射到位于PVN中的TSH神经元，表明与HPA轴和潜在的HPG轴一样，SCN通过作用于TSH神经内分泌细胞和通过自主投射到甲状腺来调节甲状腺激素的分泌。相对于HPA轴和HPG轴，研究很少关注HPT轴节律紊乱的负面影响。鉴于昼夜节律紊乱对肥胖和代谢性疾病的影响，HPT轴的紊乱很可能对相关疾病有影响。甲状腺切除术后进行T3补充会对心脏节律和代谢基因产生负面影响，并可能导致与甲状腺功能减退和甲亢相关的心脏病。在小鼠中，暴露在恒定光照下会降低TSH浓度，并破坏游离T3和瘦素的昼夜节律，这表明光刺激可能有助于维持HPT轴节律，并强调稳定暴露于昼夜周期对维持HPT轴健康的重要性。最后，甲状腺癌中甲状腺细胞从良性状态过渡到恶性状态与钟基因表达失调有关，但钟基因表达失调是否是这种转变的原因或后果仍有待确定。

（三）下丘脑-垂体-性腺轴紊乱

HPG轴控制生殖，包括配子的产生和维持，性动机和行为。下丘脑促性腺激素释放激素（hypothalamic gonadotropin releasing hormone，GnRH）的分泌触发腺垂体促性腺激素、黄体生成素（luteinizing hormone，LH）和促卵泡激素（follicle stimulating hormone，FSH）的释放。LH和FSH分别刺激性腺类固醇（即雌二醇、孕酮和睾酮）的合成、分泌和配子成熟。性类固醇和促性腺激素反馈性调节HPG轴的活动。HPG轴产生的激素受到强烈的昼夜节律控制，昼夜节律的紊乱会对男性和女性的生殖功能产生负面影响。排卵、发情行为、受精、妊娠维持和分娩都需要由昼夜节律系统调节的特定模式分泌激素。在对具有明显昼夜节律紊乱的女性的研究中发现，工作或睡眠周期不规律的女性月经周期异常，生育率降低，流产率增加。

在啮齿类动物中，SCN及其神经输出或调节细胞钟基因的破坏会导致排卵和繁殖力异常。在自发排卵的哺乳动物中，成熟卵泡分泌的雌二醇在排卵周期的卵泡期通过雌二醇负反馈将LH维持在低浓度。在排卵前，雌二醇的负反馈被抑制，雌二醇通过正反馈刺激启动排卵的LH激增。在啮齿类动物中的研究表明，SCN通过对抑制性神经肽、促性腺激素抑制激素（gonadotropin inhibitory hormone，GnIH）和刺激性神经肽kisspeptin的作用来协调负反馈和正反馈的时间。在排卵前LH激增时，SCN通过作用于GnIH神经元抑制雌二醇负反馈，并通过作用于kisspeptin和GnRH系统刺激雌二醇正驱动。除了这些向神经内分泌细胞的单突触投射外，SCN还可能通过PVN与卵巢进行通信。除了大脑水平的作用外，卵巢细胞本身的细胞时钟基因同样与卵泡生长、激素合成和排卵有关，在卵泡膜、颗粒细胞和黄体细胞中均观察到钟基因的表达。此外，在多囊卵巢综合征的小鼠模型中，在卵巢中可以看到*period2*的异常表达，这提示异常的卵巢节律可能与疾病有关。利用qPCR方法进行检测，大鼠卵巢排卵周期中钟基因的表达具有节律。类似地，利用*period1*荧光素酶报告基因大鼠，在体外卵巢中观察到该基因表达具有昼夜节律，并观察到在LH和FSH的刺激下会出现大的相位调整。就体内实验而言，在夜间接受LH治疗的大鼠比在白天接受LH治疗的大鼠排卵频率更高，产生的卵母细胞更多。

尽管昼夜节律在男性生殖中的重要性不如在女性中受到重视，但有证据表明，昼夜节律在男性生殖中同样起着重要作用。男性的精液质量和精子数量每天都会发生变化，而那些不规律轮班的男性生育能力下降，精子密度、活精子数和睾酮水平均降低。在小鼠中，整体敲除*BMAL1*导致雄性小鼠的昼夜节律紊乱和不育，出现激素分泌异常以及精子计数低，但这些小鼠的睾丸仍能产生活精子，表明不育可能是由于这些小鼠的行为改变所致。最近的研究发现，*BMAL1*基因敲除的雄性无法与易接近的雌性交配，这种缺陷似乎是嗅觉异常造成的，即尽管*BMAL1*基因敲除小鼠可能具有性行为能力，但嗅觉加工缺陷消除了性行为的动机。这些缺陷究竟是由嗅觉系统的神经靶细胞节律性丧失引起的，还是由*BMAL1*丧失引起的其他效应引起的，仍有待确定。在小鼠中，钟基因在睾丸中有表达，但不表现出可检测的节律性。缺乏*BMAL1*的小鼠类固醇生成的限速酶类固醇生成急性调节蛋白（steroidogenic acute regulatory protein，StAR）降低，血清睾酮水平降低，LH浓度升高，表明该钟基因在正常睾丸功能中起着重要作用。有趣的是，在叙利亚仓鼠睾丸中，*period1*和*BMAL1*有节奏地表达，但产生两种不同于在小鼠和其他仓鼠器官中所见的period1转录物。这些转录物变体缺乏核定位信号，并且缺乏CRY1结合域。这些仓鼠转录物变体是否导致了该物种睾丸钟基因表达的明显节律性仍有待确定。

二、节律紊乱导致的神经内分泌疾病

（一）炎症性疾病和癌症

哺乳动物的免疫系统受到昼夜节律系统的调节。免疫功能的多个方面存在昼夜节律，包括免疫细胞运输、抗原递呈、Toll样受体功能、细胞因子基因表达和淋巴细胞增殖。炎症刺激因为发生时间的不同可能导致截然不同的结果，如人类和啮齿类动物的疾病表现和细胞因子的产生取决于内毒素刺激的时间。此外，包括哮喘和类风湿性关节炎在内的几种炎症性疾病在一天中的严重程度会发生波动，这与炎症过程的昼夜调节有关。免疫活动的节律直接或间接地依赖于内分泌因子的昼夜节律。褪黑素和糖皮质激素的昼夜节律可以通过其有效的抗炎作用直接影响免疫反应。这些激素也通过其对外周细胞的作用间接影响免疫系统。夜间光照会改变周围和中枢神经系统的炎症反应。在人类中，即使是急性昼夜节律失调也会降低循环皮质醇水平，增加炎性细胞因子，而轮班工作也会增加几种炎性疾病的风险。

夜间光照与癌症之间的关系是研究最广泛的昼夜节律系统紊乱与炎症相关疾病之间联系的课题。流行病学、临床和基础研究均认为癌症与昼夜节律紊乱之间存在联系。这些研究促使世界卫生组织宣布轮班工作为潜在致癌物（国际癌症研究机构2A类）。流行病学研究表明，工业化社会的乳腺癌发生风险显著升高，而且随着工业化的发展，其风险还会继续上升。每天的就寝时间不一致是昼夜节律紊乱的表现，与乳腺癌的快速发展有关。夜间光照水平也与乳腺癌事件相关。此外，轮班工人患乳腺癌的风险有一定增加，并且乳腺癌的发病率随着工作时间的增加而增加。在癌症患者中，存在昼夜节律紊乱的患者预后较差。此外，在一天中的特定时间服用化疗药物（被称为时辰疗法）可以提高疗效并减少不良反应。夜间暴露在光线下导致的夜间褪黑素抑制被认为是昼夜节律紊乱提高癌症风险的基础。然而，昼夜节律破坏的其他因素，如细胞周期调节的变化、核心昼夜节律基因的基因突变和 DNA 损伤可能也有影响。

（二）睡眠障碍

睡眠 - 觉醒周期可能是昼夜节律系统最显著的外在表现之一，与松果体褪黑素分泌有关。睡眠受遗传和环境因素控制，这两种因素导致的昼夜节律紊乱都可能导致睡眠障碍。遗传性睡眠疾病与生物钟基因突变直接相关。家族性 APSD 是一种遗传性疾病，其特征是睡眠 - 觉醒节律的整体提前，个体倾向于早睡，同时比平均水平早起。这些患者的褪黑素起效时间和体温节律趋于提前。这种疾病在病因上是相当复杂的，但至少在一些家族中，短于 24 小时的周期长度与 *hperiod2* 钟基因的错义突变相一致。相比之下，*hperiod3* 基因、*AANAT* 基因和其他基因的单倍型变体与延迟相睡眠障碍（delayed-phase sleep disorder，DPSD）有关，受 DPSD 影响的个体进入睡眠状态比正常人晚很多。其他不太常见的睡眠障碍，如不规则的睡眠 - 觉醒节奏，可能源于昼夜节律起搏器的缺陷。长期以来，根据外源性褪黑素治疗的结果，褪黑素一直被认为促进白天活动的哺乳动物睡眠起始。最近的一项研究表明，内源性褪黑素参与了白天活动的斑马鱼的睡眠启动和维持，而斑马鱼与哺乳动物有许多相同的睡眠调节成分。

潜在病理学因素引起的昼夜节律紊乱也可能导致睡眠障碍。SCN 的异常在阿尔茨海默病和痴呆症中很常见，导致内源性节律的稳定性和振幅降低。这些变化与年龄相关的松果体褪黑素生产的普遍下降和视觉敏感性的降低相吻合。由于这些变化，痴呆症患者经常发生睡眠阶段的改变、睡眠持续时间的改变、睡眠不完整以及与睡眠相关的行为变化（如嗜睡）。精神障碍（如抑郁症）与昼夜节律紊乱同样有关，临床抑郁症患者经常经历睡眠时间的变化。季节性情感障碍是一种在冬季高发的抑郁症亚型，可能与昼夜节律不同步有关，因为白天时间短，在日光强度较低的情况下机体很难控制褪黑素的节律。晨光疗法可以改变褪黑素的节律，对某些人来说是一种有效的治疗方法。

环境因素导致的昼夜节律紊乱也会影响睡眠 - 觉醒周期。例如，夜间暴露在人造光下会抑制松果体褪黑素的分泌。长期夜间暴露在光线下可能会导致明显的昼夜节律系统失调，如夜班工人可能会出现轮班睡眠障碍，导致难以入睡或过度困倦。时差综合征是这种不同步的另一个案例。生物钟无法立即适应跨时区的快速移动，导致白天过度嗜睡、夜间难以入睡，并在内部时钟调整好之前睡眠紊乱。外源性褪黑素可以改善与轮班工作或时差有关的睡眠紊乱。夜间活动的啮齿类动物在夜间（即在清醒期）暴露在光线下也会对代谢、免疫和行为产生负面影响。尚没有研究表明松果体切除动物存在任何睡眠障碍，也就无法得知受抑制的褪黑素是否导致了睡眠问题。

（三）精神障碍

昼夜节律紊乱与几种精神障碍有关，包括重度抑郁症、躁狂抑郁症和 SAD，这里我们专门讨论与内分泌功能昼夜节律紊乱有关的情绪障碍。每日褪黑素节奏的紊乱与 SAD 有关。SAD 的特点是在冬季抑郁症状反复发作，在春季和夏季则缓解。这种疾病在高纬度地区的发病率更高，被认为与冬季白天短有关。一些SAD患者会经历褪黑素节律的相移，使得褪黑素分泌持续到早晨，而这种相移可能是由于冬季日照减少所致。晨光疗法在纠正褪黑素节律和缓解某些症状方面是有效的。然而，使用褪黑素并不能达到光治疗的效果，这表明褪黑素紊乱不是导致SAD的唯一因素。

相反，褪黑素的普遍抑制也可能导致抑郁症。长期暴露于夜间照明的夜班工人褪黑素分泌受到抑制，这一人群的情绪障碍发病率（如重度抑郁症（major depressive disorder，MDD）增加。在夜间和日间慢性光照动物模型中，褪黑素浓度受到抑制，抑郁样症状明显。有趣的是，夜间长期暴露在红光下不会抑制褪黑素的分泌，也不会引起仓鼠的抑郁症状。最近一项对516名日本老年人的分析发现，夜间光照与抑郁情绪之间存在显著关联。目前，作为褪黑素受体激动剂的药物已被批准用于治疗抑郁症。

抑郁症还与应激相关激素，尤其是糖皮质激素有关，主要涉及皮质醇昼夜节律的紊乱。抑郁患者的皮质醇昼夜节律振幅变平，HPA轴功能改变，而患有PTSD的退伍军人皮质醇节律仍在，但总体浓度较低。皮质醇模式的这种差异可能反映了该疾病潜在机制的差异，即PTSD患者对皮质醇敏感，抑郁症患者对HPA轴脱敏或出现失调。有趣的是，这些内分泌变化在抑郁症发作后可能会持续很长时间。最近的两项大型队列研究显示，即使在过去经历过MDD的缓解个体中，皮质醇节律仍有异常或皮质醇水平仍升高。与MDD相关的皮质醇节律变化可能与HPA轴内的负反馈受损有关，导致CRH分泌慢性升高。反之，皮质醇节律的丧失可能与MDD相关的一些认知缺陷有关，因为完整的糖皮质激素节律对于学习诱导的树突棘可塑性至关重要。利用经颅双光子显微镜观察小鼠树突棘的形成实验表明，破坏皮质酮昼夜节律会损害学习和记忆所需的正常棘突重塑。

（四）肥胖和代谢紊乱

啮齿类动物暴露于异常光周期和体重增加之间存在直接联系，人类肥胖也与夜间暴露于灯光相关。几项大规模流行病学研究表明，社交时差和轮班工作可能导致代谢功能障碍和身体质量指数（body mass index，BMI）增加。褪黑素抑制是夜间光照影响新陈代谢的一种潜在机制。如上所述，夜间光照会抑制内源性褪黑素的释放。夜间褪黑素分泌减少与人类患2型糖尿病的风险增加有关。全基因组关联研究进一步支持褪黑素受体B1的非编码区变异与血糖升高和糖尿病风险增加之间存在联系。褪黑素可能通过其对胰腺β细胞葡萄糖毒性的保护作用来改善葡萄糖稳态。然而，急性给予褪黑素会损害早晨和晚上的葡萄糖耐受性。褪黑素治疗可改善遗传和饮食诱导的啮齿类动物肥胖模型中的葡萄糖稳态，可降低高脂饮食喂养的大鼠的体重。褪黑素也可以通过改变机体活动量而减轻体重。

光照的时间模式对体重调节也很重要。研究发现，人平均每日接受的大部分光照在一天中早些时候与较低的BMI有关。这一发现表明，除了通过褪黑素改变代谢外，昼夜节律的破坏还可能通过调节其他代谢激素影响体重。事实上，一项为期10天的住院研究表明，昼夜节律失调改变了几种代谢激素的水平，包括瘦素和胰岛素。研究结束时，一些健康志愿者的血糖水平与糖尿病前期状态一致。一项采用6天住院患者模拟轮班工作方案的研究表明，轮班工作也可能通过减少能量消耗和改变进餐后的热反应来影响新陈代谢。一项为期1个月的住院治疗方案表明，昼夜节律失调降低了瘦素的水平，并且昼夜节律失调引起的代谢变化可能会持续很长时间。

昼夜节律的破坏会导致一些生活方式和行为的改变，这些改变可能会进一步影响新陈代谢。最值得注意的是，昼夜节律的破坏可能导致生物钟和食物摄入时间之间的不匹配。由于倒班工人的日程安排和社交时差而导致的非常规时间用餐可能会导致代谢紊乱。事实上，食物摄入的时间与体重增加和人类减肥策略的有效性有关。深夜进食与皮质醇节律减弱、糖耐量降低、能量消耗和体温变化有关。昼夜节律紊乱改变代谢的另一个机制是肠道微生物组的变化。小鼠和人类的肠道微生物群在组成和功能上都有日变化。基因和行为生物钟的破坏都会导致微生物失调，促进葡萄糖不耐受和肥胖。这种关系是双向的，饮食和喂养模式也可以改变肠道微生物群。最后，大型流行病学研究指出肥胖与夜间光线有直接关系。例如，在一项针对英国10万名女性的研究中，通过BMI、腰臀比和腰围评估的肥胖概率随着夜间暴露于光线的增加而增加，而与睡眠时间、酒精摄入量、吸烟或体力活动无关。

三、干预措施

昼夜节律紊乱在现代社会越来越普遍，内分泌节律的紊乱是导致负面健康影响的一个重要因素。克服昼夜节律紊乱有害影响的策略将是未来研究的一个重点。

（一）环境控制

昼夜节律紊乱的一个主要来源是来自建筑物、路灯和车辆的环境光污染。这些光源是人类必需的，但更好的设计和更新的技术可以最大限度地减少对人类和野生动物的不良影响。首先，路灯通常允许光线水平向上扩散，导致天空发光，并照亮了相邻的无光区域。该光线应向下指向预定的目标街道和人行道，尽量减少散射和能量浪费。这一目标可以通过使用向下聚焦光线的带罩灯具设计或通过缩小发射的光束来实现。最近描述的一种设计使用一组装有透镜的LED来聚焦光束：LED安装在反射盒内，以便于光回收，确保大部分光到达目标。传统路灯通过水平或向上扩散损失了高达20%的能量；相比之下，这种设计使得只有2%的能量形成光污染。与光谱组成相关的考虑也同样重要。哺乳动物的昼夜节律系统被调谐为对较短的波长灵敏，特别是在460～480 nm的范围内。在正午到达地球的太阳光主要由短波组成，但当太阳接近地平线时，这些短波会在黄昏时散射，导致红波占主导地位。不同类型的人工照明系统产生不同的光谱。白炽灯泡在红色光谱中发射的峰值比在绿色和蓝色光谱中发射的峰值高，而气体放电灯发射峰值波长较短。选择具有适当光谱分布的照明系统，或过滤光线以实现这种分布，可以最大限度地减少对昼夜节律系统的干扰。例如，在夜间使用红移照明可能对人类和其他哺乳动物有益，而广谱光适用于白天的室内照明。在模拟轮班工作期间佩戴滤除蓝色波长眼镜的人比没有佩戴的人保持了更正常的褪黑素节奏。即使在家里，现在也可以使用专门为此设计的产品方便地控制人接收的光谱。例如，可以对智能LED灯泡编程，调整一天中不同时间的光强度和波长。此外，智能手机和平板电脑上还有免费的应用程序，可以在晚上将屏幕发出的光调节为红色。在睡前使用电子媒体时佩戴蓝光遮光镜片的青少年可以避免褪黑素抑制，并提高与这些活动相关的警觉性。理想的照明情况是白天依靠明亮的自然光，而夜间照明则尽可能弱化。

（二）时辰疗法

改善昼夜节律紊乱的时辰疗法包括改善睡眠卫生、强光疗法、外源性褪黑素治疗，以及考虑运动和饮食的时机。

美国睡眠医学学会建议通过设定一致的就寝时间来改善睡眠时间。由于昼夜节律系统与调节觉醒和睡眠的脑区相互作用，改善睡眠周期可以改善昼夜节律。

光是同步生物钟的最有力的环境信号，所以瞄准光是一种使用广泛的时间疗法。明亮的光线有很好的相移昼夜节律作用。晨光照射被广泛认为是治疗睡眠障碍（如晚期或延迟睡眠期综合征）、神经精神障碍（如自闭症谱系障碍、注意缺陷多动障碍、季节性情感障碍、痴呆）的一种方法。研究表明，光疗可以改善抑郁症的情绪和2型糖尿病患者胰岛素敏感性。与此同时，强光疗法正在成为一种时辰疗法，用于缓解神经退行性疾病患者的运动障碍、睡眠/觉醒改变、焦虑和抑郁。光还可以调节褪黑素水平，一些研究表明褪黑素抑制肿瘤生长。虽然褪黑素被光抑制，但白天的蓝光增强了夜间褪黑素抑制前列腺癌、肝癌和乳腺癌生长的效果。这些与之前报告的夜间光照导致褪黑素耗竭会刺激多种人类肿瘤异种移植物的生长和增加耐药性一致。其他模拟夜班的实验性人体研究表明，明亮的光线会导致外周生物钟的完全和快速调整，这表明光疗是一种有潜力的非药物干预，可以抵消轮班工作或时差的有害影响。此外，在非24小时睡眠障碍患者中，单独使用强光疗法，或与其他时辰疗法药物联合使用，可以改善睡眠和昼夜节律。总的来说，这些研究表明，以光为靶点的神经-激素轴在疾病预防和治疗中可能有好处。

小鼠模型表明，外源性褪黑素可以改善肝脏脂肪变性、低度炎症、胰岛素抵抗、脂质代谢异常、肠道微生物群组成的昼夜节律，以及预防高脂饮食（high-fat diet，HFD）诱导的肥胖症状。有研究发现，褪黑素及其类似物可以重新同步昼夜节律并缓解抑郁症。使用褪黑素类似物治疗昼夜节律紊乱是昼夜节律医学最成功的案例。例如，褪黑素被用于治疗时差、睡眠障碍以及老年人和轮班工人的昼夜节律紊乱，尤其是当褪黑素与其他时辰疗法相结合时可能特别有效。由于褪黑素具有既定的疗效且无长期毒性，褪黑素治疗有望成为治疗昼夜节律相关疾病最安全的时间生物学策略之一。

（三）锻炼运动

锻炼有助于健康的生活方式，有助于睡眠。定时运动可以调节老年人和年轻人的昼夜节律。在早期的动物研究中，运动被发现通过加强昼夜节律对健康有积极的影响。

例如，施罗德（Schroeder）及其同事在缺乏血管活性肠肽的小鼠中观察到，有计划的深夜运动改善了许多节律相关，包括基因表达变化的异常。此外，与不带跑动轮的老年小鼠相比，带跑动轮的老年小鼠在运动活动中表现出更强的昼夜节律，在相位提前8小时后，内部同步性恢复更快，SCN中的放电频率节律幅度也更大。

众所周知，晨练可以改善睡眠结构和其他健康状况。运动训练可以改善胰岛素的葡萄糖处理，使脂肪质量和百分比降低。有趣的是，与晨练（上午8:00至10:00）相比，下午（15:00至18:00）的运动基础肝脏葡萄糖输出更明显。另外，超重/肥胖男性在摄入营养素之前和之后（即禁食状态）进行的运动增加了骨骼肌和全身脂质的利用，并减少了餐后血液中胰岛素的增加。

最后，轮班工作代表了一种独特的昼夜节律破坏形式。轮班工人在实施上述行为时间疗法方面的灵活性较低，因为需要遵守特定的时间表。因此，有学者提出，对于轮班工人来说，考虑时间类型等因素可能对缓解昼夜节律紊乱和改善睡眠至关重要。实施其中一些简单的解决方案可能有助于克服昼夜节律紊乱对健康和生理的负面影响。结合关于运动对多种疾病的保护作用的临床证据，尤其是与衰老相关的疾病，这些结果为有计划的运动作为对抗基因、环境和病理生理学昼夜节律干扰的潜在工具提供了理论依据。

（四）饮食

饮食干预有可能通过增强昼夜节律来对抗衰老。一项在果蝇模型中的研究显示，时间限制喂养（time-restricted feeding，TRF）可以减轻果蝇与年龄相关的心脏衰退。此外，年轻果蝇的短期间歇性禁食延长了寿命，其可能是通过改善肠道健康和抗氧化应激能力实现的。TRF方案在活动期将食物供应限制在8～9小时，可以改善体内时钟节律和因高脂饮食而受损的代谢健康指数，从而缓解或逆转与肥胖、2型糖尿病、高脂血症、脂肪肝疾病和炎症相关的症状。

众所周知有益于长寿的饮食干预-热量限制（caloric restriction，CR）方法也能改善果蝇的昼夜节律。在小鼠和果蝇中，因衰老而改变的昼夜分子和代谢曲线被CR逆转。间歇性禁食（intermittent fasting，IF）是一种基于饮食的疗法，核心是禁食和自由进食交替进行，在临床前和临床研究中可以抑制肿瘤生长并改善抗肿瘤免疫反应。此外，IF可以增加肿瘤对化疗和放疗的敏感性，并减少传统抗癌治疗的副作用。这种饮食干预改变了宿主的昼夜节律，是对抗癌症的潜在治疗方案。

（五）药物干预

目前有一些促进睡眠的药物，如苯二氮䓬类和唑吡坦，可以帮助更快地入睡并保持更长的睡眠时间。这些药物可能会导致肌肉无力和精神错乱等副作用，这在老年人和痴呆症患者中可能更为严重。褪黑素受体激动剂也常用于治疗睡眠-觉醒节律紊乱，副作用包括过度嗜睡、头痛、高血压、低血压、胃部不适和抑郁症状恶化。一些促进清醒的药物（如莫达非尼），可以帮助在轮班工作时保持警觉，提高工作表现，但其作用可能只持续很短时间。咖啡因也有助于防止白天困倦。

　　一种更有希望的治疗方法是利用选择性靶向分子钟的药剂，如靶向内在时间依赖性分子，包括参与诱导睡眠或觉醒的分子，以及与糖皮质激素等激素的节律性产生有关的分子。例如，最近描述的一种小分子化合物longdaysin，它可通过同时靶向多个激酶（CKIδ、CKIα和ERK2）延长昼夜节律，导致period1降解。另一个小分子（KL001）稳定CRY蛋白（通过防止泛素化和降解）也延长了时钟周期。有趣的是，KL001已被证明能抑制胰高血糖素诱导的肝脏葡萄糖生成，对糖尿病具有诱人的治疗前景。已知部分其他的时钟成分也会影响新陈代谢，包括REV-ERBα。REV-ERBα激动剂（SR9009和SR9011）不仅能增强period2节律，抑制CRY2节律，改变BMAL1节律，而且SR9009还能挽救肥胖模型中增加的脂肪、血脂异常和高血糖。糖原合成酶激酶3（GSK3）和c-Jun N末端激酶抑制剂（分别为CHIR99021和SP600125）等激酶靶点也能有效改变分子时钟周期。

　　进一步研究昼夜节律异常影响内分泌生理和整体健康的机制，将为克服现代环境的昼夜节律效应提供额外的策略。

<h2 style="text-align:center">参 考 文 献</h2>

［1］　韩济生. 神经科学 [M], 3 版. 北京 : 北京大学医学出版社, 2009.

［2］　杨红菊, 赵楠, 罗质璞. 神经类固醇对学习记忆与应激性情绪反应的调控作用 [J]. 国外医学 (药学分册), 2001 (3): 140-144.

［3］　朱海静, 李泳诗, 李妍楚等. 昼夜节律与女性生殖内分泌 [J] . 中华生物医学工程杂志 , 2021, 27 (3): 328-332.

［4］　Allada R, Bass J. Circadian Mechanisms in Medicine [J]. *N Engl J Med*, 2021, 384 (6): 550-561.

［5］　Allen-Rowlands CF, Allen JP, Greer MA, et al. Circadian rhythmicity of ACTH and corticosterone inthe rat [J]. *J Endocrinol Invest*, 1980, 3 (4): 371-377.

［6］　Aryal RP, Kwak PB, Tamayo AG, et al. Macromolecular Assemblies of the Mammalian Circadian Clock [J]. *Mol Cell,* 2017, 67 (5): 770-782.

［7］　Bedrosian TA, Fonken LK, Nelson RJ. Endocrine Effects of Circadian Disruption [J]. *Annu Rev Physiol,* 2016, 78: 109-131.

［8］　Behura SK, Dhakal P, Kelleher AM, et al. The brain-placental axis: Therapeutic and pharmacological relevancy to pregnancy [J]. *Pharmacol Res,* 2019, 149: 104468.

［9］　Bhake R, Russell GM, Kershaw Y, et al. Continuous Free Cortisol Profiles in Healthy Men [J]. *J Clin Endocrinol Metab*, 2020, 105 (4): 486-496.

［10］　Cai Z, Li H. An Updated Review: Androgens and Cognitive Impairment in Older Men [J]. *Front Endocrinol (Lausanne),* 2020, 11: 586-594.

［11］　Colon G, SacconT, SchneiderA, et al. The enigmatic role of growth hormone inage-related diseases, cognition, and longevity [J]. *Geroscience,* 2019, 41 (6): 759-774.

［12］　Cools R, Froböse M, Aarts E, et al. Dopamine and the motivation of cognitive control [J]. *Handb Clin*

Neurol, 2019, 163: 123-143.

[13] Feneberg R, Schaefer F, Veldhuis JD. Neuroendocrine adaptations in renal disease [J]. *Pediatr Nephrol,* 2003, 18 (6): 492-497.

[14] Freeman ME, Kanyicska B, LerantA, et al. Prolactin: structure, function, and regulation of secretion [J] *Physiol Rev,* 2000, 80 (4): 1523-1631.

[15] Gamble KL, Berry R, Frank SJ, et al. Circadian clock control of endocrine factors [J]. *Nat Rev Endocrinol,* 2014, 10 (8): 466-475.

[16] Geenen V, Trussart C, Michaux H, et al. The presentation of neuroendocrine self-peptides in the thymus: an essential event for individual life and vertebrate survival [J]. *Ann N Y Acad Sci*, 2019, 1455 (1): 113-125.

[17] Gotlieb N, Moeller J, Kriegsfeld LJ. Circadian Control of Neuroendocrine Function: Implications for Health and Disease [J]. *Curr Opin Physiol,* 2018, 5: 133-140.

[18] Hara Y, Waters EM, McEwen BS, et al. Estrogen Effects on Cognitive and Synaptic Health Over the Lifecourse [J]. *Physiol Rev*, 2015, 95 (3): 785-807.

[19] Haraguchi S, Tsutsui K. Pineal Neurosteroids: Biosynthesis and Physiological Functions [J]. *Front Endocrinol (Lausanne)*, 2020, 11: 549.

[20] Holzer P, Farzi A. Neuropeptides and the microbiota-gut-brain axis [J]. *Adv Exp Med Biol,* 2014, 817: 195-219.

[21] Honda T, Fujiyama T, Miyoshi C, et al. Asingle phosphorylation site of SIK3 regulates daily sleep amounts and sleep need in mice [J]. *Proc Natl Acad Sci U S A,* 2018, 115 (41): 10458-10463.

[22] Ikegami K, Refetoff S, Van Cauter E, et al. Interconnection between circadian clocks and thyroid function [J]. *Nat Rev Endocrinol,* 2019, 15 (10): 590-600.

[23] Kalafatakis K, Russell GM, Harmer CJ, et al. Ultradian rhythmicity of plasma cortisol is necessary for normal emotional and cognitive responses in man [J]. *Proc Natl Acad Sci U S A,* 2018, 115 (17): E4091-E4100.

[24] Kwak SP, Morano MI, Young EA, et al. Diurnal CRH mRNA rhythm in the hypothalamus: Decreased expression in the evening is not dependent on endogenous glucocorticoids [J]. *Neuroendocrinology,* 1993, 57: 96-105.

[25] Larry. R. Squire. 神经内分泌学与神经免疫学 [M]. 北京 : 科学出版社, 2010.

[26] Leach PT, Gould TJ. Thyroid hormone signaling: Contribution to neural function, cognition, and relationship to nicotine [J]. *Neurosci Biobehav Rev,* 2015, 57: 252-263.

[27] LeeY, Field JM, Sehgal A. Circadian Rhythms, Disease and Chronotherapy [J]. *J Biol Rhythms,* 2021, 36 (6): 503-531.

[28] Leproult R, Van Cauter E. Role of sleep and sleep loss in hormonal release and metabolism [J]. *Endocr Dev*, 2010, 17: 11-21.

[29] Lightman SL, Birnie MT, Conway-Campbell BL. Dynamics of ACTH and Cortisol Secretion and Implications for Disease [J]. *Endocr Rev,* 2020, 41 (3): bnaa002.

[30] Meerlo P, Sgoifo A, Suchecki D. Restricted and disrupted sleep: effects on autonomic function, neuroendocrine stress systems and stress responsivity [J]. *Sleep Med Rev,* 2008, 12 (3): 197-210.

[31] Rivers CA, Rogers MF, Stubbs FE, et al. Glucocorticoid Receptor-Tethered Mineralocorticoid

Receptors Increase Glucocorticoid-Induced Transcriptional Responses [J]. *Endocrinology,* 2019, 160 (5): 1044-1056.

[32] Robinson D, Garmo H, VanHemelrijck M, et al. Androgen deprivation therapy for prostate cancer and risk of dementia [J]. *BJU Int*, 2019, 124 (1): 87-92.

[33] Russell JK, Jones CK, Newhouse PA. The Role of Estrogen in Brain and Cognitive Aging [J]. *Neurotherapeutics*, 2019, 16 (3): 649-665.

[34] Saper CB, Fuller PM. Wake-sleep circuitry: an overview [J]. *Curr Opin Neurobiol,* 2017, 44: 186-192.

[35] Saulle R, Bernardi M, Chiarini M , et al. Shift work, overweight and obesity in health professionals: a systematic review and meta-analysis [J]. *Clin Ter,* 2018, 169 (4): e189-e197.

[36] Schrijvers EM, Direk N, Koudstaal PJ, et al. Associations of serum cortisol with cognitive function and dementia: the Rotterdam Study [J]. *J Alzheimers Dis,* 2011, 25 (4): 671-677.

[37] Scott-Solomon E, Boehm E, Kuruvilla R. The sympathetic nervous system indevelopment and disease [J]. *Nat RevNeurosci,* 2021, 22 (11): 685-702.

[38] Segers A, Depoortere I. Circadian clocks in the digestive system [J]. *Nat Rev Gastroenterol Hepatol,* 2021, 18 (4): 239-251.

[39] Shafi AA, McNair CM, McCann JJ , et al. The circadian cryptochrome, CRY1, is a pro-tumorigenic factor that rhythmically modulates DNA repair [J]. *Nat Commun,* 2021, 12 (1): 401.

[40] Silva MSB, Giacobini P. New insights into anti-Müllerian hormone role in the hypothalamic-pituitarygonadal axis and neuroendocrine development [J]. *Cell Mol Life Sci,* 2021, 78 (1): 1-16.

[41] Smith PC, Mong JA. Neuroendocrine Control of Sleep [J]. *Curr Top Behav Neurosci,* 2019, 43: 353-378.

[42] Tan S, Sohrabi HR, Weinborn M, et al. Effects of Testosterone Supplementation on Separate Cognitive Domains in Cognitively Healthy Older Men: A Meta-analysis of Current Randomized Clinical Trials [J]. *Am J Geriatr Psychiatry,* 2019, 27 (11): 1232-1246.

[43] TsangAH, Barclay JL, Oster H. Interactions between endocrine and circadian systems [J]. *J Mol Endocrinol,* 2013, 52 (1): R1-16.

[44] Urbanski HF. Role of circadian neuroendocrine rhythms in the control of behavior and physiology [J]. *Neuroendocrinology,* 2011, 93 (4): 211-222.

[45] Van Cauter E, Holmback U, Knutson K, et al. Impact of sleep and sleep loss on neuroendocrine and metabolic function [J]. *Horm Res,* 2007, 67 Suppl1: 2-9.

[46] Wang W, Duan X, Huang Z, et al. The GH-IGF-1Axis in Circadian Rhythm [J]. *Front Mol Neurosci,* 2021, 14: 742-746.

[47] Wang Z, Ma J, Miyoshi C, et al. Quantitative phosphoproteomic analysis of the molecular substrates of sleep need [J]. *Nature,* 2018, 558 (7710): 435-439.

[48] Wehrwein EA, Orer HS, Barman SM. Overview of theAnatomy, Physiology, and Pharmacology of the Autonomic Nervous System [J]. *Compr Physiol,* 2016, 6 (3): 1239-1278.

[49] Zhang J, Yang B, Xiao W, et al. Effects of testosterone supplement treatment in hypogonadal adult males with T2DM: a meta-analysis and systematic review [J]. *World J Urol,* 2018, 36 (8): 1315-1326.

第六章

生物节律紊乱与消化系统

第一节　消化系统结构与生理

一、消化系统结构

消化系统由消化管和消化腺组成。消化管全长8～10 m，包括口腔、咽、食管、胃、小肠和大肠，临床上常把口腔到十二指肠称为上消化道，空肠及以下称为下消化道。消化腺可分为大、小两种，小消化腺分布于消化管各部的管壁内，如食管腺、贲门腺、胃底腺、幽门腺、十二指肠腺、小肠腺和大肠腺等。大消化腺是单独存在的腺器官，在管壁之外，包括三对唾液腺（腮腺、下颌下腺、舌下腺）、肝脏和胰腺。此外，消化系统还散布大量内分泌细胞，胃肠内分泌细胞分散地分布在胃和肠黏膜层内，由于胃肠黏膜的面积巨大，胃肠内分泌细胞总数远远超过体内全部内分泌腺中内分泌细胞的总和，因此，消化道不仅仅是消化器官，也是体内最大最复杂的内分泌器官（图6-1）。

（一）消化管的形态

食管是输送食物的扁圆形肌性管，上自第6颈椎高度起于咽，沿脊柱椎体下行，穿过膈肌的食管裂孔，至第11胸椎处的胃贲门为止，全长约25 cm，从中切牙至食管末端的长度约40 cm。食管平均直径为2 cm，有上、中、下3个生理性狭窄，第1狭窄位于食管的起始处，相当于第6颈椎体下缘水平，距中切牙约15 cm；第2狭窄位于食管在左主支气管的后方与其交叉处，相当于第4、5胸椎体之间水平，距中切牙约25 cm；第3狭窄位于食管通过膈的食管裂孔处，相当于第10胸椎水平，距中切牙约40 cm。在临床上这3个狭窄部易发生食管癌及异物嵌顿（图6-2）。

胃是储存食物的囊袋状脏器，位于膈下，上接食管，下接十二指肠，形态上包括贲门、胃底、胃体、胃窦、幽门等部。成人胃容量约1.5 L，极度空虚时可收缩成管状，充盈后呈袋状。中等充盈的胃大部分位于左季肋部，小部分在上腹部，幽门位于第1腰椎右侧（图6-3）。

小肠上端接胃幽门，下端止于回盲瓣，与大肠相连，是食物消化吸收的主要场所。

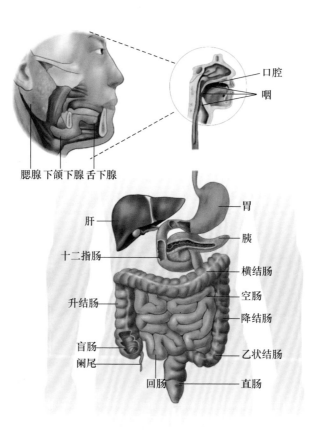

图 6-1　消化系统模式图

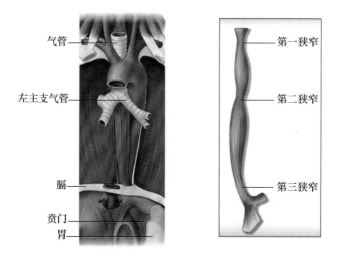

图 6-2　食管模式图

成人小肠长约5～7 m，盘曲于腹腔内，分为十二指肠、空肠和回肠三部分。十二指肠为小肠的第一段，介于胃与空肠之间，全长约25 cm，相当于十二个手指横向并列的长度而得名。十二指肠紧贴后腹壁，于第1～3腰椎高度呈"C"形环绕胰头。十二指肠按其走向可分上部（又称球部）、降部、水平部和升部，除始端与终端外均位于腹膜外。十二指肠降部的胰头侧有十二指肠乳头，为胆总管和胰管的共同开口处，胆总管和胰管在此处组成肝胰壶腹。在大乳头上方有时可见十二指肠小乳头，副胰管在此开口。空肠和回肠盘曲于腹腔中、下部，空肠为其近端2/5区域，回肠为其远端3/5区域。空肠常位于左腰区和脐区，回肠多位于脐区、右腹股沟区和盆腔内，空肠和回肠由肠系膜固定于后腹壁。

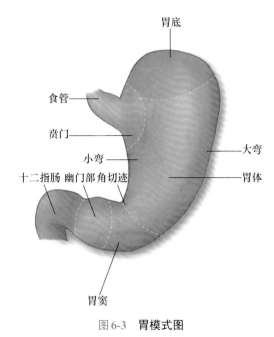

图6-3　**胃模式图**

大肠可分为盲肠、阑尾、结肠、直肠和肛管。全长约1.5 m，宽5～8 cm。大肠居于腹中，其上口在回盲瓣处连接小肠，其下端连接肛门。大肠全程形似一"M"形方框，围绕在空肠、回肠的周围。大肠在外形上与小肠有明显的不同，一般大肠口径较粗，肠壁较薄。盲肠为大肠的起始段，长6～8 cm，位于腹腔右下部。回肠与大肠交接处有回盲瓣，其下为盲肠，有孔与阑尾相连，向上续接升结肠。结肠分升结肠、横结肠、降结肠和乙状结肠4部。结肠表面有三条平行的结肠带，由纵肌层加厚形成，带间横沟隔成的袋状凸起，称结肠袋。横沟突向管腔，形成结肠的半月皱襞。除横结肠有系膜，活动性很大外，升、降结肠均无系膜，借结缔组织附于后腹壁，活动性很小。结肠的直径起始端约6 cm，逐渐递减为乙状结肠末端的2.5 cm，这是结肠肠腔最狭窄的部位。直肠是大肠末段，在骶、尾骨前面下行，穿过骨盆底终于肛门。直肠在骨盆底以上者称盆部，以下者称为直肠的肛门部（或称肛管）。直肠有三条横皱襞，围直肠一周，可起到支撑粪块的作用。肛管皮肤与直肠黏膜相连合处，可见到一条由肛瓣和肛柱下端所围成的一个锯齿形环形线，叫作齿状线。齿状线以上是直肠，肠腔内壁覆盖黏膜，齿状线以下是肛门，肛管覆盖皮肤，其上下的血管、神经和淋巴回流皆不相同。85%以上的肛门直肠疾病发生在齿状线附近，在临床上有重要意义。

（二）消化管组织学结构

消化管壁自内向外依次分为黏膜、黏膜下层、肌层及外膜（图6-4）。

1. **黏膜**　黏膜是管壁最内层，直接与食物接触，由上皮、固有层和黏膜肌层共同构成，消化管各部位黏膜存在较大差异。食管及以上、肛门齿状线以下的上皮质属复

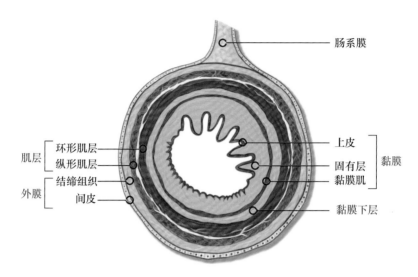

肠系膜

肌层 { 环形肌层
纵形肌层 }

外膜 { 结缔组织
间皮 }

上皮
固有层
黏膜肌 } 黏膜

黏膜下层

图6-4   消化管壁构造模式图

层扁平上皮，主要起到保护的作用；胃、小肠、大肠的上皮质为单层柱状上皮，主要作用为消化和吸收食物。胚胎时期，上皮向管壁内生长并分化形成消化道管壁中的小腺，如胃底腺、贲门腺、幽门腺、小肠腺及大肠腺等。固有层为纤细的疏松结缔组织，含有淋巴细胞、浆细胞、巨噬细胞等，构成一道防御屏障，而胃、肠的固有层内还富含小消化腺和淋巴组织。黏膜肌层为薄层外环内纵的平滑肌层，其收缩能改变黏膜形状，促进固有层内腺体分泌物排出和血液运行，有利于食物的消化和吸收。

2. 黏膜下层   黏膜下层在黏膜周围，主要由疏松结缔组织构成，内含血管、淋巴管、黏膜下神经丛等。在食管和十二指肠的黏膜下层内分别含有食管腺和十二指肠腺。黏膜及部分黏膜下层可共同向食管、胃、小肠等消化管腔内突起，形成皱襞，具有扩大黏膜表面积的作用。黏膜下层有支持、营养、调节黏膜的功能。

3. 肌层   在黏膜下层周围。食管上1/3的肌层为骨骼肌，下1/3为平滑肌，中1/3为骨骼肌和平滑肌混合组成。此外，肛门下部的肌层亦属于骨骼肌。其余消化道的肌层均由平滑肌组成。平滑肌纤维由内层环行和外层纵行排列组成，胃的肌层发达，分为内斜、中环和外纵3层，肌层之间有肌间神经丛，可调节肌层的运动。有些部位环形肌可增厚形成括约肌，如幽门括约肌、回盲部、肛门内括约肌等，括约肌收缩时能关闭管腔，舒张时可使管腔开放。

4. 外膜   分为纤维膜和浆膜两种。纤维膜由薄层结缔组织构成，主要分布于咽、食管、十二指肠大部和直肠。浆膜由薄层结缔组织及其外的间皮（单层扁平上皮）共同构成，可以保持胃肠外表面光滑，减少器官运动的摩擦，主要分布于胃、小肠和大肠的大部分。

（三）胃肠内分泌细胞

胃肠道内分泌细胞散在分布于胃肠道上皮和腺上皮内，产生和分泌的激素具有调节消化管和消化腺的功能。胃肠内分泌细胞的基部胞质内含有分泌颗粒，故又称基底

颗粒细胞。分泌颗粒外有膜包裹，直径
100～400 nm。各种细胞的颗粒不尽相同，
常以颗粒的数量、大小、形状、电子密度
以及免疫特性等作为鉴别不同内分泌细胞
的方法（图6-5）。此外，根据分泌颗粒对
银盐或铬盐的亲和性，可将其分为亲银细
胞及亲铬细胞。

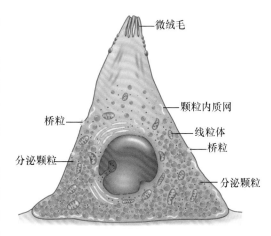

图6-5　胃肠内分泌细胞示意图

　　根据细胞的游离面是否直接接触管腔
或腺腔，又可将胃肠内分泌细胞分为开放型
细胞和闭合型细胞。开放型细胞大部分呈锥
形，其顶端有微绒毛突起伸向管腔，可直接
感受胃肠腔内食物成分等化学刺激，从而引
起细胞的分泌活动。闭合型内分泌细胞无微绒毛，与胃肠腔无直接接触，而是由相邻细
胞覆盖，它们的分泌可由神经兴奋或局部内环境的变化而引起，而与胃肠腔内的食物成
分无关。分泌颗粒的内含物可以从细胞基底面或侧面释放至毛细血管内，激素经血循环
传递至一定距离的靶细胞，即通过内分泌而发挥作用。毛细血管内的和消化管腔内的某
些物质也可由细胞基底面或顶面进入细胞，在细胞内加工变成分泌颗粒。激素物质还可
以通过细胞间隙弥散到邻近靶细胞，影响组织细胞的功能活动，称旁分泌。有些胃肠激
素（如胃泌素、胰多肽等）可直接分泌入胃肠腔内而发挥作用，称为腔分泌。

　　胃肠内分泌细胞在代谢方面都具有摄取胺前体，进行脱羧而产生活性胺的能力，
具有这种能力的细胞统称为APUD（amine precursor uptake and decarboxylation）细胞。
其他器官中也有APUD细胞，例如肾上腺髓质嗜铬细胞、甲状腺滤泡旁细胞、腺垂体
促肾上腺皮质激素细胞、促黑素细胞等，所有这些细胞组成了全身的APUD细胞系。

　　胃肠内分泌细胞根据其超微结构、分泌颗粒形态及所分泌激素种类可分为以下类
别（表6-1）。

表6-1　消化道主要内分泌细胞的名称、分泌产物和分布部位

细胞名称	分泌产物	分布部位
A 细胞	胰高血糖素	胰岛
B 细胞	胰岛素	胰岛
D 细胞	生长抑素	胰岛、胃、小肠、结肠
G 细胞	胃泌素	胃窦、十二指肠
I 细胞	胆囊收缩素	小肠上部
K 细胞	抑胃肽	肠上部
Mo 细胞	胃动素	小肠
N 细胞	神经降压素	回肠
PP 细胞	胰多肽	胰岛、胰腺外分泌部分、胃、小肠、大肠
S 细胞	促胰液素	肠上部
X/A 细胞	胃饥饿素	胃部

二、消化系统生理功能

（一）消化系统生理功能概述

消化系统主要的生理功能为消化和吸收。食物中的糖类、蛋白质、脂肪等营养物质以大分子形式存在，不能被人体直接利用。只有当大分子物质经消化而分解成诸如氨基酸、甘油、脂肪酸和葡萄糖等小分子物质，才能被人体吸收和利用。此外维生素、无机盐和水可直接被吸收利用。

消化是指食物中所含的糖、蛋白质和脂肪等在消化道内被分解为可吸收的小分子物质的过程，可分为机械性消化和化学性消化两种方式。机械性消化指食物经由消化道的舒缩活动研磨，并与消化液充分搅拌、混合，并被不断地推向消化道远端的过程；化学性消化是指在消化液中含有的各种消化酶的作用下，将食物中的大分子物质（主要是糖、蛋白质和脂肪）分解为可被吸收的小分子物质的过程。通常食物的机械消化与化学消化是同时进行的。食物经消化后，其消化产物以及维生素、无机盐和水通过消化道黏膜上皮细胞进入血液和淋巴的过程，称为吸收。未被吸收的食物残渣和消化道脱落的上皮细胞等在进入大肠后形成粪便，经肛门排出体外。消化和吸收是两个协同作用、密不可分的生理功能。

1. 消化道平滑肌的一般生理功能　　如前所述，消化道大部分管壁的肌肉由平滑肌组成。消化道平滑肌通过舒缩活动，推动食物前进，与食物的机械性消化密切相关，并促进食物的化学性消化和吸收。消化道平滑肌的特征与骨骼肌、心肌不完全相同，既有兴奋性、传导性、收缩性等共同特点，同时又具备自身的特殊性。

（1）舒缩缓慢：消化道平滑肌的兴奋性低，其收缩的潜伏期、收缩期和舒张期的时程均较骨骼肌和心肌长，一次舒缩活动甚至可达20 s以上。

（2）伸展性：消化道平滑肌具有较强的伸缩性，可根据实际情况进行很大的伸展，远远超过心肌和骨骼肌的伸长距离。其中胃的伸展性尤为突出，进食之后胃可伸长数倍，使得其在不发生明显压力变化的情况下容纳更多的食物。

（3）紧张性：消化道平滑肌经常保持在一种微弱的持续收缩状态，即具有一定的紧张性。正是有赖于这一特性，胃、肠等消化器官才能保持一定的形状和位置。平滑肌的各种收缩活动也是在紧张性的基础上发生的。切断支配平滑肌的外来神经后，平滑肌的紧张性仍然存在，提示紧张性属于肌源性，同时消化道平滑肌的紧张性在一定程度上也受中枢神经系统和激素的调节。

（4）节律性：将离体的消化道平滑肌置于适宜的环境中，其仍能进行自主的节律性运动，但其收缩缓慢且不规则，每分钟数次至十余次不等。

（5）电刺激不敏感：消化道平滑肌对电刺激不敏感，但对牵张、温度变化和化学刺激等反应强烈。如微量的乙酰胆碱或轻度的牵拉刺激即可引起消化道平滑肌的强烈收缩，微量的肾上腺素则使其舒张，温度的改变可引起消化道平滑肌的舒缩。平滑肌的这一特性可促进消化道内容物的推进。

2. 消化道平滑肌的电生理特性　消化道平滑肌具有较复杂的电活动，主要存在3种电变化，即静息电位、慢波和动作电位。

（1）静息电位：消化道平滑肌在静息状态下的电位较低，为−55～−60 mV，而骨骼肌静息电位约为−90 mv，神经细胞静息电位约为−70 mv。同时消化道平滑肌静息电位很不稳定，波动较大，能够不断地发生自动去极化。静息电位产生机制主要是由钾离子外流以及生理性钠泵的活动所形成，此外少量钠离子、钙离子内流，氯离子外流也参与了静息电位的产生。

（2）慢波：消化道平滑肌在静息电位的基础上，可自动产生周期性的去极化和复极化，因其发生频率较慢称为慢波或基本电节律，它决定了消化道平滑肌的收缩节律。消化道不同部位的慢波频率有所不同，其中胃的慢波频率为3次/分，十二指肠为12次/分，回肠末端为8～9次/分。慢波的波幅为5～15 mV，持续时间由数秒至十几秒。胃上部近贲门处节律性电活动较少，而越接近幽门区慢波波幅越大，传导速度也越快。

目前认为慢波起源于环形肌与纵行肌之间的卡哈尔细胞，其被认为是节律性电活动的起搏细胞，慢波可以通过电紧张的形式传至环形肌层与纵行肌层。基本电节律受自主神经调控，当交感神经兴奋时慢波削弱，副交感神经兴奋时慢波增强。但慢波的产生并不只依靠于自主神经，当切断支配胃肠的神经，或用药物阻断神经冲动后，基本电节律仍然存在；而当切断纵行肌与环形肌之间的联系后，环形肌的基本电节律消失。基本电节律产生的离子基础可能与细胞膜钠泵周期性的活动有关，当钠泵受到抑制时，静息电位去极化，当钠泵发挥作用时静息电位恢复。此外慢波电位一般不引起肌肉收缩，但其引起的去极化可以使膜电位接近阈电位水平，容易诱发动作电位的产生。

（3）动作电位：在慢波的基础上，消化道平滑肌受到各种理化因素刺激后，膜电位可进一步去极化，当达到阈电位时即可暴发动作电位，随之出现肌肉收缩。消化道平滑肌动作电位为单相峰电位，时程短（10～20 ms），又称快波。动作电位叠加在慢波的顶峰上，振幅为60～70 mV，以单峰或多个峰值的方式出现。平滑肌动作电位发生的机制可能与钙离子内流（升支）和钾离子外流（降支）相关。

消化道平滑肌的收缩与慢波、动作电位密切相关。动作电位在慢波去极化的基础上发生，从而引发平滑肌的收缩（图6-6）。慢波本身虽不能直接引起平滑肌的收缩，但其奠定了平滑肌收缩的基础，决定了平滑肌收缩的方向、频率和速度。

3. 消化腺的分泌功能　消化道黏膜内分布的腺体，以及唾液腺、胰腺、肝脏等可向消化道中分泌多种不同的消化液，诸如唾液、胃液、胰液、胆汁、肠液等。每日分泌的消化液总量可达6～8 L，这些消化液主要由有机物（多种消化酶、黏液、抗体）、离子和水组成（表6-2）。腺细胞主动分泌消化液的过程，主要包括从血液内摄取合成所需的原料、在细胞内合成分泌物，再以酶原颗粒和囊泡等形式储存，最后将分泌物排出细胞，发挥其作用。

消化液的主要功能包括稀释作用，使胃肠内容物与血浆渗透压接近，以利于各种物质的吸收；提供适宜的pH环境，以适应消化酶活性的需要；其含有的多种消化酶可

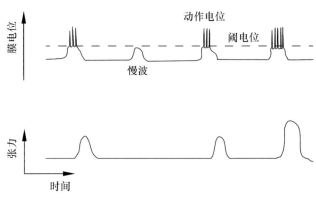

图6-6   消化道平滑肌电活动示意图

曲线为细胞膜电位，在第1、3、4个慢波期间出现了动作电位；下图曲线
展示了肌肉收缩的张力，动作电位数目越多，收缩幅度越大

水解食物中的大分子营养物质，便于其吸收；消化液中含有的黏液、抗体等能保护消化道黏膜，以防刺激因素对其损伤。

表6-2   消化液的主要成分

消化液	分泌量（L/d）	主要成分
唾液	1.0～1.5	黏液、唾液淀粉酶
胃液	1.5～2.5	盐酸、胃蛋白酶（原）、内因子、黏液
胰液	1.0～2.0	碳酸氢盐、胰蛋白酶（原）、糜蛋白酶（原）、羧基肽酶（原）、胰脂肪酶、胰淀粉酶、磷脂酶、胆固醇酯酶等
胆汁	0.8～1.0	胆盐、胆固醇、胆色素
小肠液	1.0～3.0	黏液、肠激酶
大肠液	0.5	黏液、碳酸氢盐

4. 消化道的神经支配及其作用　　消化道受分布于消化道壁内的内在神经系统和外来神经系统共同调节。

（1）内在神经系统：消化道的内在神经系统又称为肠神经系统，分布于从食管中段起至肛门止的绝大部分消化管壁内，由无数不同类型的神经元和神经纤维所组成。神经元包括感觉神经元和运动神经元，前者感受消化道内食糜成分、氢离子或牵张刺激等；后者支配消化道平滑肌、腺体和血管。各种神经元之间通过神经纤维形成一个十分复杂的神经系统。内在神经系统由两类神经丛交织而成，包括位于纵行肌和环形肌之间的肌间神经丛或称欧氏神经丛，以及位于环形肌和黏膜层之间的黏膜下神经丛或称麦氏神经丛。这些神经丛广泛分布于消化道壁内，将消化道壁内神经元、外来神经等连接在一起形成完整的神经系统，在调节胃肠运动和分泌以及胃肠血流中起重要作用（图6-7）。

（2）外来神经系统：消化道除口腔、咽、食管上端的肌肉及肛门外括约肌由躯体神经支配外，主要接受交感和副交感神经的支配。

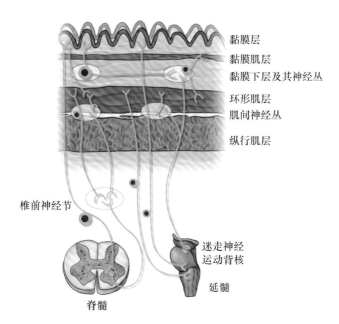

图 6-7　消化道壁内神经丛

1）交感神经：交感神经从脊髓胸腰段侧角发出，经交感神经的椎旁节、椎前节更换神经元后，节后纤维（释放去甲肾上腺素）终止于壁内神经丛内的胆碱能神经元，少数交感节后纤维直接支配消化道平滑肌、血管平滑肌和消化道腺细胞。交感神经兴奋时抑制胃肠道活动，使消化腺的分泌减少，但可以增强回盲括约肌及肛门内括约肌的紧张性。

2）副交感神经：副交感神经通过迷走神经和盆神经调节消化道功能。副交感神经节前纤维到达胃肠组织后，在壁内神经丛进行换元，其节后纤维（释放乙酰胆碱）可支配消化道平滑肌、腺细胞、上皮细胞、血管等。副交感神经兴奋时可使消化道收缩、腺体分泌增多、括约肌舒张。

5. **胃肠激素特征**　胃肠激素的分泌方式：胃肠激素主要是胃肠内分泌细胞分泌的激素，在化学结构上属于肽类，故又称胃肠肽。其对靶器官发生作用的方式主要有下列 3 种。

（1）经典内分泌或远距分泌：多数胃肠激素先释放至血液中，后通过血液循环途径抵达靶细胞而发挥作用。这些激素可用放射免疫方法从血液样品中测定出来。

（2）旁分泌：胃肠激素通过细胞外液间隙，弥散至邻近的靶细胞以传递局部信息，这种方式称为旁分泌。其作用方式的特点是少量激素即可起作用。生长抑素即通过旁分泌的方式，作用于邻近的 G 细胞（分泌胃泌素）、A 细胞（分泌胰高血糖素）以及 B 细胞（分泌胰岛素），起到抑制性调节作用。

（3）神经分泌：是指激素由神经元突触释放到突触与靶细胞间的间隙，从而发挥作用的过程。末梢释放的递质包括 P 物质、血管活性肠肽、生长抑素等。

除此之外，某些激素由细胞释放，反过来又作用于该细胞本身，称为自分泌；某些激素如胃泌素、促胰液素等，可直接分泌至胃肠腔中发挥作用，称为腔分泌。

6. **胃肠激素的生理作用**　胃肠激素的生理作用非常广泛，其主要作用是调节消化器官的功能。

（1）调节消化腺分泌：胃肠激素可作用于唾液腺、胃腺、胰腺、肠腺、肝细胞等腺体，从而促进消化酶、电解质、水分、黏液等物质的分泌。例如胃泌素可促进胃液、胆汁、胰酶、小肠液的分泌。

（2）调节消化管运动：胃肠激素可调节胃肠平滑肌、括约肌、胆囊等，例如胆囊收缩素引起胆囊收缩，胃泌素可促进胃的蠕动。

（3）营养作用：某些胃肠激素具有促进消化道组织生长的作用，称为营养性作用。例如胃泌素能刺激胃泌酸部位和十二指肠等部位的黏膜生长；缩胆囊素可促进胰腺外分泌组织的生长等。切除胃窦的患者，血清胃泌素水平下降，胃黏膜出现萎缩；而血清胃泌素水平很高的患者，其胃黏膜组织会出现增生。

（4）调节其他激素的释放：诸多激素可以调节其他激素的释放。例如从小肠释放的抑胃肽不仅抑制胃液分泌和胃运动，而且有很强的刺激胰岛素分泌的作用；生长激素具有抑制多种激素分泌的作用等。

（5）调节胃肠道血流：血管活性肠肽（VIP）可扩张血管；神经降压素可引起小肠血管舒张和血压降低；生长抑素可降低内脏及门静脉血流，是胃底食管静脉曲张破裂出血患者的首选用药。

（二）消化系统各部位的生理功能

1. **口腔内消化**　消化过程从口腔开始，食物在口腔内咀嚼15～20 s，且被唾液湿润而便于吞咽。由于唾液的作用，食物中的某些成分还在口腔内发生较弱的化学消化反应。

（1）唾液性质及分泌：人的口腔内有3对主要的唾液腺：腮腺、颌下腺和舌下腺，还有无数散在分布的小唾液腺。大小唾液腺分泌的混合液组成唾液。正常成年人每日分泌唾液量为1.0～1.5 L，其无色无味，pH值6.6～7.1，比重1.002～1.012。唾液中水分占绝大多数（99%），其余为有机物及无机物，前者主要为黏蛋白，以及免疫球蛋白（IgA、IgG、IgM）、氨基酸、尿素、尿酸、唾液淀粉酶和溶菌酶等，后者包括钠、钾、钙、氯、碳酸氢盐等离子。此外，唾液中还有一定量的气体分子，如氧、氮和二氧化碳。

唾液可以湿润口腔，溶解食物，利于吞咽并产生味觉；唾液还可清洁和保护口腔，清除口腔中的食物残渣，当有害物质进入口腔时，溶菌酶和免疫球蛋白具有杀菌作用；唾液中的唾液淀粉酶可使淀粉分解成为麦芽糖；唾液还可帮助排出进入人体内的某些异物（如铅）。食物进入胃后，唾液淀粉酶在一段时间内仍具有活性，直至pH值降为4.5为止。

唾液分泌的调节依靠神经反射进行，包括非条件反射和条件反射两种。食物对口腔机械的、化学的和温度的刺激可引起非条件反射，其过程为口腔黏膜和舌的神经末梢（感受器）发生兴奋，冲动沿传入神经纤维到达中枢，再由传出神经到唾液腺，引起唾液分泌。此外食物的形状、颜色、气味，以及进食的环境等可通过条件反射引起唾液分泌，"望梅止渴"是典型的条件反射性唾液分泌的案例。

（2）咀嚼：咀嚼是由各咀嚼肌有顺序地收缩所组成的复杂的反射性动作，主要起到对食物进行机械性加工的作用。咀嚼肌包括咬肌、翼内肌、翼外肌和颞肌等，可以产生很大的压力以磨碎食物，便于吞咽，同时可以使唾液淀粉酶与食物充分混合，此外咀嚼还可以引起胃、胰、肝、胆囊等的活动，为消化及代谢过程创造有利条件。

（3）吞咽：使食团从口腔进入胃的过程称为吞咽。根据食团在吞咽时所经过的部位不同可将整个吞咽过程分为3期。

1）口腔期：是指食物从口腔到咽部的过程，此动作是在来自大脑皮质的冲动的影响下进行的随意运动。通过舌尖上举、下颌舌骨肌收缩等动作把食团推向咽部，整个过程主要依靠舌的运动完成。

2）咽期：是指食物由咽到食管上端，是通过一系列急速的反射动作而实现的。首先软腭部的感受器受到食团的刺激，引起肌肉收缩，封闭了气管通路，防止食物误入呼吸道；同时食管上口张开，食团从咽被快速挤入食管。

3）食管期：是指食团从食管上端下行至胃的过程，是由食管肌肉的顺序收缩而实现的。首先食团刺激食管上括约肌收缩，食管随即产生自上而下的肌肉的顺序收缩，又称蠕动。当食物上端食管出现收缩波，其下端食管即出现舒张波，这样食团就很顺利地被推送前进。食管的蠕动波为2～4 cm，其速度为每秒2～5 cm。成年人自吞咽开始至蠕动波到达食管末端约需9 s。

2. 胃的消化　胃的消化功能主要包括胃运动的机械性消化和胃液的化学性消化，食物经胃消化后形成食糜，进入十二指肠。胃的外分泌腺主要有三种：分布于胃与食管交界的贲门腺，分泌碱性黏液；分布于胃底和胃体的泌酸腺，分泌胃蛋白酶原（主细胞）、盐酸和内因子（壁细胞）及黏液（黏液颈细胞）；分布于幽门的幽门腺，分泌碱性黏液。此外，胃黏膜内含有诸多内分泌细胞，主要包括分布于胃窦的G细胞，分泌胃泌素和促肾上腺皮质激素（ACTH）样物质；分布于胃底、胃体和胃窦的D细胞，分泌生长抑素；分布于胃泌酸部位的肠嗜铬细胞，释放组胺。

（1）胃液生理功能：胃液是一种pH值为0.9～1.5的无色液体，成年人每日分泌量为1.5～2.5 L，成分包括盐酸、胃蛋白酶、内因子、碳酸氢盐和黏液等。

1）盐酸：盐酸由胃的壁细胞分泌，又称胃酸。胃酸由游离酸及结合酸组成，二者的总浓度合称为总酸度，其中游离酸占绝大部分。胃液中的氢离子最大浓度约150 mmol/L，远远高于血液中氢离子的浓度，因此壁细胞分泌氢离子的过程是需要耗能的主动分泌过程，主要与壁细胞顶膜上的质子泵作用相关。质子泵每水解1分子ATP，可使壁细胞内的1个氢离子分泌入管腔，同时使1个钾离子进入壁细胞内，故其又称为氢钾ATP酶。胃的壁细胞泌酸的基本过程为水在细胞内分解，产生氢离子，氢离子通过质子泵作用主动分泌至分泌小管管腔，并从管腔内换回1个钾离子，同时壁细胞顶端膜上的钾离子及氯离子通道开放，细胞内的氯离子分泌至管腔，与管腔内的氢离子结合形成盐酸，至此完成胃酸的分泌（图6-8）。

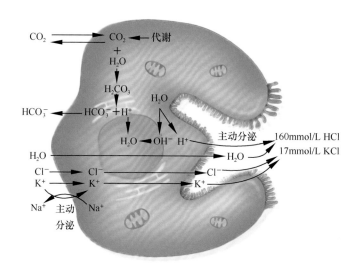

图 6-8 胃壁细胞泌酸过程示意图

盐酸的生理作用主要包括：激活胃蛋白酶原，使之转变为有活性的胃蛋白酶，并为其提供适宜的酸性环境以发挥作用；可杀除随食物进入胃内的细菌；促进促胰液素、缩胆囊素的释放；与食物中的蛋白质反应，使其变性；形成可溶性钙盐和铁盐，利于人体吸收。

2）胃蛋白酶原：主细胞、黏液颈细胞、贲门腺、幽门腺可分泌胃蛋白酶原，其中以主细胞分泌为主。胃蛋白酶原需要在胃酸作用下转变为具有活性的胃蛋白酶，从而发挥作用，同时胃蛋白酶还可进一步激活胃蛋白酶原。胃蛋白酶能水解蛋白质，但其必须在酸性较强的环境中才有发挥作用，最适 pH 为 2.0～3.5。

3）黏液和碳酸氢盐：胃黏液由黏膜表面的上皮细胞、黏液颈细胞，以及贲门腺和幽门腺分泌。其与胃内的碳酸氢盐形成黏液-碳酸氢盐屏障，抵御胃酸及胃蛋白酶的侵袭，起到保护胃黏膜的重要作用。当饮酒过多或服用氨基水杨酸类药物时，可破坏此屏障，造成胃黏膜受损，严重时可形成溃疡。

4）内因子：内因子是由壁细胞分泌的一种糖蛋白，可与食入的维生素 B_{12} 结合，保护维生素 B_{12} 不被小肠内水解酶破坏，同时促进其被回肠上皮吸收。若机体缺乏内因子，可因维生素 B_{12} 吸收不良造成巨幼红细胞性贫血。

（2）胃的运动：胃运动的基本形式包括容受性舒张、紧张性收缩和蠕动。

1）容受性舒张：进食动作以及食物刺激口腔、咽、食管等处的感受器，反射性引起胃底和胃体的舒张，称为容受性舒张。其可使胃容量达到 1.5 L 以上，大大增加胃容量，便于储存大量食物，而胃内压却无显著升高，防止食物过早排入小肠。

2）紧张性收缩：胃壁平滑肌缓慢持续收缩，称为紧张性收缩。这种运动能使胃保持一定的形状和位置，防止胃下垂；有利于胃液渗入食物中，更好地完成化学性消化；协助推动食糜排入十二指肠。

3）蠕动：胃的蠕动始于胃体中部，并向幽门方向推进。蠕动波开始时较弱，在传播途中逐渐加强，在幽门处最强，此过程利于食糜通过幽门进入十二指肠。胃蠕动的生理作用包括磨碎进入胃内的食物，完成机械性消化，并促进食物与胃液充分混合，更好地进行化学性消化，最终将其逐步推入十二指肠。

3. 小肠内消化 小肠内消化是消化过程中最重要的阶段，食物经小肠内胰液、胆汁和小肠液的化学性消化及小肠运动的机械性消化后，基本上完成了消化过程，营养物质被小肠黏膜吸收。

（1）胰液的生理功能：胰腺分泌的胰液具有很强的消化功能，可分解蛋白质、糖类、脂肪等物质，是重要的消化液。胰液是无色无味的、pH为7.8～8.4的液体，其组成成分包括水、无机物（钠离子、氢离子、碳酸氢根离子）以及有机物（各种消化酶）。

无机物主要由胰腺小导管上皮细胞分泌，主要包括碳酸氢根离子及氯离子，主要生理作用是中和胃酸，保护肠黏膜免受强酸的侵蚀，并为小肠内多种消化酶的活性提供适宜的pH环境。

胰液中的有机物主要包括淀粉、蛋白质和脂肪的水解酶。胰淀粉酶由胰腺腺泡细胞分泌，其生理作用是水解淀粉、糖原及其他碳水化合物（糊精、麦芽糖、麦芽寡糖），以利于其被人体吸收利用。胰脂肪酶由胰腺腺泡细胞分泌，其生理作用是分解脂肪为脂肪酸、甘油一酯及甘油，分解过程需要胰腺分泌的辅酯酶的存在，以利于胰脂肪酶、辅酯酶和胆盐形成复合物，促进其分解脂肪的作用。胰蛋白酶以酶原形式被胰腺腺泡细胞分泌，主要包括胰蛋白酶、糜蛋白酶、弹性蛋白酶、羧基肽酶等。胰蛋白酶原可被肠激酶激活为胰蛋白酶，而胰蛋白酶也可自身激活胰蛋白酶原，同时活化的胰蛋白酶可激活糜蛋白酶原、弹性蛋白酶原及羧基肽酶原，进而发挥分解蛋白的生理作用。

（2）胆汁的生理功能：胆汁由肝细胞分泌，在消化期胆汁经肝管、胆总管排入十二指肠，促进脂肪的消化分解和脂溶性维生素的吸收；在非消化期胆汁由肝管转入胆囊管并储存于胆囊。胆汁由胆盐、胆色素、胆固醇、卵磷脂及多种无机物和水组成，成人每日胆汁分泌量800～1000 mL，胆囊可储存胆汁40～70 mL。肝细胞分泌的直接流入小肠的为肝胆汁，呈金黄色，在胆囊中储存的胆汁因被浓缩而颜色加深。高蛋白食物可使胆汁分泌量增多。

1）胆盐：由胆汁酸与甘氨酸或牛磺酸结合而成，参与脂肪消化和吸收，通过肠-肝循环将排入小肠的胆汁重新吸收入血，经门静脉进入肝脏后再合成胆汁。胆汁中的胆盐、胆固醇和卵磷脂等都可减低脂肪的表面张力，使脂肪乳化成微滴，通过扩大胰脂肪酶的作用面积，加速脂肪的分解（图6-9）。

2）胆盐：可帮助脂肪分解形成的产物被人体吸收。胆盐首先聚合形成微胶粒，其后脂肪酸、甘油一酯、胆固醇等脂溶性物质渗入微胶粒中，形成具有水溶性特点的混合微胶粒，从而被小肠吸收，此过程对于脂肪消化产物的吸收具有重要意义。

3）胆汁：可通过促进脂肪的消化和吸收，进而促进脂溶性维生素（维生素A、维生素D、维生素E、维生素K）的吸收。

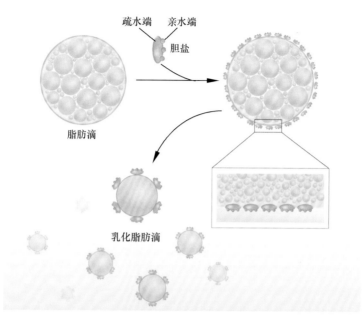

图6-9　脂肪乳化示意图

（3）小肠液的生理功能：小肠液是由分布于十二指肠的十二指肠腺（布氏腺）和分布于整个小肠的小肠腺（李氏腺）分泌而成。小肠液呈弱碱性，含有水、电解质、免疫球蛋白（IgA）以及肠激酶。其中肠激酶可以激活胰蛋白酶原，形成具有活性的胰蛋白酶，进而发挥蛋白水解作用。而弱碱性的黏液能保护肠黏膜免受机械性损伤和胃酸的侵蚀，免疫球蛋白能抵御进入肠腔的有害物质。

（4）小肠的运动：小肠的运动形式包括紧张性收缩、分节运动和蠕动三种。

1）紧张性收缩：小肠平滑肌紧张性收缩是小肠所有运动有效进行的基础。紧张性收缩可使小肠平滑肌保持适当的紧张度，有利于保持肠道形状，维持肠内压力。当小肠紧张性降低时，肠腔趋于扩张，肠内容物的混合和转运减慢；当小肠紧张性升高时，小肠内食物的混合和运转速度就会加快。

2）分节运动：这是一种以环形肌节律性收缩和舒张为主要表现的运动形式。在食糜所在的一段肠管内，环形肌在多部位同时收缩，把食糜分割成许多节段，随后该部位发生舒张，而舒张部位发生收缩，进而使得食糜得以不断混合。分节运动的主要作用不在于使食糜向前推进，而是使食糜与消化液进行充分混合，并进行化学性消化，同时增强食糜与肠壁的接触，利于营养物质被更好地吸收。

3）蠕动：小肠的蠕动可发生在小肠的任何部位，其速率为0.5～2.0 cm/s，近端小肠的蠕动速度大于远端，蠕动向肠道远端传播。小肠蠕动速度较慢，距离较短，有利于食糜在向前推进的同时，有充足的时间进行消化和吸收。此外，小肠还存在一种称为蠕动冲的蠕动形式，其速度快于一般的蠕动，最快可达25 cm/s，其传播距离远，蠕可把食糜从小肠始端一直推送到大肠。

4. 大肠的生理功能　　大肠液由大肠黏膜中的上皮细胞及杯状细胞分泌，其中以黏液和碳酸氢盐为主，可以起到保护肠黏膜、润滑粪便的作用。此外，大肠内存在大量细菌，可占粪便总重的20%～30%，这些细菌构成了一个复杂的生态系统，对于维持人体的内环境稳定具有十分重要的作用。

大肠的运动较为缓慢，可帮助人体吸收水分和暂时贮存粪便。大肠运动形式包括袋状往返运动、分节推进和多袋推进运动以及蠕动。袋状往返运动是人体空腹时最常见的非推进性运动，有助于水分的吸收。分节推进和多袋推进运动有助于大肠内容物向下推移。而集团蠕动是一种进行快且移行远的强烈蠕动，通常发生于饭后，可将部分大肠内容物一直推送到结肠下端，甚至推入直肠，引起便意，这种现象称为胃-结肠反射。

第二节　脑肠轴概述

早在2000多年前，希波克拉底首次提出了胃肠道在人类疾病中的重要性，他说"所有的疾病都始于肠道"。随着科学的进步，研究者发现肠道功能障碍常伴随着各种中枢神经系统疾病，且不断有新的证据表明，肠道功能障碍或是中枢神经系统疾病发生的诱因。从人类胚胎发育开始，大脑和肠道之间的这种特殊联系贯穿人的一生。"脑-肠轴"的概念于20世纪80年代提出，是指大脑和肠道之间存在的一个极其复杂的沟通系统，其不仅能调节肠道内环境稳态，而且对人的情感、动机及认知功能可产生多重影响，中枢神经系统和肠神经系统通过双向通信将大脑的情感及认知中心与肠道免疫、肠道通透性、肠道神经反射、肠道内分泌信号等肠道功能紧密地联系起来。

脑肠轴的双向通信网络包括肠神经系统、中枢神经系统、自主神经系统、下丘脑-垂体-肾上腺轴等。肠神经系统的许多神经递质与中枢神经系统相同，其组成的神经环路控制消化道肌层和黏膜的功能，环路包括感觉神经元、运动神经元和中间神经元，这些均与中枢神经系统十分相似。自主神经系统包括交感神经系统和副交感神经系统，由一亿多个神经元组织成高度复杂的微电路网络，可同时支配源于肠腔并经过肠道、脊髓和迷走神经通路传递到中枢神经系统的传入信号，以及从中枢神经系统到肠壁的传出信号。肠神经系统与中枢神经系统的沟通一般是通过迷走神经、椎前神经节、周围神经系统和交感神经系统进行连续和双向地交流实现。下丘脑-垂体-肾上腺轴作为调节人体对各种应激适应性反应的关键传出信号轴，下丘脑属于边缘系统的一部分，是参与大脑记忆和情绪反应的重要区域。在环境压力或全身炎症因子升高情况下，下丘脑分泌的促肾上腺皮质激素释放因子刺激脑垂体分泌促肾上腺皮质激素，进而促进肾上腺释放皮质醇。皮质醇是一种主要的应激激素，影响包括大脑在内的诸多人体器官。因此，脑肠轴在神经、免疫和激素的通信网络下相互联系、相互影响，在调节人体生理功能中起着重要作用。

一、大脑到肠道的信号通路

大脑通过无数的神经、激素和免疫途径向胃肠道等机体脏器发出信号，包括交感-肾上腺轴、下丘脑-垂体-肾上腺轴、自主神经系统以及调节背角兴奋性和脊髓反射的单胺能神经通路（图6-10）。下丘脑和杏仁核对这些通路起主要调控作用，负责接收来自前扣带皮质、内侧前额叶皮质等多个大脑皮质区域的传入信号。而外侧前额叶皮质和眶额皮质层也参与了这一信号传递过程，它们将体内稳态相关信号（如食物摄入、内脏疼痛和肠道内稳态）传递给内侧前额叶皮质，后者可对这些信号进一步收集整合。这个复杂网络的输出信号通过中脑导水管周围灰质的映射整合成清晰的运动模式，然后传递到脑桥和髓质的中缝核、蓝斑复合体和迷走神经背侧复合体。这种皮质-边缘系统-脑桥神经信号网络被称为情感运动系统，其内侧区域调节与胃肠功能相关的脊髓反射，外侧区域整合和调节运动自主神经、神经内分泌和疼痛相关反射。由此可见，情感运动系统的两个区域都可对肠道功能进行调节。研究表明，内侧区域通过激活下行的5-HT能疼痛抑制信号通路调节进食后的疼痛相关行为。相反，外侧区域则可能通过激活区域自主神经系统影响不同的内脏运动模式。此外，在肠道的感受反馈、情绪低落、认知障碍或愤怒、恐惧、悲伤等强烈情绪条件下，也可以激活区域自主神经系统。

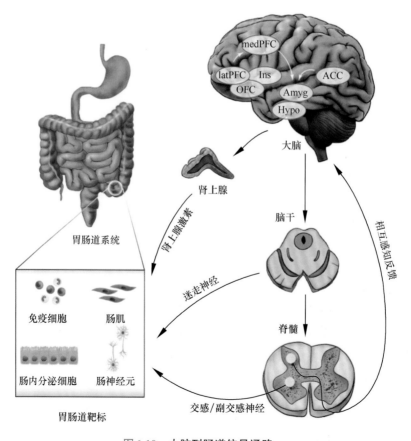

图6-10　大脑到肠道信号通路

1. **交感神经系统通路**　交感神经系统对胃肠道功能的调节已得到充分证实。交感神经系统可以通过调节胆碱能信号传递和刺激肠壁括约肌收缩支配肠道，引起肠道血管收缩、抑制腺体分泌和肠道运动，总体效果是减缓胃肠道传输、运动和分泌。此外，交感神经系统可能通过调节肠道免疫细胞参与调节肠道黏膜免疫系统和肠道黏膜-肠道菌群间的相互作用。

2. **副交感神经系统通路**　副交感神经系统中的迷走神经和骶传出神经分别支配前肠和后肠结构，对胃肠功能的调节也有重要影响。迷走神经不仅可以向胃、小肠和近端结肠提供输入信号，还可以向肠神经系统传入信号促进头期胃液分泌，刺激肠内分泌细胞和嗜铬细胞释放含有肽类颗粒和5-HT。免疫细胞也受副交感神经调节，其中，迷走神经调节巨噬细胞的激活是迷走-迷走神经抗炎反射的一部分，这种反射由主要来自髓质迷走神经背侧运动核的传出纤维驱动，可降低促炎细胞因子水平。

3. **下丘脑-垂体-肾上腺轴通路**　下丘脑-垂体-肾上腺轴是人体内主要的神经内分泌系统之一，是应激反应的重要协调器。该信号轴释放的糖皮质激素进入体循环后，会快速分布到全身各个器官，为"战斗或逃跑"的身体做好准备。在大脑中，糖皮质激素可与高亲和力的盐皮质激素受体和低亲和力糖皮质激素受体产生相互作用，而糖皮质激素作用于下丘脑和垂体时产生负反馈，抑制肾上腺分泌。此外，下丘脑室旁核的活动受交感神经、副交感神经、边缘回路等多种传入信号的调节。下丘脑-垂体-肾上腺轴与肠道和大脑之间的其他非神经元和神经元通信途径也可产生相互作用。迷走神经刺激可增加下丘脑促肾上腺皮质激素释放因子mRNA的表达。

总而言之，交感神经系统、副交感神经系统和下丘脑-垂体-肾上腺轴在脑肠轴中"自上而下"的信号沟通中发挥着主要作用，并调节胃肠道分泌、运动和免疫相关活动。

二、肠道到大脑的信号通路

肠神经系统有超过2亿个神经元，被称为"胃肠道大脑"，其神经网络覆盖的面积是人体皮肤表面积的100倍，拥有约3/4人体免疫细胞。这个复杂而广泛的神经网络通过内分泌、神经元和免疫信号与大脑实现双向交互（图6-11）。

1. **内分泌信号通路**　肠道是体内最大的内分泌器官，拥有超过20种不同类型的肠内分泌细胞，其中许多是"开放"细胞，其微绒毛簇顶端突入肠上皮细胞之间，对管腔中的化学物质进行取样。其他处于"封闭"状态的肠内分泌细胞则与管腔内物质不直接接触。肠内分泌细胞根据其特征分布在胃肠道不同位置，释放的化学物质包括：胆囊收缩素（I细胞）、生长抑素（D细胞）、肠胃抑肽（K细胞）、促胰液素（S细胞）、胃动素（M细胞）、5-HT（EC细胞）等。肠内分泌细胞通过肠神经系统参与消化功能的调节，并通过内分泌和旁分泌信号与迷走神经传入神经建立联系。肠内分泌细胞参与内分泌信号传导的机制包括钙依赖性脂肪酸酰基链的激活、G蛋白偶联受体40的激活、微绒毛机械敏感阳离子通道的开放引起的去极化以及迷走神经的信号传出。例如，肠嗜铬细胞是肠内分泌细胞之一，机体95%的5-HT来源于肠道。受肠道剪切力的刺

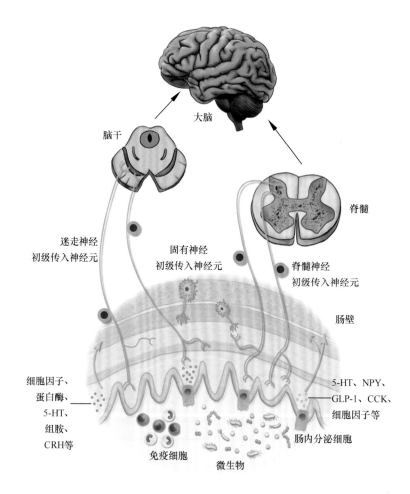

图6-11　肠道到大脑的信号通路

激，肠嗜铬细胞在基底外侧和管腔释放5-HT，而5-HT是启动肠蠕动和分泌运动反射的必需激素，但其是否会在中枢神经系统的信号传递中发挥作用尚不明确。

2. 神经元信号通路　迷走传入神经和脊髓传入神经支配包括食管、胃肠、肝脏、胆囊、胰腺等整个消化道。胃肠道感觉信息通过迷走传入神经和脊髓传入神经被分别传递至脑干和脊髓。支配食管的迷走传入神经胞体主要由位于颈静脉节（上神经节）的神经元支配，而胃肠道由结状神经节（下神经节）的神经元支配。颈静脉节的神经元来源于神经嵴，而结状神经节的神经元来源于腮背基板，这也可能是二者在功能特征上存在差异的原因。脊髓传入神经的胞体也源于神经嵴，形成沿脊髓全长节段性成对分布的背根神经节。根据其部位不同，将支配胃肠道的脊髓传入神经分为胸腰段背根神经节和腰骶段背根神经节两部分，前者通过内脏神经通路发出纤维，并与交感传出纤维伴行到达胃肠道；后者（$L_5 \sim S_3$）通过盆神经通路发出纤维，沿副交感神经的路径到达胃肠道。迷走传入神经元和脊髓传入神经元均为假单极神经元，具有一条向中枢发出的中枢轴突。迷走传入神经在中枢神经系统内主要终止于脑干背内侧的孤束核和孤束核附近的最后区。脊髓传入神经主要经脊髓背根和腹根投射入脊髓，进而投射至背外侧束，然后沿脊髓向头尾两侧传递，其侧枝在内侧和外侧包围脊髓背角，主要终止于板层Ⅰ和Ⅴ。这些神经元的周围轴突终止于胃肠道壁的各层结构内，形成各种神经末梢，分布于浆膜和肠系膜、肌层、黏膜下组织和肠神经节中。在胚胎起源、终端分布以及向中枢神经系统投射通路的不同，导致了结状神经节传入纤维、颈静脉节传入纤维和脊髓传入纤维所传递的感觉信息种类的明显差异。总体而言，结状神经节传入纤维传递生理性信息，而内脏神经传入纤维传递痛觉信息，盆神经传入纤维对这两种感觉的传递均有参与。

3. 免疫信号通路　人体大约3/4的免疫细胞位于胃肠道，也被称为肠道相关淋巴组织，是人体的主要免疫防御器官。肠神经系统参与先天性和适应性免疫反应，免疫细胞表达针对神经递质的受体，而神经元也表达针对免疫介质的受体，是神经免疫相互作用的基础。免疫细胞释放的细胞因子可通过神经元上表达的病原相关分子模式、损伤相关分子模式和其他特异性受体来调节神经元活性。神经-免疫交互对话参与了促炎神经反射和抗炎神经反射，神经和免疫细胞之间联络的连续性对于消化道免疫系统的发育和黏膜稳态的维持具有重要作用。单层柱状肠上皮细胞形成了约100万亿肠道微生物与机体之间的物理屏障，机体肠道维持稳态的关键机制就是调节肠道微生物、肠上皮细胞和免疫监视细胞之间的相互作用。研究证实，肠道微生物的缺乏会影响肠道相关淋巴组织的发育。肠道免疫细胞对肠道共生细菌保持低反应性，但对病原菌反应过度，这也暗示了肠道免疫系统可以从病原体中识别出共生细菌并产生适度的反应以维持正常的菌群稳态。当肠上皮损伤时，位于肠道固有层中的淋巴组织（如集合淋巴结）通过特定的免疫细胞从微生物上识别抗原，然后将其输送到集合淋巴结中的抗原递呈细胞和固有层中的树突状细胞，进而修复免疫损伤。肠道免疫细胞表面存在大量受体，可以识别病原体相关的分子抗原。迷走神经传入纤维既存在对肠道内分泌细胞分泌产物的反应受体，其末端也存在细胞因子、蛋白酶、5-HT、组胺等免疫细胞产物的反应受体。此外，免疫细胞可能对肠内分泌细胞功能也具有调节作用，例如肠道炎症动物模型中胆囊收缩素释放会有所增加。

三、肠神经系统

肠神经系统普遍被认为是"胃肠道的大脑"，也就是说肠神经系统和中枢神经系统一样也是由层次分明的神经结构组合而成。这种多层次的神经网络调控着消化道内肌肉组织、分泌腺体和血管系统的生理行为。肠道协调的肌肉运动模式和腺体分泌模式恰恰反应了来自肠神经的信号输出是经过整合处理的。在不同的特定消化状态下均可观察到这种协调的管理模式。例如，在小肠中可以观察到无运动状态、餐后状态、消化间期的移行性复合运动、防御状态等4种消化状态，而在结肠中可观察到结肠袋形成、生理性肠麻痹、排便性强力推进、防御等4种行为模式。神经元的亚细胞生理学和神经元之间的突触传递是层级网络底部的两个层级。神经元经突触相互连接形成单一且固定的多突触反射环路，这是所有运动模式和分泌行为的基础。突触连接属于层级网络的中间层，是神经信号发射器，驱动反射环路的定时重复运动。由不同类型神经元组合而成的控制各种行为模式的处理器，也包括这些神经元之间的突触连接以及与更低层级的微环路连接，属于层级网络中的次顶层。而如前所述的每种消化状态最终会存储在一个程序库中，这就是顶层神经网络。胃肠道系统的这种可塑性或适应性的程序化行为是顶层神经网络的典型特征，存储于肠神经系统程序库中的各种特定行为的程序化功能，就像现代科技中的软件应用程序一样，精准有序地调控胃肠道各种行为模式。

1. **第一层：神经元和神经递质** 与中枢神经系统相似，肠神经系统也通过感觉神经元、中间神经元和运动神经元之间的化学突触实现神经信号的传递。以突触相互连接形成网络的中间神经元包含控制不同运动模式的程序库，主要处理关于消化状态的信息，调节运动神经元活性。肠道肌肉组织、分泌腺体和血管受运动神经元支配，该神经元放电时，可以启动或抑制肌肉组织的收缩活动，其放电频率受中间神经元微环路的信号调控，进而决定实时的肌肉收缩张力。负责腺体分泌的运动神经元被激活时，可刺激调控渗透压的氯离子、调节 pH 的碳酸氢根和肠道表面保护黏液的分泌。而腺体分泌运动神经元中的一个亚群不仅可刺激腺体分泌，还可同时扩张腺体周围血管以增加腺体周围血流，进一步增强腺体分泌功能。先天性巨结肠患者肠神经纤维的缺失也从侧面说明了其对于肠道生理运动不可或缺的重要性。贲门失弛缓症、肠易激综合征、慢性假性肠梗阻等疾病都与肠神经的病变有关。

2. **第二层：多突触反射环路** 消化道最基本的运动功能是进食后将食物从食管有序推进至肛门，这种推进运动是一种程序化复合收缩运动。"推进"和"接收"两个收缩节段共同组成了胃肠道纵行肌和环形肌的神经源性收缩行为，它们彼此相互连接、相互转化。推进段的环形肌处于收缩状态时，肠腔周径缩小，肠腔对食物压力增大；而此时接收段环形肌舒张，纵行肌收缩，该段肠腔扩张、周径增大。因此，推进段的肠腔压力迫使腔内食物向下游扩张的接收段肠腔移行。这种环形肌和纵行肌收缩行为构成了程序化的复合收缩运动，并会随着下游固定环路的不断激活，推进食物继续前行。而固定的多突触反射环路的激活是肠道肌肉程序化复合运动的基础，该环路既可以被肠腔扩张和机械感受器激活，也可以被黏膜表面张力的剪切力激活。当该环路被激活时，进一步激活支配纵行肌的兴奋性运动神经元，纵行肌收缩成为接收段。而环形肌收缩时，支配环形肌的抑制性运动神经元会失活。

3. **第三层：中央模式发生器** 在几乎所有自主整合性神经系统中，中央模式发生器是不依赖任何感觉输入产生重复性运动行为的神经环路。该环路是包括行走、咀嚼、进食、呼吸运动等在内的机体50多种节律性运动行为的基础，而肠道内节律性和周期性运动和分泌行为说明肠神经系统层级网络的较高层级中或存在中央模式发生器。中央模式发生器存在3种共同属性：由节律性动作电位定时产生组成运动输出模式，该动作电位不是由单一神经元启动，而是来源于神经元组合；重复性行为的程序化模式，可由单个"指令神经元"激活，也可以由旁分泌的神经调质激活；感觉反馈可启动或修正运动行为，但是感觉输入消失后程序化运动仍将继续。肠神经系统中的内源性神经元振荡器控制着肠道肌肉运动和腺体分泌神经元重复放电的时序。被激活的中央模式发生器神经元可在相当长的一段时间内持续放电产生动作电位，并可精确地根据峰电位设定动作电位产生的频率，这种放电现象不会因突触传递的阻断而停止。肠道旁分泌神经调质也可激活中央模式发生器，但需要神经调质达到相应阈值浓度，这个浓度就相当于"开关"，可以开启 - 关闭激活肠神经系统。

4. 第四层：可塑性和适应性　自主整合性神经系统的可塑性是指其具有进行自我修正或改变的能力，即在去除自体的一部分后，其在活动性方面出现适应性的变化，机制尚不明确。这种可塑性表现在运动模式的瞬时适应性改变和其受损后呈现的缓慢"再学习"或复原的过程，瞬时适应性使得现有的神经连接可以满足新的需求。肠神经系统是"胃肠道大脑"，拥有自主整合性神经系统绝大多数的特征，因此推测肠神经系统具有可塑性特征，但仍需进一步研究证实该推论。

四、脑 - 肠 - 微生物群轴

人体肠道定植了细菌、病毒、真菌等大量的微生物，它们统称为肠道微生物群。肠 - 脑轴在维持机体稳态的重要性早已被认识到，但近十几年来，肠道微生物群作为肠 - 脑互动功能的关键调节器逐渐受到科学家的关注。肠道微生物群可通过短链脂肪酸、支链氨基酸、肽聚糖等多种代谢产物直接或间接与脑 - 肠轴中免疫系统、迷走神经系统和肠神经系统形成双向交流，组成了脑 - 肠 - 微生物群轴（图6-12）。该轴在研究精神疾病、神经发育、年龄相关疾病和神经退行性疾病的生物学和生理学基础的领域发挥越来越重要的作用。肠道微生物群通过调节大脑中应激反应、焦虑和记忆功能相关的神经内分泌系统与中枢神经系统相互作用，且其中许多作用是菌株特异性，也提

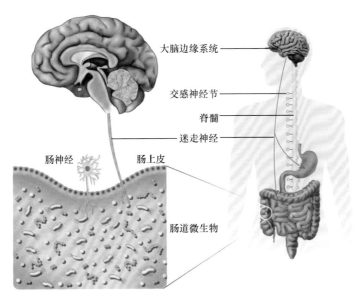

图6-12　脑 - 肠 - 微生物群轴

示某些益生菌菌株作为神经系统疾病的新辅助治疗策略具有潜在价值。此外，中枢神经系统对微生物群组成的影响可能是通过干扰其所在肠腔黏膜生理环境实现的，这种干扰可以通过补充益生菌或改变饮食来恢复。微生物群、肠道和大脑之间双向交流的具体机制虽未完全清楚，但主要与神经、免疫、内分泌途径相关。新兴的脑-肠-微生物群轴科学研究有可能改进肠易激综合征、自闭症、焦虑症、肥胖症、精神分裂症等多种脑肠相关疾病的常规疗法。研究人员正进一步鉴定某些胃肠道疾病中特有的"肠道微生物指纹"，这将有利于对个体菌群失调进行个性化补充益生菌或益生元治疗。同样，探寻单个肠道微生物信号分子（后生元）的作用也可能成为潜在的治疗靶点。因此，新的个性化干预手段可能会成为常见脑肠相关疾病的预防或辅助疗法。

（一）微生物群的重要作用

人类生活在一个充满微生物的世界里，微生物在地球上的生存时间比人类早数亿年，人体从来没有停止过接收微生物产生的信号。人体微生物群是生活在人体表面及内部数万亿微生物的总称。过去二十年是人体微生物群研究的爆炸时代，研究成果不断揭示了微生物群是影响宿主健康和疾病的关键因素，也是宿主生理稳态的重要调节器。随着测序技术和生物信息学分析手段的进步，使得微生物群组成的分析更经济、更便捷、更深度、更广泛。单从数量上初步估计，微生物细胞数量比人体细胞要多10倍以上。而在基因水平，人体内99%以上的基因来自微生物，基因数量超过1000万个。由于微生物群与人类共同进化，其在人体多个系统的编程中起着关键作用。微生物群的多样性、动态性和对外部输入的响应性使其成为潜在的治疗干预靶标。

人体微生物主要定植于口腔、胃肠道、皮肤、呼吸道和泌尿生殖道，其中大多数微生物居住于肠道。肠道微生物的复杂性、易获得性、易培养性使其成为人体中研究最充分的微生物群。肠道承载着细菌、酵母菌、寄生虫、病毒、原生动物等多种微生物，而细菌种群是肠道最具特征的菌群。肠道菌群可被分为11个不同的门，其中变形菌、厚壁菌、放线菌和类杆菌占90%以上，而梭杆菌和疣菌的丰度较低。目前，人们关于微生物群相对变化对人体功能影响的认识尚处于初步阶段，多数研究属于观察性研究，具体因果关系仍需进一步探索。但个体微生物群的独特性和精细构成是不可否认的事实，个体在不同时期的微生物群差异通常比个体间差异小得多。未来可利用鸟枪式宏基因组学等新技术进一步提高微生物组分析的分辨率和灵敏度。目前，正在进行的全宏基因组关联研究不仅可更精准地估计微生物组的组成和多样性，还可以帮助人们更深入地了解肠道微生物组对宿主的影响，尤其是对肠脑轴的影响。

（二）生命周期中脑-肠-微生物群轴的变化

微生物群的动态变化伴随着人的一生，虽然微生物群每天都在发生变化，但在生命周期的几个重要阶段我们可以观察到更显著的变化（图6-13）。在生命周期的早期阶段和老年阶段这两个极端时期，肠道微生物群在多样性水平和优势生物群种属方面都与成年阶段具有明显差异，这两个时期的微生物群处于变化的敏感期。在神经病学中，

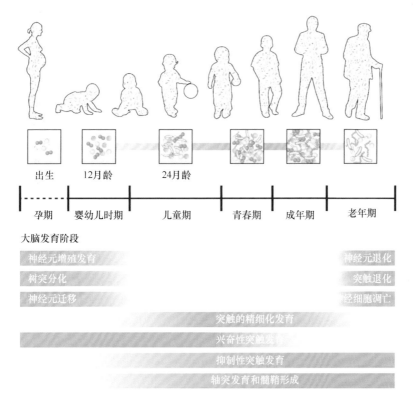

图6-13　生命周期中脑-肠-微生物群轴的变化

敏感期被定义为大脑对环境输入更加敏感的一段时间窗。肠道微生物群的敏感期与人体其他系统发育或衰退的敏感期一致，这可能与先天免疫系统、下丘脑-垂体-肾上腺轴、一般的大脑发育等生物学行为有关。下面我们将从生命周期的早期、青春期和老年期3个最具代表性的敏感期分别论述肠道微生物群与宿主大脑功能的相互作用。

1. 早期阶段　0～3岁是中枢神经系统非常重要的发育时期，突触和髓鞘形成就发生在这个时期。与此同时，生命早期阶段也是肠道微生物群的重要发育时期，但人体肠道首次出现微生物定植的时间点一直存在争议，最早可能为胎儿在子宫内时期就有少量微生物从母体转移到胎儿。研究显示，微生物的能量代谢在大脑发育中起着重要作用。在此期间，肠道通过接触外源性微生物、食物、压力、抗生素及其他因素影响微生物群的组成结构和功能，进而影响与发育中的中枢神经系统的交流。因此，早期阶段的多种因素均可能在肠道微生物群和中枢神经系统发育中起着关键作用。

目前很难对生命早期健康微生物群的构成作出严格定义，但微生物群的组成变化也遵循某些发展规律，比如早期定植的菌种会影响微生物群的长期组成结构。出生不久后，微生物群的典型特征是肠杆菌、双歧杆菌和梭状芽孢杆菌的丰度较高，毛螺菌和瘤胃球菌的丰度较低。随着婴儿的发育，厌氧菌逐渐成为主要菌属，其总体多样性在1～3岁左右增加至成人水平，这与从断奶转向正常饮食时间相一致。但即使在断奶后，微生物群仍在继续变化，7～12岁健康儿童微生物群的组成和功能与健康成人仍有显著差异。儿童肠道微生物群的丰度增加促进了维生素合成、叶酸从头合成和抗炎信号分子产生。婴儿和儿童时期的肠道微生物群易受环境影响，从出生方式（顺产或剖腹产）、早产、出生地点（家庭或医院）到饮食（母乳喂养或配方奶粉喂养）、母亲妊娠期饮食和体重增加、宠物、抗生素使用和压力等都可对其产生影响。尽管这些因素对微生物群的影响会随时间的推移逐渐减弱，但这些早期生活因素仍对个体的身心健康有着长期的影响，这与微生物群-肠-脑相互作用存在敏感期的观点一致。最新研究表明，干预早期阶段中的微生物群组成可改变身心健康或认知能力的轨迹。

早期阶段肠道微生物群变化对宿主生理和大脑健康会产生持久影响。研究证实，早期阶段肠道微生物群组成或抗生素使用与之后的肥胖、哮喘、过敏等代谢和免疫功能之间存在联系。还有研究显示，儿童期微生物群组成与行为气质、大脑功能活动/连通性和认知功能之间存在相关性。在高危儿童的初步临床试验中，通过益生菌干预可减少胃肠道症状产生、败血症甚至自闭症谱系障碍和注意力缺陷多动障碍的风险。越来越多的研究证实，在发育过程中，微生物群的早期破坏会改变一系列行为表现和神经反应，这些研究也为早期阶段干预微生物群的组成提供了有力证据。此外，早期益生菌干预还可减轻抗生素、剖腹产、早期生活压力、母亲高脂饮食和母亲免疫激活对婴儿的影响。

2. 青春期阶段   青春期阶段人体会发生重大变化，除了激素的波动外，大脑在此阶段也经历了深度重塑，包括大脑修剪、髓鞘形成、不同区域脑容量变化以及神经功能连接变化。青春期身体和大脑的快速发育与此阶段社会关系（独立性的明显增强）、饮食、睡眠模式以及酒精和毒品暴露这些巨大的变化相吻合。在激素不稳定和大脑功能改变的背景下，加上面对上述压力重重的新体验，青少年容易出现心理健康问题也就不足为奇了。鉴于这些因素都与微生物群-肠-脑轴的改变有关，探索青春敏感期微生物群组成或可为促进青少年身心健康提供理论依据和干预手段。

与成人的肠道微生物群相比，青少年双歧杆菌和梭状芽孢杆菌的相对丰度较高，而普氏粪杆菌和梭状芽孢杆菌的相对丰度较低。青少年微生物群的某些特征与饮食和代谢相关，但其与微生物群的功能相关性仍需进行更深入的分析。研究显示，长期使用抗生素引起的青春期微生物群减少不仅会改变成年阶段的认知水平、社交行为和产生焦虑，而且还会降低成年阶段中枢系统中神经营养因子、催产素和加压素的水平，并影响色氨酸代谢。而早期阶段对微生物群进行干预较成年阶段会取得更好的效果。

3. 老年阶段   衰老是各种稳态功能退化的缓慢过程，同时伴随着疾病患病率的增加。从遗传水平（基因组不稳定性、表观遗传改变、端粒磨损）到细胞水平（线粒体功能障碍、细胞衰老、干细胞衰竭、氧化应激、蛋白酶体活性改变和自噬），包括关键信号通路的失衡（生长因子下降、神经递质失衡、免疫失调）和受体感觉的改变（应激轴活动的改变、营养感觉的丧失），这些都是衰老的特征性表现，也最终引起衰老生物体的内环境稳态破坏。衰老还与肠道生理变化有关，包括低氯酸盐、胃运动障碍和肠神经系统的退行性改变，并对肠道微生物群的组成和功能产生显著影响。

老年阶段肠道微生物群结构的稳定性会持续恶化，这也导致了研究此阶段肠道微生物组的特征性表现十分困难。首先，从成人阶段向老年阶段微生物群过渡的时间并不像从婴儿阶段向成人阶段微生物群过渡那样明确。而且，虽然成年人和老年人微生物群组成具有明显差异，但研究与研究之间的结果差异很大。老年阶段肠道微生物群多样性的减少通常与衰老及年龄相关的损伤有关，老化过程中有益的乳酸菌和双歧杆菌数量相对减少。类杆菌、梭状芽孢杆菌和普氏粪杆菌等特定的微生物群也与老年人群的脆弱性有关，而紫单胞菌与认知能力下降及情感障碍有关。

（三）脑-肠-微生物群轴的沟通途径

肠道微生物群与大脑之间有许多潜在的沟通途径，从复杂的神经支配和高度可变的神经通路到无法监测的小分子信息系统，这些信号通路广泛存在于肠道节段和大脑远端。

1. **自主神经系统** 自主神经系统是神经信号传递系统，神经元位于中枢和外周神经系统内，可自主地控制呼吸、心跳、消化等身体功能，无需意识参与。该系统由交感神经和副交感神经组成。通过整合来自肠神经系统和中枢神经系统的活动，自主神经系统既负责调节人体内环境平衡，也可对内分泌、运动、自主行为等作出反应。脑-肠-微生物群轴的各个组成部分在自主神经系统内以拮抗或协同的方式双向交流。自主神经系统与下丘脑-垂体-肾上腺轴相结合，共同调节机体生理稳态。肠道运动和通透性、管腔渗透压、胆汁分泌、碳水化合物水平、黏膜机械变形、碳酸氢盐和黏液生成、黏膜免疫反应等胃肠道的重要功能，均由自主神经系统控制。

自主神经系统的活性可引起肠神经系统和微生物群间直接或间接的相互作用。交感神经和副交感神经系统通过影响肠神经系统神经回路，导致肠道动力变化，从而影响益生元、益生菌、抗性淀粉、膳食纤维以及其他关键微生物营养素向小肠和结肠的输送速率。微生物可以通过代谢产物相互交流，类似于宿主细胞之间的相互识别方式。因此，微生物可以与肠道中自主神经突触相互作用。微生物群衍生的神经调节代谢物包括色氨酸前体和代谢物、5-HT、丁氨酸、儿茶酚胺等。胃肠道微生物代谢产物可通过刺激肠道自主神经携带的感觉信号与大脑沟通。尽管已有大量证据表明自主神经系统是微生物群向大脑传递信号的通路，但迄今为止还无法详细绘制脑-肠-微生物轴通信的神经网络，在此方面仍需做进一步研究。

2. **肠神经系统** 肠神经系统可直接或间接对微生物群及其代谢物产生反应。在出生后，肠神经系统与肠道微生物群的发育同时进行，包括祖细胞增殖、成熟神经元表型分化、功能性神经回路形成等关键环节在此阶段完成。微生物群可能通过激活模式识别包括Toll样受体（toll like receptor，TLR）、尤其是参与微生物分子识别的TLR2和TLR4的受体，影响肠神经发育和功能。而微生物群诱导产生的5-HT也可对肠神经发生、分化、细胞更新和肠道功能产生不同的影响。研究证实，抗生素引起的肠道微生物群破坏会对肠神经系统结构（神经元和胶质细胞）、化学递质和功能产生广泛影响。抗生素治疗后动物肠神经中的胶质细胞明显减少。含有P物质的神经元密度和比例随着抗生素诱导的肠道微生物群破坏而增加，TLR2的密度和比例也随之增加，TLR2被激活后部分恢复了肠道功能的缺陷。此外，特定的细菌菌株或其代谢产物也可影响肠神经功能。如脆弱类杆菌可利用其荚膜外多糖影响肠神经功能，而鼠李糖乳杆菌则通过G蛋白偶联受体介导的途径影响肠神经功能。但是否能将微生物群和肠神经的伴随变化解释为某种固定的内在联系，仍需要更多的研究证实。

3. 免疫系统和神经免疫　胃肠道含有体内密度最高的免疫细胞群，其通过直接接触或分泌化合物的方式与肠道微生物保持着持续的通信交流。肠上皮通过杯状细胞分泌保护性黏液层限制肠道微生物群与内脏组织的接触，大多数宿主与微生物的相互作用发生在黏液层，黏液层和上皮间的分子交换有助于促进肠道和免疫系统之间的沟通。免疫系统通过识别自身和非自身抗原，从而激发其识别潜在有害病原体的能力。肽聚糖、多糖和细菌上的其他抗原赋予细菌多种有益的作用，也使得宿主免疫细胞能够识别宿主成千上万的细菌和监测肠道内稳态平衡的变化。上皮模式识别受体可以通过识别细菌和其他微生物表面特有的分子招募炎症细胞。此外，许多共生细菌代谢产物（如神经调节剂、细菌素、胆汁酸、胆碱和短链脂肪酸）都具有免疫调节作用。肠道水平上的微生物群-宿主相互作用可引起细胞因子、趋化因子、神经递质、神经肽、内分泌信使及微生物副产物的释放，这些物质可渗透到血液和淋巴系统，或通过影响迷走神经和脊髓传入神经元所携带的神经信息，不断与大脑进行沟通，以更新机体健康状态和调节大脑行为。

（四）脑-肠-微生物群轴的影响因素

大脑和微生物群受社会关系、饮食、遗传、环境因素、运动、药物、分娩方式等多种因素调节（图6-14）。

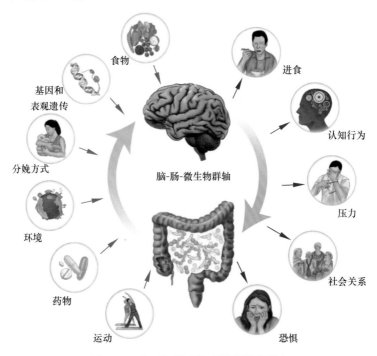

图6-14　脑-肠-微生物群轴的影响因素

遗传和微生物群组成之间关系尤其是大脑健康方面的研究是未来十分重要的研究领域。肠道微生物产物可能会影响神经元转录，从而影响宿主行为。微生物群既通过基因-环境相互作用在宿主基因组的调节中发挥重要作用，也被视为一个独立的表观遗传实体。作为转录分子调控、基因表达和蛋白质丰度调节的基石，调节性RNA或非编码RNA水平也是遗传和微生物群沟通间的重要组成部分。

出生是大规模细菌定植的第一个机会，因此分娩方式对婴儿微生物群的建立十分重要。自然分娩期间，婴儿在通过产道时首次暴露于母体阴道微生物群实现菌群定植。由于剖腹产不通过产道，新生儿无法从阴道获取微生物群，因此，剖腹产婴儿最初的细菌定植主要是皮肤和环境中常见的细菌。研究显示，剖腹产婴儿肠道中双歧杆菌、类杆菌和乳酸杆菌的定植率较自然分娩婴儿降低，且微生物群多样性和丰富度也相对降低。除了细菌的差异外，自然分娩婴儿粪便中病毒和噬菌体多样性也相对增加。

饮食也是调节肠道微生物群组成，进而调节大脑行为的关键因素之一。不同的饮食结构可显著影响肠道微生物群的组成以及非情绪障碍患者的情绪。当以动物或植物为主的饮食结构切换到另外一种时，在24小时内，肠道微生物群组成就可发生重大变化。我们生活方式和食物偏好改变对肠道微生物群的组成有着不同的影响。但仍需要更多证据阐明饮食构成对微生物群的影响是否可促进大脑功能变化。

适量的运动可对大脑结构及其功能产生有利作用，但关于运动与肠道微生物群组成之间关系的研究仍处于起步阶段。关于这方面的研究多是动物研究，间接探讨了运动如何积极影响肠道微生物群的组成。自由运动与乳酸杆菌、双歧杆菌和类球白痢菌的显著增加相关，改善了肠道微生物群的α多样性，并可能对大脑行为产生后续影响。

此外，环境、药物、压力、昼夜节律、进食、社会关系、认知能力、恐惧、应激等都会对脑-肠-微生物群轴产生不同的影响，但仍需要进一步深入研究，以充分了解它们调节微生物群组成和大脑功能变化的机制。

随着研究的不断深入，既往"脑-肠轴"的概念已经无法满足目前研究的需要，越来越多的学者认为应将此概念扩展为"脑-肠-微生物群轴"或"脑-肠-微生物群-饮食轴"。探索肠道微生物如何影响"脑-肠轴"沟通成为研究者们近十年来的重要研究主题。现在已普遍认为，肠道微生物群对大脑发育和功能维持至关重要。临床研究和动物研究都不断有证据表明，微生物群与各种精神病、神经系统疾病和神经退行性疾病有关，但该领域的研究尚处于早期阶段，需要谨慎解读此类研究结果。此外，考虑到饮食在调节微生物群中的关键作用，我们或许真的可以把关于健康和疾病的研究重点放在"脑-肠-微生物群-饮食轴"上。无论如何，对于"脑-肠-微生物群轴"或"脑-肠-微生物群-饮食轴"研究领域来说，亟需从单纯的相关性分析研究向前瞻性纵向研究、因果和机制分析以及潜在治疗方法的大规模试验研究转变。相信在不久的将来，关于微生物手段治疗各种疾病的研究会不断涌现，我们也将进一步关注和更新相关研究结果。

第三节   生物节律与消化系统

人类昼夜规律变化的生理活动就像时钟一样，每天不间断地周而复始，此规律被称为生物节律，又称生物钟。人体正常的生理功能与生物节律密切相关，生物节律现象表现在很多方面，如睡眠与觉醒周期、血压、体温、免疫功能、行为学、哺乳动物的发情、分娩等。

消化系统包括很多个器官，一般总体来说，可以分为消化道腔内的器官和消化道腔外的器官。消化道腔内的器官主要有食管、胃、小肠和大肠。其中，小肠又分为十二指肠、空肠和回肠，大肠又可以分为阑尾、盲肠、升结肠、横结肠、降结肠、乙状结肠和直肠。而消化道腔外的器官主要包括肝脏、胆囊、胰腺等。消化系统的主要作用为消化和吸收食物，而消化道腔外器官则主要负责分泌胆汁、胰淀粉酶、胰脂肪酶、蛋白酶等辅助消化食物，从而有利于胃肠道的消化和吸收。

消化系统的各脏器都受到人体生物节律的影响和控制（图6-15）。那么，受到生物钟控制的胃肠道活动有哪些？研究表明，大多数消化活动都受到生物钟的调节，其活动呈现出明显的昼夜节律性。例如，保持一日三餐习惯，摄入食物获取营养；唾液的分泌，保持口腔湿润卫生；小肠营养吸收，维持营养吸收均衡；消化酶的分泌，及时消化分解食物；肝脏解毒排泄，净化身体的内环境；大便排便习惯，排出消化残渣废物；肠道菌群健康，让益生菌更加益生；黏膜细胞凋亡增殖，保护黏膜修复炎症，等。

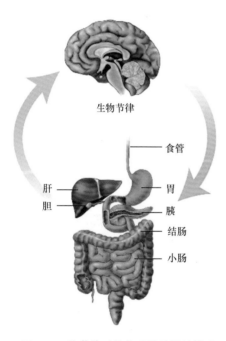

生物节律

食管
肝
胆
胃
胰
结肠
小肠

图6-15   物节律对消化系统脏器的影响

一、生物节律与消化道

（一）食管

食管是咽和胃之间的消化管，其主要生理功能是通过蠕动形成对食物的传输作用。食管上部的横纹肌受舌咽神经和迷走神经的支配，这些运动神经元末梢以运动终板形式进入骨骼肌。迷走神经也能支配食管其余部分的平滑肌，其节前纤维末梢与食管壁内神经丛的节细胞发生突触联系，再发出节后纤维支配平滑肌细胞。节前和节后纤维都是兴奋性的胆碱能纤维。在吞咽时，吞咽中枢兴奋通过上述运动神经元和迷走神经传出纤维，引起食管各段的肌肉发生蠕动。食管壁内神经丛可以不依赖外来神经来控制食管蠕动。支配食管下括约肌的交感神经中也含有兴奋性纤维。静息时此括约肌收缩，是由于去甲肾上腺素对括约肌细胞上α-受体发挥作用而引起的。交感神经冲动可促使食管下括约肌收缩，这是通过刺激食管壁内肌间神经丛所致。

无论支配食管蠕动的自主神经还是迷走神经的昼夜节律都与人体生物节律密切相关。昼夜节律摆动影响着食管的核心功能，如排空能力、食管黏膜屏障的维持和更换、食管的免疫功能和血液供应等。有研究发现由于倒班工作或跨时区飞行导致的昼夜节律改变与烧心、嗳气、吞咽困难等有关。进一步研究则发现，在食管肌丛和食管上皮细胞的生物钟基因（如 *period2*）的节律性很高，由此提出了一个食管运动昼夜节律调节的模型。根据这个模型，食管肌丛神经元生物钟基因的节律性表达通过直接和间接的生物钟相关基因调控的乙酰胆碱转移酶和神经型一氧化氮合酶的转录调节食管蠕动。

细胞周期与食管黏膜的修复关系密切，通常我们认为细胞周期包括 G1、S、G2、M 期。在 G1 期，REV-ERBα 和 RORα/γ 调节 *CKIP21* 的转录。*CKIP21* 在细胞周期负调控中具有重要作用。在 G1 到 S 期过渡阶段，pl6-Ink4A 在启动 DNA 复制阶段具有重要作用，生物节律 *CRY* 基因调节着 CHK1/ATR 的活性，从而调节食管黏膜细胞 G1 到 S 期的过渡，对于完整性有重要的意义。

（二）胃

胃是食管的扩大部分，位于膈下，上接食管，下接小肠，通过蠕动搅磨食物能够使食物与胃液充分混合，因此，胃对于人们来说是一个非常重要的器官。胃主要受中枢神经系统（CNS）、胃肠神经系统（GENS）双重支配，胃的神经系统虽然受中枢神经系统的调控，但它有独立的反射弧，具有整合功能，可直接接受胃肠道内的各种信息，可以说是一个相对独立的系统，参与调控胃的功能。

胃液中的盐酸即为胃酸，由胃壁细胞分泌，pH 值在 1.8～3.5 之间。一般来说，空腹 6 小时后，在无任何食物刺激的情况下，胃酸也有少量分泌，称为基础胃酸分泌。基础胃酸分泌在不同人或同一人在不同时间也有所不同，平均 0～5 mmol/h，且有昼夜节律性，即早晨 5～11 时分泌率最低，下午 6 时至次晨 1:00 分泌率最高。在食物或药物的刺激下，胃酸分泌量会大大增加，正常人的最大胃酸分泌量可达 20～25 mmol/h。胃酸能够激活胃内的胃蛋白酶原，并为胃蛋白酶提供适宜的酸性环境，可以杀灭随食物进入胃内的细菌，维持胃及小肠内的无菌状态，胃酸随食糜进入小肠后，可促进促胰液素和缩胆囊素的分泌，进而引起胰液、胆汁和小肠液的分泌，同时胃酸造成的酸性环境有利于小肠对铁和钙的吸收。但由于其属于强酸，对胃和十二指肠黏膜具有侵蚀作用，如果胃酸分泌过多，将损伤胃和十二指肠黏膜，诱发或加重溃疡病。若胃酸分泌过少，则可引起腹胀、腹泻等消化不良症状。胃基础胃酸的分泌、胃上皮细胞的增殖、胃的蠕动和食欲的调节具有生物节律性，也受到生物钟基因驱使。

胃肠激素一般包括促胃液素、促胰液素、缩胆囊素等，胃肠激素主要是胃肠黏膜的化学信使细胞分泌的激素，在化学结构上属于肽类，所以又称胃肠肽。胃肠激素的作用主要包括：调节消化腺分泌、消化道运动，如一种激素能对多种胃肠功能具有调节作用，一种胃肠功能又受多种胃肠激素的影响；调节其他激素的释放，抑胃肽有很强的刺激胰岛素分泌的作用，防止血糖升得过高而出现尿糖；营养作用，即一些胃肠激素具有促进胃肠道组织的代谢和生长作用，如小肠黏膜I细胞释放的缩胆囊素有促进胰腺外分泌组织生长的作用。最后，有调节食欲作用，胃肠激素中的饥饿激素和瘦素等可调节食欲以及血糖。在胃肠激素的相关研究中发现，促胆囊收缩素、胃肠肽、促胃液素等参与胃酸分泌调节的下丘脑肽类物质均存在夜间活动期的昼夜节律周期中呈现高峰时相。

胃的昼夜节律生物钟的改变可能对胃黏膜的完整性有很大的影响，有学者指出昼夜节律振荡系统的破坏对胃黏膜保护和胃黏膜上皮细胞增殖有直接或间接的影响。有研究显示，相对于白班轮换工作的人群，"三班倒"的工作人群更易发生十二指肠溃疡。究其原因是倒班工作人员夜间褪黑素合成减少，而褪黑素在对胃黏膜的保护中起核心作用，褪黑素分泌不足是消化性溃疡发生的一个重要促进因子。有关的动物试验表明褪黑素及其前体对消化性溃疡形成具有强大的愈合作用。不仅褪黑素的合成与分泌都与生物节律密切相关，也可促进大鼠胃/十二指肠溃疡的愈合。由此可见，生物节律直接影响着胃的完整性和正常生理功能。

（三）肠

肠道是人体重要的消化器官，是从胃幽门至肛门的消化管，是消化管中最长的一段，也是实现消化吸收功能最重要的一段。肠包括小肠、大肠和直肠3大段。大量的消化作用和几乎全部消化产物的吸收都是在小肠内进行的，大肠主要浓缩食物残渣，形成粪便，再通过直肠经肛门排出体外。

生物节律在肠上皮细胞的新陈代谢、维持肠道稳态及细胞分化等方面起着重要的作用。生物节律影响着肠黏膜屏障的通透性，研究发现生物钟基因突变模型和生物钟紊乱模型中小鼠均出现肠黏膜屏障破坏且肠道通透性增强，并且加重了乙醇引起的肠黏膜屏障破坏和内毒素血症。深入的研究则发现生物节律影响肠黏膜屏障通透性机制可能与紧密连接蛋白有关。有研究发现，野生型小鼠Occludin和 *Claudin-1* 基因在结肠中的表达呈现周期性变化，生物节律基因 *period2* 突变型的小鼠体内 *Occludin* 及 *Claudin-1* 基因表达的mRNA和蛋白无昼夜节律变化，且结肠通透性呈现持续性低水平。由此提出Clock-Bmall异二聚体通过结合 *Occludin* 和 *Claudin-1* 基因启动子部位调控 *Occludin* 及 *Claudin-1* 基因的表达，从而改变肠道通透性。紧密结合蛋白在维持肠上皮屏障功能中发挥着重要的作用，其功能失调会削弱细胞间的黏附，促进肠道通透性增高并导致炎症。

肠道敏感性是指肠道对其内容物的化学特性和机械性扩张产生相应的反应，肠道敏感性可能涉及感受器、信号传入、脊髓外角及中枢神经。肠道受外在神经和内在神经双重支配。传导内脏感觉的神经纤维有2种，即与外在神经相伴随的感觉神经和肠神经系统内部的感觉神经。后者主要是包含降钙素基因相关肽及P物质等神经肽的神经纤维，在内脏高敏性的形成中至关重要。肠道高敏性指机体对疼痛和不适的阈值降低，呈多部位、弥漫性分布。肠道高敏性主要表现为胃肠道对化学性刺激或机械性扩张的阈值降低，例如对酸、温度感觉过敏，近端胃对机械扩张的敏感性增加等。利用电子恒压器分别测定功能性消化不良（FD）患者和健康对照者胃机械扩张感知、不适、疼痛的压力和容积阈值，发现FD患者对胃机械扩张刺激的感知阈值、疼痛压力阈值、不适阈值等均较健康对照者显著下降。已有研究发现生物节律变化影响肠道高敏感性发生，表现在提高肠道对不同温度的敏感性不同，特别是对低温刺激耐受性差。在日常生活中常有长途旅行者因为生活节律的改变出现腹痛，腹泻或便秘的症状，回归后症状缓解或消失。

二、生物节律与消化腺

（一）肝脏

肝脏是人体消化系统中最大的消化腺，成人肝脏平均重达1.5 kg。肝脏又是新陈代谢的重要器官，体内的物质，包括摄入的食物，在肝脏内进行重要的化学变化，人体需要的许多物质都是在肝脏内进行加工的，如蛋白质、胆固醇等在肝脏内合成，肝脏可以说是人体内一座"化工厂"。肝脏还能对一些有毒物质的灭活，从而起到解毒作用。

肝脏代谢功能具有其节律性特征，从机体能耗角度来看，基因的节律性表达相比持续性表达更加节省能量。实验证明，小鼠24小时饥饿后生物节律性变化，蛋白转录的数量减少80%，转录峰值的降低导致活跃度降低。肝脏代谢的节律性能整合底物的获得性和产物的需求性，肝脏贮备了大量的代谢调控因子，应用多组学手段对小鼠肝脏组织生物节律的时序性变化特征研究发现，小鼠肝脏组织从转录、翻译到修饰水平具有显著的近24小时节律振荡特征。进行代谢组学分析显示，肝脏组织中的代谢产物，包括碳水化合物、脂类、氨基酸、核苷酸等浓度具有显著的节律性。生物钟变化与肝脏中物质代谢平衡的正常进行和破坏密切相关。

1. 葡萄糖代谢　葡萄糖的节律性调控生物钟节律因子能够直接参与糖代谢过程，糖代谢是人体各组织中进行最活跃的代谢过程。肝脏是糖原储存和肝糖异生的主要器官。在肝脏中葡萄糖磷酸化反应过程中，催化酶葡萄糖磷酸化酶以及肝脏葡萄糖转运蛋白-2水平具有昼夜节律振荡特性，其峰值与机体进食期重合。葡萄糖代谢一方面受到生物钟因子的直接调控，另一方面也受到乙酰辅酶A和ATP等中间产物反馈调控生物钟因子的调节。

在磷酸戊糖途径也发现了葡萄糖利用与生物钟系统。核糖是核苷酸的基本组分，体内的核糖不依赖食物摄取，而是通过磷酸戊糖途径合成。磷酸戊糖途径不但对于合成核苷酸至关重要，对细胞质中还原型辅酶Ⅱ的补充也有重要作用。磷酸戊糖途径中节律性表达在进食-饥饿、白天-黑夜循环周期过程中尤为显著，使机体生理状态与环境变化同步。胰高血糖素受体在夜间-白天过渡阶段，生物钟因子CRY1表达升高，其在傍晚时通过cAMP-CREB信号通路降低多个糖异生的靶基因转录水平，解除肝糖异生的抑制，肝糖异生水平被提高，保证机体的血糖处于正常水平。

2. **脂肪代谢**   脂肪既是隔热保温、缓冲机械损伤的物理屏障，也是重要的供能和储能物质。其中，胆固醇是细胞膜的基本结构成分，还是肾上腺皮质激素、胆汁酸、维生素D的前体。肝是维持机体胆固醇平衡的主要器官。肝脏组织中甘油酯类、左旋肉碱和必需脂肪酸等代谢物具显著生物节律性，脂肪代谢关键酶的编码基因转录具有显著日节律特征，在进食期达到转录水平峰值。研究表明，昼夜节律振荡有助于在夜间喂食时使用短链和中链脂肪酸，而在白天则有助于存储长链脂肪酸。这种暂时的编排可以优化对养分的利用，在进食过程中以产生和储存能量为主，在禁食期间则切换到储存和替代能源。另有研究显示多个生物钟基因的突变或缺失后都出现肝脏的脂肪代谢异常，随之出现肥大现象，即细胞、组织或器官体积的增大，也可出现肥胖现象，表现为体内脂肪组织积蓄过剩。

3. **蛋白质代谢**   肝脏是多人体多种重要分泌蛋白质（如白蛋白、成纤维细胞生长因子甲状腺运载蛋白、视黄醇结合蛋白等）的组织来源。人体生物钟在转录和翻译水平上同时对肝脏的蛋白质合成进行调控，实现蛋白质合成代谢的节律性。生物钟核心分子BMAL1整合了肝脏多核糖体RNA发生的节律，实现了肝脏蛋白质合成与生物钟节律同步化协同，而且还能够对复杂内环境进行适应性应答。研究还发现，生物钟核心分子也直接调节核糖体蛋白mRNA的转录以及核糖体的装配，在生物发生、转录和翻译过程中都发挥重要作用，进而使核糖体的数量具有生物节律性。人体的血浆中总氨基酸、分支氨基酸，以及尿素的水平变化具有显著节律性，一般在夜晚达到峰值。探索微量元素，如Ca^{2+}、Mg^{2+}等的水平变化，也发现其具有明显的节律性，金属离子主要作为酶的辅助因子，通过影响酶的活性而调节蛋白质代谢。约600种肝代谢酶酶活性受到$ATP-Mg^{2+}$的调控，而且肝脏蛋白质代谢的节律性也在多个水平证实。

4. **解毒作用**   肝脏在清除血液中有毒物质发挥至关重要的作用。肝脏解毒被分为3个阶段，在昼夜节律钟控制下有序进行。脱毒作用的第1步通常外源性化合物与核受体结合，随后是去毒途径的激活，然后从体内排出。肝脏和其他组织中的核受体基因的节律性表达调控着肝脏解毒过程。首先，解毒的第1阶段是在各种细胞色素的作用下进行氧化脱毒，参与其中的酶以昼夜节律的方式在肝脏中表达。其次，解毒的第2阶段，结合酶使毒素变得亲水并帮助排泄。这些酶也有节律性表达，但与第1阶段酶相比，其表达高峰可出现在不同的昼夜节律阶段。最后，解毒的第3阶段为排泄，该过程由不同种类的转运蛋白启动。另外，在肝脏中，毒素通过膜转运蛋白排泄到胆汁中。此外，所有解毒酶的主要调节者是肝脏特异性的免疫球蛋白、DBP、阿糖基化酶和环肽酶，启动子中的时钟和蛋白结合位点有节奏地激活。

（二）胆囊

胆囊是位于肝之短叶间并与肝相连的人体器官。主要功能为贮存和排泄胆汁。胆汁是由肝细胞分泌，排出肝细胞的代谢产物。胆汁的成分有水、无机盐等，可以自由通过肝细胞膜；还有大分子物质（如胆红素、胆酸、胆固醇、蛋白质、卵磷脂、脂肪酸等），需要在肝细胞内经过一个结合过程，成为水溶性物质后，才能通过肝细胞的胞膜排入毛细胆管。胆汁分泌并没有时间规律，因为胆汁在不断地分泌。在非消化期间，胆汁会在胆囊储藏起来；在消化时间，胆汁会从肝脏和胆囊内大量排出至十二指肠，帮助食物的消化和吸收。

胆囊的运动，胆汁的分泌和排出，受神经和多种体液因素的调节。胆汁排泄量在夜晚（20:00-次日8:00）比白天（8:00-20:00）高，与昼夜环境，光线的明暗变化相关。动物试验中，对家兔胆囊酉、子、卯、午时的超声观测表明，胆囊面积卯时＞午时＞酉时＞子时，呈现节律性变化。

（三）胰腺

胰是一个狭长的腺体，横置于腹后壁1～2腰椎体平面，胰可分胰头，胰颈，胰体，胰尾四部分。胰腺分为外分泌部和内分泌部两部分。内分泌腺由大小不同的细胞团胰岛所组成，胰岛主要由4种细胞组成：A细胞、B细胞、D细胞、PP细胞。外分泌腺由腺泡和腺管组成，腺泡分泌胰液，腺管是胰液排出的通道。胰液中含有碳酸氢钠、胰蛋白酶原、脂肪酶、淀粉酶等。胰液通过胰腺管排入十二指肠，有消化蛋白质、脂肪和糖的作用。

当人进餐后，食物转化为葡萄糖进入血液，引起胰岛素的分泌。胰岛素可以"抵抗"多余的葡萄糖，从其从血液中转出，并储存在肌肉、肝脏和其他组织中。胰腺的生物钟对维持正常血糖水平至关重要。胰腺作为负责分泌各种激素和消化酶的器官，具有固有的生物钟，将其生理和病理生理与生物钟系统调节联系起来。多个研究表明了昼夜节律和生物钟基因在胰腺紊乱和疾病过程中的作用。

三、生物节律与肠道菌群

肠道是微生物在动物体内定植的主要位置，在人肠道内至少共生着1000种、可以构成108种属、数量高达100万亿的肠道菌群，其数量是我们人体细胞总数的10倍。这些数量庞大、组成复杂的微生物共同组成肠道群。肠道菌群正常与否，与人体的健康程度息息相关。近年越来越多的研究证明肠道菌群与宿主健康存在必然的联系。肠道菌群利用宿主动物代谢产物得以存活；同时，动物机体可以吸收菌群代谢产生的营养物质。肠道菌群可以直接或间接参与三大营养物质的代谢，例如，参与微生物合成，影响脂肪的吸收、合成和分布等。肠道菌群在宿主能量稳态和代谢功能中的作用越来越被科研人员关注，肠道菌群是维持能量稳态的重要环境因素。肠道菌群通过各种新陈代谢功能和从摄入的食物中摄取能量所参与的不同途径来促进体内平衡。

肠道菌群存在着昼夜节律性振荡，并且在宿主的昼夜节律被破坏后，可引起肠道菌群昼夜节律的改变。而肠道菌群昼夜节律也可对宿主昼夜节律产生效应，这种双向作用的关系逐渐成为机体代谢的一个新的研究方向。

（一）肠道菌群具有昼夜节律性振荡

肠道菌群的确存在着以昼夜24小时为周期的节律性变化。这种昼夜节律主要体现在菌群构成和功能两个方面。从构成上看，不论人类还是小鼠，通过对光照时间和进食节律的调控，15种以上菌种的相对丰度均呈周期性变化，主要包括梭菌属和拟杆菌属等。此外，针对小鼠的粪菌进行16SrRNA基因检测可观察到细菌总数在23时可达到峰值，而后随着光照增强逐渐减少，直到早晨7时当光照强度明显增大时达到最低点。而在功能方面，小鼠在夜间的进食阶段，肠道菌群中的厚壁菌和拟杆菌的含量增多，伴随着宿主的能量代谢、DNA修复、细胞生长等活动比较活跃。在白昼休息时期，菌群中乳杆菌的数量相对更多。肠道菌群的昼夜节律性是在进化过程中适应其宿主生理代谢的结果。除了构成和功能上的改变，肠道菌群的定植位置也随着昼夜更替存在着微小的移动。

（二）宿主昼夜节律对肠道菌群具有调控作用

宿主昼夜节律的紊乱会导致肠道菌群失调，而菌群失调将对肠道生理状态的免疫屏障和营养代谢功能产生直接影响。宿主主要从以下两个方面对肠道菌群昼夜节律进行调控：

（1）宿主本身存在着适应昼夜变化的节律性：通过对生物钟基因*period1*和*period2*双敲除小鼠的实验发现，宿主的昼夜节律发生紊乱将直接打破肠道菌群昼夜节律性，引起菌群的组成和功能两方面的改变。在组成方面，以梭状菌属的变化最明显，伴有菌群构成的紊乱；在功能方面，菌群紊乱将引起菌群功能失调，进而引起宿主维生素代谢、DNA修复、核苷酸代谢、细胞成分和运动性等方面都丧失了正常的24小时周期性变化的特征。

（2）宿主可通过调节进食的节律性来调控菌群振荡：对生物钟基因*period1*和*period2*双敲除小鼠给予长时间规律性饮食后，再检测菌群的组成发现，调控进食节律可纠正由于宿主生物节律破坏而引起的菌群失调。这也提示食物信号是环境中除光信号外最有效的生物钟授时信号，调控进食节律可诱导肠道组织生物钟基因的表达时相脱离中枢机体的控制，也就是说，宿主的进食信号可独立于中枢节律性的控制而参与形成肠道菌群的昼夜节律。

（三）肠道菌群的昼夜节律性影响宿主生物钟

肠道菌群节律性变化也可以影响宿主生物钟基因的转录和翻译等活动。通过抗生素干预打破肠道菌群的节律性稳态会破坏宿主肠道组织正常的核染色质的转录振荡性，从而直接影响宿主基因表达的节律性。研究者在比较实验小鼠肝脏对过量的乙酰氨基酚的解毒效果后，发现过量的乙酰氨基酚毒性在黎明时分最小，而在黄昏时分最大。

这是由于肠道菌群释放到血液循环中的代谢产物鸟氨酸、脯氨酸、氨基甲酸的水平存在着昼夜波动，改变着小鼠肝脏中编码多种代谢酶的基因的表达。还有研究表明肠道菌群紊乱能改变宿主器官昼夜节律活动，小鼠喂食高脂饮食后，丁酸、醋酸等某些短链脂肪酸的增加会扰乱菌群代谢产物的平衡稳态。肠道菌群可通过作用于组蛋白的代谢产物实现与宿主的交流，从而影响基因转录。肠道菌群与宿主在昼夜节律上的相互作用对机体的代谢产生影响，影响其生长、发育和突变等。

第四节　生物节律紊乱与消化系统疾病及干预措施

消化系统由消化道和消化道外器官组成。消化道从口腔延续到肛门，负责摄入食物、将食物粉碎成为营养素（即消化）、吸收营养素进入血液（即吸收），以及将食物的未消化部分（包括杂质）排出体外，包括口腔、咽、食管、胃、小肠、大肠、直肠和肛门。而消化道外器官包括胰腺、肝脏和胆囊，可提供一些消化液帮助食物的消化与吸收。

消化系统疾病是当今第一大常见病，诸多因素都会引起消化系统出现或大或小的疾病。流行病资料显示在35～45岁人群中，消化系统疾病的发病率高达50%，这一人群多数与精神紧张、工作压力大或者饮食不正常有关。消化系统与外界相通，承担摄食、消化、吸收、排泄等重要生理活动。消化系统器官是最"勤劳"的，即便我们休息了，消化系统还在继续工作。而生活和饮食方式的不同，对消化系统及其功能有不同的影响。2022年2月，国家癌症中心发布了最新一期的全国癌症统计数据，在中国癌症新发病例数中排名前三的分别是肺癌、结直肠癌和胃癌，占比分别为17.9%、12.2%以及10.5%。其中胃、结直肠都属于消化系统。

生物模型、基因表达研究和临床试验的最新研究数据表明，生活节奏、作息习惯、饮食结构、年龄增长等诸多因素者可导致生物节律紊乱。而生物节律紊乱则可能导致机体的许多病理变化，增加机体各系统疾病的危险，消化系统各脏器也是不可避免的（图6-16）。

长期的生物钟紊乱，胃肠功能失调，会产生腹痛、腹胀、腹鸣、肛门排气多、腹泻、便秘、食欲不振、口气重等各种各样的消化道症状。

长期的生物钟紊乱，主要导致和加重胃食管反流病、慢性胃炎、功能性消化不良、胃十二指肠溃疡、炎症性肠病（IBD）、肠易激综合征（IBS）、非酒精

图6-16　生物节律紊乱与消化系统疾病发生

性脂肪肝、胃肠道肿瘤（良性息肉、恶性肿瘤）等消化系疾病，并使这些病变得难以治疗。

长期间的生活无规律会导致胃肠生物钟紊乱而致病：无良好的"晨即起，晚即睡"的睡眠习惯，长期失眠，长期加班，轮值晚班，熬夜；无良好的一日三餐习惯，高脂高糖饮食习惯，睡前饱食；无良好的排便习惯；患有慢性疾病，服用某些药物，都会造成或加重生物钟的紊乱。

总之，生物节律紊乱可造成消化系统多种疾病的发生，并影响疾病的演进和预后。主要疾病可以是功能性的，也可以是器质性的，更有甚者可发生肿瘤。

一、胃食管反流病

胃食管反流病（gastroesophageal reflux，GERD）是指胃食管腔因过度接触或暴露于胃液而引起的临床胃食管反流症和食管黏膜损伤的疾病。GERD的发生有多个因素，包括食管本身抗反流机制的缺陷（如食管下括约肌功能障碍和食管体部运动异常等）；也可能由于食管外诸多机械因素的功能紊乱，导致胃内容物反流入食管，胃内容物中的胃酸、胃蛋白酶、胆汁刺激食管，产生相应的症状包括典型的反酸、烧心、非心源性胸痛以及反流相关的咳嗽、哮喘、龋齿等疾病。

（一）生物节律紊乱与胃食管反流病

生物节律紊乱引起食管咽反射失调，食管下括约肌的收缩力下降，引起食物反流，可造成食管抗反流屏障削弱。一项对斯堪的纳维亚人群的调查发现，睡眠习惯改变，诱发受试者一过性食管下括约肌松弛，便携式pH监测仪发现生物节律紊乱导致更高的食管酸暴露。日夜颠倒所致的生物节律紊乱也可引起食管清除作用减弱。正常情况下，一旦发生食物的反流，大部分反流物通过1~2次食管自发和继发性的蠕动性收缩将食管内容物排入胃内，即容量清除，剩余的部分则由唾液缓慢地中和。研究发现生物节律紊乱引起自主神经功能紊乱，食管蠕动缓慢和唾液产生减少，影响了食管的清除作用。生物节律紊乱还可引起食管黏膜屏障作用下降，正常状态下反流物进入食管后，可以凭借食管上皮表面黏液，不移动水层和表面HCO_3^-，复层鳞状上皮等构成上皮屏障，以及黏膜下丰富的血液供应构成的后上皮屏障，进而发挥其抗反流物对食管黏膜损伤的作用。生物节律紊乱诱导食管黏膜逐渐萎缩，黏膜屏障作用下降。

生物节律紊乱主要通过因胃食管下段括约肌功能障碍，使胃液中的胃蛋白酶、十二指肠内容物、胰液能反流入食管，刺激食管黏膜。当伴有长期反复呕吐时，可使胃酸、胃蛋白酶反流入食管，导致食管黏膜屏障和食管下括约肌功能受损。作息不规律、饮食结构随意（如大量烟酒、过食辛辣食物及过热食物等），易灼伤食管黏膜。生物节律紊乱者喜饮浓茶、咖啡也会使胃酸分泌增加，高胃酸易产生反流性食管炎。

GERD患者有许多患者是以胸痛为第一主诉就医的，对生物节律紊乱的病例研究中发现，患者呈现食管高敏感，表现为食管黏膜痛觉阈值降低，食管壁张力和扩张性降低，而与食管黏膜血液供应无关。与胃酸分泌过多有关的最常见的疾病是 GERD。典型的 GERD 患者诉频繁的夜间反流症状。夜间 GERD 可以由于疼痛和睡眠打断严重影响生活质量，从而干扰第 2 天的精神和机体功能。GERD 导致夜间反流症状的机制与夜间褪黑素释放有关。

（二）胃食管反流病干预措施

生活方式的改变应作为治疗 GERD 的基本措施。抬高床头 15～20 cm 是简单而有效的方法，这样可在睡眠时利用重力作用加强酸清除能力，减少夜间反流。脂肪、巧克力、茶、咖啡等食物会降低 LES 压力，宜适当限制。胃食管反流患者应戒烟戒酒。避免睡前 3 小时饱食，同样可以减少夜间反流。25% 的患者经改变上述生活习惯后症状可获改善。

过度肥胖者会增大腹压而促成反流，所以应避免摄入促进反流的高脂肪食物，减轻体重。少吃多餐，睡前 4 小时内不宜进食，以使夜间胃内容物和胃压减到最低程度，必要时将床头抬高对夜间平卧时的反流甚为重要，利用重力来清除食管内的有害物。避免在生活中长久增加腹压的各种动作和姿势，包括穿紧身衣及束紧腰带，有助于防止反流。值得注意的是，戒烟、戒酒，少食巧克力和咖啡等也很重要。

二、消化性溃疡

消化性溃疡是一种临床表现存在节律周期的疾病，是指发生于胃和十二指肠的慢性溃疡，是临床多发病和常见病。溃疡的形成有各种因素，其中酸性胃液对黏膜的消化作用是溃疡形成的基本因素。近年来的实验与临床研究表明，胃酸分泌过多、幽门螺杆菌感染和胃黏膜保护作用减弱等因素是引起消化性溃疡的主要环节。胃排空延缓和胆汁反流、胃肠肽的作用、遗传因素、药物因素、环境因素和精神因素等，均与消化性溃疡的发生有关。

（一）生物节律紊乱与消化性溃疡

研究发现，攻击性因素（如胃酸分泌）和防御性因素（如胃黏液分泌、胃黏膜血流量）及其神经/体液调节均存在昼夜周期节律。近年来许多学者的动物试验发现，某些参与胃酸分泌调节的下丘脑肽类物质（如促胆囊收缩素、胃肠肽、胃泌素等）均呈现高峰时相在夜间（动物活动期）的昼夜周期节律。不论是十二指肠溃疡患者还是健康人，基础胃酸分泌并不与血浆胃泌素的水平同步，其在夜间出现高水平的分泌，高峰时间在晚上 7:00～8:00 前后。在对胃黏膜具有保护性作用的几个因素中，胃黏膜血流量、碳酸氢盐、黏液分泌也已证实存在昼夜周期节律，其中后两者的高峰时相比胃酸分泌的高峰时相晚大约 9 小时。

消化性溃疡的生物节律性很典型，节律性溃疡疼痛与饮食之间的关系也具有明显的相关性和节律性。在一天中，早晨3:00至早餐进食的一段时间，胃酸分泌最低，故在此时间内很少发生疼痛。十二指肠溃疡的疼痛好在两餐之间发生，持续不减直至下餐进食或服制酸药物后缓解。一部分十二指肠溃疡患者，由于夜间的胃酸较高，尤其在睡前曾进餐者，可发生半夜疼痛。胃溃疡疼痛的发生较不规则，常在餐后1小时内发生，经1~2小时后逐渐缓解，直至下餐进食后再复出现上述节律。

对消化性溃疡的治疗中发现在24小时的不同时间可以采用不同的抗胃酸措施。对人和动物的研究都显示，胃黏膜对阿司匹林等所致的药源性溃疡的易感程度在24小时内呈非均等分布，具有明显的昼夜周期节律，其高峰时相恰好与碳酸氢盐、胃黏液分泌的低谷重合，与胃酸分泌的高峰重合。这样，阿司匹林诱发的黏膜损害既增加了胃酸分泌又削弱了胃的防御性因素。随着时间生物学对消化性溃疡认识的深入，临床治疗目的已从原来的抑制24小时胃酸分泌改为夜间抑酸。

应激性溃疡是由于休克、创伤、手术后和严重全身性感染时发生的急性胃炎，多伴有出血症状，是一种急性胃黏膜病变。应激性溃疡的发生常常也与生物节律紊乱相关，流行病学资料显示，战争期间，由于官兵连续作战、睡眠剥夺、昼夜颠倒，因而易出现生物节律的紊乱。特别是一些特殊岗位，如执行海底长潜任务的潜艇内部空间比较狭小幽闭，潜艇兵进行水下潜航时是十分辛苦的，在水下的潜艇中执行作战任务，通常要在海里待上很长时间，吃饭、穿衣、睡觉都跟陆地上大不相同。中外潜艇部队的训练和作战的调查表明，潜艇的水兵如果进行超长时间的水下生活，都会造成艇员体质的明显下降，出现食欲不振、头晕、失眠、记忆力减退、腰腿疼痛、皮肤溃疡、血压降低等症状。尤其是核潜艇进行极限长航归来时，许多艇员甚至是被担架抬下艇的。

潜艇兵长时间在水下生活，在全封闭的潜艇中，不能区分昼夜，因此潜艇上的钟盘都是24小时。潜艇兵通常以18小时为周期分为三块时间进行轮换，包括睡觉、值班和修整。睡眠颠倒、睡眠质量差等都是引起消化性溃疡的诱因，如果发生连续高强度的训练或紧急军事作战时，官兵出现应激性溃疡的概率就更高了。关于这一点可以回顾两次世界大战，美国、英国、德国的海军非战斗减员率均最高，且以消化系统疾病为主，其中潜艇兵出现消化性溃疡病例最多。

（二）消化性溃疡的干预措施

消化性溃疡属于典型的心身疾病范畴，心理-社会因素对发病起着重要作用，因此乐观的情绪、规律的生活、避免过度紧张与劳累，无论在本病的发作期或缓解期均很重要。当溃疡活动期症状较重时，需要卧床休息几天乃至1~2周。

1. 强调饮食规律　在H$_2$型组胺受体拮抗剂问世以前，饮食疗法曾经是消化性溃疡的唯一或主要的治疗手段。200多年前学者就指出少食多餐对消化性溃疡患者有利，学者们提出了特别针对溃疡的饮食疗法，该饮食主要由牛奶、鸡蛋、奶油组成，以后还包括了一些"软"的非刺激性食物，其原理在于这些食物能够持久地稀释和中和胃酸。

消化性溃疡患者规范饮食必须坚持细嚼慢咽，避免急食，咀嚼可增加唾液分泌，后者能稀释和中和胃酸，并可能具有提高黏膜屏障作用。强调有规律定时进食，以维持正常消化活动的节律。在急性活动期，以少吃多餐为宜，每天进餐4～5次，但症状得到控制后，应鼓励较快恢复为平时的一日3餐。溃疡患者的饮食更应强调注意营养，餐间避免零食，睡前不宜进食。在溃疡灶发生后，应戒烟酒，并避免咖啡、浓茶、浓肉汤和辣椒酸醋等刺激性调味品或辛辣的饮料，以及损伤胃黏膜的药物。饮食不过饱，以防止胃窦部的过度扩张而增加胃泌素的分泌。

2. **镇静**　患者应保持良好的心态，不要因为出现呕血黑便产生巨大的恐怖焦虑。医师护士要注意患者的心理变化，多做心理疏导工作。为改善患者的生物节律紊乱状态，对少数伴有焦虑、紧张、失眠等症状的患者，可短期使用一些镇静药或安定剂。

3. **去除诱因**　特别要强调避免应用致溃疡药物，劝阻患者停用诱发或引起溃疡病加重或并发出血的有关药物，这类药物主要包括水杨酸盐及非甾体抗炎药（NSAIDs）、肾上腺皮质激素、利血平等。根据药物的特性，尽量采用肠溶剂型或小剂量间断应用，同时进行充分的抗酸治疗和加强黏膜保护剂。

4. **预防复发**　消化性溃疡的形成和发展与胃液中的胃酸和胃蛋白酶的消化作用有关，故切忌空腹上班和空腹就寝。在短时间内（2～4周）使溃疡愈合达瘢痕期并不困难，而关键是防止溃疡复发。溃疡反复发作危害更大。戒除不良生活习惯，减少烟、酒、辛辣、浓茶、咖啡及某些药物的刺激，对溃疡的愈合及预防复发有重要意义。

5. **军人消化性溃疡的预防**　军人因其岗位和任务的特殊性，生物节律紊乱易出现并引发应激性的身心疾病。因此，指挥员应尽力保障官兵能有充足良好的饮食，生活和睡眠来维持部队战斗力。对长期不见阳光，昼夜颠倒的潜艇人员更要科学合理地纠正生物节律紊乱，在出征前强化习服、征途中合理调整、归来后立即康复干预，提高官兵的健康水平。

三、肠易激综合征

肠易激综合征（irritable bowel syndrome，IBS）是一种常见的功能性肠病，以腹痛或腹部不适为主要症状，排便后可改善，常伴有排便习惯改变，缺乏解释症状的形态学和生化学异常。世界各地流行病学研究报道显示IBS是一种世界范围内的多发病。西方国家人群患病率达10%～20%，我国的一项按罗马IV标准的流行病学调查显示社区人群IBS患病率为11.5%，其中25%曾因IBS症状而就诊。

IBS的一般标准是在最近的3个月内，每个月至少有3天出现反复发作的腹痛或不适症状，并具有下列中的2项或2项以上：排便后症状改善；伴随排便频率的改变；伴随粪便性状的改变。诊断标准建立于患者至少在诊断前的6个月内出现症状，并在最近的3个月持续存在，在观察期间疼痛（不适）症状的频率至少一周2天。

IBS的一般下列症状可支持诊断：异常的排便频率：每周≤3次排便或每天＞3次排便；异常的粪便性状：块状便、硬便或松散便、稀水便；排便费力；排便急迫感或排便不尽感；排出黏液和腹胀症状。

IBS依据粪便的性状分为4个亚型，即便秘型、腹泻型、混合型和不确定型。在IBS分型时除需注重粪便性状外，还应注意到患者的排便费力、急迫感和排便不尽感等症状，在多数情况下，粪便性状能够反映肠管的转运时间。

（一）生物节律紊乱与肠易激综合征

生物节律紊乱与IBS发生发展研究的热点聚焦在肠道菌群生物节律的研究上。肠道菌群丰度呈昼夜节律震荡，肠道菌群参与宿主的营养吸收、能量代谢、免疫防御等生理过程，是人体重要一个"功能器官"。

1. **肠道菌群的昼夜节律**　肠道菌群的组成和代谢呈昼夜节律模式，相对丰度15%的各种细菌类群呈明显的昼夜节律震荡。占全部肠道菌群的60%。进食时间的节律影响肠道变化，研究发现，进食时间，肠道变形杆菌、厚壁菌丰度等升高，拟杆菌丰度下降。产气肠杆菌对分泌到肠腔内的神经激素褪黑素敏感，表现出明显的群集和运动的昼夜节律模式。许多实验则证明，通过生物钟基因突变或时差性破坏宿主生物节律，可以消除肠道菌群的节律震荡。

2. **肠道菌群的饮食节律调控**　机体的进食节律可通过营养素利用率的变化调节微生物的功能。

（二）肠易激综合征干预措施

肠易激综合征是功能性肠病，既然是功能性肠病则提示不存在器质性肠道病变，发生可能与情绪、心理压力较大、肠道的异常蠕动等有关。所以在治疗上，要针对这些可能的原因，关注生物节律紊乱这个问题，进行综合治疗。

1. **调整生物节律、调节情绪压力**　要调整好生物节律，调节好情绪，避免压力过大。合并精神神经系统异常的患者，需要针对精神心理的异常进行积极干预和治疗。对症状严重而顽固的患者，在经一般治疗和药物治疗无效时，应进行心理治疗，包括心理分析、认知治疗、催眠疗法、生物反馈等。

2. **饮食调整**　不良的饮食习惯和膳食结构可以加剧IBS的症状。因此，健康、平衡的饮食可有助于减轻患者的胃肠功能紊乱症状。IBS患者宜避免过度饮食、大量饮酒、饮浓茶和咖啡因、喜欢高脂饮食、喜欢食用某些具有"产气"作用的蔬菜类等。便秘者要少食精加工食粮和人工食品，增加膳食纤维主要改善便秘。腹泻者少食山梨醇、果糖和因不同个体而异不耐受的食物。饮食和生活方式上，要注意避免辛辣、刺激的食物，避免能够诱发肠易激综合征加重的因素。

3. **药物治疗**　肠易激综合征分为腹泻型与便秘型，或是腹泻、便秘交替，要根据不同的症状类型，选择合适的治疗药物。治疗可以选择作用于肠道平滑肌的药物，比如临床上常用匹维溴铵、马来酸曲美布汀等药物，改善肠道蠕动，还可以选择加用肠道益生菌，改善肠道的内环境，缓解肠易激综合征的症状。益生菌治疗很重要，益生菌调整肠道有益菌群，减轻腹部不适症状。具有调节内脏敏感性的药物，如三环类、5-HT再摄取抑制剂和治疗抗抑郁药等都有一定的调节内脏敏感性作用，其长期治疗对较顽固症状者有效。

目前，肠易激综合征在中国的发病率持续上升，患者又以中青年为主。确切的致病机制仍不明确，但精神心理因素是导致发病的重要因素，严重影响患者生活质量。患者应及时就医，可在医师指导下选用解痉剂缓解相应症状；以及止泻剂或导泻剂对应改善腹泻或便秘的症状；或通过调整饮食结构，改善情绪状态，实现逐渐康复的目的。

四、炎症性肠病

炎症性肠病（inflammatory bowel disease，IBD）是累及回肠、直肠、结肠的一种特发性肠道炎症性疾病。临床表现腹泻、腹痛，甚至可有血便。本病包括溃疡性结肠炎（ulcerative colitis，UC）和克罗恩病（Crohn disease，CD）。UC是结肠黏膜层和黏膜下层连续性炎症，疾病通常先累及直肠，逐渐向全结肠蔓延（图6-17）。CD可累及全消化道，为非连续性全层炎症，以隆起增生病变为特征，最常累及部位为末端回肠、结肠和肛周（图6-18）

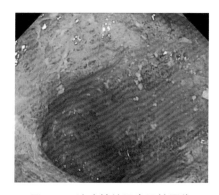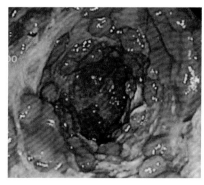

图6-17　溃疡性结肠炎肠镜图像　　　　图6-18　结肠克罗恩肠镜图像

IBD的病因和发病机制尚未完全明确，已知肠道黏膜免疫系统异常反应所导致的炎症反应在IBD发病中起重要作用，认为是由多因素相互作用所致，主要包括环境、遗传、感染和免疫因素。

IBD一般起病缓慢、少数急骤，病情轻重不一，易反复发作，发作诱因有精神刺激、过度疲劳、饮食失调、继发感染等。血性腹泻是UC最主要的症状，粪中含血、脓和黏液。轻者每日2～4次，严重者可达10～30次，呈血水样；CD腹泻为常见症状，多数每日大便2～6次，糊状或水样，一般无脓血或黏液，与UC相比，便血量少，鲜血色少。腹痛UC常为局限于左下腹或下腹部阵发性痉挛性绞痛，疼痛后可有便意，排便后疼痛暂时缓解。绝大多数CD均有腹痛，性质多为隐痛、阵发性加重或反复发作，部分以右下腹多见，与末端回肠病变有关，其次为脐周或全腹痛。里急后重和腹块是疾病发展的主要症状。IBD患者全身症状包括贫血、发热、营养不良等。

（一）生物节律紊乱与炎症性肠病

国内外的流行病学调查均发现，近30年来IBD的发病率逐年升高，这与饮食结构、生活压力相关，但必须承认的是，现代生活方式的改变造成人们昼夜节律的紊乱加重也与IBD发生有关。动物试验证实昼夜节律的紊乱导致溃疡性结肠炎动物模型的肠道炎症情况明显恶化。多种生物节律紊乱行为睡眠障碍，特别是发生昼夜颠倒的现象，在该睡觉的时候清醒睡不着觉，该清醒的时候头脑昏昏沉沉，均被发现与IBD发病密切相关。

1. 生物节律紊乱对肠黏膜屏障的影响　动物试验证明生物钟存在肠上皮细胞中，起着维持胃肠道稳态及细胞分化等作用。生物钟能调节肠黏膜屏障的通透性。在生物钟基因突变模型和生物钟紊乱小鼠模型均出现肠黏膜屏障破坏且肠道通透性增强，并且可加重乙醇引起的肠黏膜屏障破坏和内毒素血症。研究还发现生物钟影响肠黏膜屏障通透性，其机制可能与紧密连接蛋白破坏有关。野生型小鼠的*Occludin*和*Claudin-1*基因在结肠中的表达呈现周期性变化。而生物钟基因*period2*突变型的小鼠体内*Occludin*和*Claudin-1*基因表达的mRNA和蛋白无昼夜节律变化，且结肠通透性呈现持续性低水平。紧密结合蛋白在维持肠上皮屏障功能中发挥着重要作用，生物钟基因突变致其功能失调将削弱细胞间黏附，促进肠道通透性增高并导致炎症发生。

2. 生物节律紊乱对肠道免疫的影响　生物钟基因蛋白CLOCK能调控NF-κB对免疫刺激的反应强度，CLOCK蛋白能结合NF-κB复合物，随着CLOCK蛋白过度表达，可促进NF-κB复合物的产生。生物钟还可调控巨噬细胞和NK细胞活性，巨噬细胞的敏感性和吞噬作用都表现出明显的生物节律，肠道生物钟还调控着NK细胞、细胞溶解能力、细胞毒性因子活力等。生物节律还存在于CD^{4+}T细胞控制细胞因子的分泌，缺乏生物钟基因CRY1和CRY2的小鼠血清中促炎因子水平明显高于正常小鼠。生物钟基因*mperiod2*调节IFN-γ的表达，*mperiod2*基因突变小鼠血清中IFN-γ水平变化失去昼夜节律性。Toll样受体（TLRs）的表达也受生物钟调控。用CpG免疫小鼠后发现19:00免疫的小鼠具有更强烈的免疫反应，与TLR9的周期性表达相一致；在初次免疫4周后再次注射抗原，19:00免疫的小鼠出现显著增强的免疫反应，表明生物钟能控制TLR9的表达从而介导先天性免疫和后天性免疫。

3. 生物节律紊乱对肠道菌群的影响　IBD的发生发展与肠道菌群变化密切相关，肠道菌群也存在节律性，且宿主的生物节律也影响肠道菌群的变化。实验证明肠道微生物在数量和种类上均呈昼夜波动性，敲除生物钟基因的小鼠肠道菌群的结构和数量均失去昼夜节律。肠道菌群的相对丰富度呈周期性变化，敲除*period1*和*period2*基因肠道菌群的组成几乎失去节律性，提示宿主生物钟调控着肠道菌群。

（二）炎症性肠病的干预措施

1. 生物节律调整　生物节律紊乱能诱发和加重IBD，因此，要强调调整生物节律。要保持心情舒畅，避免精神刺激，解除各种精神压力。应注意劳逸结合，不可太过劳累；对暴发型、急性发作和严重慢性型患者，应嘱咐其绝对卧床休息。患者要保持冷暖相适，适当进行体育锻炼以增强体质。饮食要按照生物节律进行规范，一般应进食柔软、易消化、富有营养和足够热量的食物。宜少量多餐，补充多种维生素。勿食生、冷、油腻及多纤维素的食物。避免肠道感染诱发或加重本病。忌烟酒、辛辣食品、不食用牛奶和乳制品。

2. 内科治疗　全身支持治疗包括液体和电解质平衡，尤其是钾的补充，低血钾者应予纠正。同时要注意蛋白质的补充，改善全身营养状况，必要时应给予全胃肠道外营养支持，有贫血者可予输血，胃肠道摄入时应尽量避免牛奶和乳制品。

药物治疗是IBD不可或缺的治疗方法，临床最常用的是柳氮磺胺吡啶水杨酸制剂美沙拉嗪等。在急性发作期或症状严重者可选择皮质类固醇，常用药有泼尼松和地塞米松。免疫抑制剂在溃疡性结肠炎上的应用要慎重。腹泻型溃疡性结肠炎也可用中医中药治疗，位置较低的IBD患者可以用中药保留灌肠，临床应用效果均比较理想。

3. 外科治疗　只有20%左右的重症溃疡性结肠炎患者需要手术治疗。

五、脂肪肝

正常人肝组织中含有少量的脂肪，如甘油三酯、磷脂、糖脂和胆固醇等，其重量为肝重量的3%～5%，如果肝内脂肪蓄积太多，超过肝重量的5%或在组织学上肝细胞50%有脂肪变性时，就可称为脂肪肝。脂肪肝（fatty liver）是指由于各种原因引起的肝细胞内脂肪堆积过多的病变，是一种常见的肝脏病理改变，而非一种独立的疾病。脂肪肝正严重威胁国人的健康，成为仅次于病毒性肝炎的第二大肝病，发病率在不断升高，且发病年龄日趋年轻化。其临床表现轻者无症状，重者病情凶猛。一般而言，脂肪肝属可逆性疾病，早期诊断并及时治疗常可恢复正常。

肝脏是机体脂质代谢的中心器官，肝内脂肪主要来源于食物和外周脂肪组织，目前认为脂肪肝的形成与肥胖、酒精、快速减肥、营养不良、伴有糖尿病、服用某些药物或化学毒物、妊娠、病毒性肝炎以及遗传性疾病等有关。脂肪肝可沿着肝纤维化、肝硬化、甚至发展为肝癌的演进路径对人类生命健康造成威胁（图6-19）。

脂肪肝根据脂肪变性在肝脏累及的范围，又可分为轻、中、重三型，通常脂肪含量超过肝脏重量的5%～10%时被视为轻度脂肪肝，超过10%～25%为中度脂肪肝，超过25%为重度脂肪肝。

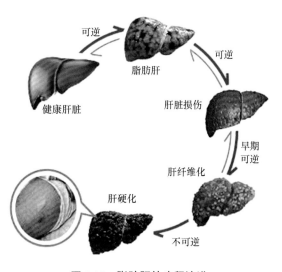

图6-19　脂肪肝的病程演进

脂肪肝的临床表现多样，轻度脂肪肝多无临床症状，患者多于体检时偶然发现。疲乏感是脂肪肝患者最常见的自觉症状，中、重度脂肪肝有类似慢性肝炎的表现，可有食欲不振、疲倦乏力、恶心、呕吐、肝区或右上腹隐痛等症状。

（一）生物节律紊乱与脂肪肝

脂肪肝的发生发展与营养物质的代谢过程有关。生物钟基因参与机体糖、脂类等营养物质代谢过程，维持体内代谢平衡。生物钟基因 *period1* 和 *period2* 调控小鼠离体线粒体蛋白质的表达，线粒体蛋白质在光照早期达峰值，呈现出周期性振荡，这种周期性变化依赖于时生物钟基因蛋白质 PER1 和 PER2。缺乏 PER1 和 PER2 的小鼠线粒体呼吸的昼夜调控减弱，表现出与高脂肪饮食小鼠相似的变化。

肠道生物与生物钟相互作用影响肝脏的各种代谢。敲除外周肝组织中的 *Npas2* 的新生小鼠，经限制时间喂养后，小鼠体质量均在基线下，同时表现出与野生型小鼠明显不同的肠道菌群特征，敲除基因组小鼠的体质量与肠道菌群菌属密切相关。研究还发现肠道微生物控制肝脏各种功能的振荡节律，如缺乏肠道微生物，核心时钟基因的表达也受到影响，进而影响机体的应激、解毒和代谢。

生物钟紊乱可导致脂质代谢紊乱、肥胖和代谢性疾病。在小鼠昼夜节律紊乱的模型中，生物钟分子（如 BMAL1、CLOCK、period1/period2 和 CRY1/CRY2）的节律与功能受到破坏，而这种长期时差反应导致肝脏代谢变化，加速糖酵解，促进脂肪的合成和储存，最终造成脂肪肝的发生和演进。

睡眠时间缩短可增加脂肪肝风险，睡眠时间越短，将来发展成为脂肪肝的可能性越大。大规模人群调查结果显示，睡眠时间减少，体重指数（BMI）增加。有研究表明，短睡眠时间可降低男性脂肪肝发病的风险，却增加女性脂肪肝的风险。男女研究都发现，睡眠质量差会显著增加脂肪肝风险。睡眠不足导致脂肪肝的发生与昼夜节律紊乱有关。

生物节律紊乱造成的肠道菌群失调对脂肪肝的产生也有影响。肠道菌群的失调或缺失都将导致生物钟基因表达的改变，在肠道菌群存在的情况下，高脂饮食可改变肠道菌群结构和功能，如无菌小鼠生物钟基因表达水平明显低于无特定病原 SPF 小鼠。与低脂喂养相比，高脂喂养的 SPF 小鼠增加了生物钟基因 *period2* 和 *CRY1* 的表达。肠道微生物也对生物钟重组和肝内昼夜稳态起重要作用，在高脂肪饮食动物试验中，发现肠道微生物群推动 PPARγ 介导的肝脏新振荡转录程序的激活。肠道菌群通过生物钟转录因子调节肠上皮细胞的脂质吸收和输出，其昼夜节律振荡由微生物群通过淋巴细胞和上皮细胞生物钟控制。滥用抗生素可能破坏昼夜摄食行为从多方面破坏肠道菌群，从而产生昼夜肝功能生物节律紊乱。

（二）脂肪肝的干预措施

1. 一般治疗

（1）要纠正不良生活方式，找到病因，有的放矢地采取措施、进行修正。如长期昼夜颠倒、进食不规律，"饱一餐，饿一餐"等都应摒弃。还要提倡戒烟酒，营养过剩、肥胖者应严格控制饮食，使体重恢复正常。有脂肪肝的糖尿病患者应积极有效地控制血糖。营养不良性脂肪肝患者应适当增加营养，特别是蛋白质和维生素的摄入。

（2）要合理调整饮食结构，提倡低糖、低脂肪、高蛋白质、高维生素饮食。不吃或少吃动物性脂肪、甜食，不吃或少吃油炸或烧烤食物。多吃青菜、水果和富含纤维素的食物，以及高蛋白质的瘦肉、河鱼、豆制品等，不吃零食，睡前不加餐。

（3）切适当增加运动，促进体内脂肪消耗。主要应选择有氧运动，比如慢跑、快走、骑自行车、上下楼梯、打羽毛球、跳绳和游泳等，以运动时脉搏为100～150次/分钟，持续20～30分钟，运动后疲劳感于20分钟内消失为宜。

（4）要注意补充微量元素，包括要适当补硒，提高肝脏中谷胱甘肽过氧化物酶的活性，用以养肝护肝。

2. 药物治疗 药物治疗只能起辅助作用，因为药物本身也增加肝脏的负担，目前尚无防治脂肪肝的特效药物。西药常选用保护肝细胞、降脂药物及抗氧化剂等，如维生素B、C、E、卵磷脂、熊去氧胆酸、双环醇、还原型谷胱甘肽、牛磺酸、水飞蓟素、肌苷、辅酶A、肉毒碱乳清酸盐，此外某些降脂药物也是治疗脂肪肝的药物选择（如柴胡、丹参、决明子、山楂、泽泻、五苓散等）。

3. 心理调整 心平气和，不暴怒，少气恼，注意劳逸结合等也是相当重要的。

六、消化系统肿瘤

消化系统肿瘤主要根据发病部位进行划分，通常包括食管癌、胃癌、结直肠癌、肝癌、胆管癌、胰腺癌等。不同部位的肿瘤其发生机制、临床表现、诊断方法和治疗方案，均存在一定的区别。

（一）消化系统肿瘤概述

1. 食管癌 食管癌早期通常不会有明显的症状，但随着肿瘤体积不断增大后，可能会对食管造成一定的挤压，导致食物通道狭窄，出现进食困难、胸闷等表现，同时在胸骨后部位，可能还会伴随烧灼样疼痛，一般通过胃镜、CT检查，以及病理组织活检方可确诊（图6-20）。治疗以手术为主，极早期以及早期的患者大部分通过根治性手术切除肿瘤后，可实现痊愈和康复。但对于中晚期患者而言，则应以手术为基础，同时还需要配合放疗、化疗等方法进行治疗。

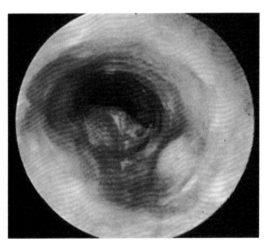

图6-20 食管癌内镜下表现

2. **胃癌**　位列人体肿瘤发病率第二，仅次于肺癌，最常见的消化系统肿瘤。临床上患者可出现腹胀、恶心、呕吐等情况，主要通过胃镜、病理组织活检等确诊（图6-21）。在确诊之后，首选的治疗方案依旧是手术切除，术后还需根据病理类型，配合放疗、化疗等方法进行治疗。对于处于进展期的患者，需进行放疗、化疗缩小肿瘤，待其达到手术指标之后，再行手术。对发生远端或广泛转移的患者只能选择放疗、化疗、靶向治疗等。

3. **结直肠癌**　位列人体肿瘤发病率第三，并有超过胃癌的趋势。结直肠癌通常会伴有大便带血，或者肠梗阻的情况，一般通过肠镜检查即可确诊图（6-22）。早期患者主要通过根治性切除手术、开放手术、腹腔镜下手术等方式进行治疗，期间还需要做好周围组织以及淋巴组织清扫，以及肠管吻合，以免出现复发以及瘘管的情况。

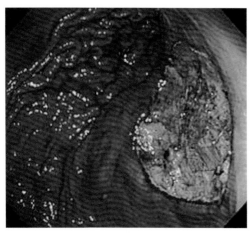 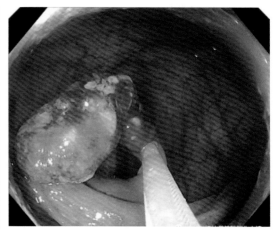

图6-21　胃癌内镜下表现　　　　　图6-22　结肠癌内镜下表现

消化系统肿瘤还包括肝癌、胰腺癌、胆管癌等。其中原发性肝癌是我国常见的恶性肿瘤之一，高发于东南沿海地区。我国肝癌患者的中位年龄为40～50岁，男性比女性多见。目前认为与肝硬化、病毒性肝炎以及黄曲霉素等化学致癌物质和环境因素有关。随着原发性肝癌早期诊断、早期治疗，总体疗效已有明显提高。胰腺癌也是消化道恶性肿瘤中较为常见的一种，病因可能与高脂肪或高蛋白饮食有关，也可能与长期吸烟或饮酒有关，常表现为疼痛、消瘦、乏力等症状。一般通过胰头十二指肠切除术、全胰腺切除术等手术进行治疗。肝癌和胰腺癌影像学检查对诊断意义较大（图6-23，图6-24）。

（二）生物节律紊乱与消化系统肿瘤

昼夜节律系统的紊乱，被认为与许多疾病相关，比如长期夜班或睡眠质量差的人，会增加患糖尿病的风险。生物钟在肿瘤发生中的作用尚存在着争议，但近年来已被科学研究得以证实。2018年科学家发现，蛋白激活剂能够阻断肿瘤细胞获取营养，抑制

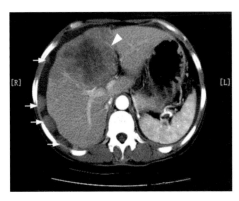

图6-23　原发性肝癌CT检查

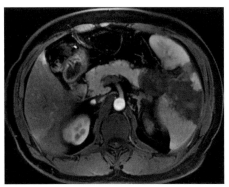

图6-24　胰腺癌MRI检查

其生长，但正常细胞不受影响，而这种激活剂的分泌是由生物钟所调控的。这类研究都从不同侧面印证，生物钟的确与肿瘤发生风险之间存在着密切相关性。

　　生物钟影响肿瘤细胞的代谢，通过与非时钟转录因子协同影响转录和代谢来控制肿瘤发展的进程，从而最终影响细胞分化和增殖。BMAL1低表达与胰腺癌和结直肠癌的进展、低分化和不良预后相关。过表达BMAL1能够减弱人类肝癌和结直肠癌的肿瘤细胞生长，而BMAL1的沉默减少了细胞凋亡、增强了细胞增殖和人骨肉瘤和小鼠结肠癌细胞肿瘤生长。同样，CLOCK蛋白水平在胃癌细胞表达减少，但*CLOCK*基因在胃癌中的表达与在胃黏膜中表达相似，这表明CLOCK蛋白的转录后调控可依据其转录活性而降低。值得注意的是，正常胃黏膜-萎缩性胃炎-不典型增生-胃癌这一演进过程中，每个环节都与正常生物钟被破坏有关。*CLOCK*的特定单核苷酸多态性（SNP）也与肝癌和结直肠癌风险增加相关。此外，食管癌中也检测到*CLOCK*基因的突变，并且野生型*CLOCK*水平的重建可防止紫外线引起的DNA损伤。这都表明*CLOCK*基因组的突变可能与消化肿瘤发生相关。

　　生物钟基因*period2*基因在结直肠有表达，且作为生物昼夜节律的物质基础核心，其表达的下调或缺失可能参与了结直肠肿瘤发生发展进程。进一步分析发现，PER2蛋白在结直肠癌中表达下调与患者年龄、肿瘤组织学分级、浸润深度、淋巴结转移及TNM分期有关。有研究证实生物钟基因*period2*能够与人肠癌细胞中的肿瘤抑制物p53相互作用，促进p53易位进入细胞核并随后抑制肿瘤发生。因此，*period*似乎执行了许多独立于时钟的功能，从而促进了抗肿瘤发生程序。作为*period1*和*period2*基因可以被非时钟诱导，表明可以通过特异性上调*period*编码基因帮助抑制消化道癌症进展。

　　在消化系统肿瘤治疗上，针对生物律的时间生物学已经成为近年来生命科学研究的热点，从单细胞到高等动植物以及人类均存在着按照一定规律运行的，周期性的生命活动现象，这种生命活动现象具有明显节律性；这种节律性也表现在肿瘤细胞之间，利用时间生物学治疗肿瘤是肿瘤生物节律治疗的一个研究热点。时间放疗的研究也较多。肿瘤细胞对射线的敏感性随细胞周期变化而有差异，所以选择恰当的放疗时间，治疗主要针对肿瘤细胞敏感期同时避开正常组织的敏感期，可以达到对癌细胞杀伤力的最大效果而使正常细胞受损伤最小化。一些重要节律基因，如 *period1*、*period2* 和 *BMAL1* 等与放射敏感性的关系，在昼夜节律基因 *period1* 和 *period2* 对食管癌细胞株放射敏感性的影响研究中，昼夜节律基因表达高峰时照射与低谷时照射比较，肿瘤细胞凋亡率减少，昼夜节律基因 *period1* 和 *period2* 高表达，能够降低食管癌细胞的放射敏感性。

瑞戈非尼作为一种新型口服多靶点磷酸激酶抑制剂，其靶向作用于血管的生长因子受体 -1、表皮生长因子同源结构域酪氨酸激酶 -2、基质相关受体和致癌受体酪氨酸激酶相关因子。临床研究发现瑞戈非尼对生物钟基因表达的影响，能够阻断涉及肿瘤生长和进展过程中的多种磷酸激酶，不仅能达到治疗肝癌的作用，还能通过改善生物钟基因紊乱，上调潜在抑癌基因 *period* 和 *CRY* 的表达，进而抑制肿瘤的生长和疾病进展。进一步探讨化疗药物、放射治疗影响消化系统肿瘤细胞生物钟基因表达改变的信号通路，为临床应用提供更多的理论依据，可能是一个新方向。

（三）消化系统肿瘤的干预措施

在社会竞争等因素的影响之下，越来越多人成为了消化道肿瘤的患者，应普及预防消化道肿瘤干预方法，让身体远离肿瘤的威胁，降低疾病的发病率。

（1）提倡改变不良生活习惯：在生活中很多人的生活习惯都是错误的，特别是暴饮暴食、吃饭速度过快、总是吃外卖等。日常生活中应注意不吃生冷、粗糙食物，不吃太硬、太烫、太辣的食物。严格控制进食速度，保持细嚼慢咽，做到定时定量，避免饥一顿饱一顿，保持良好的饮食生活节律。

（2）提倡戒除烟酒：在生活中很多人都会有吸烟喝酒的习惯，总是吸烟喝酒对胃肠道造成刺激和直接的损害，增大消化道肿瘤发生风险。所以大家在生活中更应该重视烟酒的戒除。

（3）强调减少有害食物摄入：忌食亚硝胺含量高的食物。在生活中很多人都喜欢吃酸菜、咸鱼、腌肉、火腿、熏肠等，而这些食物在制作的过程中容易产生变性，继而产生亚硝胺类及多环芳烃类致癌物质。因此，生活中减少进食霉变、腐烂、不新鲜的蔬菜和蔬果等。

（4）注意个人保健，定期体检：如果本身有胃肠道疾病史，必须要重视体检，这样才能帮助患者及时发现疾病、治疗疾病，降低消化道肿瘤的发病率。

总之，消化道肿瘤虽然发病率在每年增高，但其也与不良的生活习惯有关系，如果想要避免伤害，必须要重视消化道肿瘤的预防方法。应从生活中的点点滴滴开始做起，除了以上注意事项之外，还应该注意情绪、及时治疗胃肠道疾病、注意睡眠等，使胃肠道可以处于最佳的环境中。

参 考 文 献

［1］   柏树令，丁文龙. 系统解剖学 [M] . 9 版. 北京：人民卫生出版社，2018.

［2］ 陈亚琼, 刘雅欣, 王蕾, 等. 生物钟节律与肝脏代谢稳态 [J]. 生理学报, 2021, 73 (5): 734-744.

［3］ 陈越, 金凤. 生物钟 *Bmal* 基因与肿瘤治疗的研究进展及未来新思路 [J] . 中国肿瘤临床, 2019, 46 (10): 518-523.

［4］ 崔慧先, 李瑞锡. 局部解剖学 [M]. 9版. 北京 : 人民卫生出版社, 2018.

［5］ 邓香群, 贺印旎. 生物钟基因 *hClock*、*hBmall* 在结直肠肿瘤中的意义 [J]. 中华消化杂志, 2010, 30 (12): 916-918.

［6］ 董灵芝, 宋文刚, 王庆才, 等. 生物钟与肠道微环境、肠道免疫系统之间关系的研究进展 [J]. 国际免疫学杂志, 2017, 40 (3): 347-351.

［7］ 高东晓, 刘丹, 郭强, 等. 生物钟在肿瘤调控中的研究进展 [J]. 基础医学与临床, 2020, 24 (10): 1134-1139.

［8］ 高文康, 舒艳芸, 叶进, 等. 生物节律与肝脏能量代谢 [J]. 世界华人消化杂志, 2020, 28 (20): 1125-1135.

［9］ 何琳, 王代翔. 肠道微生物与宿主生物钟的相关性临床研究 [J]. 四川解剖学杂志, 2018, 26 (3): 15-16.

［10］ 何晓晓, 熊枝繁, 邱梦君, 等. 瑞戈非尼对裸鼠皮下肝癌移植瘤生长及生物钟基因表达的影响 [J]. 山东医药, 2018, 58 (2): 13-16.

［11］ 黄文雅, 陆付耳, 董慧. 肠道菌群失调与生物钟紊乱的相关性 [J]. 中国病理生理杂志, 2015, 31 (5): 950-955.

［12］ 刘润, 王梦芝, 高健, 等. 昼夜生物节律调控能量及消化道能量物质代谢机制的研究进展 [J]. 动物营养学报, 2019, 31 (2): 591-597.

［13］ 刘延友, 王正荣. 生物节律系统的研究进展 [J]. 西部医学, 2007, 19 (2): 161-162.

［14］ 王春燕, 廖萍, 刘晓黎, 等. 生物钟紊乱与相关疾病关系的研究进展 [J]. 临床与病理杂志. 2015, 35 (4): 676-680.

［15］ 王晗. 生物钟生物学及其研究进展 [J]. 生命科学, 2015, 27 (11): 1313-1319.

［16］ 王吉耀, 葛均波, 邹和建. 实用内科学. 16版. 北京 : 人民卫生出版社, 2022.

［17］ 王建枝, 钱睿哲. 病理生理学 [M]. 9版. 北京 : 人民卫生出版社, 2018.

［18］ 王庭槐. 生理学 [M]. 9版. 北京 : 人民卫生出版社, 2018.

［19］ 谢成, 晏维, 付好. 生物钟与炎症性肠病 [J] . 临床消化杂志, 2016, 18 (6): 390-393.

［20］ 徐天成, 裴丽霞, 陈璐, 等. 菌群的生物节律现象及其临床意义 [J]. 医学争鸣, 2019, 10 (5): 4-7.

［21］ 张霞, 李杰. 生物钟在肿瘤中的研究进展 [J]. 国际检验医学杂志, 2012, 33 (24): 3030-3032.

［22］ 张正敏, 曹洪战, 芦春莲, 等. 生物钟对动物糖脂代谢的影响研究进展 [J]. 中国畜牧杂志, 2020, 56 (1): 30-35.

［23］ 赵玉沛, 吕毅. 消化系统疾病 [M]. 9版. 北京 : 人民卫生出版社, 2016.

［24］ Bassotti G, Macchioni L, Corazzi L, et al. Clostridium difficile-related postinfectious IBS: a case of enteroglial microbiological stalking and/or the solution of a conundrum? [J]. *Cell Mol Life Sci*, 2018, 75: 1145-1149.

［25］ Baumann-DudenhoefferAM, D'Souza AW, Tarr PI, Dantas G. Infant diet and maternal gestational weight gain predict early metabolic maturation of gut microbiomes [J]. *Nat Med*, 2018, 24: 1822-1829.

［26］ Cadenas C, van de Sandt L, Edlund K, et al. Loss of circadian clock gene expression is associated with tumor progression in breast cancer [J]. *Cell Cycle*, 2014, 13 (20): 3282-3291.

［27］ Yano JM, Yu K, Donaldson GP, et al. Indigenous bacteria from the gut microbiota regulate host serotonin biosynthesis [J]. *Cell*, 2015, 161: 264-276.

［28］ Chassard D, Bur I, Poirel V J, et al. Evidence for a putative circadian kiss-clock in the hypothalamicAVPV in female mice [J]. *Endocrinology*, 2015, 156 (8): 2299-2301.

［29］ Cryan JF, O'Riordan KJ, Cowan CSM, et al. The microbiota-gut-brain axis [J]. *Physiol Rev*, 2019, 99: 1877-2013.

［30］ Dominguez-Bello MG, De Jesus-Laboy KM, Shen N, et al. Partial restoration of the microbiota of cesarean-born infants via vaginal microbial transfer [J]. *Nat Med*, 2016, 22: 250-253.

［31］ Drossman DA. Functional gastrointestinal disorders: history, pathophysiology, clinical features and Rome IV [J]. *Gastroenterology*, 2016, 150: 1262-1279.

［32］ Fung TC, Vuong HE, Luna CDG, et al. Intestinal sero-tonin and fluoxetine exposure modulate bacterial colo-nization in the gut [J]. *Nat Microbiol*, 2019, 4: 2064-2073.

［33］ Gilbert JA, Blaser MJ, Caporaso JG, et al. Current understanding of the human microbiome [J]. *Nat Med*, 2018, 24: 392-400.

［34］ Jarret A, Jackson R, Duizer C, et al. Enteric nervous system-derived IL-18 orchestrates mucosal barrier immunity [J]. *Cell*, 2020, 180: 813-814.

［35］ John F. Cryan, Kenneth J. O'Riordan, et. al. The Microbiota-Gut-Brain Axis [J]. *Physiol Rev*, 2019, 99: 1877-2013.

［36］ Julie Khlevner, Yeji Park, MS, et al. Brain-Gut Axis Clinical Implications [J]. *Gastroenterol Clin North Am*, 2018, 47 (4): 727-739.

［37］ Kara G. Margolis, John F. Cryan, Emeran A. Mayer. The Microbiota-Gut-Brain Axis: FromMotility to Mood [J]. *Gastroenterology* , 2021, 160: 1486-1501.

［38］ Karantanos T, Theodoropoulos G, Gazouli M, et al. Expression of clock genes in patients with colorectal cancer [J]. *Int J Biol Markers*, 2013, 28 (3): 280-285.

［39］ Kennedy PJ, Cryan JF, Dinan TG, et al. Kynurenine pathway metabolism and the microbiota-gut-brain axis [J]. *Neuropharmacology*, 2017, 112: 399-412.

［40］ Lyte, Mark, Cryan, John F. The Brain-Gut Axis in Health and Disease [J]. *Microbial Endocrinology*, 2014: 135-153.

［41］ Masri S, Sassone . The emerging link betweencancer, metabolism, and circadian rhythms [J]. *Nat Med*, 2018, 24 (12): 1795-1803.

［42］ Mazzoccoli G, Panza A, Valvano MR, et al. Clock gene expression levels and relationship with clinical and pathological features in colorectal cancer patients [J]. *Chronobiol Int*, 2011, 28 (10): 841-851.

［43］ McDonald B, McCoy KD. Maternal microbiota in pregnancy and early life [J]. *Science*, 2019, 365: 984- 985.

［44］ Mukherji A, Bailey SM, Staels B, et al. The circadian clock and liver function in health and disease [J]. *J Hepatol*, 2019, 71 (1): 200-211.

［45］ Muller PA, Schneeberger M, Matheis F, et al. Microbiota modulate sympathetic neurons via a gutbrain circuit [J]. *Nature*, 2020, 583: 441-446.

［46］ Obata Y, Pachnis V. The effect of microbiota and the immune system on the development and organization of the enteric nervous system [J]. *Gastroenterology*, 2016, 151: 836-844.

［47］ ObataY, CastanoA, Boeing S, et al. Neuronal programming by microbiota regulates intestinal physiology [J]. *Nature*, 2020, 578: 284-289.

［48］ Okazaki F, Matsunaga N, Okazaki H, et al. Circadian clock in a mouse colon tumor regulates intracellular iron levels to promote tumor progression [J]. *J Biol Chem*, 2016, 291 (13): 7017-7028.

［49］ Perez-Pardo P, Dodiya HB, Engen PA, et al. Role of TLR4 in the gut-brain axis in Parkinson's disease: a translational study from men to mice [J]. *Gut*, 2019, 68: 829- 843.

［50］ Relles D, Sendecki J, Chipitsyna G, et al. Circadian gene expression and clinicopathologic correlates in pancreatic cancer [J]. *J Gastrointest Surg*, 2013, 17 (3): 443-450.

［51］ Ribeiro IMR Antunes VR. The role of insulin at brain-liver axis in the control of glucose production [J]. *Am J Physiol Gastrointest Liver Physiol*, 2018, 315 (4): 538-543.

［52］ Rothhammer V, Mascanfroni ID, Bunse L, et al. Type I interferons and microbial metabolites of tryptophan modulate astrocyte activity and central nervous system inflammation via the aryl hydrocarbon receptor [J]. *Nat Med*, 2016, 22: 586-597.

［53］ Sakamoto W, Takenoshital S. Overexpression of both clock and bmal inhibits entry to s phase in human colon cancer cells [J]. *Fukushima J Med Sci*, 2015, 61 (2): 111-124.

［54］ Sampson TR, Debelius JW, ThronT, et al. Gut microbiota regulate motor deficits and neuroinflammation in a model of Parkinson's disease [J]. *Cell*, 2016, 167: 1469-1480.

［55］ Sinturel F, Gerber A, Mauvoisin D, et al. Diurnal oscillations in liver mass and cell size accompany ribosome assembly cycles [J]. *Cell*, 2017, 169 (4): 651-663.

［56］ Smits SA, Leach J, Sonnenburg ED, et al. Seasonal cycling in the gut microbiome of the Hadza huntergatherers of Tanzania [J]. *Science*, 2017, 357: 802-806.

［57］ Sonnenburg ED, Smits SA, Tikhonov M, et al. Diet-induced extinctions in the gut microbiota compound over generations [J]. *Nature*, 2016, 529: 212-215.

［58］ Squarzoni P, Blecher R, Grisel P, et al. Microbiome influences prenatal and adult microglia in a sexspecific manner [J]. *Cell*, 2017, 172 (3): 500-516.

［59］ Vandeputte D, Falony G, Vieira-Silva S, et al. Stool consistency is strongly associated with gut microbiota richness and composition, enterotypes and bacterial growth rates [J]. *Gut*, 2016, 65: 57-62.

［60］ Verlande A, Marsri S. Circadian clocks and cancer: time keeping governs cellular metabolism [J]. *Trends Endocrinol Metab*, 2019, 30 (7): 445-458.

［61］ Vuong HE, Pronovost GN, Williams DW, et al. The maternal microbiome modulates fetal neurodevelopment in mice [J]. *Nature*, 2020, 586: 281-286.

［62］ Wang J, Mauvoisin D, Martin E, et al. Nuclear proteomics uncovers diurnal regulatory landscapes in mouse liver [J]. *Cell Metab* , 2017, 25 (1): 102-117.

第七章

密闭空间环境作业人员生物节律紊乱

第一节 密闭空间环境特点

一、航空密闭空间环境

航空舱室的环境因素主要包括温度、振动、噪声、空气、人机工效等。密闭舱室的环境质量不仅密切关系到机载设备的性能寿命，更是影响到作业人员的安全、身心健康和工作绩效。随着材料科学的发展，复合材料大量应用于航空结构或蒙皮，致使密闭舱室热环境舒适度下降，更多飞机在易产生高温的密闭区域设计通风系统来改善这个问题。当今飞机上电子设备的发展趋向于小型集成化，设备热载荷容易造成舱室热环境进一步恶化，因此需要对密闭舱室进行严格热环境设计，确保设备和人员在适宜环境中工作。

对于飞机舱室振动，GJB67.8A-2008《军用飞机结构强度规范 第8部分》列出暴露时间对振动舒适性的作用，对军用飞机的人机工效和舒适性给予评价标准的规定。在民用客机舱室中测定前、后排乘务员座椅位置的振动加速度，综合空乘人员着陆过程中经历的多次振动冲击，评估结果为机舱前排空乘人员暴露的健康风险较高。针对某型直升机内部全身振动暴露与飞行员腰痛症状的关系进行研究，发现按8小时工作制评估得到的平均计权振动值达不到该方面健康风险约束值的国际标准；即使是在较低的振动水平下，直升机飞行员中仍存在较高的腰痛率，很可能与直升机飞行员的全身振动暴露和驾驶姿势相关。

国外在民用飞机降噪领域发展迅速，投入巨大，美国国家航空航天局和波音等航空公司纷纷进行材料和结构声学分析、设计，构建了完整的体系，机载设备部件供应商也针对环控系统进行优化降噪研发。我国在飞机舱室噪声研究方面起步较晚，目前尚不能满足行业发展需求。

航空密闭舱室的气体污染需要辨识成分与源头，美国成立了民航舱室空气质量协会，专门进行航空污染毒性及暴露风险的研究。当前较为先进是B787飞机，不仅配备机载高效空气过滤器，还设置了新型气体过滤系统，舱内的各种气体污染物均能被去除。国内对航空密闭舱室的空气污染仍缺乏控制设计，基本还停留在满足新风量需求的阶段。

运用人机工效学设计，民用客机在舱室照明、舷窗结构形状及舱室空间等方面飞速进步。但目前的光环境设计缺乏系统性，主要关注单一要素对工作人员的影响，例如灯光颜色对仪表认读时间和正确性的影响，以瞳孔直径随时间变化的曲线解析照明均匀度对视觉的影响方式等。另外，舱室内部有限的空间布局是工作人员舒适性的主要限制因素之一。

二、航天密闭空间环境

航天作业的环境下，以24小时为周期的自然光暗节律消失，大多情况下低轨道载人飞行光暗周期大约90分钟，即地球一个昼夜的时间内，航天飞船已度过约16个"昼夜"，且在一个地表自然日中，太空中有2/3的时间受到自然光照。在月球表面，一昼夜则要28天。不仅运行轨道周期改变，密闭舱室空间狭小、光照、失重、工作强度大等都是航天员需要应对的环境因素。

地球重力场对人的引力大小与人体重心到地球中心的距离成反比。微重力环境是太空环境的最大特点。航天员身处的微重力约$10^{-6} \sim 10^{-2}$ G，与地球重力场相比可以忽略不计，因此又被称为失重环境。微重力和密闭狭小的舱室空间环境对航天员的身心来说都是巨大挑战，容易造成体液头向转移、心血管功能失调、神经系统紊乱、骨骼肌肉系统退化和心理问题等系列反应。

除此之外，太空中还具有强辐射、高真空、高磁场、超低温等特点。空间辐射的污染源有地球俘获带、太阳粒子和宇宙空间，大量的太阳粒子和宇宙中的高能质子与重离子在短时间内即可对人体造成重大危害。航天员飞行距离越远，受到的空间辐射剂量越高，容易损伤人的中枢神经系统，改变大脑功能，造成任务执行力下降。

空间站是在近地轨道运行，供航天员长期工作生活的载人航天器，其主体是载人生活舱，其他还由工作试验、仪器设备、对接过渡和资源存放等舱室辅助构成。空间站密闭舱室内既有瞬态也有稳态噪声，瞬态噪声的来源主要是泄压、复压和密封舱排气引起的气体剧烈振动，相对来说发生的时间较短。稳态噪声源于仪器设备振动等，占密闭舱室噪声的大部分。根据国际上载人航天医学的相关要求，密闭舱室稳态噪声应≤65 dB。稳态噪声高于地球上正常环境声音10 dB就会对人体产生危害，美、俄空间站噪声标准要求密闭环境稳态噪声50～60 dB。航天员整个作业周期一直处于噪声暴露下，噪声是威胁航天员健康的重要因素。

空间站的轨道运行受各种干扰作用，内部同样是微重力环境。地球表面重力引起的自然对流在微重力环境中基本消失，液体只受到表面张力束缚，液体失去静态压力，对人体产生较大影响。微重力会影响骨骼、心血管系统、神经系统、免疫系统等方方面面的作用机制。目前载人航天空间站内至少要保证3位航天员同时生活和工作，在相对狭小、与世隔绝的密闭环境中，航天员思维受限，容易出现各种负面情绪，诱发身心疾病。

三、深海密闭空间环境

潜艇作为一种完全密闭孤立的生活和工作空间，存在其特殊性：空间狭小幽闭，与世隔绝，人员集中，仪器设备复杂；无自然光源，高温高湿，晃动强烈，噪声污染严重，空气质量差，还有电磁辐射和高低频振动；特殊执勤轮班制度，工作任务重，生活枯燥单调。潜艇长航人员长期面临相对密闭的环境，远离大陆和亲友；值更制度会打乱官兵的正常作息，食物摄入偏向高脂肪高蛋白、新鲜蔬果缺乏；再加上噪声、辐射、高温高湿等，均会造成长航人员生理和心理疲劳，且众多负面环境因素带来的生理和心理应激较陆地环境大幅增高。

潜艇武器装备人机系统复杂程度较高，潜艇艇员执行的主要操控任务有下潜、巡航、通信等，操控时需保持对整个潜艇系统状态参数的监控，同时处理各种仪器仪表的大量信息。在温度、振动、加速度、噪声等环境因素的干扰下，艇员需要对复杂紧张的任务做出及时应对，承受着较高的大脑和心理负荷，生理状态也将随之改变。此外，援潜救生是海军必不可少的军事任务，潜水员面临的水下作业环境则更为复杂，包括黑暗、低温、高压、湍流及其他不可预测的自然和非自然因素。潜水员为顺利完成援潜救生任务，会用到各种保障呼吸、温度和抗浮的潜水设备和装备，使用过程中设备装备和气体等还会对潜水员造成额外影响；潜水员每次下潜较长时间后，生理功能特别是神经系统功能都会发生较大变化。

与航天密闭空间作业环境相似，深海中人员的"与世隔绝"既包括有限的外界理化环境刺激减少，也包括心理和社会意义上的刺激减少，例如社交互动与社会支持。艇员在潜艇长航任务期间进入全封闭状态，应激是长期、慢性累积的，其注意力难以集中，容易产生抑郁等负面情绪，发生人际冲突的频率升高，严重情况下还会发生认知功能、睡眠障碍甚至心理崩溃。

目前对潜艇人-环关系的研究主要根据潜艇的理化及运动环境特征，对人与环境的适配关系做出综合分析，在有限条件下进行环境的控制和设计，尽可能满足潜艇作业人员的工作和生活需求，提高工作绩效和人员的身心健康水平。对深海密闭舱室环境作业人员的健康调研评价，对舱室环境的适居性评估和优化设计，以及为作业人员提供防护方案措施，都是目前我国研究水平相对薄弱、亟待发展的领域。

第二节　密闭空间环境对作业人员生物节律的影响

一、航空作业人员

（一）远程飞行疲劳导致的生物节律紊乱

空中加油、氧气浓缩等技术发展使航空装备逐渐实现更远程的飞行任务。当前中、俄、美空军对远程飞行的标准分别是4、4、6小时，长航程中飞行作业人员始终处于高压紧张的作业状态和密闭狭小的作业空间之中，很难避免作业状态和作业能力下降。疲劳是飞行员在远程飞行中最普遍、最突出的问题，噪声、气压、温度、振动等环境因素带来的生理性影响，伴随着心理压力和消极情绪，综合效应被放大，飞行疲劳感上升，飞行员容易出现生物节律紊乱。长航任务会改变飞行员的饮食和排泄方式，加重其生理和心理负荷，使疲劳进一步累积，这些都会严重影响到作业状态和能力。

长时间执行飞行任务时，飞行员的副交感神经兴奋增强，机体脑电活动出现中枢抑制性，对注意的分配、转移能力减弱，各项感觉迟钝化。且飞行时间越长，飞行员的孤独、恐惧、焦虑等情绪和感觉增强，特别是远海长航的情况下远离陆地，遇到突发问题营救难度大，飞行员心理压力显著上升。持续的长时间飞行或跨时区飞行必定扰乱正常作息，人的睡眠和机体内环境节律紊乱，疲劳增加。有研究表明，这种情况下飞行员的食欲和情绪降低最为常见，常常空腹飞行，白天嗜睡，夜间失眠。

飞行中的排泄困难也是飞行员心理压力的一部分，飞行员会在作业过程中憋尿，或为避免憋尿提前减少饮水以及拒绝摄入咖啡因，作业耐力受到影响，加重疲劳感，长期则会大幅提高结石发病率。为控制飞行任务中排便需求，飞行员在作业前要调整膳食结构以减少体内产生食物残渣；飞行过程中，人主要食用远航食品，膳食口味和结构改变，食欲减退，消化功能也受到影响。以上情况加上长时间缺氧、疲劳和整体生物节律紊乱，导致飞行员饮食节律紊乱和食欲减退。

（二）跨多时区航线飞行人员的生物节律紊乱

早在20世纪70年代，研究者就以飞行实验对飞行任务跨多个时区的飞行员进行体温、工作效率和生物节律的评价，研究飞行员在任务状态下的疲劳特点。然而，由于对疲劳状态产生影响的因素多样，这些因素揉合在一起产生综合效应，于是飞行员发生的疲劳类型具有差异性，体力疲劳和脑力疲劳的比重往往不同，疲劳状态难以被明确辨别。此外，需要跨越多个时区的飞行航线较为复杂，任务中决定飞行员疲劳状态的时差、光照、气候、大气压、舱内含氧量等因素都在不断变化，更是加大了飞行员疲劳特征的度量难度。夜间人的生物节律在正常低谷，夜航任务中飞行员疲劳感受明显，警觉性难以控制地下降，认知和操作绩效也随之降低，对飞行安全产生极大威胁。为进行飞行员的疲劳管控，必须增强基础性的疲劳特征识别。

航班在飞行过程中会经过各种复杂环境，与生物节律不符的工作时间、时差反应、恶劣的休息环境、巨大的工作压力，人在执行飞行作业任务时往往处于生理和心理的双重疲劳。作业人员的疲劳特征会因航班类型而异，跨多时区航线的作业人员不仅在机舱环境中的工作时间长，跨越多个时区产生的生物节律失调极易诱发疲劳，产生人员飞行能力下降，判断失误，出现飞行错觉等后果，造成飞行安全的严重威胁，进而发生飞行事故。

影响飞行员认知作业能力的疲劳状态是各航空事故的主要成因，疲劳产生的因素除了过量工作负荷和低睡眠质量外，还包括时差反应、生物节律失调、不合理排班，以及不良生活习惯和年龄等个人因素。跨多时区飞行不仅首先会使人的生物节律受到干扰，还因为单次任务时间长而需要长时间忍受密闭空间中的噪声、振动等恶劣环境因素，因此，执飞航线跨多时区的飞行员表现出的疲劳特征倾向于节律失调、代谢紊乱、心理健康受损等。综合国内外跨多时区飞行员的疲劳特征记录和报道，他们的生物节律紊乱基本分为三方面，即生理、生化和心理。

1. 生理　1986年的一项对12名跨时区航线（东京-旧金山）飞行员睡眠-觉醒规律改变的研究，研究方式包括多导睡眠图及睡眠潜伏期测试，结果显示这些飞行员在完成跨时区航线任务后慢波睡眠延长，同时主观睡眠质量也有所降低。进一步分析监测和测试结果，发现睡眠潜伏期的变化差异与飞行员的节律类型相关。继续讨论近极地跨时区航线飞行员的睡眠受影响状况，结果显示飞行员在极地附近跨时区作业比单时区作业累积损失的睡眠量更大。

一名飞行员（47岁，男性）在12天内执行了16次国际航班的飞行任务，对其进行主观警觉性和疲劳感受的评分，评估其生物节律相移，发现其在飞行期间睡眠时间缩短，明显感到疲劳，出现嗜睡症状，存在程度较轻的生物节律相位偏移。一项国内研究监测了跨时区飞行员的动态心电图及心率变异（HRV），根据HRV谱成分发现该飞行员在高频跨时区飞行后，昼夜节律发生显著变化。另外，有研究以闪光融合频率和划消实验，对以年龄分组的飞行人员在持续跨时区飞行过程的疲劳进行分析，发现年龄与跨时区飞行疲劳下的作业效率极为相关。

跨时区飞行方向（向东或向西）对作业人员疲劳特征的影响存在差异。研究分别评估了飞行员的两个方向跨时区飞行，结果显示若飞行员向西飞行，仅会在任务后第一晚产生睡眠障碍，而若向东飞行则会连续几夜均受到睡眠障碍困扰。进行该研究的学者后来又评估了催眠药物对跨时区航线飞行员的助眠作用，发现对向西飞行的飞行员，任务后前两个晚上催眠药物作用明显，而向东飞行后连续几夜服用药物都有较好的助眠效果。

跨多时区后，飞行员的生物节律不能迅速与目的地时间同步，自然产生生物节律紊乱，而时差反应与夜班工作引起的节律紊乱在疲劳表现上并不相同。从机体生物节律与目的地时区的错位角度讨论跨时区飞行员的节律失调，运用遥感技术，选择两组分别向西飞行7个和向东飞行8个时区的飞行员，监测他们的体温和心率，结果显示，受试飞行员的体温节律在经历跨时区相移后的响应是刚性的，生物节律与其主观上的时间感受相关性不高，而节律变化在年轻飞行员身上更加明显。对两个相反的飞行方向来说，上述结论几乎没有差异。

2. 生化　医学领域的进步使学者得以从生化角度深入研究跨时区飞行员的生物节律紊乱。监测飞行员跨6个时区飞行后的血压动态变化发现，睡眠过程中机体血压变化不会因在一天中某一时段而有所差异。在研究跨时区飞行产生的工作负荷引发疲劳和昼夜节律失调时，记录了机组人员的脑电、血压和唾液中的皮质醇，发现机组人员存在睡眠中觉醒次数增多的情况，但睡眠节律和生理数据较跨时区飞行前都未发生明显改变。

分析不同跨时区飞行员的褪黑素和唾液中的皮质醇水平可得出结论：年龄较大的飞行员褪黑素和皮质醇分泌明显比年龄相对较小的人更低，50岁是一个明显的皮质醇水平分界线。测定向东西两个方向执行飞行任务的机组人员的血压和口腔温度，结果表明朝两个不同方向飞行的机组人员各项生物节律适应性是不同的。向西飞行组人员在被测变量上表现出节律的趋前性，向东飞行组被测变量在达到24小时后可适应目的地的昼夜节律，飞行结束后10天内节律可完全匹配目的地时间。

3. 心理　往不同飞行方向的时差反应关系到心理疾病的产生发展，研究发现跨时区向西飞行易引发抑郁症发作，而跨时区向东会使人狂躁症的发病率上升。考察飞行作业人员在跨8个时区后口腔温度的节律，发现相对于神经外向者来说，神经内向者节律韧性更高，意味着外向者的节律在破坏后较难恢复。

二、航天作业人员

（一）航天飞行中睡眠时间减少

国外曾在数次航天飞行中以睡眠监测、活动记录、主观量表和问卷调查等方式评价航天员在太空中的睡眠。结果显示，与在地面期间相比，航天员进行航天轨道飞行过程中日均睡眠时间明显减少。根据航天员普遍反映，由于在空间的生理变化、神经兴奋和环境噪声等，他们的睡眠减少，而一些航天飞行任务中航天员的睡眠状况分析显示，航天员在太空的睡眠平均时长约6小时，低于国际睡眠基金会和睡眠医学会的睡眠时长推荐量。我国在实施的短期航天飞行任务中也进行了航天员睡眠-觉醒周期研究，结果与国外相似，即航天飞行时航天员的睡眠不足比较普遍。

在9次为期4~9天的航天任务中对共5名航天员进行调查研究，发现他们日均睡眠6小时，而在地面时则为7.9小时；航天任务的第1天和最后1天睡眠缺失的情况最严重，人均睡眠时长仅5.6和5.7小时。大多航天员的夜间睡眠不足5小时，还有部分人甚至不足2小时。该研究的结果说明睡眠减少并不是个体差异造成的，而是由于客观外部环境条件。在为期10年的航天飞船和国际空间站任务中，活动腕表和睡眠日志收集了航天员睡眠数据，结果表明与执行航天任务前相比，航天员日均睡眠时间减少20分钟，与任务后相比减少47分钟。调查结果还表明睡眠减少并非完全由于短期航天飞行中工作负荷过重，这与任务期间规划的睡眠时间减少也有关。

虽然有大量数据表明航天任务期间航天员的睡眠时间缩短，但多数情况下，大量任务前的训练和准备工作使航天员任务前在地面的睡眠时间就低于7小时，在一项以主观调查和访谈方式对航天员进行睡眠评价中，约54%的航天员表示自己容易入睡；精神活动、任务及相关工作目标、生理不适感、对航天器内部环境的不适应以及微重力等因素都对入睡困难有贡献；20%的航天员认为放松时间的缺乏与入睡困难无关，但另外一些人认为是影响睡眠的因素；与水泵或A/G通信噪声相比，航天器警报噪声更令航天员睡眠不适；许多航天员会在睡眠时使用耳塞，但耳塞也让一些人有不适感。

（二）航天飞行中睡眠质量下降

即使航天研究中发现航天员的睡眠结构变化存在差异，多导睡眠监测的结果表明工作负荷过重、睡眠节律紊乱引起的睡眠质量降低普遍存在。在一份研究中航天员在地平均入睡时间为0点29分，平均睡眠时长6.4小时，整个睡眠中有3～5个非快速眼动和快速眼动周期，平均每晚觉醒4.6次，每次觉醒时间平均6.5分钟。另外一项研究中4名航天员在10天的航天任务中，睡眠觉醒次数较任务前在地面时明显增加。

对空间站3名实施24小时作息计划的航天员进行睡眠研究发现，他们的睡眠结构在任务过程中发生变化，Ⅲ期和Ⅳ期慢波睡眠减少，快速眼动睡眠增加；与在地面对照的基础值相比，觉醒次数没有明显变化，可能与任务期间睡眠时间并不充分有关。每个人对空间环境的适应所需时间不同，研究结果具有个体差异性。到任务第28天，航天员睡眠时间明显减少；任务周期为84天的航天员在前半期表现出入睡困难，睡眠潜伏期增长，睡眠持续时长减少，到后半期睡眠质量好转。

在"和平号"空间站内了执行24小时工作计划的航天员睡眠质量研究，发现航天员普遍慢波睡眠增加，快速眼动睡眠潜伏期缩短；有一名航天员睡眠潜伏期显著延长导致睡眠效率降低，这种现象被研究人员称为"航天失眠症"。另一项研究多导睡眠监测了"和平号"空间站5位航天员，结果表明他们在24个夜间快速眼动睡眠比任务前在地面减少50%以上，并且即使延长在床上的睡眠时间，实际睡眠时长也比在地面减少27%，综合结果为睡眠效率低至正常平均值的63%，在临床上可以被定义为睡眠质量差。与空间站中的24小时工作制不同，短期飞行任务中每日航天员的睡眠时间是变化的。5名航天员在两次短期飞行中睡眠监测，发现慢波睡眠减少，觉醒次数在睡眠过程的后1/3增多。

至今大量的航天飞行睡眠质量评价研究中，得到的结论一致性并不高，例如对航天飞行和空间站中的睡眠质量变化。有些数据通过航天员主观回顾评价得到，很可能存在回顾偏差，降低数据的可靠性。

（三）航天飞行中昼夜节律失调

航天员在任务中的昼夜节律失调，一方面表现为任务需要的作息安排可能使人必须在昼夜节律低谷觉醒，在原本的节律觉醒时间需要进行睡眠；另一方面，人的内在生物节律会因光-暗环境或其他授时因子不合理而发生相位移动。目前有大量研究证据显示航天员普遍的生物节律失调，航天任务中人的生物节律失调会导致睡眠缩短及工作绩效下降。"和平号"空间站航天员在飞行8天后核心体温和主观情绪评分节律均发生了2～3小时的相位偏移，任务第7、23、30和103天时，4名航天员中的3名核心体温节律发生延迟，平均延迟2小时。对1名进行了100日长期飞行的航天员持续监测，发现其在任务的前三分之二阶段维持24小时的体温节律，到后1/3则出现体温节律偏移，睡眠时间缩短，认知工作速度加快但精确性变差。

1. 作息制度对昼夜节律的影响　在美国国家航空航天局的双子座任务中，全程两名航天员必须至少有一名保证清醒状态，设置的作息制度势必导致航天员的睡眠剥夺乃至生物节律紊乱。双子座IV任务中，两名航天员每4小时轮班一次，疲劳程度上升，节律失调，出现睡眠剥夺。该情况在双子座V任务中同样出现，为防止恶劣睡眠环境带来的严重后果，航天员努力进行任务控制，调整工作作息，便于二人同时入睡，这样睡眠时间延长，睡眠质量也有所提升。美国国家航空航天局对后续任务中睡眠安排进行了调整，让所有航天员可以在同一时间进行睡眠，近来大多数国际空间站对航天员的安排也是如此，且不拘泥于24小时作息制度。

24小时作息制度也可能影响了航天员的昼夜节律。在一次为期14天的航天飞行中，安排的睡眠时间每天比前1天提前25分钟，监测发现4名航天员能改变自身昼夜节律，在相位调整上存在提前或延迟的个体差异。在两次航天飞行中，5名航天员睡眠时间日渐提前20分钟，同步发生渐进式节律失调，但他们皮质醇的昼夜节律保持稳定。最近有研究利用数学模型寻找航天员昼夜节律低谷，发现他们的节律低谷期的相位有19%落在睡眠时间之外，日均睡眠时长缩短1小时，对安眠药需求频繁。

2. 光-暗环境对昼夜节律的影响 光照的强度、波长、持续时间和节律对生物节律稳定性至关重要。近地轨道一个光-暗周期仅90分钟，远远短于地面生物节律，人在觉醒时候环境光照强度太低，睡眠期间又过亮，极易引起节律失调。部分国际空间站及航天器的一些舱室没有窗户，人工照明无法满足生物节律的稳定需求。在远离地球的太空中，航天员还要面对连续的黑夜或白天，出于对能源消耗的考虑，航天器内部光照也会受限。

人视觉上的光暴露对生物节律具有重要导引作用，研究显示航天飞行中的眼内压变化会导致视觉受损。目前尚不明确航天员视力下降与生物节律失调及非常规24小时的睡眠-觉醒周期之间的关系，有必要对航天员生物节律失调与航天过程中光环境或视力变化造成的节律引导障碍进行关系评估。

3. 任务设置对昼夜节律的影响 航天期间任务设置常常要求航天员在原本的睡眠节律时段保持觉醒状态。例如，一天之中飞船的发射时间窗口范围较窄，为保证航天飞船到达适宜的飞行轨道，可能需要在正常睡眠时间发射，在发射前几小时内航天员都要保持清醒。在发射前的几周内，一般航天员会进行特殊训练，使自身睡眠节律相位提前或延迟。此外，航天员还需要训练24小时的昼夜节律以做好应对航天中突发事件的准备。除了发射阶段，着陆阶段航天员同样必须保持清醒，为此航天员在航天飞机上常需要渐进性调整睡眠时间。长期的航天任务中往往采用24小时制度的时间表，但有时为了保持某阶段任务的清醒，需要航天员尽快获得睡眠，这种对睡眠-觉醒节律的突然强制改变也是生物节律失调的原因。

三、深海作业人员

（一）深海密闭空间作业人员睡眠障碍

装备技术的发展更新使潜艇密闭舱室的噪声不断减弱，虽然对作业人员听觉损伤较以前大大降低，但在潜艇的军事作业中对官兵作业绩效的影响仍不容忽视。美军持续关注发现，海军潜艇上作业人员值班期间暴露于较高强度噪声，休息期间暴露的噪声强度较低，这样的环境中长期作业会增加人员听力损伤并造成睡眠问题。华尔特里德陆军研究所分析了影响睡眠的军事作业环境因素，发现装备睡眠环境在军事行动中至关重要却没有得到足够关注，声环境和光环境对军事作业人员睡眠调控有重要作用。

睡眠问题一直是潜艇作业人员需要面对的突出问题，随着深海任务时间延长，睡眠质量下降会愈发严重。在对103名艇员实施问卷调查后发现，潜艇密闭舱室环境中缺乏日照、环境限制性强、作业制度昼夜颠倒，致使艇员睡眠质量和疲劳恢复能力明显减弱，对情绪、记忆力和反应力也有较大负面作用。研究者对14名艇员在潜艇任务的67天内进行睡眠和认知作业能力监测，发现他们的睡眠时段分散，每段睡眠短暂，睡眠潜伏期增加，相应地认知反应逐渐迟钝，睡眠质量和认知能力逐步降低。

航天飞行、极地科考和潜艇海底任务中对人的监测都表明，人在密闭空间中的反应尽管在不同具体任务中有所差别，共同特点是与社会隔绝的密闭空间都会引发作业人员睡眠障碍。睡眠障碍与舱室环境关系密切，多数情况下由昼夜节律失调导致，也受到任务刚开始或即将结束的兴奋心理影响。研究发现潜艇长航任务中作业人员极易发生睡眠障碍。在为期半年的亚丁湾护航任务中，航行前、中、后期睡眠问题发生率分别达到25.4%、48.8%和52.4%。舰艇长航时官兵容易焦虑、抑郁、睡眠质量降低，潜艇比水面舰艇中这些情况更为突出，官兵的睡眠障碍与情绪和心理问题的严重程度具有较强的相关性。

（二）长航人员睡眠障碍与应激负荷

潜艇复杂的作业环境，高作业强度、难度，长期中断的社会支持，人工光照造成的难分昼夜，生理和心理压力共同使官兵有较为突出的睡眠障碍。以匹兹堡睡眠质量指数表（PSQI）对110官兵进行长航前后的调查，发现长航后官兵睡眠潜伏期增长，睡眠质量降低。对不同舰艇部队官兵调查显示68%的官兵在远航后发生睡眠障碍，最显著的表现是入睡延迟（60%），其他问题包括睡眠潜伏期延长、睡眠时长减少和日间功能障碍等，首次参加远航任务的官兵睡眠问题较多次参与的官兵更明显。对某次执行长航任务的官兵用睡眠状况自评量表进行调查，官兵的睡眠质量随着任务时间逐渐降低，入睡困难、失眠易醒等睡眠问题存在累积效应。

对于官兵的心理健康状态来说，睡眠质量是重要的评估指标之一。睡眠节律通常分为快速眼动/非快速眼动睡眠期，非快速眼动睡眠又可以分为 I 到 IV 期，III 期和 IV 期被称为深睡眠，对体力脑力的恢复非常重要。用PQSI对留守未参加长航任务和参加任务后的官兵进行评价，发现任务组官兵除"使用睡眠药物"这一项外，其他各项得分均比留守组显著增加（$P < 0.05$）。与留守组相比，任务组睡眠时长短、睡眠质量低、睡眠习惯紊乱、睡眠节律失调，工作效率明显降低；任务组的睡眠节律受到破坏后，睡眠潜伏期延长，深睡眠期缩短。该结果与长航期间相对昼夜不分的人工照明环境，任务组的抑郁、焦虑等负面情绪未得到及时缓解有关。

睡眠障碍会引发和加重疲劳，长航任务中的疲劳会降低官兵进行体力和脑力作业的主观能动性，认知作业能力和反应能力也会受到影响。睡眠质量快速下降也意味着长航任务官兵耐受性减弱，容易出现白日嗜睡、身心疲惫等症状，疲劳状态下官兵在作业中容易出错，战斗力受损。调查问卷发现任务组86%以上的长航官兵有各种程度的压力，说明长航任务是普遍性应激源，官兵生理和心理上的应激负荷均随着任务时间增长而加重，高于70%的官兵反映长航约两个月时身心状态最差，表现为活动力下降、反应力迟钝、情绪异常等。疲劳测定量表结果表明，任务组官兵主观上的疲劳感受明显增强，多数官兵在长航任务后都处于疲劳状态中。

目前还缺乏对长航任务后官兵的疲劳状态和生物节律失调恢复正常的跟踪评价。建议在长航任务中配置心理测评、心理治疗和反馈训练的人员装备，在必要时对官兵的心理疲劳进行介入疏导，提升整体健康保障质量。

第三节　密闭空间作业人员生物节律紊乱的调控干预

一、远程飞行航空卫生保障

（一）科学安排作息与疲劳管理

1. 合理安排休息时间　各国对飞行员的长航作业和休息时间做出明确规定以防止疲劳。例如，美空军规定，飞行员在执行任务前应保证充足睡眠，在飞行前12小时保证睡眠时间不低于8小时，且每隔24小时要有12小时离岗；若需执行连续的任务，离岗时间最多缩短到10小时，结束任务后应需有几天的休息时间；7日内飞行时间不得大于56小时，30日内不得大于125小时，90日内不得大于330小时。我军仅规定了任务前夜飞行员睡眠不得低于8小时，并没有规定具体的离岗时间，相对来说更符合我军执行飞行任务的特点和需求。根据统计研究，飞行员至少离岗时间10小时才能保证在下一次任务前得到高质量的睡眠，因此建议我军参考外军的相关研究及经验，增加离岗时长和任务前睡眠调整周期的相关规定，以保障飞行员在作业前得到充足的睡眠休息。

2. 飞行中适当小睡　有研究表明，作为一种非药物技术手段，小睡对恢复和保持警觉最为有效。美空军规定，在飞行任务能够中允许适当休息的条件下，应当允许备份机组人员在非重要性的飞行任务阶段适当小睡（时间不超过45分钟），且若条件允许可小睡多次。在配备备份机组且保障任务安全的情况下，建议我军规定可根据飞行具体情况安排飞行员交替休息，在着陆前1~1.5小时则务必保持清醒。

3. 疲劳风险管理　外军采用疲劳风险管理系统（FRMS）对作业人员进行疲劳监测，为他们做出相应的休息和睡眠调整来保障远程飞行。飞行人员疲劳评估系统（SAFE）、睡眠、活动、疲劳、任务效能（SAFTE）和疲劳时间调度工具（FAST™）

这3种模型均能预测最佳睡眠效果的时间，可最大限度地帮助避免飞行疲劳。美军航空航天生理学和航空医学的专家为B-2轰炸机长航任务进行抗疲劳指导利用的正是FASTTM。建议我军加快对FRMS的研究，对飞行人员的疲劳风险进行模型预测，便于减少因疲劳引发的飞行安全问题。

4. 促进疲劳消除

（1）保证获得充分的休息和睡眠：睡眠是消除疲劳的最佳方式，各国军队的卫勤方面都十分重视飞行人员执行任务后的睡眠与休息时间保障，使飞行员得以快速恢复再次执行飞行任务的能力和状态。特别是长航飞行后，人所需的休息、睡眠不应低于8~10小时。

（2）心理上的放松和恢复：飞行人员可以进行自我暗示和精神放松相关的训练，或是通过听音乐等休闲娱乐方式达到精神压力释放，使中枢神经系统从任务的疲劳中恢复，充分放松调整，实现机能改善。

（3）通过按摩理疗恢复：热水澡和接受按摩可以同时放松肌肉和精神，使人获得从局部到周身的松弛感。

（4）适量进行体育活动：通过体育活动不仅能增强机体健康，还可以通过激素分泌获得愉悦心情，是疲劳消除的有效方式。

（5）吸入氧负离子：吸入氧负离子浓度较高的气体，机体的神经调节机制会使肺部气体交换效率提高，促使细胞大量吸收氧气并加速体内的二氧化碳排泄；同时机体的造血功能得到刺激，血液中血红蛋白和血小板的水平升高，血液流速加快，从而增强机体疲劳的"氧债"偿还机能。

（二）严格放飞把关

长航时飞行对作业人员的身心状态要求更高，需要在对作业耐力产生重要影响的主客观因素上进行严格把控。若作业人员连续执行夜间或跨时区的飞行任务并感到不适，或是产生各种原因导致的疲惫感、困倦、肌肉酸痛、消化系统功能紊乱和心理问题等，都可能在长航飞行过程中危害飞行安全，影响任务完成效果，从医学角度上建议飞行人员临时停飞。

（三）加强素质训练

对于执行长时间飞行任务的人员，首先根据个人具体特点，针对性地进行专项体能强化训练，使机体的生理机能和抗压能力都得到提高。研究表明，为官兵制定科学合理的有氧锻炼计划可以增强机体抗疲劳，提高连续作战能力。其次，对具体任务应进行预先的模拟训练，有助于作业人员生物节律调控，降低真实任务中产生的身心压力，提高对具体任务的适应力。例如，美军在超远程作战前，要求官兵在高仿真模拟器上进行不低于50小时的作战任务背景训练，训练的模拟任务还会特别针对目标地形和天气安排。最后，应加强心理训练，识别远程飞行容易产生的心理问题，对作业人员开展调控不良情绪及压力负荷的方法训练，使其掌握飞行任务中及时自我调节的技巧。

（四）保障饮食，合理用药

在远程长航后勤保障方面，外军建设了较为完善的特种食品保障和营养供应系统，例如美军开发出种类繁多适用于长航飞行的食品，各类机型的作业人员均可便捷食用。食品中可以添加有助于保持飞行耐力和作业效率的成分，尽量满足飞行人员的体能和认知作业能力维持在较高水平。在长航任务中不仅需要保证营养供给，还需要机体消化后尽量少产生食物残渣，故美军飞行作业人员在长航任务前会进行一段时间的饮食调整，食物以高蛋白、少渣为主，同时调整进食节律以满足任务期间节律相位。我军长航食品的供应适配大、小两类飞机，但部分食品（如即食米饭和菜肴）食用起来并不方便，对飞行员特别是战斗机驾驶员，适宜的餐饮方式是单手操作进食。建议我军对长航飞行的供应食品进一步研发，丰富种类和功能。

我军严格控制着飞行员的各类药物使用。外军普遍根据作战状态的官兵睡眠-觉醒调节需要使用催眠和促醒药物。对飞行员使用调节神经中枢的兴奋和抑制药物，使其既能获得保证质量的睡眠，又能在飞行前尽快进入任务所需的觉醒状态；任务过程中以促进兴奋类的药物刺激交感神经，保持飞行员作业能力。美军的这些常规性航空卫勤保障措施在近些年多次局部战争和空袭中均有应用。美军战时飞行任务兴奋用药指南规定，经联队司令和高级航空军医联合批准，允许对执行大于8小时飞行或大于12小时驾驶轰炸机任务的飞行员使用兴奋类药物。促进觉醒药物（如美国空军中获批使用的莫达非尼）在长航飞行任务中被证实可以明显提升出现睡眠剥夺症状的飞行人员作业安全性和效率。建议我军为维持飞行作业人员长航任务中的觉醒状态和良好的飞行作业能力，经充分研究论证后批准适当使用促醒药物。

二、跨多时区航线飞行员生物节律紊乱风险控制

（一）科学管理睡眠

1. 提升睡眠质量　在具体的跨时区飞行任务中合理安排作息制度，严格遵守，提高机体的节律适应性。临近睡眠时间不摄入咖啡因，拒绝烟酒等容易导致神经兴奋的物品，也不要过量饮食和过度运动，防止难以进入睡眠。睡前可通过洗澡的方式促进血液循环，保持睡眠环境舒适，着宽松睡衣并保持床铺整洁，使用轻盈舒适的被品，这些都能促进血液循环帮助入睡。

2. 适当安排小睡　适当小睡可使人思维敏捷，提高操作效率及动作准确度，警觉性也会明显升高。研究证实，时常约45分钟或2小时的小睡都能提升操作的敏捷性和准确度，但睡眠时间不宜过长，否则会诱发睡眠惯性，人在睡醒后短时间内状态昏沉。此外，当飞行任务时间足够长才能允许在机上小睡休息，小睡决不能干扰航班运行的人员职责，且只应在工作负荷弱的航行阶段进行。

（二）降低时差效应

受时差效应、排班制度等系列因素影响，跨时区航线作业人员生物节律紊乱情况较为严重，缓解这类人群的疲劳风险可考虑下列方式手段：

1. 排班制度合理化 保障飞行作业人员在起飞前24小时内获得充分的睡眠休息。执行跨多时区的飞行任务前，应为作业人员合理安排飞行期间的休息时间，需考虑的因素包括出发及到达时间、跨时区个数、夜航时长等，确保通过休息能充分消除作业人员由于时差效应引起的作业能力不足。排班时应当限制一段时间内个人的夜航任务次数，以及跨时区航行的方向、次数，尽可能因减少跨时区飞行航向混乱和多次跨时区飞行导致的机体节律严重紊乱。

2. 保障充足的睡眠休息 完成跨时区飞行任务的作业人员应在任务前后均保障充分睡眠及休息。若实际飞行的任务过程条件充分，可以在任务中进行小睡，缓解身心疲劳，提升整体警觉性。对飞行作业绩效最佳的任务前睡眠量为7～8小时，但睡眠惯性会使作业人员仍暂时处于注意力低谷期，需注意不应结束深睡眠后马上投入任务。

根据航向或飞行时间做出对跨时区飞行前的睡眠调整，向东的白昼飞行及全部向西飞行都应安排早睡、长睡，而向东的夜间飞行建议"上午小睡，下午大睡，当晚早睡"。跨多时区飞行员在抵达目的地后，此类睡眠方式也利于获得充足的睡眠休息。

3. 改善舱室工作生活条件 在机舱条件允许的情况下设置与环境因素干扰隔离开的区域，使飞行员在该区域内可以通过睡眠获得高效休息；隔离区的基本环境条件是温度适宜、噪声量低。在适当时间摄入咖啡因有助于调节生物节律；飞行任务中严格禁烟酒，并进行高蛋白饮食。

4. 选拔适宜飞行人员 个体受时差效应的影响和重新与节律同步所需时间因人而异，与个体的生理心理特征相关。机组人员因时差产生的飞行作业能力减弱各不相同，减弱程度低的保持正常状态的70%，严重者仅维持正常状态的40%。机组人员在抵达目的地时区后，睡眠状况对当地时间节律的适应也因人而异，高度适应的人员工作效率无明显变化、日夜差异小，难以适应的人则出现大幅波动的昼夜节律。在跨多时区的飞行任务上应选拔适应性更强人员构成机组。

5. 缓解时差效应 光具有良好的生物节律纠正作用，如高色温的光源能够抑制褪黑激素分泌，在短时间内使作业人员警觉水平上升，可以通过设计使用高色温光源缓解时差效应，调整作业人员生物节律。在飞行巡航阶段或任务完成后安排高色温光源照射有助于缓解作业人员产生的时差效应。另外，引起生物节律相移的最重要因素之一就是夜间光暴露，前半夜的光暴露会使节律相位延迟，而后半夜光暴露则使相位提前，日间光照则不会使人的节律相位发生转移。白光照射与咖啡因摄入相结合，可以消除昼夜节律对认知操作的消极影响。

研究证明，服用褪黑激素对跨时区飞行的生物节律紊乱调整也有积极作用。一方面褪黑激素调整生物节律与时间周期的同步性；另一方面其促进中枢抑制性的神经递质释放，提高神经递质受体活性，增加人员睡眠时长并提高睡眠质量。

（三）机舱人机工效学设计

1. 舱顶灯色温设置　探究LED灯色温对作业人员警觉程度的影响，发现色温升高能够抑制主观嗜睡感及客观疲劳程度。相对于低色温光源，高色温LED灯光使人视觉上感受更舒适，人员警觉性下降幅度也较小。因此，应适当提高机舱照明色温，以降低作业人员夜航时的疲劳感受。

2. 人机交互设计　机舱人机交互方面的不合理设计会使飞行人员的作业疲劳度上升，例如驾驶舱座椅过高的倾斜度、过硬的表面材质、过高或过低的座椅高度，操纵杆不匹配手部操作姿势，踏板与脚不匹配，方向舵灵敏性过低等。设计上存在这些缺陷都会加重飞行员的作业负荷，增强作业产生的疲劳，因此设计者应当注重机舱的人机交互舒适性提升。

三、航天舱室中作业人员生物节律的稳定控制

（一）密闭舱室节律控制设计总体布局

密闭舱室布局和环境设计除了考虑乘员数量和舱室容积的有效利用，还应纳入对航天作业时间的考量。若航天飞机要执行长期任务，任务期间需在舱内安排各种工作任务和生活活动，必须将有限空间充分用于不同用途，且各种活动应同舱室的时间环境互相适应和协调。要在尽可能满足航天员生物节律稳定的基础上合理安排任务和活动，一般以工作、休闲和睡眠为主要内容执行24小时节律周期，其中包括饮食、身体锻炼和卫生保障。例如"阿波罗"号在航天期间，作息安排为工作12小时、睡眠8小时、自由休息4小时，类似的活动周期是航天舱室空间布局设计的重要依据。

（二）密闭舱室的微气候设计

舱室微气候是舱内理化环境综合生成的，包括照明、温湿度、压力、空气成分、噪声、振动和辐射等。航天密闭舱室是加压通风的，舱内空气按照地面大气的成分和压力供给，照明、温湿度等指标设计依据是对人比较适宜的常规指标。航天员起飞初期的生物节律相位与地面相符，在密闭舱室中进行节律自激振荡。过去的航天经验证明，科学设计调配授时因子，在航天期间进行时间暗示，并且设置好作息时间，有助于人维持生物节律。

环境条件的改变很容易导致生理反应及生物节律的变化，航天期间必须保证航天器密闭舱室基本环境参数正常。当环境参数变化，人的感官接受刺激信号后中枢神经系统会做出反应，人的感受器官发生相应变化，生物节律也会受到影响。航天器设计过程中要提供允许的环境条件范围，既能满足航天器正常运转、任务执行，又不会因环境因素变化幅度太大而强烈影响航天员的生物节律。

（三）密闭舱室的授时因子设计

授时因子是指环境中提供时间信息，引起机体生物节律变化的因素。哺乳动物的主要授时因子可分为光授时因子和非光授时因子，航天密闭舱室的设计必须重视授时因子，光授时因子为主、非光授时因子为辅，共同引导设计方案的产生。

1. 光授时因子设计　有研究证实，光-暗周期是唯一能按地面24小时周期调整机体内源性生物节律的暗示条件，人工光照因而成为航天飞行生物节律相位调整的重要方法。密闭舱室内光源设计要在最大允许范围内进行。根据地面昼夜节律周期，舱室总的光-暗制度采用12小时：12小时比较适宜；根据不同舱室功能和任务的需要采用不同光强；为强化对授时因子的控制，不能允许人为对总的光-暗制度进行随意调整。在总的光-暗制度下，应考虑贴合以下几方面地面光-暗周期的特点：日出和日落时分光环境转化在光-暗周期中的作用；天气条件晴朗、多云、人造光源和室内外光线水平在密闭舱室内的应用；晦暗阶段太空中低水平光照的问题。

一项研究中用一个光脉冲模拟日出的光照开始信号，另一个脉冲模拟黄昏时光照结束，每一个循环双脉冲波形是总光照周期，每个循环双脉冲周期相比单脉冲能提供更稳定的时间信息，且能够较好地进行生物节律导引。双脉冲的净相位转换带来每个循环周期的总相位转换。使用这种双脉冲对生物节律相位进行导引，实验结果显示光脉冲诱发相位提前1小时，而暗脉冲使相位延迟3小时，从而使净相位延迟2小时，原本22小时的周期被引导调整到24小时。

光照强度是关乎光授时因子引导效率的关键指标。在地球上即使是多云天气，日光的光照强度也高于10000 lux。对于航天舱室来说，国际空间站的平均照度低于300 lux，航天飞船舱室则低于200 lux，然而作为授时因子最佳照度应为7000～12000 lux，因此航天条件的照度远远不够。

光源位置、光谱分布、舱室使用材料等也需要根据人对光信号的接受情况考虑。舱室的不同功能区域在按照24小时作息制度的光-暗周期统一的前提下，在局部可根据需要进行特别调整。进行长期航天任务时，航天员要轮流值班，光照设计应满足值班人员的需求。人对时间的感知关系到情绪和动机，较高的周围照明对人的精神存在显著的积极影响，因此执行长期任务的航天器内应考虑设置光疗室。航天员的光感知是一种综合性效应，受到光通量、能谱及光适应性等因素的影响，通用的设计准则之一是工作场所均需避免眩光，提高人工照明质量。

2. 非光授时因子设计　航天器的温度是航天员生物节律另一个重要的授时因子。试验数据表明，当恒温的环境温度下降6℃，机体的昼夜节律发生显著变化（P<0.001），睡眠-觉醒周期平均节律延长，说明温度对生物节律有所影响。长期航天任务中，密闭舱室的温度设计主要目的是使航天员的温度感受适宜（25～27℃），适宜环境温度不仅有利于人体热平衡，还能保障正常的生物节律。航天舱室环境温度控制设计应当能保证在紧急情况下提供有效的温度保障，使航天员不致过热或失温。若航天任

务周期超过1年，除了昼夜节律还要考虑年节律。

为保障地面指挥人员与航天员的通信联络及对飞行任务的远程控制，航天器设计要使舱内时间信息与地面同步，舱内应设有报时系统，在主要活动区域有一目了然的时间信息。研究发现在重要时间点进行提示对航天员生物节律的引导十分有效，例如起床和熄灯的相应声信号。航天中可引导生物节律的非时间授时因子还有电场磁场、饮食、与地面通信联系等，均是航空工程和任务设计需要考虑的方面。

（四）睡眠觉醒药物的使用

除了航天器舱室环境设计和优化作息制度，为对抗生物节律紊乱，航天员普遍使用催眠药物来保证一定的睡眠休息，有统计发现航天任务中约3/4的航天员都会使用催眠药物。空间站内催眠药物的使用率高出地面10倍以上，占空间站药物使用的1/2。苯二氮䓬类安眠药起效时间和半衰期相对较长，因此更多的选择是非苯二氮䓬类，常用的包括唑吡坦、扎来普隆等。约四分之一航天员在睡眠中发生突然觉醒会考虑用药物帮助入睡，睡眠中易受干扰的人用药倾向性更高。

关于航天中觉醒药物的使用数据目前还较少。在航天任务后的访谈中发现，有75%的航天员会使用促进清醒的药物（例如咖啡因和莫达非尼）。太空中药物代谢的动力学可能与地面不同，应当对睡眠和觉醒药物在太空中使用的疗效及副作用作出评估。

四、潜艇作业人员睡眠障碍治疗

（一）药物治疗

临床上采用药物治疗的手段干预授时因子以及改变环境因素等方法，改善或校正已紊乱的生物节律。治疗睡眠障碍的药物主要包括苯二氮䓬类（抗抑郁、肌肉放松、镇定催眠）、非苯二氮䓬类（镇静、抗焦虑、抗惊厥和肌肉松弛）、抗抑郁剂、L-色氨酸（神经递质合成）、褪黑素（调节昼夜节律、抗氧化）、缬草镇静剂。有大量实验数据支持药物对睡眠障碍的显著疗效，但苯二氮䓬、非苯二氮䓬和部分抗抑郁剂的副作用危害相对较大。目前缺少对L-色氨酸和缬草镇静剂使用风险的研究。

咖啡因、莫达非尼、阿莫非尼可作为促觉醒药物，促进官兵警觉性提升；褪黑素、褪黑素受体激动药以及催眠镇静药可用来促进睡眠；咖啡因、褪黑素、虫草素以及地塞米松等类激素药物也可用于调整时差反应，但上述药物药效低、机体耐受性高，有一定的不良反应，不适合长期服用，仍需要进一步开发新型高效、低毒的靶向生物钟治疗药物。

睡眠药物对人体的作用复杂，医学研究早就认为对睡眠问题的用药应采取保守态度。用药物进行睡眠障碍治疗往往对人的反应力和运动协调性产生影响，且有药物成瘾的较高风险。大部分睡眠药物都会带来依赖症状，不同程度加重起初就医的症状。

多数药物会使大脑发生药物性病变，若前期对睡眠障碍的分析研究不充分，使用药物不仅可能无效，甚至可能带来危害。失眠的药物治疗可能短期内效果显著，但连续使用超过一个月往往反映出药物的副作用。

（二）心理治疗

1. 主要方法　对睡眠障碍进行心理治疗的主要方法包括放松治疗、认知（行为）治疗、催眠、想象回忆治疗等。对不同人群，认知行为治疗都表现出较为一致的有效性，包括五部分基本治疗方法，即睡眠限制、刺激控制、认知行为重建、睡眠卫生保障和病情反复预防。其中睡眠限制是对失眠症效果最佳的方法，通过连续几晚限制患者上床时间，构建平衡的睡眠压力，从而使睡眠-觉醒的生理控制稳定下来，抑制睡眠前生理和认知上的高唤醒感受，缩短睡眠潜伏期。另外的研究表明，认知行为疗法与催眠的结合，对认知行为和心理上的干预进行结合可以有效治疗睡眠障碍。意象预演治疗就是一种治疗慢性梦魇的认知想象干预手段。

2. 有效性　大量研究认为心理治疗方法与药物一样展现出睡眠障碍治疗的出色效果，70%～80%的失眠患者在4～6周心理干预后，失眠症状显著缓解。认知行为治疗对失眠效果显著，70%～80%失眠症患者接受认知行为治疗后产生治疗性反应，40%的临床病情好转，提高的睡眠质量在治疗结束后可维持，并且对约50%患者来说疗效可维持24个月。行为治疗因其对睡眠障碍的积极效果也被称为"行为性睡眠药物"，美国睡眠障碍中心等心理治疗机构针对睡眠障碍构建了"行为性睡眠药物计划"，在我国目前还难以获取系统的睡眠认知行为治疗。

3. 调控干预机制　失眠在心理上的认知机制包括失眠的认知和行为模型、认知和元认知唤醒的两水平模型。两水平模型重点在于失眠治疗的元认知机制：失眠状态的人身心状态意识增长，学会转换心理过程可以更好地适应失眠症状及反应。元认知过程是稳定的、情境性的，策略选择和应用包括不断尝试计划、检查、监测、选择、修改、评估等，这个过程会降低睡眠唤醒，缓解失眠症状。

心理治疗可以帮助修正睡眠-干扰性唤醒和睡眠与失眠功能失调这两种过程。人可以通过训练发展钝化认知的技巧并在浅睡眠情境中自行运行，帮助消除睡眠的干扰性唤醒。个体会修正自身对睡眠与休息的评估，以及对睡眠-失眠的功能失调信念。目前研究并未发现认知、行为治疗等心理治疗存在的风险，心理治疗还能够有效减少睡眠药物的使用。睡眠障碍的心理治疗形式多样，可通过线下与线上自助手段共同进行。

潜艇长远航期间作业人员容易出现睡眠障碍，而药物治疗不宜对执行任务的官兵广泛应用。研究发现，对失眠官兵进行团体认知干预有效降低他们的负性自动思维，使睡眠质量大幅提高。我国还未开展潜艇官兵睡眠障碍的心理防护技术研究，应该研究开发并将其作为潜艇作业人员睡眠质量保障的重要手段，将心理干预与药物治疗相结合，并尽可能替代药物治疗（图7-1，图7-2）。

图 7-1　海军军医大学特色医学中心完成潜艇环境模拟舱大型人体封舱试验

6 责任编辑　李诏宇
2022 年 9 月 30 日 星期五

军事
MILITARY

科技日报

潜艇模拟舱内，他们用光照调节艇员生物钟

　科技强军论坛

图 7-2　**2022 年，完成国内首次"潜艇环境模拟舱艇员生物节律紊乱调控干预大型人体试验"，被**
《科技日报》军事版块头条报道

五、密闭空间作业生物节律紊乱改善的光策略

（一）光对生物节律的影响机制

光周期影响生物钟基因表达从而调控生物节律。果蝇体内发现的昼夜节律基因 *period* 和 *TIM*，表达产生的 PER 和 TIM 蛋白在早上水平较低，到晚上则水平较高，夜间两种蛋白不再继续产生，浓度水平逐渐降低。光激活 *CRY* 基因表达的蛋白，促进其与

TIM蛋白结合使其降解。试验发现在夜间一束灯光就能阻断TIM蛋白表达，提高机体觉醒水平，使昼夜节律紊乱。从夜间到早晨TIM蛋白降解后，PER蛋白也会被磷酸化并降解，低水平的TIM和PER蛋白使基因重新激活，机体觉醒。

褪黑素是昼夜节律的重要指示物。研究表明夜间光暴露会使血液中褪黑素水平明显降低，人的生物节律起搏点发生变化。光的波长也会影响对褪黑素分泌的抑制作用，例如蓝绿色LED灯光对褪黑素分泌的抑制最高达70%，标准LED达65%，白色LED则有50%；夜间2小时蓝绿色LED灯光照射会导致生物节律发生20分钟左右的迟滞。另外研究发现，白炽灯和红色荧光灯对褪黑素分泌的抑制效果较小，人接受类似灯光依然容易进入深度睡眠；绿色和蓝色灯光对褪黑素抑制效果尤为突出，人接受暴露只能进入浅睡眠。

（二）光疗

高纬度国家和地区的冬季日光严重不足，人易患"季节性情绪障碍"，研究认为这主要是由于光暴露量过少导致的机体激素分泌变化，生物节律紊乱。由于褪黑素对短波段光敏感程度更高，科学进行人工光环境设计能够有利于节律稳定和情绪调节。光照对情绪的作用也受到性别、年龄等因素的影响，研究发现光疗不仅安全方便，且对于季节性和非季节性情感障碍均具有良好疗效。建议在大型密闭作业装备上配置光疗室对生物节律紊乱进行干预和调整。

（三）光环境对密闭空间作业人员的影响

不论是航空、航天还是深海密闭空间的作业人员，都需要良好的视觉系统保证获取作业信息。据统计，21%的飞行事故是照明不足导致。不合理的照明，不论不足还是过量都会引发作业人员视觉疲劳，科学照明要选择适宜的照度、色温等设计参数。

美、俄两国的航天任务中，多导睡眠监测发现航天员平均睡眠时长缩短、生物节律改变与航天器舱室光-暗周期与地面不符有关。美国国家航空航天局两项分别为期16天和10天的空间任务中，航天员穿梭在飞行甲板、中层甲板及试验舱之间，三个舱室中，飞行甲板光照强度最高80000 lux，而其他两个舱室最高仅有93 lux和171 lux，航天员在任务期间表现出生物节律紊乱和睡眠剥夺。作为昼夜节律的"起搏器"，环境光不足使昼夜节律异常，体温节律变化幅度随之降低，机体皮质醇分泌延迟，影响了航天员的神经行为学表现。

潜艇舱室光环境直接作用于作业人员的健康状态，对长航艇员进行神经行为监测后发现，他们的视觉简单反应明显延迟，联想记忆能力也有所降低。长期缺失自然光照明的深海密闭空间生活影响了眼睛的光调节适应力，结束任务上岸后作业人员视力易疲劳。长期处于单一的人工光环境中，作业人员生物节律改变，为此外军核潜艇已将光环境设计纳入潜艇适居性的重要考虑因素。例如，美国和法国在核潜艇上设计出白天和夜晚节律性交替的光环境，日出阶段将照明逐渐调亮模拟晨曦，傍晚时以浅红色灯光模拟自然界的黄昏光照；在舱室色彩和亮度设计上，多使用浅、亮色系来调节作业人员的情绪。俄罗斯核潜艇的休息室设计了景观窗，打造出纵阔深远的视觉效果。

（四）光技术改善密闭空间作业人员生物节律

采用高色温的荧光光源有助于官兵警觉性提升与任务表现，但在飞机、航天器、潜艇照明上使用荧光灯，光线强、启动慢、易闪烁等这些特点会造成密闭空间作业人员的视觉疲劳。LED 光源节能环保、使用安全、低能耗、低发热、亮度高、防水防震、便于调节、光束集中，这些优良特点使其在密闭空间人工照明领域有广阔的应用前景。

针对大型装备不同功能区域要采用动态的照明设计方案，工作舱室可使用白光 LED 等模拟不同季节的变化性日光，对作业人员的生物节律具有导引作用。休闲生活舱室还应具备紫外和红外光源，其中波长为 280～315 nm 的紫外光对维生素 D 的合成有促进作用，作业人员在工作区的日紫外辐射暴露量不得超过 1 $\mu W/cm^2$；红外光源可选择 4～14 μm 远红外光，该范围内的红外光是医学界所称的"生育光线"，可以加速细胞的生成和分解，激发细胞运动，并给人以温暖舒适的感觉。

密闭空间的光环境研究不应局限于光的量化指标，应拓展到光的非物理性指标。光照会影响人的情绪和社会行为，研究可以从色彩学、设计学等角度出发评价光环境，使光环境的设计有利于调动密闭空间作业人员的积极情绪和心理。

<h2 style="text-align:center">参 考 文 献</h2>

［1］　周月, 张鹤林, 程定斌, 胡文超. 民用飞机舱室环境研究现状与思考 [J]. 制冷与空调 (四川), 2020, 34 (02): 251-256.

［2］　张莉莉, 张晓丽, 苏芳, 等. 远程飞行航空卫生保障探讨 [J]. 空军医学杂志, 2020, 36 (05): 443-444.

［3］　Gore RK, Webb TS, Hermes ED. Fatigue and stimulant use in military fighter aircrew during combat operations [J]. *Aviation Space & Environmental Medicine*, 2010, 81 (8): 719-727.

［4］　Cabon P, Bourgeouis-Bougrine S, Mollard R, Speyer J J. Electronic pilot-activity monitor: a countermeasure against fatigue on long-haul flights [J]. *Aviation Space & Environmental Medicine*, 2003, 74 (6 Pt1): 679-682.

［5］　马兰, 薛长乐, 高珂, 齐社红. 飞机非气密舱室热环境仿真分析 [C]. 第五届中国航空科学技术大会论文集, 2021: 362-368.

［6］　李凯翔, 代承霖, 张飞, 牟让科. 大型客机驾驶舱/客舱振动舒适性评估 [J]. 航空学报, 2022, 43 (06): 283-291.

［7］　Kasin J I, Mansfield N, Wagstaff A. Whole body vibration in helicopters: risk assessment in relation to low back pain [J]. *Aviation Space & Environmental Medicine*, 2011, 82 (8): 790-796.

［8］　李康. 跨多时区航线飞行员疲劳特征及风险防范研究 [D]. 中国民航大学, 2019.

［9］　Helena Canhão, Mestre C, Cãitia Reis. Prevalence of fatigue in a group of airline pilots [J]. *Aviation Space & Environmental Medicine*, 2013, 84 (8): 828-833.

［10］　Sasaki M, Kurosaki Y, Mori A, Endo S. Patterns of sleep–wakefulness before and after transmeridian flight in commercial airline pilots [J]. *Aviation Space & Environmental Medicine*, 1986, 57 (2): 29-42.

［11］　Lee S, Kim J K. Factors contributing to the risk of airline pilot fatigue [J]. *Journal of Air Transport*

Management, 2018, 67: 197-207.

［12］ 钟国徽, 李玉恒, 凌树宽, 李英贤. 太空微重力环境对人体的影响及防护措施 [J]. 生物学通报, 2016, 51 (10): 1-4.

［13］ Chen W, Chao J G, Wang J K, Tan C. Subjective vertical conflict theory and space motion sickness [J]. *Aerospace Medicine and Human Performance,* 2016, 87 (2): 128-136.

［14］ 陈海龙, 吕柯, 曲丽娜. 航天飞行对人体睡眠 - 觉醒节律的影响研究进展 [J]. 航天医学与医学工程, 2017, 30 (04): 308-312.

［15］ 陈善广, 王正荣. 空间时间生物学 [M]. 北京 : 科学出版社, 2009.

［16］ Laura K Barger, Erin E Flynn-Evans, Alan Kubey, Charles A Czeisler. Prevalence of sleep deficiency and use of hypnotic drugs in astronauts before, during, and after spaceflight: an observational study [J]. *The Lancet Neurology,* 2014, 13 (9): 545-549.

［17］ Dijk D J, Neri D F, Wyatt J K, Czeisler C A. Sleep, performance, circadian rhythms, and light-dark cycles during two space shuttle flights [J]. *American journal of physiology. Regulatory, integrative and comparative physiology*, 2001, 281 (5): 1211-1240.

［18］ Monk T H, Buysse D J, Billy B D, Willrich L M. Sleep and circadian rhythms in four orbiting astronauts [J]. *Journal of Biological Rhythms,* 1998, 13 (3): 188-201.

［19］ Gundel A, Polyakov V V, Zulley J. The alteration of human sleep and circadian rhythms during spaceflight [J]. *Journal of Sleep Research*, 1997, 6 (1): 1-8.

［20］ Whitmire A, Slack K, Locke J, Leveton L. Sleep quality questionnaire short-duration flyers [J]. *National Aeronautics and Space Administration*, 2013, 45: 488-495.

［21］ Gundel A, Nalishiti V, Reucher E, Zulley J. Sleep and circadian rhythm during a short space mission [J]. *The Clinical Investigator*, 1993, 71 (9): 718-724.

［22］ Stoilova I, Zdravev T, Yanev T. Evaluation of sleep in space flight [J]. *Comptes Rendus de l'Academie Bulgare des Sciences,* 2000, 53 (6): 6-59.

［23］ Monk T H, Kennedy K S, Rose L R, Linenger J M. Decreased human circadian pacemaker influence after 100 days in space: a case study [J]. *Psychosomatic Medicine,* 2001, 63 (6): 881-885.

［24］ Monk T H, Buysse D J, Billy B D, DeGrazia J M. Using nine 2-h delays to achieve a 6-h advance disrupts sleep, alertness, and circadian rhythm [J]. *Aviation, Space, and Environmental Medicine*, 2004, 75 (12): 1049-1057.

［25］ 苏洪余, 王志魁, 李建辉. 空间时间生物学 : 航天器近日节律控制设计的研究进展 [J]. 中华航空航天医学杂志, 2009 (03): 233-240.

［26］ Charles A C, Jeanne F D, Theresa L S, Richard E K. Stability, precision, and near-24-hour period of the human circadian pacemaker [J]. *Science*, 1999, 284 (5423).

［27］ Roger N G. Galileo's pendulum: from the rhythms of time to the making of matter [M]. Cambridge, Mas: Harvard University Press, 2004.

［28］ Izumi R, Ishioka N, Mizuno K, Goka T. Space environment, electromagnetic fields, and circadian rhythm [J]. *Biomedicine & Pharmacotherapy,* 2000, 55: 25-31.

［29］ 范媛媛, 厉建伟, 邢文娟, 李英贤. 航天脑科学研究进展 [J]. 生命科学, 2022, 34 (06): 719-731.

［30］ Willey J S, Britten R A, Blaber E, Mao X W. The individual and combined effects of spaceflight radiation and microgravity on biologic systems and functional outcomes [J]. *Journal of Environmental*

Science and Health, Part , 2021, 39 (2): 129-179.

[31] Chancellor J C, Scott G B, Sutton J P. Space radiation: the number one risk to astronaut health beyond low earth orbit [J]. *Life (Basel)*, 2014, 4: 491-510.

[32] Vipan K P, Mattia M, Amber S, Charles L L. Persistent nature of alterations in cognition and neuronal circuit excitability after exposure to simulated cosmic radiation in mice [J]. *Experimental Neurology,* 2018, 305: 44-55.

[33] Karen K, Xi F, Maria S P, Susanna R. Temporary microglia-depletion after cosmic radiation modifies phagocytic activity and prevents cognitive deficits [J]. *Scientific Reports*, 2018, 8 (1): 7857-7859.

[34] 王云. 模拟航天复合环境对大鼠精神行为相关的蛋白质组学研究 [D]. 北京理工大学, 2015.

[35] 杨彪, 胡添元. 空间站微重力环境研究与分析 [J]. 载人航天, 2014 (02): 178-183.

[36] 陈善广, 李莹辉. 太空活动与生物节律 - 空间时间生物学, 载人航天催生的新兴学科 [J]. 科技导报, 2007, 25 (21): 44-49.

[37] Zimecki M. The lunar cycle: effects on human and animal behavior and physiology [J]. *Postepy Hig Med Dosw,* 2006, 60: 1-7.

[38] 魏传锋, 张伟, 曹剑峰, 郝平. 载人航天器密封舱噪声控制与试验 [J]. 航天器环境工程, 2013, 30 (01): 91-93.

[39] Kanas N, Manzey D. Space Psychology and Psychiatry [M]. Springer Netherlands, 2008.

[40] 李岩, 杨春敏, 毛高平. 模拟失重对生物机能的影响研究进展 [J]. 空军医学杂志, 2007, 23 (1): 40-45.

[41] 谭忠林. 抑郁症 5- 羟色胺系统及外周激素昼夜节律研究 [D]. 中国科学技术大学, 2007.

[42] 渠继东, 董海杰, 曹海斌. 载人潜器人因工程研究 [J]. 船舶工程, 2018, 40 (06): 81-88.

[43] 赵后雨, 屠志浩, 瞿靖芮, 沈兴华. 特殊环境对军人认知功能的影响 [J]. 第二军医大学学报, 2021, 42 (04): 432-438.

[44] 陶恒沂, 刘志宏, 陶凯忠, 倪永康. 潜水员的心理素质及其与专业水平的相关性 [J]. 中华航海医学与高气压医学杂志, 2003 (04): 9-12.

[45] Lewis V J, Baddeley A D. Cognitive performance, sleep quality and mood during deep oxyhelium diving [J]. *Ergonomics*, 1981, 24 (10): 773-793.

[46] 彭丽, 谢洪波, 徐津, 沈兴华. 潜艇艇员心理健康状况及其影响因素分析 [J]. 海军医学杂志, 2019, 40: 289-292.

[47] 李哲, 于楠, 付波, 等. 外军卫勤系列研究 (138)2019-2020 年美军军事作业医学研究进展 [J]. 人民军医, 2021, 64 (02): 154-159.

[48] Good C H, Brager A J, Capaldi V F, Mysliwiec V. Sleep in the United States military [J]. *Neuropsychopharmacology,* 2020, 45 (1): 176-191.

[49] Guo J H, Ma X H, Ma H, Zhang Y, Tian Z Q, Wang X, Shao Y C. Circadian misalignment on submarines and other non-24-h environments–from research to application [J]. *Military Medical Research*, 2020, 7 (1): 1-12.

[50] 余浩, 徐灵活, 胡培坤, 等. 长航条件下舰员睡眠状况分析 [J]. 海军医学杂志, 2012, 33 (05): 291-292.

[51] Schaal N C, Majar M, Hunter A. Sound level measurements in berthing areas of an aircraft carrier [J]. *Annals of Work Exposures and Health*, 2019, 63 (8): 918-929.

［52］ Mantua J, Bessey A, Sowden W J, Simonelli G. A review of environmental barriers to obtaining adequate sleep in the military operational context [J]. *Military Medicine,* 2019, 184 (7-8): e259-e266.

［53］ 汪统岳, 邵戎镝, 郝洛西. 密闭空间光照强度和时间对人员褪黑素和睡眠节律的短期影响初步研究 [J]. 照明工程学报, 2022, 33 (03): 25-34.

［54］ Lowden A, Kecklund G. Considerations on how to light the night-shift [J]. *Lighting Research & Technology,* 2021, 53 (5): 437-452.

［55］ Kawasaki A, Wisniewski S, Healey B, Münch M. Impact of long-term daylight deprivation on retinal light sensitivity, circadian rhythms and sleep during the Antarctic winter [J]. *Scientific Reports*, 2018, 8 (1): 1-12.

［56］ 江楠楠, 沈先荣, 蒋定文, 陈伟. 潜艇艇员工作应激与健康的关系研究 [J]. 解放军医学杂志, 2013, 38 (08): 665-669.

［57］ 江楠楠, 李岩, 来鸿飞, 等. 潜艇艇员远航期间睡眠特点的跟踪研究 [J]. 解放军医学杂志, 2017, 42 (08): 723-727.

［58］ 马强, 王静, 陈学伟, 等. 潜艇环境对艇员作业能力影响调查分析 [J]. 军事医学, 2020, 44 (06): 406-409.

［59］ Schlangen L J M, Price L L A. The lighting environment, its metrology, and non-visual responses [J]. *Frontiers in Neurology*, 2021, 12: 624861.

［60］ 吴凤芝. 长航人员心理疲劳的中医学认识及影响因素研究 [D]. 北京中医药大学, 2014.

［61］ 倪伟. 长潜任务对潜艇艇员心理健康的影响 [D]. 中国人民解放军军事医学科学院, 2014.

［62］ 林庆贤, 刘晓荣, 沈俊良, 等. 潜艇艇员自报两周患病率及就诊状况分析 [J]. 中华航海医学与高气压医学杂志, 2005 (01): 10-12.

［63］ 王奎海, 徐文, 沈建明, 余晓飞. 某舰38 d远航舰员发病情况分析 [J]. 海军医学杂志, 2003 (02): 163-164.

［64］ 宿旭. 长航官兵应激负荷的评价方法与指标研究 [D]. 军事科学院, 2019.

［65］ 董毅, 刘立志, 阎同军, 等. 远航舰艇官兵睡眠状况的调查分析 [J]. 实用医药杂志, 2018, 35 (07): 579-581.

［66］ 胡爱霞, 李彩霞, 吴宣树. 长期远洋航行官兵睡眠质量调查与分析 [J]. 人民军医, 2013, 56 (02): 142-143.

［67］ 王杨, 赵晓晶, 董效信. 智能心理多功能减压训练对潜艇艇员睡眠质量的影响 [J]. 中国健康心理学杂志, 2014, 22 (12): 1869-1870.

［68］ 王伟, 刘红. 光对人生理心理的影响和幽闭环境中的光策略 [J]. 载人航天, 2018, 24 (03): 418-426.

［69］ Levitan R D. The chronobiology and neurobiology of winter seasonal affective disorder [J]. *Dialogues in Clinical Neuroscience*, 2007, 9 (3): 315-324.

［70］ 彭智勇, 时粉周, 吕传禄, 等. 模拟潜艇环境白光LED照明对视觉功能工效影响的初步探讨 [J]. 海军医学杂志, 2012, 33 (01): 18-21.

［71］ 王洪波. 情绪心理在艺术设计色彩中的应用研究 [D]. 齐齐哈尔大学, 2013.

［72］ 中华人民共和国卫生部. 工作场所有害因素职业接触限值 [M]. 北京: 人民卫生出版社, 2008.

［73］ 江楠楠, 李岩, 朱长勇, 等. 潜艇艇员睡眠障碍的研究概述 [J]. 中华航海医学与高气压医学杂志, 2017, 24 (03): 238-241.

［74］ Baglioni C, Riemann D. Is chronic insomnia a precursor to major depression? Epidemiological and biological findings [J]. *Current Psychiatry Reports*, 2012, 14 (5): 511-518.